贵州铝土矿成矿规律

刘幼平　程国繁　崔　滔
周文龙　龙汉生　何　英　著

北　京
冶　金　工　业　出　版　社
2015

内 容 提 要

本书是在贵州省铝土矿整装勘查工作基本完成和最新铝土矿勘查成果的基础上，系统、全面地总结了贵州铝土矿成矿规律。

本书第1章阐述了贵州铝土矿资源的勘查史及资源概况；第2章从古风化作用、古地理地貌、古生物、古气候、古纬度研究了贵州铝土矿的成矿背景，从大地构造位置、区域地壳结构、地层岩石、地质构造、构造运动与构造旋回等方面讨论了贵州铝土矿的成矿条件；第3章论述了贵州铝土矿床地质特征及典型矿床；第4章在最新勘查成果和全面研究的基础上，提出了贵州铝土矿成矿区带的划分方案；第5章从铝土矿的空间分布、时间分布、含矿岩系、成矿古环境、矿体特征、矿石质量特征、红土化作用特征及物质来源等方面系统总结了贵州铝土矿的成矿规律；第6章系统完善的建立了贵州铝土矿的成矿模式与找矿模式。

本书资料丰富、综合全面、分析透彻、观点明确、结论有据，可供从事地质矿产勘查、矿床学研究及地质专业教学工作者参考。

图书在版编目(CIP)数据

贵州铝土矿成矿规律/刘幼平等著.—北京：冶金工业出版社，2015.12

ISBN 978-7-5024-7097-5

Ⅰ.①贵… Ⅱ.①刘… Ⅲ.①铝土矿—成矿规律—研究—贵州省 Ⅳ.①P618.450.1

中国版本图书馆CIP数据核字(2015)第286032号

出 版 人 谭学余
地　　址 北京市东城区嵩祝院北巷39号 邮编 100009 电话 (010)64027926
网　　址 www.cnmip.com.cn 电子信箱 yjcbs@cnmip.com.cn
责任编辑 杨秋奎 美术编辑 彭子赫 版式设计 孙跃红
责任校对 王永欣 责任印制 牛晓波
ISBN 978-7-5024-7097-5
冶金工业出版社出版发行；各地新华书店经销；三河市双峰印刷装订有限公司印刷
2015年12月第1版，2015年12月第1次印刷
787mm×1092mm 1/16；13.75印张；1插页；8彩页；358千字；208页
52.00元

冶金工业出版社 投稿电话 (010)64027932 投稿信箱 tougao@cnmip.com.cn
冶金工业出版社营销中心 电话 (010)64044283 传真 (010)64027893
冶金书店 地址 北京市东四西大街46号(100010) 电话 (010)65289081(兼传真)
冶金工业出版社天猫旗舰店 yjgycbs.tmall.com

前　言

贵州省是我国铝土矿资源大省之一，铝土矿是其特色优势矿产。自1941年蒋溶、罗绳武等老一辈地质学家在修文发现贵州省第一个铝土矿以来，贵州铝土矿的勘查、开发与研究已走过了70多年风雨历程，70多年的铝土矿勘查、开发生产与铝工业发展历程充分证明，贵州省铝土矿资源在我国铝工业和国民经济发展中具有举足轻重的地位和不可替代的作用。

近十余年来，在国家地质大调查项目、中央地勘基金和省级地勘基金支持下，由贵州省国土资源厅统一部署，并以《贵州省铝土矿勘查与开发专项规划》为指导，贵州省地质矿产勘查开发局、贵州省有色和核工业地质勘查局直属的多个地勘单位在务川～正安～道真、遵义～息烽、瓮安～福泉～龙里、凯里～黄平及织金～清镇等地区相继开展了铝土矿整装勘查工作，取得突破性进展，成果斐然。其中务川～正安～道真地区新增铝土矿资源储量大于7亿吨，凯里～黄平地区新增铝土矿资源储量大于0.6亿吨，加上省内其他铝土矿整装勘查区的新增资源储量，截至2013年12月，铝土矿整装勘查区新增铝土资源储量大于8亿吨，从而使贵州省铝土矿资源储量累计超过12亿吨，跃居全国第二。

贵州省铝土矿勘查工作取得突破性进展，新的勘查成果受到省内外地质矿产界的高度重视，地质学专家、同仁们纷至沓来，从不同渠道、不同范围、不同角度参与贵州铝土矿的科研工作，掀起了贵州铝土矿研究的一个小高潮，发表了较多论文，出版论著多部。这些研究成果从不同侧面对贵州铝土矿的成矿背景、矿床学特征、成矿规律、控矿因素等提出了许多新认识，使得贵州铝土矿的地质研究水平获得整体性提高。

但从贵州省范围来看，当前铝土矿的研究较零散，未站在整个贵州省域的平台上来探讨贵州铝土矿的地质背景、成矿规律、成矿控制因素，未对贵州省各区域铝土矿的地质特征、成矿规律、成矿模式进行过差异对比研究。因此，在当前贵州铝土矿勘查取得重大突破的新的历史背景下，充分利用全省范围整装勘查的最新成果，并应用现代矿床学的新理论、新方法和新技术，站在全省资源战略找矿高度，从更宽广的视野综合研究已有各种地质资料，从全省铝土矿成矿一盘棋的角度辩证地吸收和继承前人的研究成果，阐述各成矿带的区域分布、矿床禀赋特征，全面分析贵州铝土矿的成矿条件和成矿环境，深入探索与系统总结贵州铝土矿大规模成矿的规律，显得尤为迫切。

本书首先以系统收集、整理已有勘查研究成果为主，特别是近年来贵州铝土矿整装勘查的地质报告、专题研究成果以及近年发表的科研论文，辅以必要的野外调研、样品测试工作。在此基础上，通过大量、系统的综合分析研究，力求做到集贵州铝土矿近30年来的地质找矿勘查与科学研究之大成，融贵州铝土矿最新资料及最新成果为一体，以达到提供有益借鉴和参考应用之目的。

本书是在收集全省基础地质资料、历年铝土矿床勘查报告、近年全省铝土矿整装勘查报告和研究成果之基础上完成的，凝聚了有关地勘、科研和教学单位广大地质工作者和科研工作者的辛勤劳动和智慧，正是他们劳动积累的丰富地质资料成果及认识启发了我们深入思考本项目研究的诸多方面，使我们受益匪浅。同时，本书是贵州铝土矿分布特征及成矿条件和成矿规律研究的最新成果，全面展示了贵州铝土矿勘查近年的最新成果，包括典型矿床及实例，是对贵州省铝土矿的成矿条件、成矿背景、成矿规律和成矿模式的阶段性系统总结。

本书由刘幼平统筹撰写和统稿，各章节编写分工如下：第1章由刘幼平、崔滔撰写；第2章由程国繁、刘幼平撰写；第3章由周文龙、刘幼平撰写；第4章由刘幼平撰写；第5章第5.1节、第5.3节由刘幼平撰写，第5.2节、第5.8节由程国繁撰写，第5.4节、第5.7节由崔滔撰写，第5.5节、第5.6节由龙汉生、刘幼平撰写；第6章、第7章由刘幼平撰写。全书的插图主要由周文龙、何英、崔滔分别完成：第1章，第3章，第4章，第5章第5.1节部分、第5.3节、第5.5节部分，第6章由周文龙完成；第2章，第5章第5.1节部分、第5.2节、第5.5节部分、第5.8节由何英完成；第5章第5.4节由崔滔完成。插图、表格查缺补漏由周文龙、何英完成。

在本书的编写过程中，贵州省国土资源厅首席地质专家王砚耕教授、贵州省地质矿产勘查开发局著名地质专家刘巽峰教授给予了悉心指导和大力帮助，提出了一系列富有建设性的意见和建议；在本书编写前，贵州理工学院的李朋博士、孙军硕士、张双菊硕士参加了部分相关的黔北务川～正安～道真地区铝土矿研究工作；同时本书的编写不仅参考了有关专家、学者的研究成果相关文献资料，还参考了贵州省有色金属和核工业地质勘查局地勘院、三总队、五总队、二总队，贵州省地质矿产勘查开发局一〇六地质大队、一一七地质大队，贵州省地质调查院等有关单位的基础地质资料和铝土矿床勘查资料，特别是近期贵州省铝土矿整装勘查成果报告及研究资料。在此，我谨代表本书编写组全体成员对关心、指导和帮助本书编撰的专家和同事表示衷心的感谢，对在本书编著过程中提供资料的单位和个人致以诚挚的谢意。本研究得到了贵州理工学院高层次人才引进项目的经费资助，在此表示诚挚的感谢。

俄国著名作家高尔基说过："书籍是人类进步的阶梯。"希望本书能对贵州地质工作者、科研院所学者以及高等院校师生有所参考与借鉴，为深入研究贵州铝土矿有关地质问题提供帮助，推动贵州省铝土矿研究工作与时俱进向前发展。

由于作者水平所限，文中疏漏之处，敬请广大读者批评指正。

著　者

2015年6月

目　录

贵州铝资源的勘查史及其资源概况

1.1 铝土矿的发现与勘查史

1.1.1 铝土矿石、矿物与用途

铝是地壳中分布最广的元素之一，属亲石亲氧元素。铝在自然界中多成氧化物、氢氧化物和含氧的铝硅酸盐存在，极少发现铝的自然金属。

自然界已知的含铝矿物有258种，其中常见的矿物约有43种。我国常见的含铝矿物主要有刚玉、一水硬铝石、一水软铝石和三水铝石等，其化学式及Al_2O_3的含量见表1-1。

表1-1 铝土矿物及常见含铝较高的矿物简表

矿物名称	化学式	Al_2O_3含量/%
刚玉	Al_2O_3	100
一水硬铝石	α-$Al_2O_3 \cdot H_2O$ 或 $AlO(OH)$	85.1
勃姆石	γ-$Al_2O_3 \cdot H_2O$ 或 $AlO(OH)$	85.1
三水铝石	γ-$Al_2O_3 \cdot 3H_2O$ 或 $Al(OH)_3$	65.4
拜三水铝石	α-$Al_2O_3 \cdot 3H_2O$ 或 $Al(OH)_3$	65.4
诺三水铝石	$Al_2O_3 \cdot 3H_2O$ 或 $Al(OH)_3$	65.4
高岭石	$Al_2O_3 \cdot 2SiO_2 \cdot 2H_2O$	39.5
水铝英石	$nSiO_2 \cdot nAl_2O_3 \cdot pH_2O$	30.0～35.0

（据廖士范、梁同荣，《中国铝土矿地质学》，1991）

铝土矿是由铝的氢氧化物，包括一水硬铝石、一水软铝石、三水铝石，以及褐铁矿、赤铁矿、黏土矿物等混入物组成。铝土矿实际上是一种以氢氧化铝为主的混合物，是三水铝石、一水软铝石或一水硬铝石等矿物所组成的矿石。

一水硬铝石又名水铝石，结构式和分子式分别为$AlO(OH)$和α-$Al_2O_3 \cdot H_2O$。斜方晶系，结晶完好者呈柱状、板状、鳞片状、针状、棱状等。矿石中的水铝石一般均含有TiO_2、SiO_2、Fe_2O_3、Ga_2O_3、Nb_2O_5、Ta_2O_5、TR_2O_3等不同量类质同象混入物。水铝石溶于酸和碱，但在常温常压下溶解甚弱，需在高温高压和强酸或强碱浓度下才能完全分解。一水硬铝石形成于酸性介质，与一水软铝石、赤铁矿、针铁矿、高岭石、绿泥石、黄铁矿等共生。其水化可变成三水铝石，脱水可变成α刚玉，可被高岭石、黄铁矿、菱铁矿、绿泥石等交代。

一水软铝石又名勃姆石、软水铝石，结构式为$AlO(OH)$，分子式为$Al_2O_3 \cdot H_2O$。斜方晶系，结晶完好者呈菱形体、棱面状、棱状、针状、纤维状和六角板状。矿石中的一水软铝石常含Fe_2O_3、TiO_2、Cr_2O、Ga_2O_3等类质同象。一水软铝石可溶于酸和碱。该矿物形成于酸性介质，主要产在沉积铝土矿中，其特征是与菱铁矿共生。它可被一水硬铝石、三水铝石、高岭石等交代，脱水可转变成一水硬铝石和 α 刚玉，水化可变成三水铝石。

三水铝石又名水铝氧石、氢氧铝石，结构式为 Al(OH)，分子式为 $Al_2O_3 \cdot 3H_2O$。单斜晶系，结晶完好者呈六角板状、棱镜状，常有呈细晶状集合体或双晶，矿石中三水铝石多呈不规则状集合体，均含有不同量的 TiO_2、SiO_2、Fe_2O_3、Nb_2O_5、Ta_2O_5、Ga_2O_3 等类质同象或机械混入物。三水铝石溶于酸和碱，其粉末加热到100℃经2h即可完全溶解。该矿物形成于酸性介质，在风化壳矿床中三水铝石是原生矿物，也是主要矿石矿物，与高岭石、针铁矿、赤铁矿、伊利石等共生。三水铝石脱水可变成一水软铝石、一水硬铝石和 α 刚玉，可被高岭石、多水高岭石等交代。

铝土矿的化学成分主要为 Al_2O_3、SiO_2、Fe_2O_3、TiO_2、H_2O，五者总量占成分的95%以上，一般大于98%，次要成分有 S、CaO、MgO、K_2O、Na_2O、CO_2、MnO_2、有机质、碳质等，微量成分有 Ga、Ge、Nb、Ta、TR、Co、Zr、V、P、Cr、Ni 等。Al_2O_3 主要赋存于铝矿物——水铝石、一水软铝石、三水铝石中，其次赋存于硅矿物中（主要是高岭石类矿物）。

在内生条件下，Al_2O_3 与 SiO_2 常紧密结合成各类铝硅酸矿物，这些矿物一般 Al/Si 小于1，而工业上对铝矿石一般要求 $Al_2O_3 \geqslant 40\%$，Al/Si 1.8～2.6，比值越高，质量越好，因此内生条件下很少形成工业铝矿床。

在我国铝土矿石主要是一水硬铝石型，其次是三水铝石型铝土矿。铝土矿石通常为泥质结构、粉砂质结构、内碎屑结构、豆状（鲕状）结构及交代结构，构造多为块状构造。颜色变化大，有白、灰白、灰褐、黑灰及砖红等色。

铝土矿石的主要用途有以下几个方面：

（1）提炼铝金属。铝土矿是生产金属铝的最佳原料，也是最主要的应用领域，其用量占世界铝土矿总产量的90%以上。铝是一种较轻的银白色金属，称为轻金属，是世界上仅次于钢铁的第二重要金属。由于铝及其合金具有体轻、耐酸、防锈、性坚、传热、导电性高，结构性能易于加工等优良性能，因而广泛用于国民经济各部门。目前，全世界用铝量最大的是建筑、交通运输和包装部门，占铝总消费量的60%以上。铝是电器工业、飞机制造工业、机械工业和民用器具不可缺少的原材料。

（2）人造研磨材料。铝土矿可用于制造高硬度的人造刚玉（氧化铝）磨料，是高级砂轮、抛光粉的主要原料，在金属加工和机器制造工业等方面具有特殊的用途。

（3）耐火材料，是工业部门不可缺少的筑炉材料。

（4）生产高铝水泥的原料，使其具有速凝能力。

（5）化学制品，硫酸铝、氢氧化铝、氧化铝等产品可应用于造纸、净化水、陶瓷及石油精炼方面。

因此铝土矿有金属和非金属两个方面的应用领域，在国民经济建设中具有极为重要的意义。

1.1.2 铝土矿的发现史

铝元素是在1825年由丹麦物理学家 H. C. 奥尔斯德（H. C. Oersted）使用钾汞齐与氯化铝交互作用获得铝汞齐，然后用蒸馏法除去汞，第一次制得金属铝而发现的。铝土矿的发现（1821 年）早于铝元素，当时误认为是一种新矿物。

贵州是中国最早发现大型铝土矿的省区，资源丰富，目前探获的资源量占全国总量的 1/4，仅次于山西，排名全国第二。

据韦天蛟《贵州矿产发现史考》（1992 年），贵州铝土矿是老一辈地质学家罗绳武、蒋溶和乐森璕，于 1941 年率先在黔中地区发现的。贵州省铝土矿“是中国最早发现的大型铝土矿”，是继辽宁、山东、云南之后，发现最早的省区。由于铝土矿难以识别，它的发现不同于其他矿产，完全是地质科学发展与地质勘查技术应用的结果。贵州铝土矿就是在不知为何物的情况下，通过鉴别、测试与实地勘查研究，方才发现的。

发现的经过如下：1941 年仲夏，贵州省矿产探测团的罗绳武、蒋溶在勘查煤、铁时，于贵筑云雾山、王比及修文九架炉（或称王官，即现在著名的小山坝矿区）一带，发现了“一种似页岩而非页岩之物”，“初不悉为何物”，通过测试化验始知为含氧化铝的矿物，但“当时该矿之地质情形与矿床之分布均无所悉”，后经该团主任乐森璕研究认为“此矿具有经济价值”，遂于同年十月亲偕蒋溶等人到野外进行地质勘查，经两个月的反复研究与化验分析，最先做出了铝土矿“质地之佳、储量之巨”的重要评价。乐森璕、蒋溶于 1942 年 2 月，最先编著报道了贵州铝土矿发现及产出地质特征的第一份重要文献——《贵筑修文两县铝土矿》。

文中载：“民国三十年仲夏，本团蒋溶、罗绳武奉命调查平越、贵定、龙里、贵筑、开阳、修文等六县煤铁……结果……大失所望。惟在贵筑王比、云雾山、修文之九架炉一带产铁区域中，偶发现一种似页岩而非页岩之物，漫山遍野，随处皆是。初不悉为何物，乃取数种返团而细考之……乃将矿样检交建设厅化验室朱希仲氏，定量分析，则含铝量百分之四十五以上。含矽氧在百分之三十左右，确系一种含铝份较低之水矾土。惟当时该矿之地质情形与矿床之分布均无所悉，森璕以此矿具有经济价值，旋于同年 10 月下旬，璕、溶亲偕测绘员黄问敏再度出发，在野外勘查 30 余日，于 11 月下旬返筑……经两月之研究化验，其质地之佳，储量之巨，殊出吾人意料之外。”

罗绳武、蒋溶与乐森璕三人是贵州铝土矿发现的功臣，是他们和贵州矿产探测团“给祖国、给贵州人民建立的不可磨灭的伟大功绩”！

1.1.3 铝土矿的勘查历程与工作程度

我国铝土矿的普查找矿工作最早始于 1924 年，当时由日本人板本峻雄等对辽宁省辽阳、山东省烟台地区的矾土页岩进行了地质调查。此后，日本人小贯义男等人，以及我国学者王竹泉、谢家荣、陈鸿程等先后对山东淄博地区，河北唐山和开滦地区，山西太原、西山和阳泉地区，辽宁本溪和复州湾地区的铝土矿和矾土页岩进行了专门的地质调查。我国南方铝土矿的调查始于 1940 年，首先是边兆祥对云南昆明板桥镇附近的铝土矿进行了调查。随后，1942 ~ 1945 年，彭琪瑞、谢家荣、乐森璕等人，先后对云、贵、川等地铝土矿、高铝黏土矿进行了地质调查和系统采样工作。

铝土矿真正的地质勘探工作是从新中国成立后开始的。1953 ~ 1955 年间，冶金部和地质部的地质队伍先后对山东淄博铝土矿、河南巩县小关一带铝土矿（如竹林沟、茶店、水头及钟岭等矿区）、贵州黔中一带铝土矿（如林歹、小山坝、燕垅等矿区）、山西阳泉白家庄矿区等，进行了地质勘探工作。但是，由于缺少铝土矿的勘探经验，没有结合中国铝土矿的实际情况而盲目套用苏联的铝土矿规范，致使1960～1962年复审时，大部分地质勘探报告都被降了级，储量也一下减少了许多。1958年以后，中国对铝土矿的勘探积累了一定的经验，在大搞铜铝普查的基础上，又发现和勘探了不少矿区，其中比较重要的有河南张窑院、广西平果、山西孝义克俄、福建漳浦、海南蓬莱等铝土矿矿区。

贵州的铝土矿，自修文（现小山坝矿区）、贵阳（现云雾山、王比）铝土矿的发现，并给予启迪后，经多人的努力，沉睡了2亿～3亿年的铝土矿似被催醒，贵州铝土矿相继被发现，如雨后春笋，先后露出其头角。

据《中国矿产发现史·贵州卷》阐述，"1943年，乐森璕在勘查铁煤矿时，进而发现了清镇铝土矿，著有《清镇暗流乡广山区之煤铁铝矿》，推算广山区岩口至凉水井一带有储量7000万吨。至1949年，尚在福泉、开阳、息烽、瓮安等地发现铝土矿"。

新中国成立后，随着20世纪50年代中期开始大规模铝土矿地质勘查与研究工作的投入，扩大了修文小山坝铝土矿床的规模，使之成为著名的大型铝土矿床。与此同时，在黔中地区又发现了众多的铝土矿产地，有修文干坝、长冲、大豆厂、乌栗、朱官和清镇林歹、燕垅、长冲河、麦坝、黄泥田、老黑山以及织金马桑林等10多处重要产地。通过1959年地质研究预测和1960～1961年钻探施工，发现了深埋地下100多米，地面无任何露头的清镇猫场大型隐伏铝土矿床，后经70～80年代大规模的勘探工作与地质研究，累计探明铝土矿储量1.79亿吨，成为我国当时已知最大的铝土矿床，经预测研究，全矿区铝土矿预测资源总量将大于2亿吨。1979～1980年，在黔中地区又陆续发现和勘探了清镇麦格、贵阳斗篷山与修文箐杆冲等铝土矿重要产地。通过40余年的不断勘查与研究预测，黔中地区成为著名的铝土矿集区、贵州铝业的发展中心。

遵义地区铝土矿发现于1959～1960年，主要有后槽、仙人岩、苟江和宋家大林等重要铝土矿区，而大规模系统的勘查工作始于1979年以后，历时10年，20世纪90年代初相继完成勘探工作。遵义地区铝土矿的发现和勘探，为贵州兴建第二个铝工业基地提供了可靠的矿产资源保障，为贵州的铝工业建设做出了又一大贡献。

贵州北部务川～正安～道真地区之铝土矿发现于20世纪60年代初期，但当时未系统开展地质工作。80～90年代，在该区投入少量的力量，开展铝土矿远景调查、地质找矿、矿点检查及研究工作，进一步发现了20余处铝土矿床、矿点，扩大了此区铝土矿的资源前景。2000年以来，加强了黔北务川～正安～道真地区铝土矿的地质勘查和研究工作，尤其是2010年以来，国土资源部将务川～正安～道真地区铝土矿列为全国第一批47个整装勘查项目，也被列为全国特别找矿行动计划项目。

该项目位于贵州省北部的务川、正安、道真等县境内，按照成矿构造单元划分为8个向斜勘查区块，贵州省地质矿产勘查开发局和贵州省有色和核工业局地勘局历时4年，在3000余平方千米的勘查区内，投入专业技术骨干2000多人，先后开动钻机200多台，经过5年的艰辛努力，施工钻孔754个，完成钻探工作量27.5万米，投入经费4.3亿元，工作程度总体达到了普查以上程度，共获铝土矿资源总量7亿吨，新增资源量5.8亿吨，为原计划的387%，提交超大型矿床2个、大型矿床9个、中型矿床14个。铝土资源量在2000万吨以上便是大型矿床，而超大型矿床往往是大型矿床的3～5倍。这次整装勘查工作成果突出，列为全国整装勘查重点突破项目，为贵州遵义正在建设的务川～正安～道真煤电铝一体化基地建设提供了资源保障。

在凯里～黄平地区，铝土矿是20世纪60年代开展1/20万区调时发现的，主要有凯里渔洞、苦李井、铁厂沟、黄猫寨，黄平王家寨等铝土矿床、矿点。当时仅有零星的调查，80年代以后，局部开展了普查、详查工作，进一步扩大了发现。2010年以来该区投入了贵州省整装勘查项目和国土资源大调查项目。通过2年的工作，贵州有色地勘局在凯里～黄平地区发现了苦李井、渔洞两个大型铝土矿床和铁厂沟、王家寨两个中型铝土矿床，探获铝土矿资源量7000多万吨。为促进黔东南州经济社会又好又快、更好更快的发展奠定了具有一定影响力的战略资源基地。

此外，在瓮安～福泉～龙里地区，铝土矿也是20世纪60年代开展1/20万区调时在瓮安地区发现的，此后仅有零星的调查，进展不大。2011年以来，该区投入了贵州省整装勘查项目和国土资源大调查项目。贵州省瓮安～龙里铝土矿整装勘查区总面积约12000km^2，涉及瓮安、福泉、贵定、龙里4县市，分为瓮安复向斜、天文向斜、五台山向斜、平寨复向斜北端、平寨复向斜南端五个勘查区块，项目总投资5000余万元。2012年启动，2014年完成，通过贵州省有色金属和核工业地质勘查局的工作，提交铝土矿资源量6000余万吨。该项目的实施对加快黔南州工业化进程、促进经济发展方式转变具有重大的现实意义和深远的历史意义。

综上所述，贵州的铝土矿最早于1941～1943年在黔中地区的贵阳、修文首先发现，之后又在清镇发现，20世纪50年代中期开始大规模地质勘查工作；遵义地区于1959～1960年在遵义县等地区发现铝土矿，地质勘查工作始于1979年以后；而凯里～黄平～瓮安地区和黔北务川～正安～道真地区于20世纪60年代发现铝土矿，分别于80年代以后零星开展局部勘查工作，2000年以后开始系统的地质勘查工作，2010年后开展整装勘查工作，目前总体达到普查以上程度。地质勘查工作在贵阳地区、务川～正安～道真地区地质勘查、研究工作程度相对较高，而遵义地区、凯里～黄平地区、瓮安～龙里地区工作程度相对较低。详情见表1-2。

表1-2 贵州铝土矿地质勘查情况

矿集区	地质勘查地				整装勘查区	
	勘探	详查	普查	合计	名称	勘查区块
贵阳地区（含织金）	11	10	6	27	清镇～织金地区铝土矿整装勘查	3
遵义地区（含开阳北）	4	4	5	13		
务川～正安～道真地区	2	5	16	23	务川～正安～道真地区铝土矿整装勘查	8
湄潭～凤冈地区			1	1	湄潭～凤冈地区铝土矿整装勘查	2
凯里～黄平地区		3	4	7	凯里～黄平地区铝土矿整装勘查	4
瓮安～福泉～龙里地区		3	4	7	贵州省瓮安～福泉～龙里地区铝土矿整装勘查	4
合计	17	25	36	78		21

（据贵州省国土厅《贵州省铝土矿资源勘查与开发专项规划》、《贵州省铝土矿整装勘查报告》修改）

1.1.4 铝土矿的研究现状

1.1.4.1 国外铝土矿研究现状

国外铝土矿以欧洲、前苏联研究较早，比较著名的著作有布申斯基1975年出版的《铝土矿地质学》，匈牙利学者巴多西于1982年与1990年出版的《岩溶型铝土矿》与《红土型铝土矿》，这几本专著较为全面地介绍了铝土矿的岩石矿物学特征、地球化学特征、母岩、成矿过程与成矿规律等方面的知识。

A 矿床类型划分

国外铝土矿以三水铝石与软水铝石为主，在长期的研究中不同学者提出了多种划分方案。化学成分划分法（Apparent，1930）：以铁的含量、Al/Si的大小作为划分依据，这种划分方法虽已被弃用，但Al/Si作为高品位与低品位铝土矿的划分标准被广泛使用，即我们通常所说的铝硅比值。铝土矿矿物划分法：将铝土矿分为硬水铝石铝土矿、软水铝石铝土矿、三水铝石铝土矿。三角图解分类法：以氧化铝矿物、铁矿物、黏土矿物作为三个顶点对铝土矿进行分类（Konta，1958）。Grubb（1973）依据形成时的高程将铝十矿分为高海拔型与低海拔型，但这种方法只适合新形成的矿床或未遭受垂直构造运动影响的矿床。Harder（1962）依据矿床形态与位置将铝土矿分为平伏矿床、层间矿床、囊状矿床。Peive（1947）依据铝土矿床所处的构造位置将其分为地槽区矿床与地台区矿床。还有众多学者以母岩岩相为基础将铝土矿分为红土型铝土矿、岩溶型铝土矿、沉积型铝土矿（齐赫文型铝土矿），红土型铝土矿为下伏铝硅酸盐岩风化形成的残余矿床，岩溶型铝土矿指覆盖在碳酸盐岩表面的铝土矿床，沉积型铝土矿指红土型铝土矿床经剥蚀搬运较长距离后堆积形成的铝土矿床（Fox，1932；Weise，1932，1963，1976；Hardee，1952；Bushinskey，1971；Valeton，1972）。红土型铝土矿形态较简单，基本都为横向轮廓不规则的顺层矿床。Bardossy（1992）将岩溶型铝土矿细分为六个亚类：地中海型、提曼型、哈萨克斯坦型、阿列日型、萨伦托型、塔尔斯克型以及各类型之间的过渡类型，主要突出矿床形态差异及与源区的位置关系，岩溶型铝土矿形状较复杂，包括层状、带状、平伏、透镜状、地堑式、似峡谷、落水洞、袋状、谷形，岩溶型铝土矿类型虽多，但质量较好的、储量较大的矿床都堆积于峡谷状落水洞、谷形等形态有差异的岩溶洼地，岩溶洼地的大小控制了铝土矿的体积，因此典型的岩溶型铝土矿应为成矿物质堆积较大的岩溶洼地中的矿床。沉积型铝土矿搬运了较远距离，通常呈层状产出。

铝土矿矿床类型划分方法虽多，但多数方法都存在局限与不确定性，如以Al/Si比值作为矿床类型分类依据显然不合适，Al/Si只能反映铝土矿的品位，任何矿床中都能找到Al/Si高的矿石也能找到Al/Si低的矿石，同一矿区不同位置Al/Si亦会有较大差别。以铝土矿物类型与矿物组合作为矿床类型划分依据存在不确定性，难以反映矿床成因及性质，且在野外工作中难以区分各类型矿床。以矿床形态作为分类依据有一定的适用性，但对于很多过渡类型的矿床则区分其类型较困难。以海拔、成矿环境等因素分类具有很大的地域性，且难以排除漫长的成矿过程中构造变动及成矿改造作用的影响。总体上看，国外对铝土矿矿床类型划分的研究已较为成熟，母岩成分不仅对铝土矿的成分、结构有重要影响，同时也是决定矿床形态的重要因素，因此以母岩岩相为基础的划分方法划分铝土矿的三大类型（红土型、岩溶型、沉积型）已被世界广泛接受，其余划分方法局限性较大，已基本被摒弃。国外铝土矿以红土型铝土矿与岩溶型铝土矿为主，沉积型铝土矿较少见，因此国外学者在定义岩溶型铝土矿时将所有覆盖在碳酸盐岩之上的铝土矿统划为岩溶型铝土矿，而不论其母岩是否为下伏的碳酸盐岩，这是国外铝土矿矿床分类的局限，成矿物质可能经历了较长的搬运距离覆盖在碳酸盐岩之上表明，碳酸盐岩可能既非上覆铝土矿的母岩也未形成大的岩溶洼地控制铝土矿的堆积，此时铝土矿应属沉积型矿床，因此在判定一个铝土矿床是否为岩溶型铝土矿时应详细分析碳酸盐岩是否为铝土矿的母岩并控制了铝土矿的堆积过程。

B 物源

a 母岩类型

国外学者对铝土矿物源类型及其与铝土矿品质、储量的关系研究得较为透彻。Al 在地壳中含量非常丰富，仅次于 O 与 Si，几乎所有含 Al_2O_3 的岩石都可成为铝土矿的母岩，常见的母岩为铝硅酸盐岩与碳酸盐岩，铝硅酸盐岩通常形成红土型铝土矿，碳酸盐岩多形成岩溶型铝土矿，沉积型铝土矿的母岩包括铝硅酸岩与碳酸盐岩。Bárdossy（1992）对铝土矿母岩类型与铝土矿储量之间的关系作了详细研究：花岗岩、粒玄岩、玄武岩、麻粒岩、页岩、板岩、高岭石砂质黏土岩、长石砂岩、碳酸岩为铝土矿最重要的母岩；最常见的铝土矿母岩，是地表大规模出露且渗透性较高的岩石，这些易风化的岩石形成的铝土矿床较多且质量较好。铝硅酸盐岩含 Al 量可达 20 个百分点，而碳酸盐岩含铝量仅几个百分点，但碳酸盐岩提供物源的岩溶型铝土矿却是最重要的铝土矿类型之一，表明 Al 含量高低并不是决定是否能形成铝土矿床的决定因素，抗风化能力强弱才是决定岩石能否形成铝土矿的最重要因素，抗风化能力强、渗透性差的石英砂岩与硅质岩无法形成铝土矿，而其余类型岩石都能形成，就证明了这一点。

b 物源分析方法

铝土矿物源的研究由“单源论”发展到“多源论”，早期学者的研究多争论于铝土矿是由铝硅酸盐岩或碳酸盐岩中的某类岩石演化形成，随研究的深入，大量的研究证明铝土矿床并非只具单一物源，多物源组合主要出现在铝土矿形成时具有较长沉积间断的地区，这些地区地表多种岩石经长时间风化共同为铝土矿提供物源。具连续风化剖面的铝土矿床可在野外直接确定物源，红土型铝土矿的母岩通常为下伏的铝硅酸盐，但有时下伏母岩可能因强烈风化而消失，如苏里南的部分矿区，铝土矿母岩是粗粒长石砂岩，现已经全部风化为铝土矿，下伏高岭石黏土岩并非母岩（巴多西，1982）。岩溶型铝土矿母岩的识别较红土型铝土矿困难，但岩溶型铝土矿的母岩通常为下伏的碳酸盐岩。沉积型铝土矿的母岩最难确定，而且沉积型铝土矿母岩的“多源性”较明显。总体上说，除可见连续风化剖面的矿床外，其余铝土矿床的物源都难以在野外直接查明，需通过一定的技术手段才能确定。随着研究的深入，重矿物分析、微量元素、稀土元素示踪等方法被用来追索物源，取得了良好的效果。重矿物可用于铝土矿物源示踪，铝土矿与母岩中的重矿物在成分、结构上具有一定的相似性，如果铝土矿与地层中的重矿物特征差异较大，表明铝土矿与该地层不具亲缘关系或亲缘关系较远；如若铝土矿中的重矿物组合与地层中重矿物组合特征相似，则表明该地层极有可能为铝土矿的母岩，然后，再结合其余因素进行综合分析。如法国阿尔皮耶和朗格多克铝土矿中发现的外来锆石、金红石和电气石粒度比在下伏石灰岩中发现的同种矿物颗粒大一个数量级，铝土矿中还含有一些在下伏的碳酸盐岩中未曾发现的碎屑矿物（如蓝晶石、十字石、刚玉），证明下伏的碳酸盐岩不可能是矿床的唯一物源。微量元素物源示踪在铝土矿研究中被广泛使用，主要包括微量元素蛛网图、Zr-Cr-Ga 三角图解、Cr-Ni 及高场强元素比值。蛛网图利用微量元素的组合特征识别物源，此方法基于微量元素在风化成岩过程中地球化学行为具一定相似性，母岩与铝土矿的微量元素蛛网图曲线特征相似。Zr-Cr-Ga 三角图解利用三种元素在风化成岩过程中的稳定性追索物源，铝土矿与母岩在图解中位置接近，与非母岩岩石位置相距较远。Cr-Ni 图解在铝土矿物源研究中具有重要意义，统计表明，不同类型的铝土矿 Cr-Ni 有明显差异（Schroll，1968），由此编制不同类型铝土矿 Cr-Ni 分布图，将需要分析的样品根据 Cr-Ni 值进行投点，根据样品在 Cr-Ni 图解上的范围可推测分析铝土矿的可能母岩。铝土矿物源分析中使用的高场强元素通常为 Zr、Hf、Nb、Ta，Zr 与 Hf，Nb 与 Ta 为成矿过程比较稳定的元素对，根据两组元素的比值可分析铝土矿与地层之间的亲缘关系。实践证明 Cr-Ni 图解与 Zr-Hf、Nb-Ta 比值用于铝土矿物源示踪效果良好（Kurtz，2000；Panahi，2000；Valeton，1987；Calagari，2007）。前人研究认为控制沉积物中 REE 特征的最重要因素是物源，REE 在风化迁移中保持稳定，沉积物中 REE 曲线配分形态与母岩相似，对比地层与铝土矿的 REE 配分特征可追索铝土矿的物源（Karadag，2009；Cullers，1983，1987；McLennan，1991，1989；Taylor，1985；Girty，1996；Roaldest，1973）。综上所述，国外学者物源研究方法主要为重矿物分析、微量与稀土元素示踪。

C 成矿环境

多数铝土矿因为缺乏沉积构造及古生物化石，其形成环境一直颇具争议，但普遍认为铝土矿形成于陆地环境（原地风化、湖泊或沼泽）与海陆过渡环境中。就世界范围来说铝土矿沉积环境虽有多种解释，但没有人认为铝土矿是远洋沉积物或三角洲沉积物，迄今为止世界所发现的灰色铝土矿都形成于沼泽地区、海滨泻湖、海湾以及暂时性或永久性的湖泊里。部分铝土矿因具特殊标志而能确定沉积环境：希腊埃利孔山凯法涅德斯矿床由泻湖相石灰岩基岩向上连续发育，证明铝土矿形成于微咸水的泻湖中。甘特铝土矿中找到的 *Osmundacea* 种的孢子囊和在奥利茨法附近的含铝土矿黏土中发现的鳄鱼牙齿碎片均指示淡水沼泽环境。法国普罗旺斯的马朱奎矿床中部的植物化石指示淡水沼泽环境，矿床的顶部产有原地保存的海相小嘴贝和穿孔贝属，表明铝土矿沉积过程中环境由陆相逐渐变为海相。乌拉尔北部的泥盆纪矿床常见有海相动物化石产出，有的地方还产有薄层生物灰岩夹层，矿床的沉积显然受到了海洋的影响。近些年来，国外对铝土矿的研究集中于地球化学特征、成矿过程、成矿规律等方面，对铝土矿沉积环境的研究未有明显进展，但多数学者认为铝土矿主要形成于陆地或海陆过渡环境。

D 矿床成因

国外铝土矿的成矿理论主要有：（1）红土学说，铝土矿由母岩经红土化作用演化而来；（2）红土-粗碎屑沉积学说，铝土矿由母岩红土化后的物质经搬运沉积形成；（3）化学学说，铝土矿是湖泊等环境中化学沉淀形成；（4）硫酸学说，铝土矿中的黄铁矿氧化形成硫酸，硫酸将铝溶解后再中和沉淀，形成铝土矿；（5）热液假说-火山沉积说，热液作用与火山喷发为铝土矿提供物源；（6）喀斯特成因说，铝土矿由碳酸盐岩风化后堆积形成，因含钙高而称钙红土。

铝土矿矿床的成因在很长的一段时间内处于上述主要理论的争议中，铝土矿的搬运作用伴随着铝土矿床成因的争议也有多种解释：（1）真溶液搬运，认为铝土矿完全溶解在水中以真溶液的方式进行搬运；（2）胶体溶液或悬浮搬运，认为铝土矿以胶体溶液的形式搬运或以黏土矿矿物的形式悬浮搬运；（3）红土-粗碎屑搬运（泥流搬运），认为成矿物质以粗碎屑的形式在类似泥流的作用下搬运迁移；（4）风搬运。铝土矿以真溶液的形式搬运需要强酸性环境、极低的 pH 值，而地表形成如此大面积的酸性环境十分困难，故许多学者认为铝土矿不可能以真溶液形式进行搬运，胶体-悬浮搬运与红土-粗碎屑搬运是最可能的搬运方式。

铝土矿化作用使铝土矿的矿物成分、组合、品位、厚度等发生变化。地下水的垂向与侧向移动是铝土矿脱硅排铁的关键，大量的渗流雨水活动是一个决定性的因素。由雨水引发的这种脱硅排铁作用即淋滤作用，在淋滤条件十分有利且排水条件良好的情况下可发生直接铝土矿化作用，母岩的铝硅酸盐矿物直接转变成氧化铝矿物，排水条件不是非常好时则发生间接成矿作用，母岩先转变成黏土矿物再转变成氧化铝矿物。布申斯基描述了许多白色铝土矿，铝土矿的变白是因为强烈排铁所致，排铁是淋滤作用所致。Soler（1996）采用实验学方法模拟铝土矿的搬运、对流、分散模式，结果与实际剖面大体吻合。前人的研究已意识到淋滤作用对铝土矿成矿的重要性，但在不同地区，控制铝土矿形成的关键因素各不相同，淋滤作用对不同铝土矿区的影响也存在差异，如淋滤作用的效果与地下水系统直接相关，地下水水位的高低、季节性的变动等都会直接影响淋滤作用的结果——铝土矿层的厚度、品质、矿物组合（Valeton，1987）。

总体上说，国外学者对铝土矿矿床成因的研究程度较深，理论研究与实验模拟相结合，红土成因说、钙红土成因说（岩溶型铝土矿）、红土-粗碎屑成因说已被世界所普遍接受，只是成矿物质的搬运方式尚有较大争议，红土化后的成矿物质演变成高品位铝土矿的过程已基本查清，确定淋滤作用是形成高品位铝土矿的必要条件，良好的泄水条件是形成高品位铝土矿的基础。

1.1.4.2 国内铝土矿研究现状

山西、贵州、河南、广西、山东、四川、云南为我国主要的铝土矿产出省，目前探明的储量多数分布于以上诸省。山西储量 20 亿吨，排第一位，第二位为贵州省，12 亿吨，河南预测储量达 10 亿吨，排第三位，广西储量约 8 亿吨，排第四位，山东、四川、云南亦有丰富的铝土矿资源。经过众多专家学者的长期研究，对中国铝土矿的矿床类型、矿物组成、地球化学特征及成矿规律有了较深刻的认识。

A 矿床类型划分

刘长龄（1988）将我国铝土矿床分为地槽区、地台区等 11 种类型，18 个亚，29 个准类型。廖士范（1991）将岩溶型铝土矿改名为古风化壳型铝土矿，将我国铝土矿床划分为古风化壳型铝土矿与红土型铝土矿两大类，古风化壳型铝土矿再细分为 6 个亚类。章柏盛（1984）将我国铝土矿床分为沉积型、堆积型、古风化壳型、红土型。刘长龄（1991）将我国铝土矿分为残余型（红土型）、沉积型（岩溶型）、其他类型。李启津等（1987）将我国铝土矿分为红土-沉积-红土型、红土-沉积型、钙红土型、岩溶堆积型与红土型五大类。《铝土矿、冶镁菱镁矿地质勘查规范》将铝土矿划分为沉积型、堆积型、红土型三类。陈旺（2009）认为我国铝土矿主要为岩溶型铝土矿，可分为沉积型铝土矿与堆积型铝土矿，于蕾（2012）认为我国铝土矿主要为沉积型矿床（包括岩溶型铝土矿）。

国内对铝土矿矿床类型的划分虽然多样，但除刘长龄外划分方法外并无本质差异，都是以基岩岩相为基础进行划分，关键在于对“沉积型”、“堆积型”、“岩溶型”术语的理解。廖士范认为我国铝土矿都为岩溶型而将其改名为古风壳型再细分，是将沉积型铝土矿视为岩溶型铝土矿的一种，即此时的岩溶型铝土矿指覆盖于碳酸盐岩侵蚀面之上的铝土矿。陈旺的岩溶型铝土矿是指经搬运再沉积形成的沉积型铝土矿与古岩溶控制堆积的岩溶型铝土矿（堆积型铝土矿）的总和，此处堆积型铝土矿即为古岩溶洼地为铝土矿提供堆积空间的岩溶型铝土矿。于蕾与陈旺刚好相反，将中国铝土矿主要类型定义为沉积型铝土矿，因为成矿物质堆积在岩溶洼地中也需要经历搬运过程，因此将岩溶型铝土矿归为沉积型铝土矿的一种，其余划分方法大同小异，只是术语解释的差异。本书作者认为可将中国铝土矿床的划分与国际统一，分为红土型、岩溶型、沉积型三大类型，中国铝土矿床大部分覆盖于碳酸盐岩上，红土型铝土矿较少，主要类型为岩溶型与沉积型，岩溶型铝土矿指覆盖于碳酸盐岩上，岩溶洼地控矿明显的铝土矿，矿床形态受岩溶洼地的形状控制，通常为漏斗状或落水洞状。沉积型铝土矿指由母岩红土化后的产物经过一定距离搬运沉积形成，下伏碳酸盐岩古岩溶不发育，整体呈层状的铝土矿。

B 物源

国内铝土矿物源的整体研究水平与国外相差不大，重矿物分析、微量元素蛛网图与富集系数、Cr-Ni 图解、稳定元素比率、Zr-Cr-Ga 三角图解、稀土元素配分模式等各种物源研究的方法都被广泛用于国内铝土矿的研究。

对国内铝土矿物源的认识主要有三种：下伏碳酸盐岩物源、下伏或研究区周边铝硅酸盐岩物源、多种岩石混合物源。如华北地台石炭系铝土矿物源有多种解释：下伏碳酸盐岩为物源；成矿区边缘铝硅酸盐岩提供物源；碳酸盐岩与硅酸盐岩共同提供物源。Eu/Eu^*-TiO_2 图解、稳定元素比值、稀土元素配分模式等分析指示山西宁武先宽草坪村铝土矿成矿物质主要来源于上地壳，下伏碳酸盐岩是重要物源。高场强元素比率（Nb、Ta、Zr、Hf）、Cr-Ni 图解稀土元素配分模式、锆石年龄分析表明广西铝土矿物源既有下伏的碳酸盐，亦有与峨嵋山玄武岩喷发作用有关的铁镁质岩（Jun，2009）。贵州中部的红土型与喀斯特型铝土矿物源包括寒武纪与奥陶纪的灰岩（刘长龄，1990）。于蕾（2012）通过钛率（Al/Ti）、稳定元素比值、主量与微量元素聚类分析、稀土元素配分模式等分析证明滇东南铝土矿由石炭系铝硅酸盐、石炭～二叠系碳酸盐岩、变质岩、二叠系峨嵋山玄武岩提供物源，不同矿区具有不同的主要物源。总体上随研究的深入，铝土矿物源的“多源论”已被普遍接受，较少有铝土矿床完全由一种母岩提供物源。

C 成矿环境

国内对铝土矿成矿环境的研究较全面，传统沉积学方法与地球化学分析、岩石矿物学特征分析相结合，已达到国际先进水平，部分地区的研究高于国际水平。

虽然铝土矿中缺乏沉积构造与古生物化石，但传统沉积学方法依然是铝土矿沉积环境研究不可或缺的手段。虽然不能通过传统沉积学方法直接确定铝土矿的沉积环境，但通过野外地质调查、薄片鉴定等手段能对铝土矿沉积环境进行有效约束。章柏盛（1984）通过沉积相的研究，认为黔中铝土矿形成于泻湖或海湾环境。甄秉钱等（1986）通过野外调查认为山西与河南西部石炭系铝土矿形成于泻湖-海湾与滨岸沼泽。地球化学方法因简便可靠常被用于铝土矿的环境研究，主要包括同位素方法与微量元素的古盐度意义。同位素方法主要使用硫同位素，不同环境的$^{32}S/^{34}S$值有差异，重硫富集指示环境偏海相，轻硫富集指示环境偏陆相。B、Sr、Sr/Ba、Ga、V/Zr等微量元素具有较好的古盐度指示意义，李海光（1998）通过对山西孝义～霍州一代石炭系铝土矿进行$^{32}S/^{34}S$、B含量、Sr/Ba、Ga含量分析，认为该地区铝土矿形成于泻湖或海湾环境，4种地化指标指示的结果相互吻合。俞缙等（2009）通过B、Sr、Ba、Ga特征的分析确定靖西三合铝土矿形成于陆相环境，解决了该地区长期争议的沉积环境问题。李中明等（2009）通过B及B-Ga-Rb图解证明郁山铝土矿形成于海相环境。范忠仁（1989）通过Sr/Ba、V/Zr、B/Ga分析认为河南中西部铝土矿主要为海相沉积。韩景敏（2005）对鲁西地区铝土矿Sr/Ba进行测试，发现大部分样品Sr/Ba<1，指示鲁西铝土矿主要形成于陆相环境。

D 矿床成因

国内铝土矿矿床成因的观点主要有三种：(1) 红土原地残积成矿，母岩红土化的残余物质堆积成矿，包括碳酸盐岩的钙红土化成矿；(2) 铝胶体化学沉淀成矿，铝土矿以胶体溶液的形式搬运，在湖泊、海湾、泻湖等环境成矿；(3) 红土化后的残余物质经远距离搬运后成矿，类似于布申斯基的红土～粗碎屑沉积成矿。廖士范（1991）将中国铝土矿床的形成划为3个成矿阶段：(1) 红土化作用阶段；(2) 固结成岩阶段，铝土矿变致密而品位降低的过程；(3) 表生富集阶段，铝土化过程发生于此阶段，铝土矿脱排铁，品质变好。刘长龄（2005）认为中国铝土矿床是红土-粗碎屑与胶体溶液搬运混合成因，中国铝土矿床形成具有“多源、多相、多因素”的成因特点。刘巽锋等（1990）将黔北铝土矿的形成划为：(1) 剥蚀期，铝土矿母岩被抬升暴露地表，接受风化剥蚀，并形成岩溶洼地；(2) 铝土矿化期，铝土矿的主要成矿阶段，在此阶段铝土矿完成主要的脱硅排铁过程；(3) 早期成岩阶段，相当于沉积岩的早期成岩阶段，铝土矿被梁山组覆盖后即进入早期成岩阶段，此阶段使铝土矿固结成岩；(4) 成岩期，此阶段铝土矿的改造较微弱；(5) 后生表生期，铝土矿经构造运动隆起至地表，使近地表铝土矿铁含量进一步降低，形成低铁的高品位铝土矿。很多学者认为成矿过程中腐殖酸的形成可以起到保护Al胶体溶液使其不凝结的作用，从而使Al质能搬运较长距离后再沉积形成铝土矿床（廖士范等，1991；刘长龄等，2005；陈履安等，1996；雷怀彦等，1996）。总体上说，中国铝土矿矿床成因的理论基本上继承于国外，实验模拟成矿过程的研究较为匮乏，成矿作用与成矿机制尚有待深入研究。

1.1.4.3 贵州铝土矿研究现状

贵州省铝土矿资源十分丰富，分布范围较广，黔东南、黔中与黔北均蕴含有大量的铝土矿。目前确定储量的铝土矿黔东南集中于凯里～黄平一带，黔中集中于贵阳～清镇～修文一带，黔北包括务川～正安～道真成矿区与遵义成矿区两部分。

贵州铝土矿4个成矿区，矿床主要类型为岩溶型与红土型，成矿时间各不相同，总体自南向北年轻，黔北务川～正安～道真地区的成矿时间介于石炭与二叠之间，具体时间尚未完全确定，为贵州成矿时间最年轻的铝土矿。贵州铝土矿多个成矿区各有异同，以下简析各成矿区含矿岩系特征。

A 务川~正安~道真铝土矿研究现状

众多专家学者对黔北铝土矿进行了长期的研究，主要集中在岩石矿物学、沉积学、物源与地球化学、成矿时代、矿床成因与成矿规律。

（1）岩石矿物学：从野外宏观特征上看，务川~正安~道真铝土矿为含泥砾的黏土岩，Al含量达到一定高度的层位即成为工业铝土矿。务川~正安~道真铝土矿矿物晶体多小于5μm，成分以硬水铝石为主，高岭石次之，另含有少量软水铝石、三水铝石、伊利石、绿泥石等矿物（赵远由等，2012；谷静等，2013），硬水铝石为务川~正安~道真铝土矿最主要的铝土矿物，部分矿区样品软水铝石含量较高，其余主要为高岭石、伊利石、蒙脱石、绿泥石，铝土矿工业矿石矿物以硬水铝石为主，含少量一水软铝石与胶铝矿，部分样品含一定量的黄铁矿。前人的研究分析表明务川~正安~道真铝土矿主要矿物成分为硬水铝石与黏土矿物，局部地区可能以软水铝石为主。

（2）沉积学：普遍认为务川~正安~道真铝土矿为母岩风化残余物经搬运再沉积形成，为典型的沉积型铝土矿，沉积环境长期存有“海相”与“陆相”的争议，环境问题是需要解决的重点问题。

（3）物源与地球化学：金中国等（2009）认为鹿池向斜瓦厂坪矿区REE具轻稀土富集、重稀土亏损的特征，REE含量与矿石质量呈正相关。矿层∑REE平均为260.17×10^{-6}，剖面顶部至底部∑LREE、∑MREE、∑HREE均表现出增加的趋势，∑REE与矿石质量呈正相关。李沛刚（2012）通过对铝土矿中的REE研究认为铝土矿成矿过程是稀土元素贫化的过程，铝土矿的REE含量与矿石质量呈负相关。汪小妹等（2013）研究发现钻孔顶部至底部，∑LREE、∑MREE、∑HREE均逐步增加，表明剖面顶部至底部，REE的淋滤迁出减弱，REE配分曲线特征表现为LREE明显富集、MREE中等-弱富集、HREE相对平坦的特征。务川~正安~道真铝土矿中稀土元素配分模式特征基本没有异议，但稀土元素与矿石品质的关系却有两种截然相反的意见，这可能因为稀土元素与铝土矿品质的关系本就复杂，也可能是测试样品代表性不够导致判断误差。铝土矿中部分微量元素达到综合利用水平，认为整个黔北地区（包括遵义、息烽等地）Ga价值达30亿美元（刘平，2007；鲁方康，2009），王登红等（2013）研究发现务川~正安~道真地区的镓和锂可圈定矿体，在铝土矿的勘查中应予以重视。铝土矿下伏地层有石炭系黄龙组灰岩与志留系韩家店组页岩，铝土矿的物源长期存有韩家店组页岩与黄龙组灰岩的争议。黄龙组灰岩因与含矿岩系直接接触且碳酸盐岩提供物源的岩溶型铝土矿是铝土矿的三大类型之一，故许多人支持黄龙组灰岩为铝土矿的唯一物源。韩家店组页岩因高的含Al量（25%）及较大的地层厚度（大于200m）常被认为是铝土矿母岩（殷科华，2009；雷志远，2013），刘平（1993）认为相同条件下，韩家店组泥页岩至铝土矿Al富集只需2.47倍，Ti 2.91倍，Ga 3.57倍，黄龙组灰岩则需富集Al 67倍，Ti 102倍，Ga 41倍，另外Zr-Cr-Ga图解与稀土元素配分模式、稳定元素、稀土元素配分曲线比率也支持韩家店组页岩为铝土矿的物源。总体上务川~正安~道真铝土矿的物源问题未得到很好的解决，前人的研究往往局限于非黄龙组灰岩即韩家店组页岩的单一物源解释，且以往的测试分样品缺乏全区代表性且未见原始数据，另外早期的研究中部分学者将务川~正安~道真地区的铝土矿与遵义、息烽等地的铝土矿视为同一矿层，对后者的研究结论直接用于务川～正安～道真铝土矿，这是不正确的。

（4）成矿时代：务川～正安～道真铝土矿下伏最新地层为晚石炭世黄龙组灰岩，上覆地层为中二叠世梁山组页岩，铝土矿与二者皆为平行不整合接触，上下伏地层间隔时间较长，因此黔北务川～正安～道真铝土矿的成矿时代一直有石炭与二叠之争。刘巽锋（1990）通过孢粉分析认为铝土矿属于早石炭世。刘平（2007）通过孢粉研究认为务川～正安～道真铝土矿属晚石炭世大竹园期，郝家栩等（2007）通过黄龙组灰岩中的蜓类化石及铝土矿中的植物化石研究认为铝土矿形成于晚石炭世马平期晚期。武国辉等（2008）从地层岩性特征、厚度变化规律认为铝土矿形成于中二叠世梁山期。金中国（2009）对铝土矿中的锆石测年检测到二叠纪年龄，据此认为铝土矿形成于中二叠世。刘平（2012）通过孢粉再研究认为铝土矿为晚石炭世马平期早期形成。黄兴（2012，2013）通过黄龙组灰岩中的微体生物化石及石炭-二叠纪之交华南海平面变化规律研究认为铝土矿形成于中二叠世紫松期至隆林期。迄今为止，铝土矿的成矿时代仍处于争议中，这可能因为铝土矿的成矿是一个漫长的过程，从晚石炭的风化剥蚀直至中二叠世梁山期一直处于铝土矿化中，导致从不同角度分析铝土矿的时代存有石炭纪晚期与二叠纪早期的争议。

（5）成矿模式：刘巽锋（1990）建立了整个黔北地区铝土矿的成矿模式，分母岩—风化—再沉积—成矿—改造—成熟—保存7个阶段。刘平（1993）认为铝土矿经历了晚泥盆纪红土化—中石炭世海侵—晚石炭世铝土矿初步形成—成岩后生作用—表生作用5个阶段；殷科华（2009）建立了泥盆纪末—早志留世末母岩夷平风化—早石炭世碳酸盐岩台地化—晚石炭世铝土矿机械沉积—晚石炭世铝土矿化阶段—中二叠-侏罗成岩成矿阶段—白垩纪表生作用阶段6个阶段的铝土矿成矿模式。务川～正安～道真地区铝土矿的碎屑锆石年代学研究指示韩家店组是铝土矿的重要母岩，韩家店组的物质来源为华夏古陆（赵芝等，2013；谷静等，2013）。翁申富（2010）认为务川～正安～道真铝土矿经历了母岩风化—再沉积—成矿—改造—成熟—保存的过程。前人已基本建立了铝土矿的成矿模式，母岩暴露—风化—沉积几个阶段基本没有争议，铝土矿化处于哪个阶段尚不确定，表生作用对铝土矿成矿究竟是促进作用还是破坏作用尚有待深入研究。

B 其余地区铝土矿研究现状

贵阳～修文～清镇铝土矿成矿区含矿岩系可分为4段，底部为紫红、暗红色铁质页岩，铁质黏土岩，深绿色绿泥石泥岩组成，夹赤铁矿结核或透镜体；往上为灰白色黏土岩，中部为铝土矿体，矿石类型多样，包括土状、碎屑状、致密状，顶部为灰白色黏土岩。本区含矿岩系较稳定，厚度类型等差别均不大，但铝土矿矿体与含矿岩系厚度存在正相关关系，含矿岩系厚度越大，矿体厚度亦越大，但矿石质量与含矿岩系厚度的关系尚未系统研究。

凯里～黄平铝土矿成矿带集中分布于凯里北西、黄平以南400余平方千米范围，主要有王家寨矿区、苦李井矿区、渔洞矿区、铁厂沟矿区。铝土矿含矿地层为梁山组，共分为3段，下部为含铁层，由紫红色页岩、铝土页岩夹结核状菱铁矿层组成，厚0～16m；中部为铝土矿层，由铝土岩及豆鲕状、半土状、致密状铝土矿组成，厚0～40m；上部为含煤层，混杂少量铝土矿、岩石碎屑等，厚1.2～13m。

遵义～息烽矿区位于息烽～开阳～瓮安以北、金沙～南白～熬溪以南的广大地区，区内主要有仙人岩、后槽、川主庙、苟江等铝土矿床。该成矿区含矿岩系可分为下部黏土岩段与上部铝质岩段（银代钢等，2011；刘平，1987），下部黏土岩段由紫红色铁质黏土岩、浅绿～灰绿色黏土岩和灰绿～紫红色黏土岩组成，下部常含点状、条带状和结核状粉晶～粗晶黄铁矿，局部富集呈透镜状矿体（李艳桃等，2014），偶见赤铁矿和菱铁矿条带或结核，厚0～19.4m（银代钢等，2011；刘平，1987）。上部铝土岩段颜色较复杂，紫红～灰白皆有，矿石类型多样，半土状、碎屑状、致密状、豆鲕状都有，厚0.29～29.3m。

C 各成矿区对比

贵州各成矿区在成矿时代、物源、岩石矿物学特征、矿石自然类型、伴生元素等方面既有相同之处亦有差别。

含矿层的层位：贵阳～修文～清镇矿区含矿地层为石炭系下统九架炉组，该成矿区铝土矿的成矿时代基本无争议。而其余矿区铝土矿的成矿时代或多或少存在争议，尤以务川～正安～道真地区铝土矿的石炭与二叠之争最为典型。这是因为沉积型的铝土矿经淋滤改造后缺乏定年标志。

含矿岩系特点：（1）凯里～黄平矿集区的含矿岩系由下、中、上三段组成，务川～正安～道真地区的铝土矿亦由下、中、上三段组成，其余矿区由上、下两段组成，但总体上，不管哪个矿区的铝土矿，含矿岩系的分段性十分明显，且铝土矿层通常位于含矿岩系中部或中上部；（2）铝土矿层的厚度与含矿岩系的厚度呈正相关，通常含矿层的厚度随含矿岩系厚度的增大而增大，但矿石的质量与厚度没有十分明显的正相关关系，许多钻孔中为较厚的含矿岩系与含矿层，但其矿石类型多为致密状铝土矿，品位较低。

矿床成因类型：贵州的铝土矿主要为岩溶型铝土矿与沉积型铝土矿，贵阳～修文～清镇与遵义～息烽主要为岩溶型铝土矿，务川～正安～道真地区为典型的沉积型铝土矿，凯里～黄平地区的铝土矿则介于沉积型与岩溶型之间。

矿物组成与化学成分：各成矿区矿物组成与化学成分基本一致，仅在含量上略有差异。矿石矿物均以硬水铝石为主，含少量软水铝石与三水铝石，共生矿物主要为高岭石与绿泥石、赤铁矿，赤铁矿多集中于含矿岩系下部。

矿石自然类型：全世界铝土矿矿石基本可分为豆鲕状、致密状、碎屑状、半土状四类，只是不同文献命名略有差异，贵州亦不例外。各成矿区基本都含有四类矿石，但遵义～息烽矿区豆鲕状矿石含量相对较少。

伴生元素：贵州铝土矿中有丰富的伴生元素，其中Ga、Li等含量较高，有较大的经济开发价值，矿石冶炼后的赤泥中有用组分更加富集（刘平，2007；赵远由，2007；杨中华，2011）。

1.1.4.4 铝土矿研究现状总结

总体上说，国内外铝土矿的研究较为深入，对其成矿环境、岩石矿物组成、物源、伴生元素等问题研究较为透彻，但在含矿层时代确定、古地理微相与定量物源分析上尚缺乏大的突破。而贵州铝土矿的近年研究中，以务川～正安～道真地区最详细，有多部专著出版，务川～正安～道真地区铝土矿的岩石矿物组成、成矿环境、成矿过程等均已清晰。其余成矿区研究相对薄弱，但岩石矿物组成与宏观成矿环境亦已查明。铝土矿下一步的研究重点应为地层时代确定、物源定量分析、古地理微相分析、伴生有益元素迁移规律、完整成矿模式建立。

1.2 铝土矿的分布与资源储量概况

1.2.1 铝土矿的分布

铝土矿是贵州省的优势矿种之一，其资源丰富、矿石质量好、分布广泛、矿床规模大。主要分布在省内五片相对集中的区域内（图1-1）：（1）贵阳地区，习称黔中铝土矿区，主要包括清镇、修文、贵阳、平坝、织金和黔西；（2）务川~正安~道真地区，主要包括务川、道真、正安和凤冈；（3）遵义地区，主要包括遵义、息烽和开阳；（4）凯里~黄平地区；（5）瓮安~龙里地区。地质时代主要归属早石炭世大塘期祥摆时及中二叠世梁山期（?）。早石炭世大塘期祥摆时形成之铝土矿多集中于贵阳、遵义、织金、息烽、龙里地区；而中二叠世梁山期（?）形成之铝土矿则集中在务川、正安、道真和凯里、黄平和瓮安三片区内。

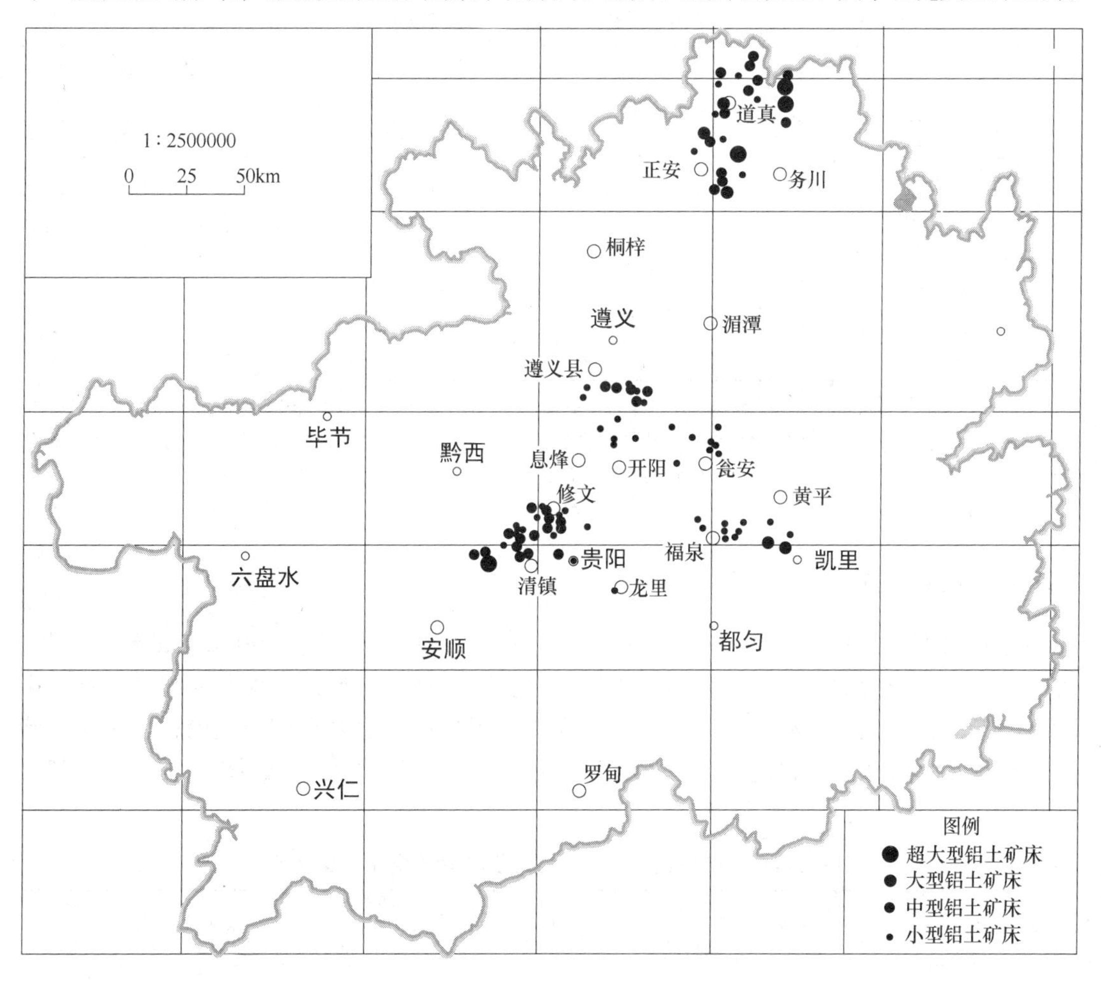

图1-1 贵州省铝土矿资源分布

1.2.2 铝土矿资源（储）量概况

据贵州省国土资源厅2006年《贵州省铝土矿资源勘查与开发专项规划》，结合2010

年以来国土资源部、贵州省国土资源厅开展的铝土矿整装勘查成果（含清镇~织金地区铝土矿整装勘查、务川~正安~道真地区铝土矿整装勘查、湄潭~凤冈地区铝土矿整装勘查、凯里~黄平地区铝土矿整装勘查、瓮安~福泉~龙里地区铝土矿整装勘查），贵州铝土矿通过长达70余年的找矿勘查与综合研究，截至2014年12月，完成了普查以上程度的铝资源储量矿区78处，整装勘查区块21块，全省历年勘查累计提交资源储量共计约12.9亿吨，约占全国总量的25%左右，仅少于山西，在全国排居第二位。

铝土矿在贵州省分布较广，但资源储量相对集中于贵阳地区和务川~正安~道真地区，共计有资源储量矿区50余处，探获各级资源储量约11亿吨，占全省总量的85%。务川~正安~道真地区资源最丰富，有资源储量区25处，探获各级资源量7亿吨，占全省总量的54%，其次是贵阳地区探获各级资源储量2.96亿吨，为全省总量的23%。详细情况见表1-3。

表1-3 贵州省铝土矿资源现状

矿集区名称	保有资源储量/万吨				占全省总量的比例/%
	储量	基础储量	资源量	资源储量总量	
贵阳地区	6827	9844	19741	29580	23.0
清镇~织金地区			9268	9268	7.2
遵义地区（含开阳）	1377	1815	4070	5885	4.6
务川~正安~道真地区			70550	70550	54.8
凯里~黄平地区			7005	7005	5.4
瓮安~福泉~龙里地区			6473	6473	5.0
合 计			117107	128761	

（据贵州省国土厅《贵州省铝土矿资源勘查与开发专项规划（2006年）》、《清镇~织金地区铝土矿整装勘查报告（2014年）》、《务川~道真~正安地区铝土矿整装勘查报告（2013年）》、《湄潭~凤冈地区铝土矿整装勘查报告（2013年）》（本书将资源量加入了务川~正安~道真地区）、《凯里~黄平地区铝土矿整装勘查报告（2012年）》、《瓮安~福泉~龙里地区铝土矿整装勘查报告（2013年）》修编）

1.2.3 铝土矿主要勘查成果

贵州省铝土矿自1941年首次在修文小山坝一带发现以来，通过70多年的地勘工作，现在全省范围内勘探矿床17处，详查矿床25处，普查矿床36处，预查~踏勘调查矿床（点）数十处。截至2014年12月，探明超大型矿床2处（也是全国最大的铝土矿床，储量达1.79亿吨和大于1亿吨），大型矿床10处，中型矿床40处，小型矿床数十处。其大中型矿床详细情况见表1-4和表1-5。

表1-4 贵州省2010年以前探明的大中型铝土矿床情况

序号	矿集区名称	矿区名称	地质勘查程度	矿区规模	品位/%		Al/Si	资源储量/万吨
					Al_2O_3	SiO_2		
1	贵阳地区	清镇猫场	详查	超大型	61~70	6~10	7~11	17850
2		清镇林歹	勘探	中型	66.32	9.54	6.9	689
3		清镇燕垅	勘探	中型	71.1	6.1	11.0	680
4		清镇长冲河	勘探	中型	67~70	8~10	6~8	1248
5		清镇麦坝	勘探	中型	66.2	10.4	6.3	1255

续表 1-4

序号	矿集区名称	矿区名称	地质勘查程度	矿区规模	品位/%		Al/Si	资源储量/万吨
					Al_2O_3	SiO_2		
6	贵阳地区	清镇老黑山	普查	中型	63.31	13.15	4.8	545
7		清镇杨家庄	普查	中型	63.7	14.4	4.4	835
8		清镇麦格	勘探	中型	67.67	10.91	6.2	600
9		修文小山坝	勘探	中型	68.9	10.8	6.3	1343
10		修文干坝	勘探	中型	63.51	10.73	5.9	646
11		修文大豆厂	详查	中型	56.7	10.8	5.2	700
12		修文乌栗	详查	中型	63.55	11.42	5.6	823
13		贵阳斗篷山	勘探	中型	66.32	9.78	6.8	817
14		织金马桑林	勘探	中型	65.78	8.16	8.10	1010
15	遵义地区	遵义苟江	勘探	中型	65.2	7.2	9.0	678
16		遵义宋家大林	勘探	中型	62~77	2~17.5	4~33.6	513
17		遵义后槽	勘探	中型	64.4	8.0	8.3	993
18		遵义仙人洞	勘探	中型	58.3	8.3	7.0	1493
19		遵义川主庙	详查	中型	65.6	9.1	7.2	544
20	息烽~开阳地区							
21								
22								

（据贵州省国土资源厅《贵州省铝土矿资源勘查与开发专项规划（2006 年）》、《截止二〇〇六年底贵州省矿产资源储量简表（2007 年）》等修编）

表 1-5 贵州省 2010~2014 年整装勘查区资源量成果

勘查区块		资源量/万吨	平均真度/m	块段平均品位		主要大中型矿床		
				Al_2O_3	Al/Si	大型	中型	勘查程度
务川~正安~道真地区	栗园~鹿池向斜	17741.20	1.95	63.00	6.39	务川大竹园超大型		勘探
						务川瓦厂坪		勘探
	新模向斜	15277.65	1.74	57.06	4.97	正安新木~晏溪		详查
						正安旦坪		普查
							正安红光	详查
						正安斑竹园		普查
	张家院向斜	5564.03	1.58	59.58	5.15			预-普查
	大塘向斜	18382.78	2.26	60.50	4.07	道真新民		详查
							道真岩坪	详查
						道真大塘		普查
	道真向斜	2670.84	1.66	62.08	6.54		道真三清	详查
							道真沙坝	详查
							道清麦李树	普查

续表 1-5

<table>
<tr><th colspan="2" rowspan="2">勘查区块</th><th rowspan="2">资源量/万吨</th><th rowspan="2">平均真度/m</th><th colspan="2">块段平均品位</th><th colspan="3">主要大中型矿床</th></tr>
<tr><th>Al_2O_3</th><th>Al/Si</th><th>大型</th><th>中型</th><th>勘查程度</th></tr>
<tr><td rowspan="7">务川～正安～道真地区</td><td rowspan="2">安场向斜</td><td rowspan="2">6647</td><td rowspan="2">1.73</td><td rowspan="2">60.91</td><td rowspan="2">4.60</td><td>正安东山</td><td rowspan="2"></td><td>普查</td></tr>
<tr><td>正安马鬃岭</td><td>普查</td></tr>
<tr><td>桃园向斜</td><td>2464.83</td><td>1.91</td><td>61.15</td><td>7.04</td><td></td><td></td><td>预—普查</td></tr>
<tr><td>浣溪向斜</td><td>1262.4</td><td>1.42</td><td>57.61</td><td>4.23</td><td></td><td></td><td>预—普查</td></tr>
<tr><td>湄潭～凤冈勘查区</td><td>539.4</td><td>1.2</td><td>56.5</td><td>4.9</td><td></td><td></td><td>预—普查</td></tr>
<tr><td>总计</td><td>70010.74</td><td>1.92</td><td>60.38</td><td>4.98</td><td></td><td></td><td></td></tr>
<tr><td colspan="8"></td></tr>
<tr><td rowspan="5">凯里～黄平地区</td><td>苦李井勘查区</td><td>3336.19</td><td>2.70</td><td>67.33</td><td>6.28</td><td>凯里苦李井</td><td></td><td>普查</td></tr>
<tr><td>渔洞勘查区</td><td>2263.26</td><td>1.77</td><td>60.1</td><td>4.4</td><td>凯里渔洞</td><td></td><td>普查</td></tr>
<tr><td>铁厂沟勘查区</td><td>762.2</td><td>2.05</td><td>65.64</td><td>5.74</td><td></td><td>凯里铁厂沟</td><td>普查</td></tr>
<tr><td>王家寨勘查区</td><td>643.77</td><td>3.52</td><td>65.57</td><td>4.26</td><td></td><td>黄平王家寨</td><td>详查</td></tr>
<tr><td>总计</td><td>7005</td><td></td><td></td><td></td><td></td><td></td><td></td></tr>
<tr><td rowspan="5">瓮安～龙里地区</td><td>天文向斜勘查区</td><td>530</td><td></td><td></td><td></td><td></td><td>瓮安玉山</td><td>详查</td></tr>
<tr><td>五台山向斜勘查区</td><td>879</td><td></td><td></td><td></td><td></td><td>瓮安木引槽</td><td>详查</td></tr>
<tr><td>平寨向斜勘查区</td><td>1507</td><td></td><td></td><td></td><td></td><td>龙里金谷</td><td>普查</td></tr>
<tr><td>瓮安复向斜勘查区</td><td>3558</td><td></td><td></td><td></td><td></td><td>草塘老寨子</td><td>详查</td></tr>
<tr><td>总计</td><td>6474</td><td></td><td></td><td></td><td></td><td></td><td></td></tr>
<tr><td rowspan="4">清镇～织金地区</td><td>猫场矿区外围勘查区</td><td>6546</td><td>3.6</td><td>59.8</td><td>5.6</td><td>猫场矿区外围</td><td rowspan="3">中型矿床6个</td><td>预-普查</td></tr>
<tr><td>马桑林勘查区</td><td>1781</td><td>4.2</td><td>59.3</td><td>5.1</td><td></td><td>预-普查</td></tr>
<tr><td>黎木冲勘查区</td><td>941</td><td>1.8</td><td>60.5</td><td>3.9</td><td></td><td>预-普查</td></tr>
<tr><td>合计</td><td>9268</td><td></td><td></td><td></td><td></td><td></td><td></td></tr>
</table>

（据《贵州省务(川)～正(安)～道(真)地区铝土矿整装勘查成果报告(2013 年)》、《贵州省瓮安～福泉～龙里地区铝土矿整装勘查报告（2013 年)》、《贵州省凯里～黄平地区铝土矿整装勘查报告（2012 年)》、《清镇～织金地区铝土矿整装勘查报告（2014 年)》、《贵州省湄潭～凤冈地区铝土矿整装勘查报告（2014 年)》修编）

2 贵州铝土矿成矿背景与成矿条件

贵州铝土矿作为古风化壳沉积矿床，其成矿过程不但受到大地构造位置、地层岩石特征、地质构造背景的影响，而且还与成矿时期的古构造、古地理地貌、古风化作用、古气候、古纬度、古水文地质等成矿条件有着密切的关系，这些成矿背景成矿条件正是贵州大规模铝土成矿作用产生及铝土矿床区域有序成带分布的基本前提，本章以区域研究成果为基础并结合最新铝土矿成果资料，力求系统对贵州省铝土矿的特殊成矿背景和成矿条件进行讨论，以提高贵州铝土矿成矿的整体和综合研究水平。

2.1 大地构造位置

关于贵州大地构造的划分，长期以来一直存在着不同的划分方案，这些划分方案的提出表明，一方面，不同时期不同学者及研究院所对贵州大地构造特征有不同的认识或看法，反映了贵州大地构造位置的特殊性和构造变形历史的复杂性；另一方面，反映了地质学家通过长期研究对贵州大地构造特征及其属性认识的不断深化，这不但是贵州构造地质研究进展阶段性成果的体现，而且是人们认识自然地质规律严谨科学态度的客观真实写照。按照李春昱关于中国大地构造与亚洲大地构造的研究成果和划分方案，贵州位于华南板块。《贵州省区域地质志》（1987，贵州省地矿局）将贵州划分为华南褶皱带和扬子准地台两大构造单元，其中扬子准地台内再分为黔北台隆、黔南台陷和四川台坳等次级单元。王砚耕（1991）将贵州的大地构造单元划分为“一块两带”，即扬子陆块、江南造山带和右江造山带，同时将贵州划分成四个大的构造变形区，即四川盆地边平缓开阔褶皱区、贵州侏罗山式褶皱带、江南造山型褶皱带、南盘江造山型褶皱带。通过多年的实践检验，证明这一划分方案基本是可行的。程裕淇（1994）主编的《中国区域地质概论》认为贵州大地构造位置属于扬子陆块和华南活动带的过渡区，将贵州境内扬子陆块再划分为上扬子地块和江南地块；华南活动带进一步划分为湘桂褶皱系之右江（印支）褶皱带。

贵州省地质调查院新编的《贵州省区域地质志》（2012）在系统总结前人关于华南地区地质研究成果基础上，结合贵州地质构造特点，认为贵州大地构造跨越扬子陆块和江南造山带两大构造单元，二者以师宗～松桃慈利～九江深断裂为界（图 2-1）。由此表明，贵州大地构造分区最显著的特征是“一块一带”，“一块”即扬子陆块，“一带”即江南造山带。这是对贵州深部构造、表层变形和地质演化历史的高度概括和总结，反映了贵州地质工作者对贵州大地构造特征的最新认识，它对深入研究贵州地质构造的变形特征、探索贵州地质构造发展演化规律具有一定的指导作用和意义。贵州北部地区属于扬子陆块，其基底为早震旦世前的板溪群/下江群、梵净山群和更早的变质岩系，盖层为早震旦世～晚

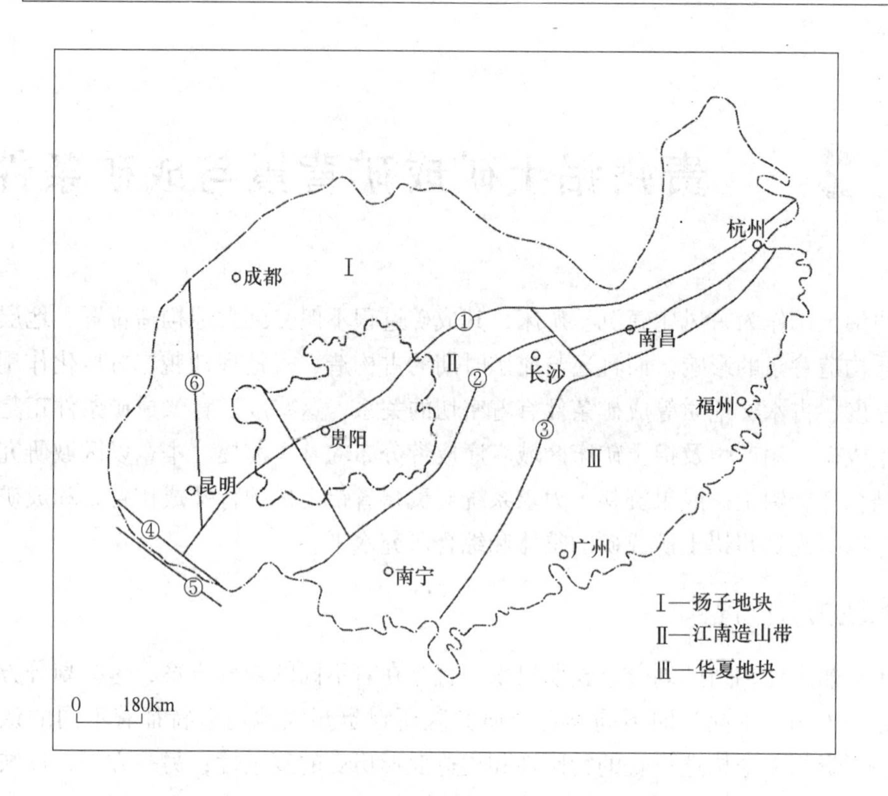

图 2-1 贵州省大地构造位置图（据《贵州省区域地质志》，2012）
①师宗～松桃～慈利～九江断裂带；②罗城～龙胜～桃江～景德镇断裂带；
③北海～萍乡～绍兴断裂带；④红河断裂带；⑤哀牢山断裂带；⑥小江断裂带

三叠世早期的被动大陆边缘和地台内部裂陷沉积。基底形成以后，在雪峰运动的基础上，在晚震旦世，由于差异性的升降运动，形成了有利于磷矿沉积的水下隆起；在早寒武世产生大面积分布的黑色页岩和镍钼、铂钯多金属沉积；都匀运动，隆升幅度加大，缺失了志留系和泥盆系；广西运动，使贵州北部一度隆起。受上述隆升作用的影响，中晚寒武世～早奥陶世宁国早期在贵州西部的盘县～六盘水一线以西形成了牛首山古陆，中奥陶世～中志留世形成了滇黔桂古陆，并在早志留世与江南古陆相连结；早志留世开始，古地理条件发生了较大的变化，西部的威宁～盘县以西的牛首山古陆继续存在，在赫章～安顺～清镇～贵阳～瓮安～凯里～三都～荔波佳荣一线以北东为上扬子古陆，形成所谓的"黔中古陆"，亦称"黔中隆起"，不同程度地缺失了奥陶系、志留系、泥盆系和石炭系，总体沉积了大陆边缘重力流组合、碳硅泥质～碳酸盐沉积组合、拉张上隆环境磨拉石组合、浅水碳酸盐及碎屑沉积组合。在风化剥夷面上，形成了石炭系九架炉组铝土质岩系和二叠系梁山组铝土质岩系。贵州南部地区属于江南造山带西段，它是在羌塘～扬子～华南板块扬子陆块之上发展起来的复合造山带，并由不同时期、不同性质的造山带组成。在结构上从东向西分别由武陵期造山带（即北亚带）、雪峰～加里东造山带（即中亚带）和海西～印支～燕山亚带（即南亚带）组成，从时间上具有从西向东西逐渐迁移变新的特点。

表 2-1 研究区地层划分总表

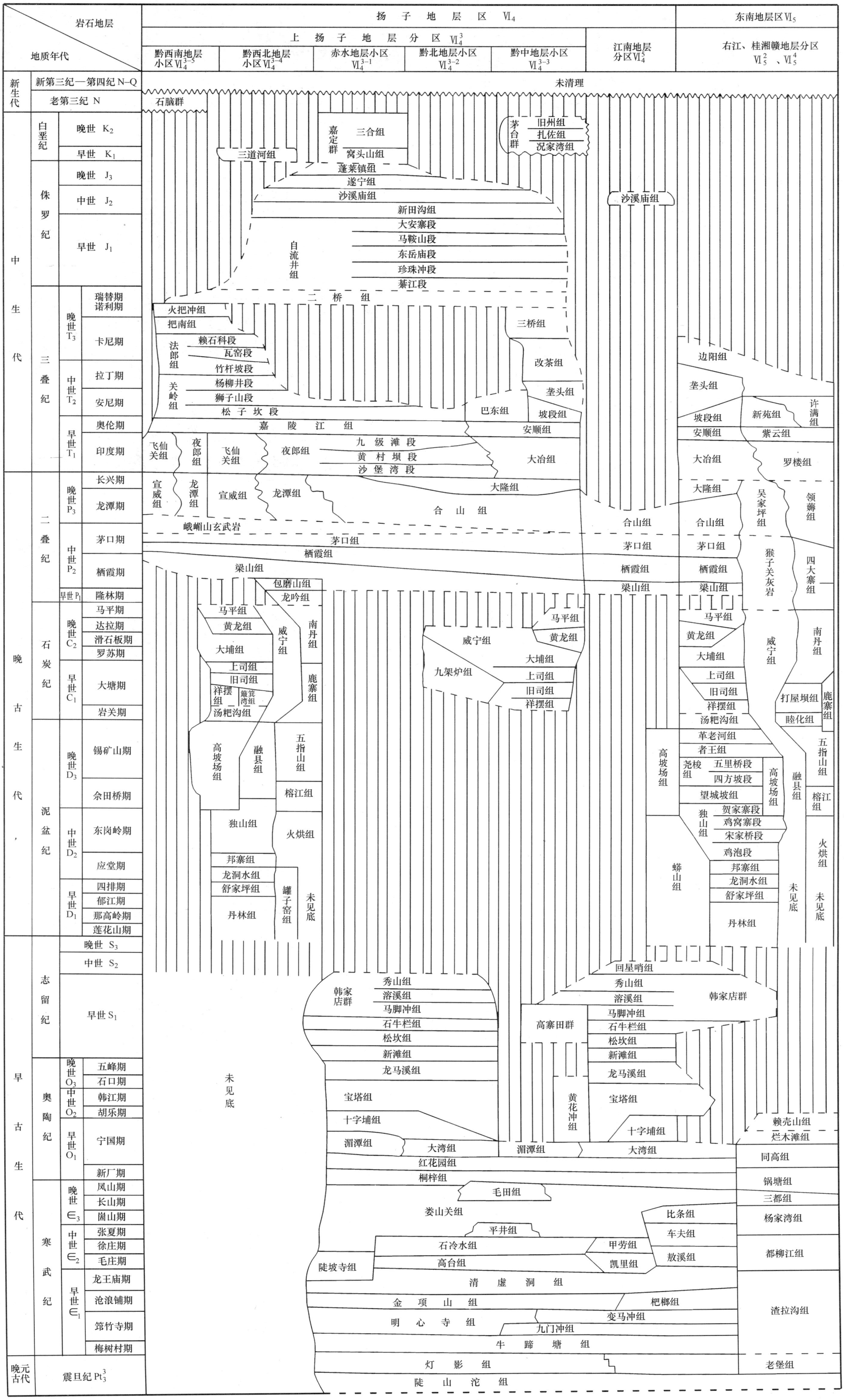

地质年代			岩石地层
新生代	新第三纪—第四纪 N–Q		未清理
	老第三纪 N		石脑群
中生代	白垩纪	晚世 K_2	
		早世 K_1	
	侏罗纪	晚世 J_3	
		中世 J_2	
		早世 J_1	
	三叠纪	晚世 T_3	瑞替期 诺利期
			卡尼期
		中世 T_2	拉丁期
			安尼期
		早世 T_1	奥伦期
			印度期
晚古生代	二叠纪	晚世 P_3	长兴期
			龙潭期
		中世 P_2	茅口期
			栖霞期
		早世 P_1	隆林期
	石炭纪	晚世 C_2	马平期
			达拉期
			滑石板期
			罗苏期
		早世 C_1	大塘期
			岩关期
	泥盆纪	晚世 D_3	锡矿山期
			佘田桥期
		中世 D_2	东岗岭期
			应堂期
		早世 D_1	四排期
			郁江期
			那高岭期
			莲花山期
早古生代	志留纪	晚世 S_3	
		中世 S_2	
		早世 S_1	
	奥陶纪	晚世 O_3	五峰期
			石口期
		中世 O_2	韩江期
			胡乐期
		早世 O_1	宁国期
			新厂期
	寒武纪	晚世 $\in_3$	凤山期
			长山期
			崮山期
		中世 $\in_2$	张夏期
			徐庄期
			毛庄期
		早世 $\in_1$	龙王庙期
			沧浪铺期
			筇竹寺期
			梅树村期
晚元古代	震旦纪 Pt_3^3		

扬子地层区 VI_4 — 上扬子地层分区 VI_4^3：黔西南地层小区 VI_4^{3-5}、黔西北地层小区 VI_4^{3-4}、赤水地层小区 VI_4^{3-1}、黔北地层小区 VI_4^{3-2}、黔中地层小区 VI_4^{3-3}；江南地层分区 VI_4^5

东南地层区 VI_5 — 右江、桂湘赣地层分区 VI_5^2、VI_5^4

上扬子地层分区（自上而下）： 未清理；石脑群；茅台群（旧州组、扎佐组、况家湾组）；嘉定群（三合组、窝头山组）；三道河组；蓬莱镇组；遂宁组；沙溪庙组；自流井组（新田沟组、大安寨段、马鞍山段、东岳庙段、珍珠冲段、綦江段）；二桥组；火把冲组；把南组；法郎组（赖石科段、瓦窑段、竹杆坡段）；关岭组（杨柳井段、狮子山段、松子坎段）；三桥组；改茶组；垄头组；坡段组；巴东组；安顺组；嘉陵江组；飞仙关组；夜郎组（九级滩段、黄村坝段、沙堡湾段）；大冶组；宣威组；龙潭组；大隆组；合山组；峨嵋山玄武岩；茅口组；栖霞组；梁山组；包磨山组；龙吟组；马平组；黄龙组；大埔组；上司组；旧司组；祥摆组；簸箕湾组；汤粑沟组；威宁组；九架炉组；南丹组；鹿寨组；高坡场组；融县组；五指山组；榕江组；独山组；火烘组；邦寨组；龙洞水组；舒家坪组；丹林组；罐子窑组；未见底；韩家店群（秀山组、溶溪组、马脚冲组、石牛栏组、松坎组、新滩组）；龙马溪组；宝塔组；十字铺组；湄潭组；大湾组；高寨田群；黄花冲组；红花园组；桐梓组；毛田组；娄山关组；平井组；石冷水组；高台组；陡坡寺组；清虚洞组；金顶山组；明心寺组；牛蹄塘组；灯影组；陡山沱组

江南地层分区： 沙溪庙组；合山组；茅口组；栖霞组；梁山组；马平组；黄龙组；大埔组；上司组；旧司组；祥摆组；威宁组；九架炉组；回星哨组；秀山组；溶溪组；马脚冲组；石牛栏组；松坎组；新滩组；龙马溪组；宝塔组；十字铺组；湄潭组；大湾组；甲劳组；凯里组；杷榔组；变马冲组；九门冲组

右江、桂湘赣地层分区： 边阳组；垄头组；坡段组；安顺组；大冶组；大隆组；合山组；茅口组；栖霞组；梁山组；马平组；黄龙组；大埔组；上司组；旧司组；祥摆组；汤粑沟组；革老河组；者王组；尧梭组；五里桥段；四方坡段；望城坡组；独山组（贺家寨段、鸡窝寨段、宋家桥段、鸡泡段）；邦寨组；龙洞水组；舒家坪组；丹林组；高坡场组；蟒山组；许满组；新苑组；紫云组；罗楼组；吴家坪组；领薅组；猴子关灰岩；四大寨组；威宁组；南丹组；打屋坝组；睦化组；鹿寨组；融县组；五指山组；榕江组；火烘组；未见底；韩家店群；赖壳山组；烂木滩组；同高组；锅塘组；三都组；杨家湾组；比条组；车夫组；敖溪组；都柳江组；渣拉沟组；老堡组

2.2 地层岩石序列

研究区沉积分布典型，是贵州古生代地层分布集中区，其中下古生界主要分布于黔北地区，上古生界在各地则出露有别。区内最老地层为青白口系下江群清水江组，零星出露于清镇、开阳、息烽、瓮安等地。在岩性上，以台地相的碳酸盐岩占优势，局限台地相碎屑岩次之；晚三叠世晚期及侏罗纪地层主要为内陆盆地河湖相砂泥岩。除研究区北部遵义至桐梓一带有大面积石炭系缺失外，其余地区从新元古代至第四纪地层均有分布，地层发育较完整（表2-1）。

据贵州省地质志岩石地层划分意见（2012），全省属于羌塘~扬子~华南地层大区之扬子地层区，根据岩相和沉积特征差异再分成黔北、黔中和黔南3个次级地层分区和7个小区（图2-2）。研究区主要位于黔北分区，黔南和黔东地层分区仅涉及其北部和西部区域，各地层小区特征见表2-2。

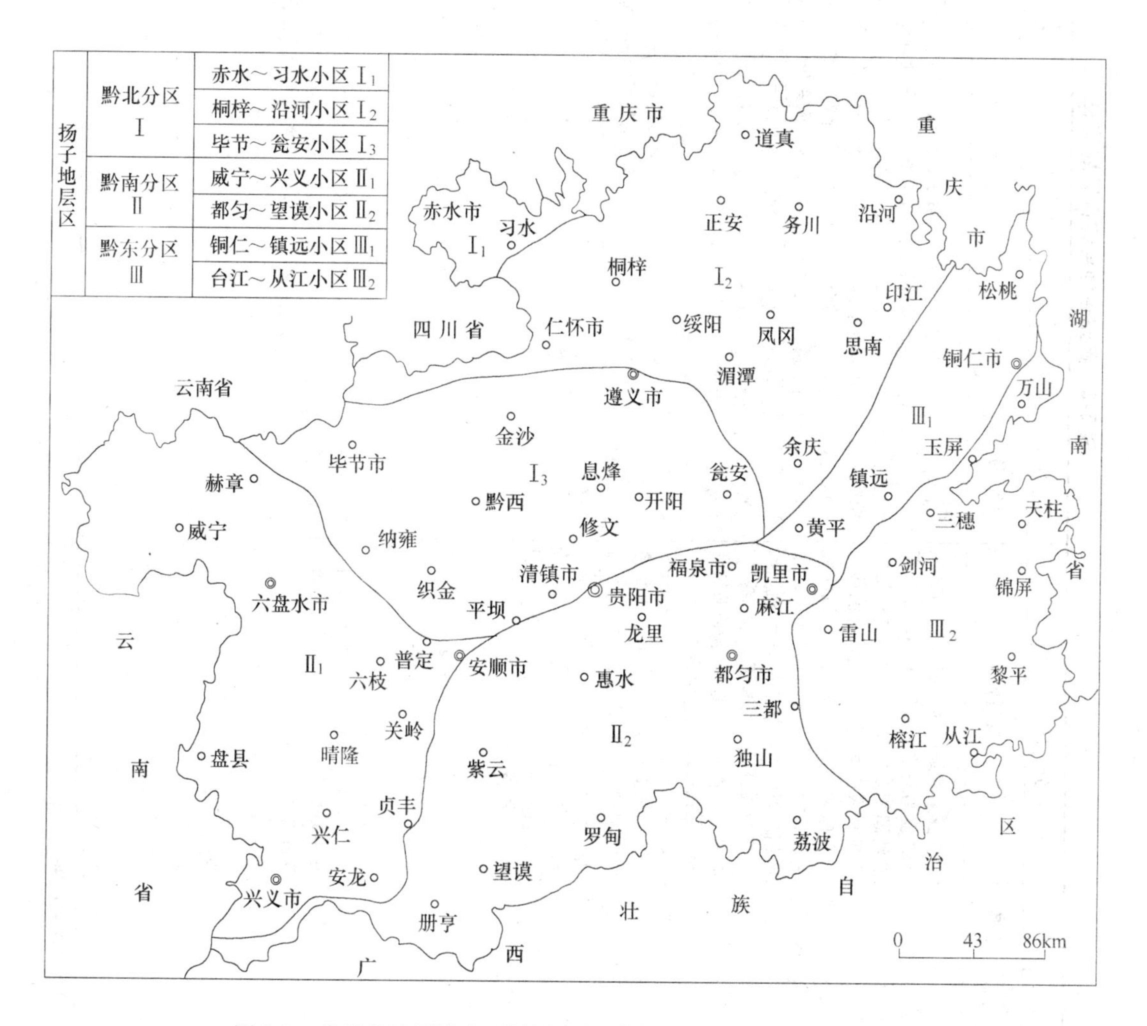

图2-2 贵州省地层综合区划图（据《贵州省区域地质志》，2012）

表 2-2 贵州省地层综合区划简表

大区名称	大地构造位置	分区名称	分区主要特征	小区名称	小区突出特征
扬子地层区	羌塘～扬子～华南板块扬子陆地	黔北分区（Ⅰ）	现露最老地层为青白口系下江群。下江群为裂陷槽盆碎屑沉积，南华系有河湖相及冰川滨浅海相，震旦系、古生代及三叠纪地层主要为滨浅海及台地相，侏罗系为内陆盆地河湖相，白垩系有内陆盆地及山间盆地不同相。因角度不整合及平行不整合，下江群、南华系、石炭系、二叠系、三叠系及下古生界发育不全，普遍缺泥盆系，南部地区缺志留系	赤水～习水小区（$Ⅰ_1$）	出露最老地层是志留系，分布最广的侏罗系和白垩系均为内陆盆地河湖相砂泥岩建造。地层间多平行不整合，缺泥盆系、石炭系、下二叠统、古近系及新近系，志留系及中上三叠统不全
				桐梓～沿河小区（$Ⅰ_2$）	出露最老地层为下江群，分布最广的是下古生界。上白垩统为山间盆地相磨拉石建造，与下伏不同地层角度不整合。另有若干地层平行不整合。缺泥盆系、下二叠统、下白垩统、古近系及新近系，下江群、南华系、上三叠统及南部地区奥陶系发育不全。寒武系～志留系有海相连续沉积，古生物化石丰富
				毕节～瓮安小区（$Ⅰ_3$）	出露最老地层为下江群，分布最广的是下古生界。上白垩统为山间盆地相磨拉石建造，与下伏不同地层角度不整合。另有若干地层平行不整合。缺志留系、泥盆系及下白垩统、古近系及新近系。下江群、南华系、奥陶系、石炭系、三叠系及上三叠统发育不全。下古生界遭剥蚀缺失较强，南部地区二叠系有基性火山岩
		黔南分区（Ⅱ）	出露最老地层为南华系。南华系有河湖相及冰川滨浅海相，震旦系及古生界有滨浅海、台地、斜坡～盆地相，上古生界及三叠系具河湖、滨浅海、台地、斜坡～盆地相，二叠系或有基性火山岩，侏罗系主要为内陆盆地河湖相，上白垩统、古近系及新近系为山间盆地相。地层间有角度不整合或平行不整合，若干地层发育不全	威宁～兴义小区（$Ⅱ_1$）	出露最老地层为震旦系，分布最广的是上古生界及三叠系。上、下古生界平行不整合或角度不整合，上白垩统、古近系或新近系分别与下伏不同地层角度不整合，石炭系、二叠系、三叠系及侏罗系内部各自还有一些平行不整合，相关地层不同程度地缺失，震旦系及下古生界为滨浅海及台地相、上古生界及三叠系有河湖、滨浅海、台地不同相带，部分地区泥盆系～二叠系尚有斜坡～盆地相，多数地区二叠系有基性火山岩
				都匀～望谟小区（$Ⅱ_2$）	出露最老地层为南华系，分布最广的是上古生界及三叠系，缺古近系及新近系。上白垩统与下伏不同地层角度不整合，上、下古生界之间平行不整合或角度不整合。志留系与奥陶系之间，二叠系及三叠系内部尚有平行不整合。震旦系及下古生界有斜坡～盆地相，上古生界及三叠系有滨浅海、台地、斜坡盆地不同相带，尤其在西南部，台、盆相嵌，显示同沉积断块构造活动背景。局部地带二叠系有基性火山岩
		黔东分区（Ⅲ）	出露最老地层青白口系梵净山群及四堡群，为弧后盆地相碎屑岩及中～基性火山岩，下江群及丹洲群为裂陷槽盆滨浅海盆地相，震旦系及下古生界为台缘斜坡～盆地相，上古生界及三叠系（仅存下统）主要为台地相，侏罗系（仅存中、下统）为内陆盆地河湖相，上白垩统及新近系为山间盆地相。因角度不整合及平行不整合，若干地层发育不全，缺泥盆系及古近系	铜仁～镇远小区（$Ⅲ_1$）	出露最老地层为梵净山群，分布最广的是下古生界。缺泥盆系、石炭系、三叠系、侏罗系及古近系。下江群、板溪群与梵净山群，上白垩统或新近系与下伏地层之间为角度不整合。南华系与下江群、板溪群之间为平行不整合或角度不整合，上、下古生界之间平行不整合。下江群和板溪群主要为滨浅海～斜坡相，上部大量缺失。震旦系～奥陶系为台地（主）及斜坡相
				台江～从江小区（$Ⅲ_2$）	出露最老地层为四堡群，分布最广的是下江群和丹洲群。缺志留系、泥盆系、古近系及新近系。丹洲群与四堡群，上、下古生界之间及上白垩统与下伏地层之间均为角度不整合，南华系与下江群之间为平行不整合或角度不整合，还有若干地层间为平行不整合。下江群、丹洲群及南华系发育良好，下江群、丹洲群、震旦系及下古生界主要为斜坡盆地相。石炭系、二叠系角度不整合于下江群～寒武系不同层位之上

（据《贵州省区域地质志》，2012）

2.3 地质构造背景与条件

2.3.1 区域地壳结构

地壳结构是决定区域地壳稳定性、沉积成岩成矿特征、构造变形方式与途径的重要因素。研究区自晚元古代～古生代至三叠纪晚期沉积相变频繁，相带展布清晰，台盆格局别致，沉积差异明显，岩石类型丰富。这些丰富多样的岩石类型及其时空展布不但构成了区内颇具特色的浅层地壳结构，而且为历次构造变形准备了必要的物质基础。据最新区域资料及深部地球物理成果解析，研究区属扬子陆块的基底，具有典型的“三层式”结构。下层基底为晚太古代～早元古代中深变质杂岩；中层基底为中元古代变质岩系；上层基底为晚元古代浅变质岩系。震旦纪以后的地层为正常沉积盖层，盖层总厚度 15～20km。综合地球物理和地质特征表明，研究区地壳属大陆型地壳，其总体特征是，西厚东薄渐变，圈层结构明显，隐伏断裂交织，断块活动显著，纵向多层滑脱。

2.3.2 古构造特征

同沉积期的古构造不仅对沉积盆地的分布、沉积物的供给、沉积矿产的形成具有重要的控制作用，而且对后期的构造变形同样具有重要的控制作用。为从整体上讨论表层地壳纵向变形序列，便于成矿规律研究和成矿作用分析，在叙述表层构造变形特征之前，有必要首先阐述古构造格架及其特点。在变形时限上，本书所称的古构造是指海西～燕山构造旋回以前的构造，即泥盆系发生褶皱形成盖层之前的构造。

根据华南地区（特别川黔毗邻地区）重力异常、航磁异常、地球物理化学异常、遥感解译资料以及乐光禹等（1996）研究成果，结合研究区岩相古地理及沉积特征，研究区的古构造的总体特征是断块构造活动典型，断块的运动受隐伏深断裂（古断裂）的控制，形成地垒～地堑构造组合。这些古断裂不仅控制了台（地）～盆（地）沉积格局以及古地貌形态，而且控制了区域构造、岩浆活动和矿产分布，按其延伸可分为北东向、北西向和南北向三组。贵州境内重要的古断裂有安顺～石阡断裂、水城～紫云断裂、遵义～平坝断裂、贵阳～惠水断裂和凯里～丹寨断裂（图 2-3 和表 2-3），这些古断裂并非单一断裂，而是由多条断裂组成的断裂带，断裂带两侧的沉积活动、岩浆活动、成岩成矿作用差异明显。

2.3.3 表层构造变形特征

贵州地处我国西南腹地，位于中国西部特提斯构造域与东部濒太平洋构造域的交接地带，由于这个特殊的大地构造位置和地壳结构的不均一性，以及漫长地质时期经历的多次构造运动和地质事件，铸成了贵州现今有序叠置的复杂构造景观。

按新编《贵州省区域地质志》（2012）的划分意见，贵州省一级大地构造单元属羌塘～扬子～华南板块，二级构造单元属扬子陆块（Ⅳ-4）。并根据贵州地质历史演化中的重大构造界面和浅层地壳变形特点划分出 2 个构造大区（三级构造分区），即黔北隆起区（Ⅳ-4-1）和黔南拗陷区（Ⅳ-4-2）。再根据控盆控相隐伏断裂和表层构造特征差异进一步划分四级和五级构造变形区（图 2-4）。

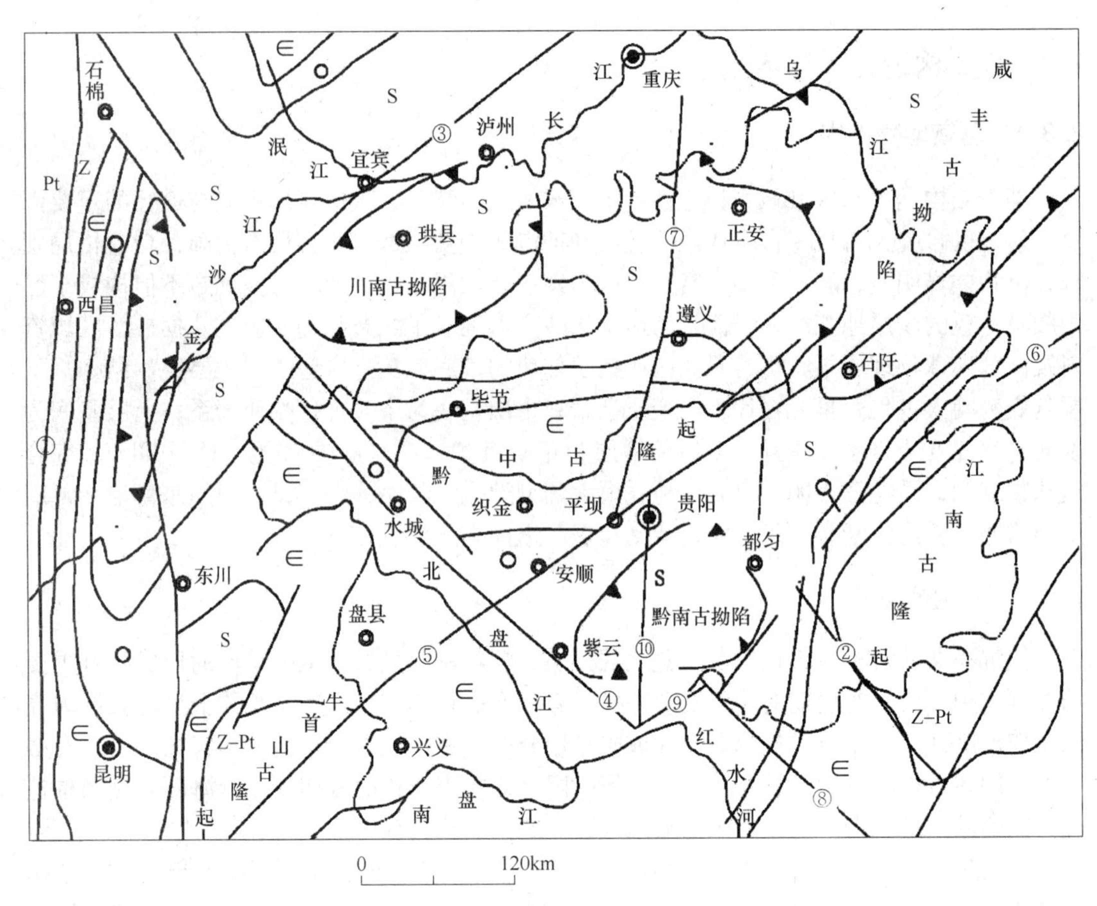

图 2-3 贵州及邻区广西运动界面底古地质图（据乐光禹等，1996，略有修改）

①安宁河断裂带；②三都断裂带；③华蓥山断裂带；④水城～紫云断带；⑤石阡～安顺断裂带；⑥凯里～丹寨断裂带；⑦遵义～平坝断裂带；⑧南丹～河池断裂；⑨罗甸断裂；⑩贵阳～惠水断裂带

表 2-3 主要古断裂特征

编号	断裂名称	主要特征（据 1:25 万贵阳幅和 1:25 万安顺幅资料）
⑤	石阡～安顺断裂带	呈北东向延伸，长度大于 400km。贵阳至安顺之间为明显的重力梯度带；贵阳以西两侧磁异常特征明显不同；北西侧分布大陆溢流拉斑玄武岩，南侧主要为钙碱性基性岩；北侧主要为 Cu、Pb、Zn 异常，南侧主要为 Hg、Sb、As、Au 异常
④	水城～紫云断裂带	呈北西向延伸，长度大于 300km。为重力高低异常分界；不连续磁场高低分界，控制泥盆纪～石炭纪北西向裂谷盆地沉积；具多期活动性；断裂带上 Pb、Zn 异常明显；控制表层构造变形
⑦	遵义～平坝断裂带	呈近南北向延伸，长度大于 200km。桐梓至遵义至息烽表现为重力梯度带，向南异常等值线扭曲变形；东西两侧电性与地层基本相同，但东侧高阻、低阻明显上抬，断面向东，具逆断层特征；断裂中存在 Pb、Zn、Cu、Ni 异常；控制黔中隆起
⑩	贵阳～惠水断裂带	呈近南北向延伸，长度大于 50km。东西两侧电性与地层基本相同，但东侧高阻、低阻明显上抬，断面向东，具逆断层特征；断裂带西侧主要为 Pb、Zn、Cu 异常，东侧主要为 Hg、Sb、As、Au 异常；断裂两侧早石炭世大塘期沉积相变显著
⑥	凯里～丹寨断裂带	呈北东向展布，长度大于 300km。两侧重力异常特征不同；两侧航磁异常特征不同；具多期活动性，早期为正断层，晚期发生构造反转；断裂带上存在 Pb、Zn、Cu、Hg、Sb、As、Au 异常

图 2-4 贵州省构造单元分区图（据《贵州省区域地质志》，2012）

据此，在大地构造分区上，研究区主体属于扬子陆块黔北隆起区，南东部跨越黔南拗陷区，涉及 4 个五级构造变形区，即织金穹盆构造变形区（Ⅳ-4-1-3(1)）、凤冈南北向构造变形区（Ⅳ-4-1-3(3)）、都匀南北向构造变形区（Ⅳ-4-2-3(1)）、铜仁复式褶皱变形区（Ⅳ-4-2-3(2)）。根据前人研究成果及最新地质资料分析，现将各分区及其典型构造特征列于表 2-4 中，并将总体变形特征概述于后。

表 2-4 构造单元及构造分区

构造单元级别				典型构造特征
Ⅱ	Ⅲ	Ⅳ	Ⅴ	
扬子陆块	黔北隆起区（扬子陆块）	遵义台地区 Ⅳ-4-1-3	织金穹盆构造变形区 Ⅳ-4-1-3(1)	穹～盆构造组合 日耳曼型褶皱
			凤冈南北向构造变形区 Ⅳ-4-1-3(3)	隔槽～隔挡式构造组合 侏罗山式褶皱
	黔南拗陷区（华南造山带）	都匀陆缘盆地区 Ⅳ-4-2-3	都匀南北向构造变形区 Ⅳ-4-2-3(1)	侏罗山式褶皱 穹盆构造组合
			铜仁复式褶皱变形区 Ⅳ-4-2-3(2)	阿尔卑斯型褶皱 脆～韧性剪切带

2.3.3.1 织金穹盆构造变形区

褶皱样式主要为日耳曼型，即由不同方向的构造叠加形成穹隆与盆地组合，这是本区构造最主要和最典型的特征。构造形迹优选方位依次为南北向、北东向和北西向。北西向的构造主要发育于南西侧，多由紧闭线型褶皱与逆断层共同形成褶皱～冲断带。卷入变形的地层由老到新有青白口系、南华系、震旦系、寒武系、奥陶系、石炭系、二叠系、三叠系等。区内存在多个构造不整合面和构造侵蚀面，南华系、震旦系与下伏青白口系之间为平行不整合；石炭系与下伏寒武系之间为平行不整合，黔中铝土矿就产出于此构造侵蚀面上；三叠系中上统之间为平行不整合；白垩系上统与下伏地层均为角度不整合接触。

2.3.3.2 凤冈南北向构造变形区

构造样式以宽缓背斜与紧闭向斜组成的隔槽式褶皱为主，为贵州省典型的侏罗山式褶皱区，褶皱带向北伸入重庆市境内，构成更高级别的前陆褶皱冲断带。王砚耕（1991）称之为鄂渝黔侏罗山式褶皱带，属于川鄂湘黔巨型前陆带的组成部分，区内发育好、分布广的是侏罗山式褶皱（图2-5）。卷入该褶皱带的地层从中元古界至中生界，但各构造区段有所差异。其褶皱形式多样，包括了隔槽式、类隔槽式、隔挡式、疏密波式和箱状等多种类型，其中以隔槽式褶皱最为发育和典型。在近南北向紧闭向斜的宽缓背斜上常发育北东向的次级褶皱，次级褶皱平面上呈雁列展布，特征醒目。依据近南北向对北东向两组褶皱的限制关系，在二者叠加处南北向褶皱产生S形扭曲，以及北东向断层普遍切割近南北向褶皱等特征，表明南北向褶皱形成的时间早于北东向褶皱，属于先期构造。区内存在多个构造不整合界面，石炭系、二叠系与下伏志留系、奥陶系、寒武系呈平行不整合接触，黔北铝土矿产出于此构造剥夷面上；白垩系上统下伏地层之间均为角度不整合接触，而且白垩系中无论是构造线方位还是变形幅度均与下伏地层中的褶皱有显著差别，表明喜山期的构造作用在本区仍为强烈的褶皱造山运动，而并非简单的升降造陆运动。据刘幼平等（2010）研究，北部务、正、道地区NNE向褶皱的主要特征是背斜宽缓，向斜紧凑，为典型的隔槽式。褶皱控制了铝土矿含矿层的展布方向和分布范围，褶皱转折端含矿层有增厚现象。

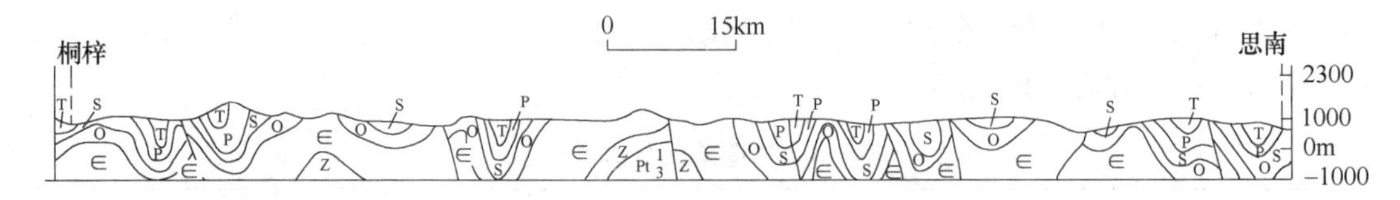

图2-5 贵州侏罗山式褶皱剖面略图（据王砚耕等，1991）

2.3.3.3 都匀南北向构造变形区

本区为古生代陆缘盆地区，区内构造线的优选方位依次为南北向、北东向和近东西向，褶皱样式为隔槽式，并发育穹～盆构造组合。南北向构造是本区最重要、最显著的特征，背斜多呈箱状，转折端宽缓圆滑，一般宽度为30～50km，向斜较为紧闭，呈槽状展布，宽一般为10km左右。卷入褶皱变形的地层由老至新为青白口系、南华系、震旦系、寒武系、奥陶系、志留系、泥盆系、石炭系、二叠系、三叠系、侏罗系等，褶皱形成时期主要为燕山期。南北向的断层常与褶皱相伴，断面多向东倾，性质以逆冲断层为主。

2.3.3.4 铜仁复式褶皱变形区

北北东～北东向构造在全区普遍发育，以阿尔卑斯型复式褶皱为特色。弱变形块表现为穹～盆构造。武陵期构造表现强烈，板溪群、下江群与下伏梵净山群之间的角度不整合显著。在前寒武纪地层分布区，脆～韧性剪切带发育。

2.3.4 地壳发展与演化

如前所述，贵州位于中国西部特提斯构造域与东部濒太平洋构造域过渡地带，可分为扬子陆块和江南造山带两个三级构造单元，构造变形强烈。那么，是哪些构造运动造成了贵州现在的构造图像呢？这些构造运动又有何特点呢？根据构造运动所留下的地质记录，结合邻区地质构造研究成果资料，新元古代以来，贵州地壳发展主要经历了5次构造运动和4个构造旋回。需要强调的是，这里所称的构造运动是指造山运动，即岩石圈板块在挤压力的作用下形成的大规模造山运动，并不包括由于垂直升降作用引起的造陆运动。

2.3.4.1 武陵运动

武陵运动表现为新元古代上覆板溪群红子溪组、下江群芙蓉坝组、归眼组与下伏梵净山群、四堡群的不同组、段呈明显角度不整合接触关系，且新元古代板溪群红子溪组、下江群芙蓉坝组、归眼组底部发育一套前陆盆地相磨拉石组合～底砾岩。该运动导致新元古代发生大规模变形和区域变质作用，形成紧闭型阿尔卑斯式褶皱和绿片岩相区域动力变质岩，并出现碰撞～陆内造山型岩浆岩组合。据区域资料综合分析，该期运动为距今820Ma的构造事件，是华南地区已知最古老的造山运动，致使贵州成为Rodinia超大陆的组成部分。

2.3.4.2 加里东运动

加里东运动也称广西运动（丁文江，1929），代表志留纪末和泥盆纪初的构造运动事件，表现为黔东及邻区上、下古生界地层呈明显的角度不整合或平行不整合接触，并在泥盆系底部发育前陆盆地相磨拉石组合～底砾岩。

加里东运动使贵州大部分地区新元古代、早古生代地层发生低绿片岩相～极低区域动力变质作用，发育北北东向开阔型阿尔卑斯型褶皱、逆冲推覆断层、（逆冲推覆、平行走滑）过渡型韧性剪切带，尚存在变质核杂岩构造和伸展剥离断层系，运动方向由西向东。加里东运动可能控制了贵州晚古生代的沉积格局，且对武陵期构造进行叠加、改造。加里东运动形成江南造山带的中亚带，即加里东期亚带，使该地区与广大东南地区形成辽阔的南华加里东褶皱区，与扬子陆块连为一体，进入了统一的华南陆块发展阶段。

2.3.4.3 燕山运动

燕山运动是贵州地区最为重要和强烈的一次构造运动，表现在省内上白垩统茅台组以角度不整合覆于前寒武至侏罗系等不同时代地层之上，使前下白垩统普遍发生褶皱、断裂变形。燕山运动并使武陵构造旋回期、雪峰～加里东构造旋回期的部分构造形迹遭受叠加、改造，形成了侏罗山式褶皱和日耳曼式褶皱，断裂活动十分强烈，为华南陆块板内活动阶段陆内造山作用的具体体现，形成江南造山带的南亚带，是贵州地质历史上影响范围最广、强度最大的一次造山运动，奠定了贵州现今主要地质构造面貌的基础。

2.3.4.4 喜马拉雅运动

喜马拉雅运动造成新近系与下覆地层之间呈角度不整合接触关系。前新近纪地层除遭受强烈挤压作用形成褶皱和断裂外，表现为区域性抬升和断块活动。喜山运动形成一系列地垒～地堑式断裂组合，明显切割了先期构造形迹和地质体，控制了新生代地层及山间磨拉石盆地产出，同时也使上白垩统～古近系出现褶皱变形。因此，喜马拉雅运动属于造山运动，而并非造陆运动。

2.3.4.5 新构造运动

新近系以来的地壳运动，称为新构造运动，是形成现今地貌和水文网络的最重要因素。区域性隆升背景下的断块活动，形成一系列地垒～地堑式构造组合，明显切割了先期构造形迹和地质体。地垒～地堑式构造样式是贵州造山期后隆升背景的直接产物，也是该区新构造运动的主要构造表现形式，控制了河谷阶地、第四系分布、温泉、地震及地貌和水系格式。从现今地形地貌特征、保存有多级剥夷面、多级河谷阶地及多层溶洞等特点，反映出贵州新构造运动具有明显的掀斜性、间歇性隆升和隆升的差异性等特征（王砚耕，2000；秦守荣，1998；林树基，1994），而且现代仍在隆升。

2.3.4.6 构造旋回划分

根据贵州地区的地层、沉积相、岩浆岩、变质岩、构造组合样式，构造运动等特征，本区经历了洋陆转换阶段和板内活动阶段两个发展、演化历程，可以划分出4个构造旋回期，即武陵构造旋回期（新元古代青白口纪梵净山、四堡时期）；雪峰～加里东构造旋回期（新元古代青白口纪下江时期～早古生代）；海西～印支～燕山构造旋回期（晚古生代～早白垩世）；喜马拉雅（新）构造旋回期（晚白垩世～第四纪）。

在不同的构造旋回期，形成的典型构造样式主要有阿尔卑斯式褶皱、侏罗山式褶皱、日耳曼式褶皱、逆冲推覆构造、（过渡性）韧性剪切带、平行走滑构造、浅层滑脱层构造、变质核杂岩构造及伸展剥离断层系、地垒～地堑式构造等。武陵构造旋回期使本区出现了绿片岩相变质作用，加里东～雪峰构造旋回期使本区出现了低绿片岩相～极低变质作用。

2.4 成矿古地理地貌背景与条件

与铁、镍、金、锰矿等其他风化壳沉积矿床一样，岩相古地理环境和古地貌条件对这些矿床的形成具有非常重要的控制作用，它们直接影响成矿物质的供应丰度、搬运迁移速率和沉积空间规模的全部过程。

2.4.1 岩相古地理环境

据贵州省地矿局桑惕、王立亭等（1992）对贵州古地理的演变研究，贵州已知的最老地质记录距今约1400Ma，在这漫长的地质历史时期中，古地理及其演变可分为前震旦纪、震旦纪～志留纪、泥盆纪～晚三叠世中期及晚三叠世中期以后四个阶段。

2.4.1.1 第一阶段（前震旦纪）

贵州出露最老地层为中元古宙晚期的梵净山群和四堡群。两岩群下部以基性岩～超基性岩、细碧岩～石英角斑岩为主，夹少量陆源碎屑浊积岩。初步推测当时的贵州为濒临陆缘的洋盆。两岩群上部火山熔岩消失，为巨厚的陆源碎屑浊积岩，似乎表明中元古宙末期贵州已处于大陆边缘环境。

2.4.1.2 第二阶段（震旦纪～志留纪）

该阶段贵州古地理格局的总特征是：古地形是北西高、南东低，陆源碎屑来自北西方向，海水由南东侵入贵州；沉积相带呈北北东向展布，由北西向南东依次为浅水沉积域、斜坡沉积域、盆地沉积域（图2-6）。且浅水沉积区域不断地由北西向南东方向推进，至志留纪时，斜坡沉积域和盆地沉积域贵州已不存在；沉积物中所含的动物群主要为澳大利亚～太平洋区系，其生态分异十分明显，自北西向南东依次为浅水底栖生物群、底栖生物和浮游生物混生生物群、浮游生物群；碳酸盐台地边缘主要由各种类型的浅滩和藻丘组成，生物礁不发育；由北西向南东依次为台盆、斜坡、盆地沉积环境，为完整的被动大陆边缘沉积。

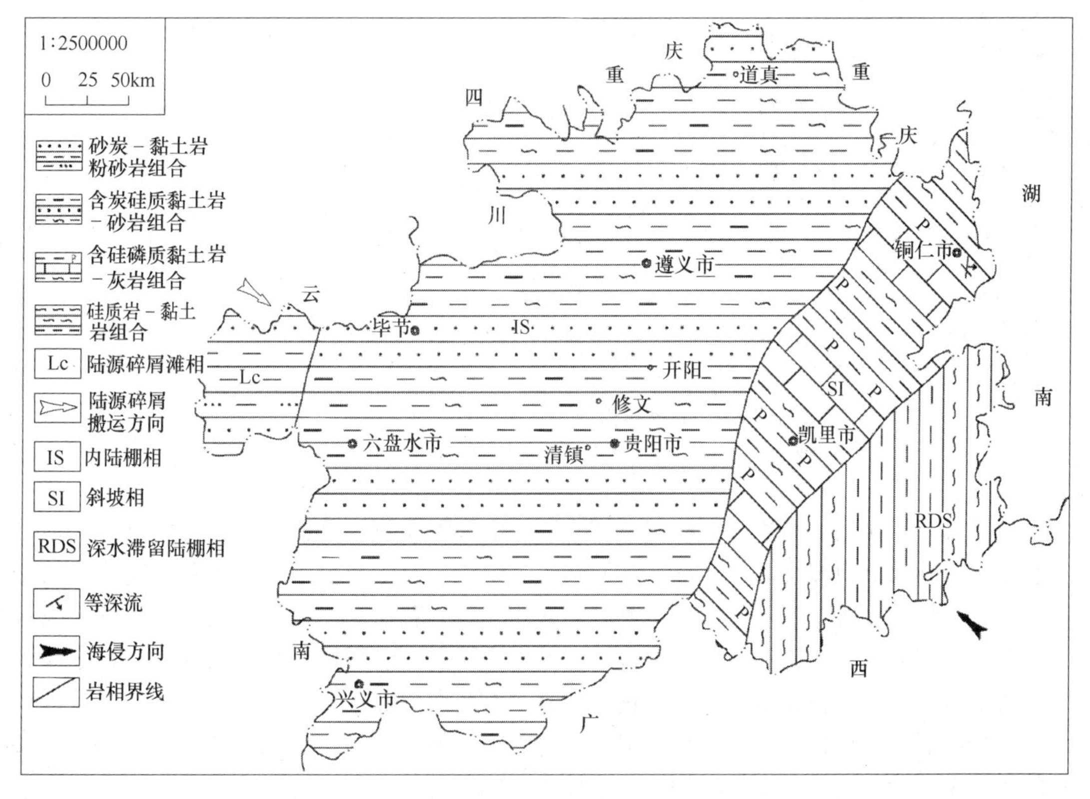

图2-6 贵州早寒武纪梅树村～沧浪铺期岩相古地理图
（据贵州省地质矿产开发局区域地质调查大队《贵州省岩相古地理图集》，1992）

2.4.1.3 第三阶段（泥盆纪～晚三叠世中期）

早古生代末的广西运动，既使属于华南加里东褶皱带的黔东南地区褶皱隆起，并与扬子地块拼合成一个统一的陆块；又使贵州整体上升成陆，从而全省缺失中志留世晚期～早泥盆世早期的沉积。该阶段贵州岩相古地理格局的总特征是：（1）古地形是北高南低，北部或为古陆、岩溶平原，或为浅水沉积域；（2）南部的紫云、罗甸、望谟等地则为深水沉积域（图2-7）。浅水沉积域和深水沉积域的界线在各时代又有不同（图2-8和图2-9）。

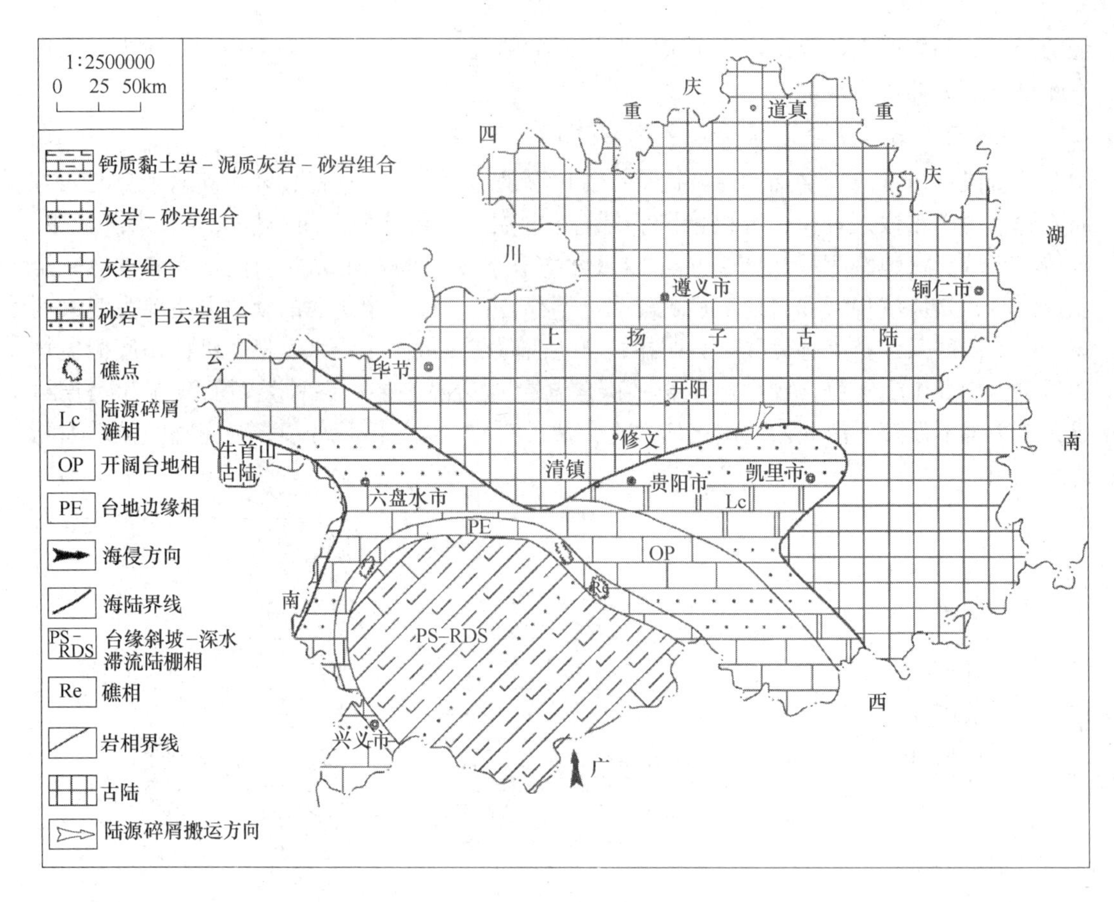

图 2-7 贵州中泥盆世东岗岭期岩相古地理图

（据贵州省地质矿产开发局区域地质调查大队《贵州省岩相古地理图集》，1992）

但总体上看，三叠纪以前浅水沉积域向南推进，深水沉积域的分布范围在逐渐缩小；但自三叠纪始，浅水沉积域快速向北推移，使深水沉积域的面积扩大。海水由南、南西方向侵入贵州，而陆源碎屑在不同时代来自不同的方向。总的看来，泥盆和石炭纪陆源碎屑来自北方的扬子古陆，晚二叠世及早三叠世陆源碎屑来自西方的川康古陆，中晚三叠世陆源碎屑主要来自南方。沉积物中所含的生物群虽有浓厚的地方色彩，但动物群仍属特提斯区系的暖水动物群，而植物群则早期属欧美植物群，晚期则为独具特色的华夏植物群。随着海水的进退及环境的差异，生物群的生态分异十分明显。1/4 贵州处于劳亚大陆到古特提斯洋的大陆边缘地带，但由于地裂作用的影响，贵州在晚古生代呈现出台、盆分割的沉积格局，也即在浅水碳酸盐台地上，出现较深水的台沟（盆），在深水盆地内出现孤立的碳酸盐台地（滨外碳酸盐浅滩）。在碳酸盐台地边缘除发育各类生物浅滩外，生物礁发育。不仅含礁层位多、礁体分布广、数量多、类型多、相带全，而且剖面完整、出露较好，是中国南方研究生物礁的重要地区之一。

2.4.1.4 第四阶段（晚三叠世中期以后）

晚三叠世中期之后，贵州全面隆起成陆，从而结束了海相沉积史，开始了陆上沉积的新阶段（图 2-10）。

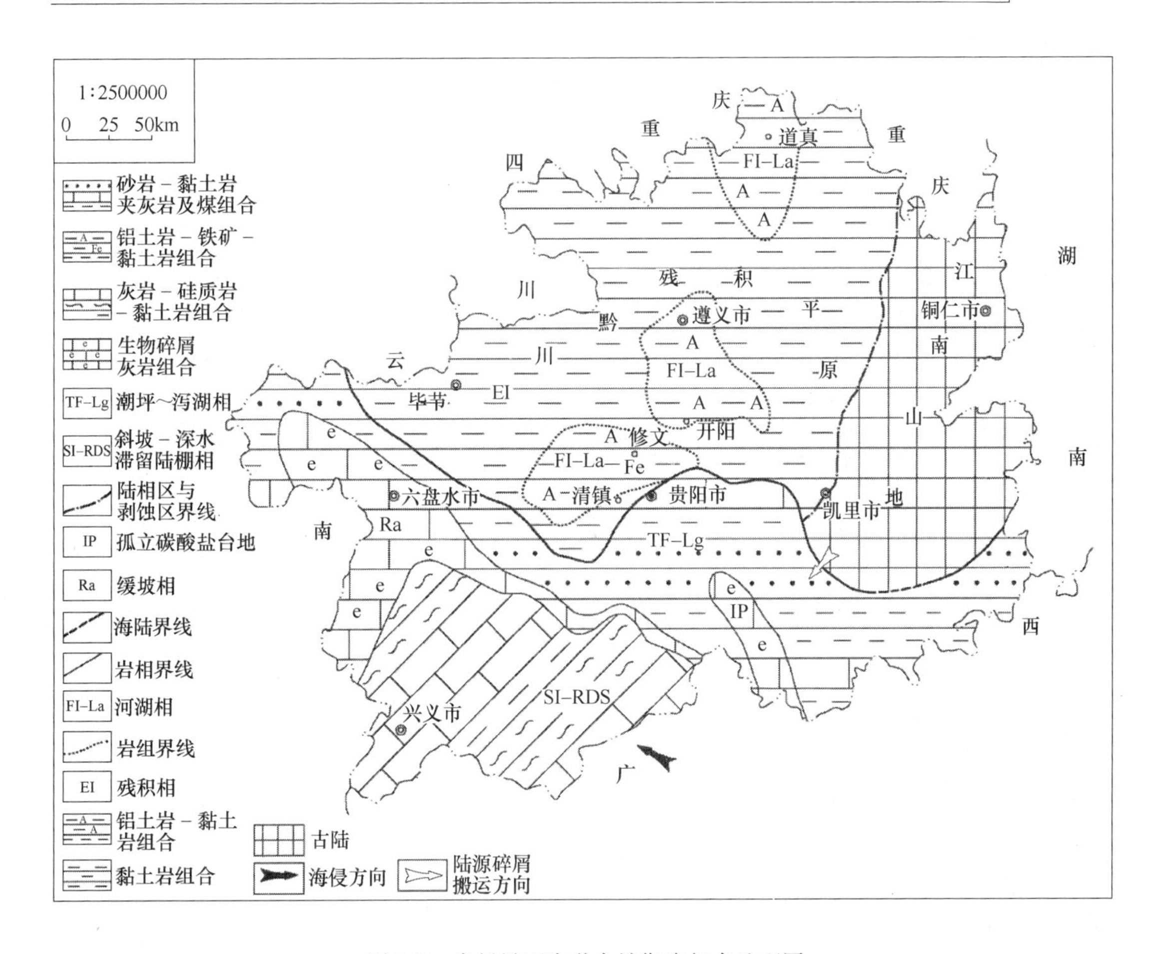

图 2-8 贵州早石炭世大塘期岩相古地理图

（据贵州省地质矿产开发局区域地质调查大队《贵州省岩相古地理图集》，1992）

晚三叠晚期～早白垩世，贵州与四川一起为被丘陵环抱的大型内陆拗陷盆地、充填物为陆源碎屑含煤岩系、红色陆源碎屑岩系，含有陆生动物、植物化石。晚三叠世晚期及早侏罗世初期为陆源碎屑含煤岩系，早侏罗世是以湖泊沉积为主的灰绿与紫红相间的碎屑岩系，含有淡水双壳类化石。中晚侏罗世及早白垩世是以河流沉积为主的红色碎屑岩系。

早白垩世以后，全省为丘陵高地，发育有小型、分散的断陷盆地，其间主要充填有红色砂砾岩，多属冲积扇沉积。

概括起来，贵州 1400Ma 以来的古地理演化具有两个显著特征。

（1）从海陆转换阶段来看，贵州中元古代至三叠纪地史演变时期的沧桑之变，纷繁复杂，但大致概括为三个大的发展阶段：从中元古代～中奥陶世，贵州主要为海洋所占据，是贵州省地史上最广泛的海侵时期；晚奥陶世至晚三叠世中期，贵州境内海水进退频繁，是贵州省海域转化为陆地的主要演化时期，并从晚古生代起，成为特提斯海域的一部分；晚三叠世晚期，海水全部退出贵州，完成贵州省由海向陆的彻底转化，之后，进入到以陆内河、湖为主要古地理面貌的新阶段。

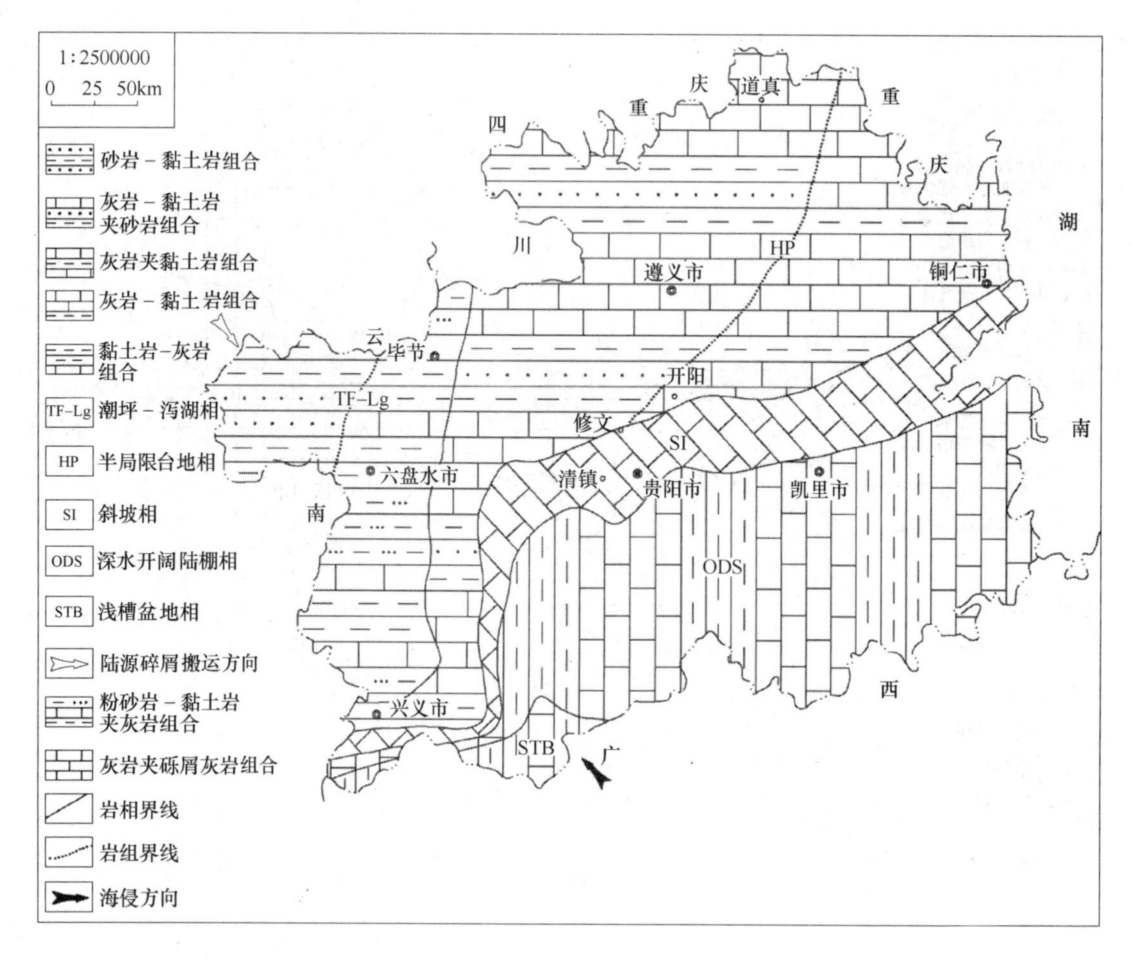

图 2-9 贵州早三叠世印度期岩相古地理图

（据贵州省地质矿产开发局区域地质调查大队《贵州省岩相古地理图集》，1992）

（2）从海陆地理分布格局来看，整个古生代贵州古地理海陆分布最典型的特征是早古生代“南陆北海”和古生界“南海北陆”两大格局（图 2-11 和图 2-12）。晚震旦纪陡山沱期大规模的海侵作用使整个贵州又一度成为海洋的世界，这一古地理面貌一直延续到早奥陶世宁国晚期。中奥陶世一直到早志留世秀山期，凸显了“南陆北海”的古地理格局。早志留世回星哨期，陆地面积进一步扩大，除沿河～余庆～福泉～贵阳～独山～荔波三都～凯里～镇远～铜仁线内侧为潮坪～泻湖相沉积以外，全省大部均为陆地环境，为“南海北陆”的调整转换时期。早泥盆纪时期，贵州北部与东部的江南古陆、西部的康滇古陆连成一片，贵州南部为华南海海水淹没，形成“南海北陆”的特点，并一直持续到晚石炭世。隆升夷平和中二叠世栖霞期的大规模海侵作用，又使贵州整体再次沦为海洋，结束了泾渭分明的海陆格局地貌历史。

2.4.2 古地貌条件

准溶原化和准平原化是贵州铝土矿成矿时期最显著的古地貌特征。在志留纪末期受加里东构造晚期的广西运动影响，使贵州全境上升为陆，遭受剥蚀。据王立亭等研究，早石

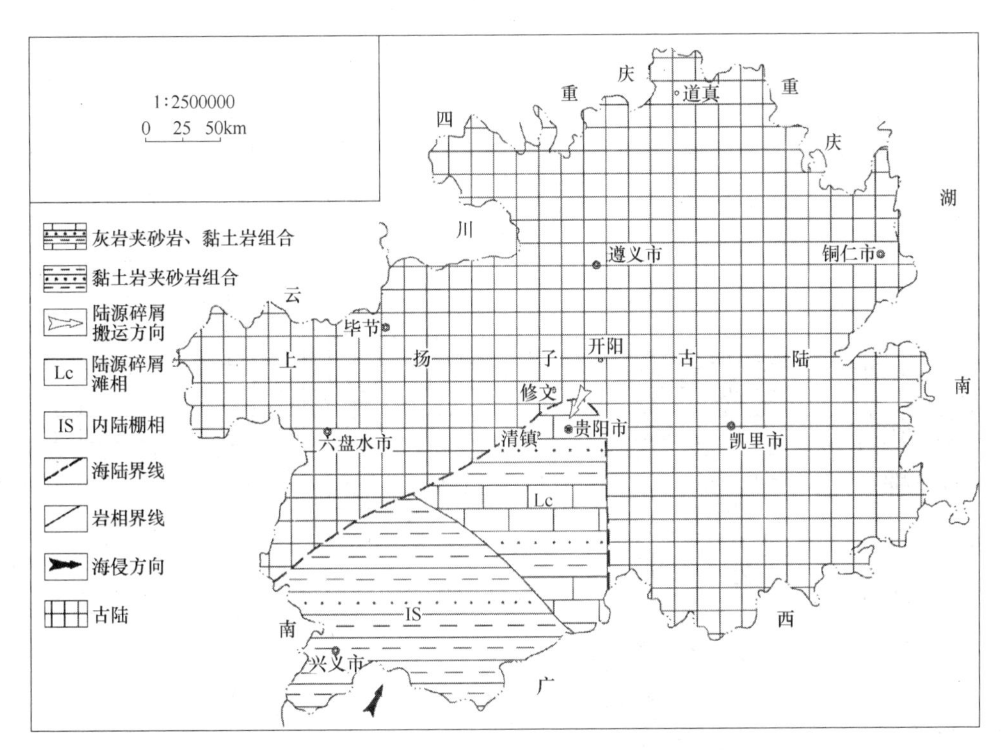

图 2-10 贵州晚三叠世卡尼期把南时期岩相古地理图

（据贵州省地质矿产开发局区域地质调查大队《贵州省岩相古地理图集》，1992）

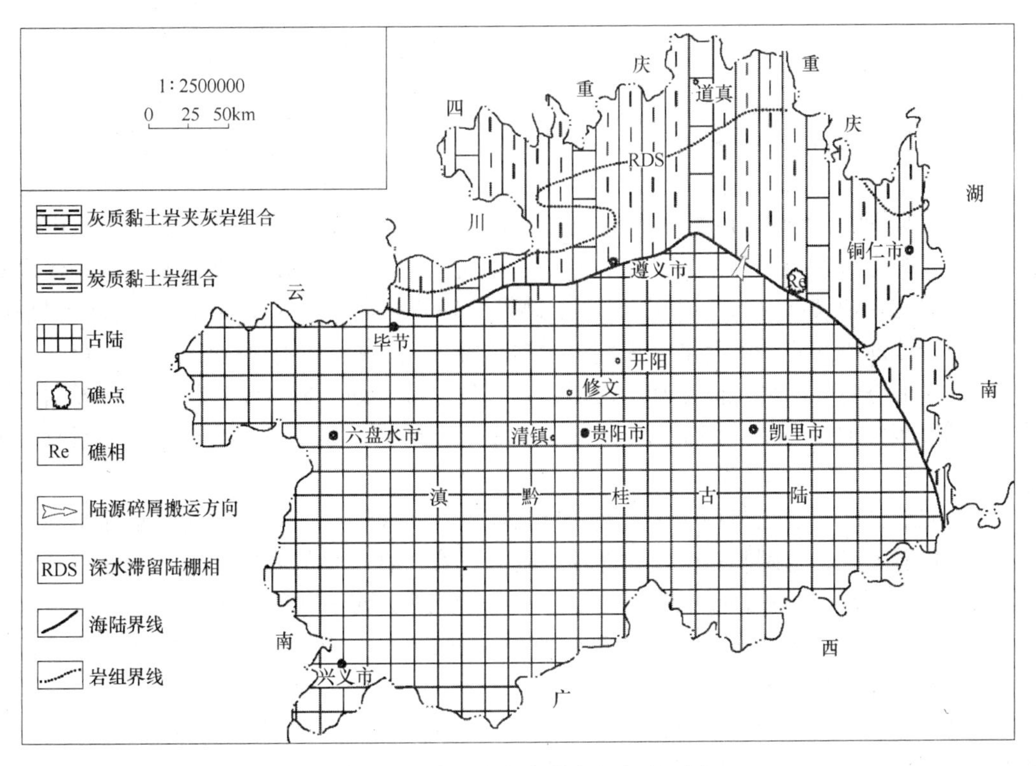

图 2-11 贵州晚奥陶世岩相古地理图

（据贵州省地质矿产开发局区域地质调查大队《贵州省岩相古地理图集》，1992）

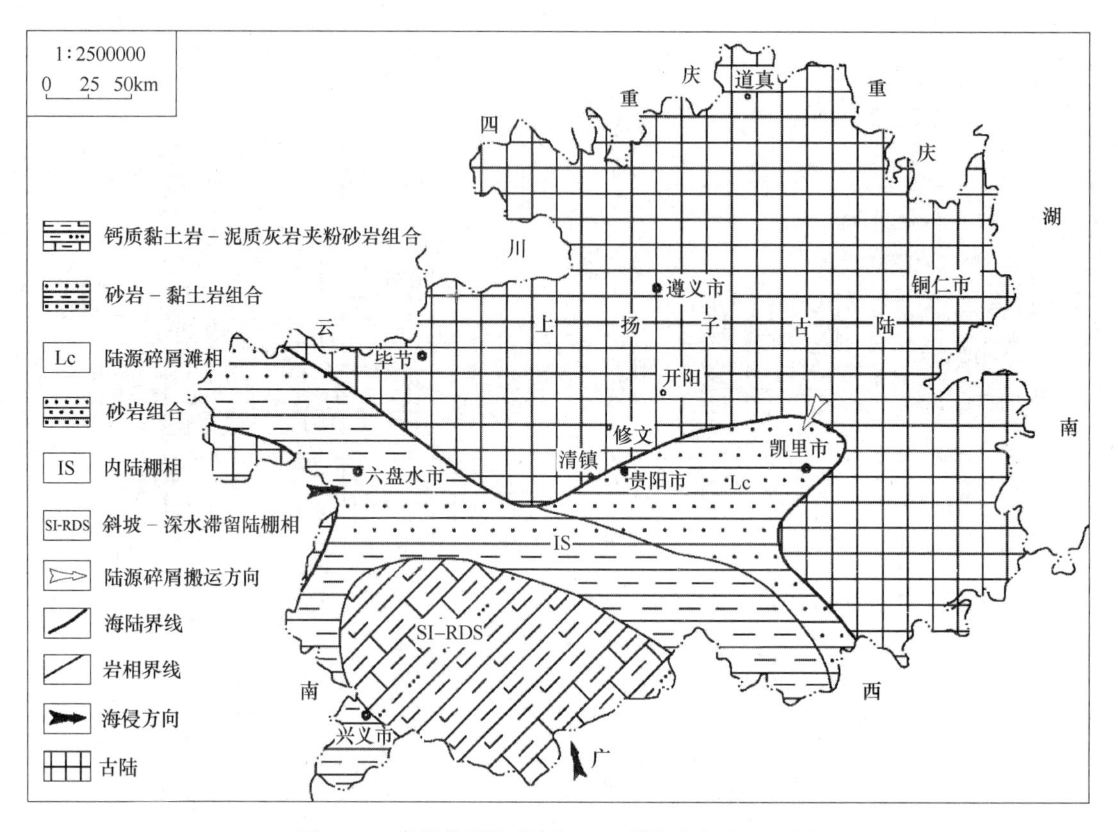

图 2-12 贵州早泥盆世郁江～四排期岩相古地理图
（据贵州省地质矿产开发局区域地质调查大队《贵州省岩相古地理图集》，1992）

炭世大塘期，当时古地理地貌特征总体仍为“南海北陆”的大格局，海洋与陆地的分野大致位于赫章～安顺～贵阳～贵定～三都～溶江～黎平一线附近，又以印江～石阡～凯里一线为界将“陆地”区划为川黔残积平原和江南古陆（图 2-6）。在川黔残积平原中，清镇～修文～织金、遵义～开阳～瓮安、务川～正安～道真三地区为河湖环境，这些浅水盆地相间呈北北东向展布（图 2-8）。据高道德等（1992）研究，又进一步将川黔残积平原区分为以侵蚀地貌为主的黔北准平原和以溶蚀地貌为主的黔中准溶原亚区，区内存在大量大小不同、形态各异的溶丘高地和负地形，并将负地形再划分成洪泛洼地、洪控湖泊、潮坪～泻湖等多种地貌类型（图 2-13），进一步细化和厘定了准平原区的微地貌类型及其沉积特征。

在黔北地区，泥盆纪与石炭纪之间的紫云运动、石炭纪与二叠纪之间的黔桂运动，加速了区域构造上升，直到晚石炭纪黄龙期，地壳下降，有短暂的海侵，在凹陷部位有断续的仅数米至 10 余米的白云质灰岩沉积。之后，再次遭受风化剥蚀，在前期夷平作用的基础上，形成侵蚀地貌（韩家店组）或溶蚀地貌（黄龙组）。至中二叠世梁山期，东吴运动使该区缓慢下降，海水由北东向侵入，局部不均匀差异升降运动影响，形成湖盆、河湖或滨海沼泽相环境，局部为局限海域的滨海前缘，沉积了一套以砂岩、粉砂岩、铝土质岩、碳质页岩为主的碎屑岩及煤层。上述准溶原化和准平原化的古地理、古地貌环境，为贵州早石炭世大塘期和中二叠世梁山期铝土矿的形成奠定了丰富物质基础。

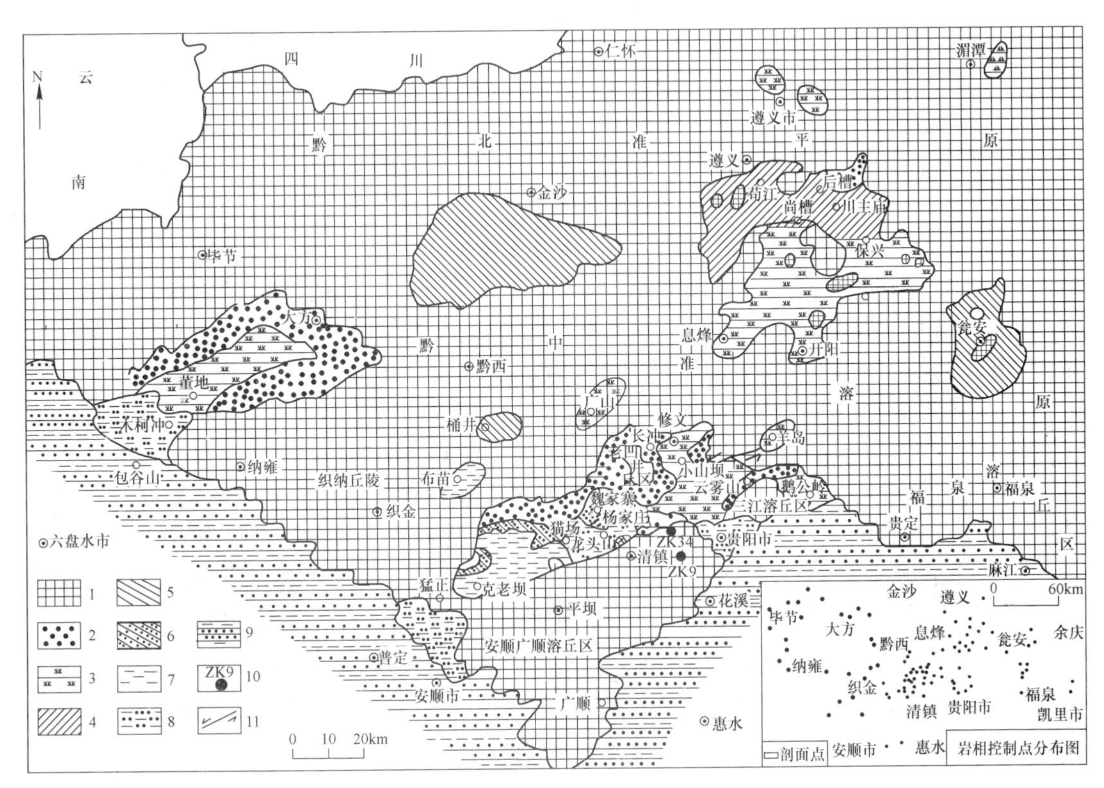

图 2-13 贵州中部石炭系九架炉组铝矿系沉积期岩相古地理图（据高道德等，1992）
1—侵蚀溶蚀区；2—冲洪积扇亚相；3—洪泛洼地亚相；4—洪泛洼地～洪控溶洼亚相；
5—洪泛洼地～洪控浅溶洼亚相；6—扇三角洲相；7—洪控湖泊相；8—潮坪～泻湖亚相；
9—湖间带亚相；10—燕山期断层；11—燕山期断层

2.5 成矿古气候背景与条件

2.5.1 古纬度与古气候

地球古气候的变化受到一系列外部因素和内部作用的影响，外部因素包括板块变化、赤道变化、太阳光强度变化等，内部作用包括大气圈、冰川、海洋位置、陆表形态、植物分布之间的相互影响，这些因素和影响导致了大气圈变化、冰川变化、海洋变化、地形变化和植物变化，近而影响了地质历史中的古气候变化（K. Pfeilsticker，2006）。关于外部因素和内部作用的划分，K. Pfeilsticker 是基于大气圈内部系统来考虑的，因此凡大气圈体循环系统之外的一切影响因素都归为外部因素。国内外研究资料表明，全球范围内铝土矿的成因类型大致可以分为两类：一类是红土风化壳原地残积矿床，另一类是红土型风化壳物质搬运再沉积矿床。众多研究成果表明，贵州铝土矿床的成因属于后者，即含有大量铝硅酸盐矿物的岩石首先形成古红土型风化壳的母岩，然后经过风化、搬运在负地形中堆积或沉积，再经过富铝、脱硅脱铁的地球化学过程，最后形成铝土矿床。现代铝土矿床的成矿作用和成矿条件研究表明，具有经济意义的铝土矿床是由富含铝硅酸盐的母岩经过风化作用，并主要在赤道附近的热带和亚热带气候、年平均降雨量大于 1200mm 和年平均温度高于 22℃的条件下形成的（Bárdossar 和 Aleva，1990）。而现在的贵州，地处我国亚热带西部云贵高原斜坡带上，地理位置介于东经103°36′~109°35′和北纬24°37′~29°13′之间。属亚热带湿润季风气候区，大部分地区年平均气温为15℃左右，年平均降水量1300mm左右。显然，就贵州现在地理气候条件，特别是纬度条件而言，几乎不可能形成如此丰厚的红土型风化壳，因此，古生代贵州，特别是石炭纪贵州和二叠纪贵州的古地理位置和古气候对大规模铝土矿的形成起到了至关重要的作用。

据北京石油勘探开发科学研究院张恺研究，中国大陆板块的演化经历了三次板块构造旋回的叠加。即在元古代板块构造旋回末期曾联合为一个元古大陆，并与全球元古联合古陆在一起；在古生代板块构造旋回初期，中国元古大陆与全球元古联合古陆一起，同步发生裂解、漂移和海底扩张作用；中国元古大陆裂解为新疆古陆、华北古陆、华南古陆、柴达木古陆、华东古陆，它们之间为窄大洋所隔，在古生代时期各陆块在赤道附近，向北半球低纬度带漂移。在古生代板块构造旋回末期，中国大陆主体又联合在一起，并使欧亚大陆形成。

中国大陆板块在三次板块构造旋回活动中受大陆裂解、漂移、碰撞和收敛作用的影响，控制着中国含油气盆地岩相古地理的演化和中国含油气盆地类型世代沿革的演化。

与此同时也证实整个古生代时期，中国各大陆块体在赤道附近向北半球的低纬度带漂移，多属广海的陆表海环境，并处于热带、亚热带气候，有利于生物的生长。沉积岩中有机物丰富，各种类型的碳酸盐岩比较发育，各种规模的生物礁体也广泛分布。这种构造~古地理环境从寒武纪一直延续到石炭纪和二叠纪早期，华南古陆块在整个古生代时期一直处在赤道附近，属热带气候，海相环境（图2-14和图2-15）。

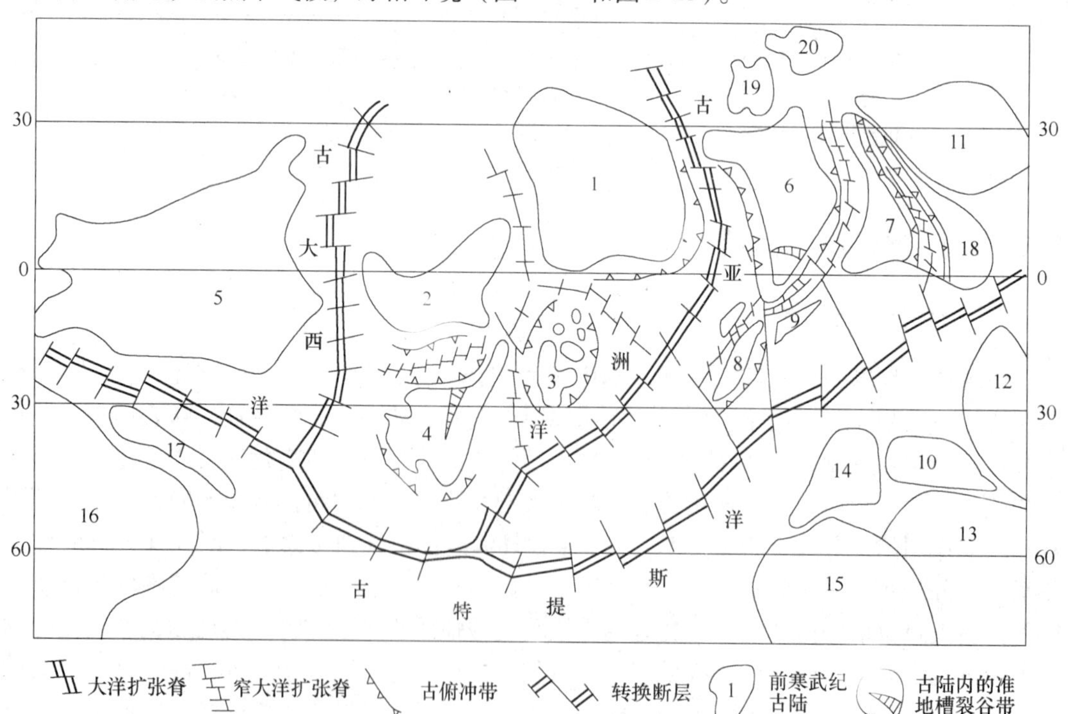

图2-14 晚寒武世中国新疆古陆与相邻古陆和大洋重建示意图（据张恺，1991）

1—中西伯利亚古陆；2—西西伯利亚古陆；3—哈萨克斯坦古陆；4—欧洲古陆；5—北美古陆；6—中国华北古陆；7—中国华南古陆；8—中国新疆古陆；9—中国柴达木古陆；10—羌塘-印支古陆；11—中国华东古陆；12—太平洋古陆；13—澳洲古陆；14—印度-中国藏南古陆；15—南极洲古陆；16—非洲古陆；17—土耳其-伊朗古陆；18—东海-南海古陆；19—科累马古陆；20—鄂霍茨克海古陆

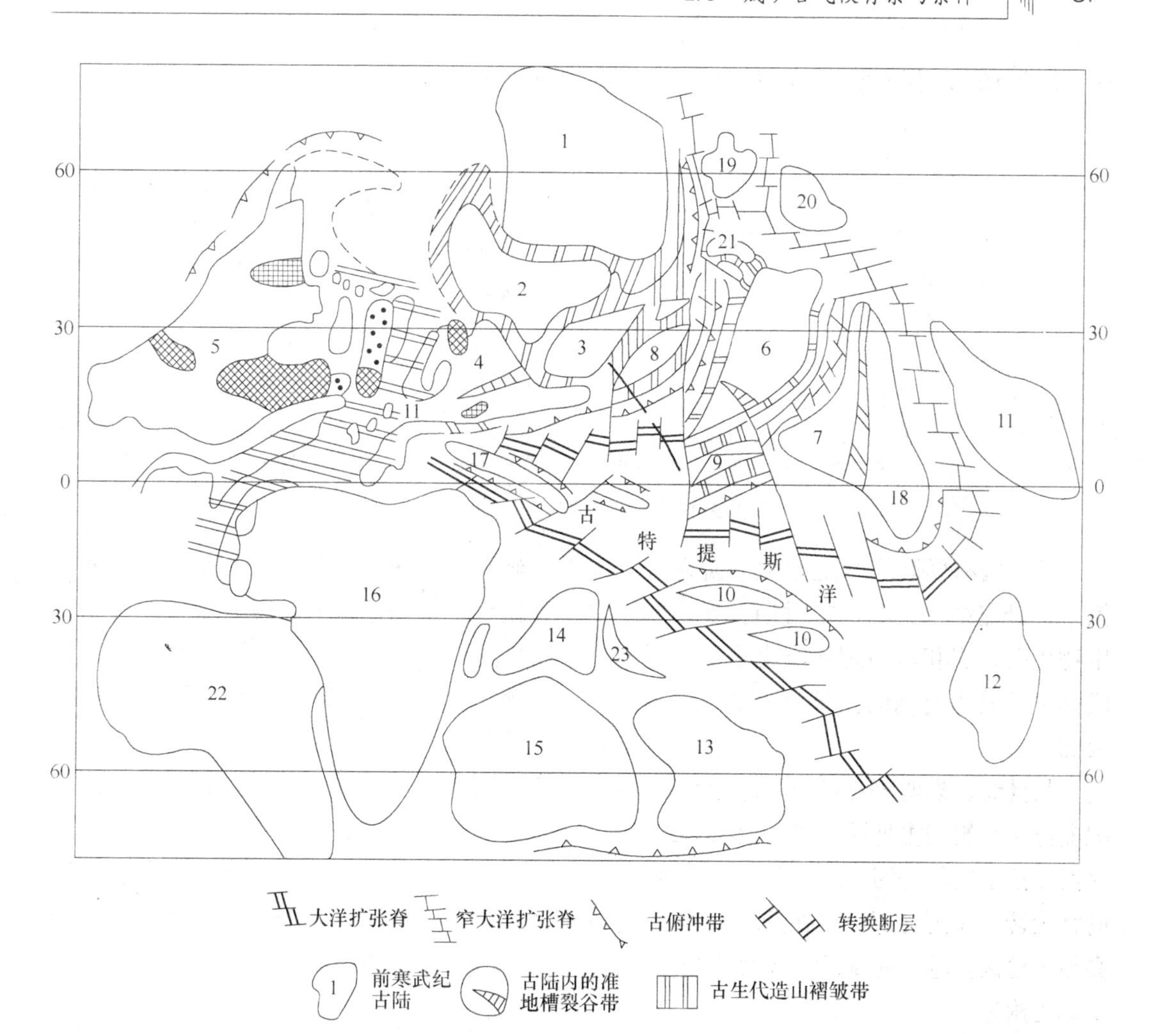

图 2-15 中石炭～早二叠世中国新疆古陆与相邻古陆和大洋重建示意图（据张恺，1991）
1—中西伯利亚古陆；2—西西伯利亚古陆；3—哈萨克斯坦古陆；4—欧洲古陆；5—北美古陆；6—中国华北古陆；7—中国华南古陆；8—中国新疆古陆；9—中国柴达木古陆；10—羌塘-印支古陆；11—中国华东古陆；12—太平洋古陆；13—澳洲古陆；14—印度-中国藏南古陆；15—南极洲古陆；16—非洲古陆；17—土耳其-伊朗古陆（裂解为伊朗等 10 个陆块）；18—东海-南海古陆；19—科累马古陆；20—鄂霍茨克海古陆；21—中国东北古陆；22—南美洲古陆；23—拉萨古陆

贵州古地磁方面研究较详细的地层首先是二叠系和三叠系，其次为泥盆系和石炭系，研究成果有效地记录了古生代和中生代贵州古纬度的变化，进而对分析古生代和中生代的贵州古气候提供科学依据。根据吴祥和、蔡继锋等贵州南部石炭纪古地理初步研究（1989）结果：（1）贵州晚泥盆世贵阳乌当的古纬度为北纬 24.1°（平均值）。（2）惠水纳水、罗甸铁厂、平塘老甘寨等地的石炭系古纬度是，早石炭世祥摆期为北纬 19.4°；早石炭世汤粑沟时期为北纬 15.1°；早石炭世大塘期北纬 8.7°；晚石炭世为 7.8°。由此可见，自晚泥盆世到晚石炭世，贵州中部和南部广大陆块由北纬 24.1°向 7.8°移动。也就是说，当时的扬子陆块由北向南靠近赤道移动，尽管岩关期和大塘期之间有过向北移动的极微往返，但陆块总体向南移动的趋势仍明显存在。结合二叠纪、三叠纪和侏罗纪古地磁研究表明，上扬子陆块二叠纪一直处于赤道附近，直至早三叠世以后，华南板块才渐渐往北移（图2-16），中三叠世至侏罗纪基本上在北纬20°～30°之间变化。

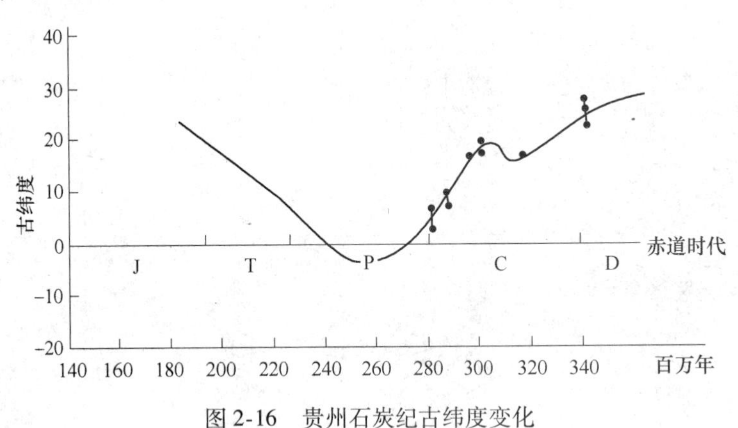

图2-16 贵州石炭纪古纬度变化

据中国科学院广州地球化学研究所王俊达、李华梅（1998）的贵州石炭纪古纬度与铝土矿研究结果，石炭纪时期，贵州的古纬度在南纬8°～14°之间，属于热带地区，古生物化石、岩相古地理研究也表明该时期气候炎热和潮湿，这为贵州石炭纪铝土矿的形成提供了极为有利的古地理和古气候条件。这一结果与高道德等的研究结果基本是一致的。

张世红、朱鸿等对贵州泥盆纪和石炭纪地层进行了系统的古地磁研究，在《扬子陆块泥盆纪～石炭纪古地磁新结果及其古地理意义》（2001）文中指出，早古生代至早～中泥盆世，扬子陆块是冈瓦那大陆的一部分，大约在中石炭世，冈瓦那大陆发生了大规模的顺时针旋转。西冈瓦那部分在低纬度地区与劳亚大陆碰撞，而东冈瓦那部分则占据南半球的高纬度地区。这一时期的古地理、岩相和古纬度等多方面的证据都表明，当时扬子地块位于赤道附近。

2.5.2 古生物群落

在漫长的地质历史时期中，伴随着古地理变化，贵州的古生物群也发生了明显的变化，震旦纪及早古生代属澳大利亚～古太平洋动物区系，晚古生代及早中生代属特提斯区系中的暖水动物群。另外，随着环境的变迁，海水的进退，生物群的生态分异十分明显，在空间上，随着远离古陆，海水加深，动物群由底栖生物组合向浮游生物组合过渡；在时间上，随着海水的进退而发生变化，海侵时（特别是最大海侵时）动物群生态分异不明显，世界性的属种广泛发育；海退时（特别是有古陆隔绝时）动物群的分异趋于明显，土著的地方性属种发育。

根据前人研究成果，在贵州中部石炭纪地层中发现的孢子花粉、珊瑚、有孔虫和其他的生物化石都属于接近赤道的、多雨的和潮湿的热带环境的产物，例如，在黔南紫云剖面的上司组中和修文九架炉组中都发现了珊瑚化石和热带有孔虫化石等。

植物的分布及生态特征是判断古气候的重要标志，同时也可用来间接判别古纬度。黔北地区在晚石炭纪至中二叠世发生喀斯特化，并且其古气候特征非常有利于植物的生长，廖士范和梁同荣（1991）根据铝土矿层中较多植物根茎化石碎片但缺少高大乔木遗迹，认为其陆上植物系统可能类似于现代热带草原。而最近余文超、杜远生等（2012）根据务川～正安～道真地区铝土矿中的生物标志物特征参数，并结合岩心样品矿相学特征，确定了铝土岩系中有机质的陆上植物和低等菌类双重来源，铝土质形成时为偏酸性较还原环境，指出铝土岩系的形成过程受到来自陆上与沉积水体两个古生态系统的双重控制作用。

2.6 古风化作用条件

对于古风化壳沉积矿矿床而言，古风化作用控制是矿床形成的最根本因素之一，因为古风化作用发生的时间、类型、强度以及风化产物的分布直接影响着矿床的地理分布、类型、规模及品位特征。从时间上来看，古风化作用是指在过去已经完成的，而现代风化作用是指目前现阶段正在发生的风化作用，由于现代风化作用产生的风化产物正在形成，风化作用发生的场所也较好地保存着，其变化过程人们可以直接地进行观察与研究。相比而言，对古风化作用及其过程的研究要困难得多，但人们可以通过古风化作用的产物——古土壤的特征及其中保存的信息来研究，也可以通过风化作用发生场所的古地理位置、古地形条件、古水文条件、古气候条件等方法来研究古风化作用的特征及其成岩、成土和成矿过程。这些都是目前进行古风化作用研究行之有效的方法和手段。

汤顺林、冯新斌在黔北遵义苟江铝土矿区等地发现了石炭纪早期的古土壤并讨论了其古气候环境意义（2001）。苟江古土壤剖面厚约2m，肉眼可明显分成2个垂直分带，其顶部富含杂色腐殖层，其中发现保存完好的植物根系化石；其下一层为厚约50～70cm的残留有原岩的杂色淋溶土层，土体的淋溶结构明显；底部为厚约80～120cm的富含褐铁矿的褐红色铁质铝质淀积层。古土壤无层理和动物化石，偶见萌芽的豆鲕结构。古土壤的下伏为下奥陶统桐梓组水云母黏土岩。这一发现有力地佐证了遵义苟江、瓮安、务川、道真等地区在泥盆纪早期处于稳定的风化剥蚀成壤期，成壤条件适宜。

莫江平、郦今敖等对黔中铝土矿区的氢氧同位素进行研究指出，氧同位素组成与我国岩溶型铝土矿一致，与福建漳浦和莫斯～维利红土型三水铝石的氧同位素组成相差不大；氢同位素与大气降水相差不大。这说明，风化作用的水源主要是大气降水。

高道德等（1992）对黔中地区铝土矿主要工业矿物——一水铝石及其伴生矿物的产出状态和成因进行了研究，将矿物形成的成因序列划分为五个阶段，并提出一水硬铝石具有多成因途径：既可以由古风化壳红土化作用形成的三水铝石转化而成，也可由陆源风化剥蚀的黏土岩屑，在岩溶洼地或泥炭沼泽等环境中分解脱硅，经三水铝石转化为一水硬铝石，是经历长期地史演化而形成的。铝土矿主要矿物成因序列反映了铝土矿矿物的形成与风化壳的发育有直接关系，矿物组合特征实质上是红土风化成土、成矿物质的再现。

陈履安（2011）对贵州铝土矿的风化成矿作用及其机理进行了研究，认为贵州铝土矿之红矿是在水动力条件良好的地表氧化条件下淋滤水云母黏土岩的结果，其白矿是由红矿在富有机酸的还原体系的沼泽相中经脱铁、脱硅作用而形成的。

据贵州省地质调查院《贵州省铝土矿潜力评价报告》（2011），黔北成矿带大竹园矿区的古风壳具有典型的“横向分带和纵向分层”特征，横向上，从剥蚀区到沉积中心依次可分为剥蚀带、残积带、冲刷堆积带和浅湖沉积带；纵向上，从上到下可分为强烈风化带、过渡风化带、溶蚀带和原生页岩带，并形成相应的矿物组合。

总体来看，贵州铝土矿床均属于古风化壳改造再沉积矿床，矿床的形成一般都经历了风化（红土化）—搬运—沉积三个阶段，含矿岩系具有明显的横向分带和纵向分层结构，但由于各矿带或矿区所处的古地形地貌条件、构造稳定程度、风化岩性和沉积盆地条件的不同，导致了含矿岩系的分带和分层性存在明显差异。

3 贵州铝土矿床类型划分及典型矿床

3.1 铝土矿床类型划分

3.1.1 铝土矿床类型划分依据

对矿床类型的划分是确定矿床潜在价值、矿床规模、矿体产状、矿石品级的主要法宝。矿床类型划分通常有两种：一是矿床成因类型。按照矿床的形成作用和成因划分的矿床，称为矿床成因类型。成因类型是多种多样的，按照成因类型研究每类矿床的成因、特征、形成条件和分布规律，是矿床学研究的基本内容，也是本书讨论的主要内容。二是矿床工业类型。是在矿床成因类型的基础上，从工业利用的角度来进行矿床的分类。

矿床类型的划分，是理论和应用研究的需要，历来备受重视。本书研究铝土矿床类型划分的依据主要有：（1）矿床成因；（2）矿床集中分布区域；（3）成矿时代；（4）成矿古地理环境；（5）含矿岩系特征；（6）基底岩性特征；（7）矿体产出形态特征；（8）矿石物质组成。

3.1.2 铝土矿床类型划分研究

目前国内外对铝土矿床类型、亚型的划分意见很多。

国外学者采用的代表性分类如下：

（1）Ф. 马列夫金（1934）分为红土型、交代型、生物成因型和变质型四种。

（2）Д. 阿尔汉格斯基（1937）以胶体化学成矿理论为基础，认为铝土矿全是沉积形成的，根据铝土矿的形成环境，分为海相沉积的和湖相沉积（或沼泽相沉积）的两大类。

（3）裴伟（Peive，1947）按大地构造位置及沉积相的观点，将铝土矿床划分为地槽型（海相）及地台型（陆相）。

（4）瓦德芝（Vadasz，1951）按照铝土矿成因的观点，将铝土矿划分为红土型、喀斯特型以及机械碎屑沉积型。

（5）И. 布申斯基（1975）将铝土矿床分为三大类，红土大类、沉积大类（碎屑的或再沉积的红土）和溶液沉积大类。

（6）巴杜西（1982）将铝土矿床分为三大类，红土类、喀斯特类和过渡类。

国内学者采用的代表性分类如下：

（1）章柏盛（1991）将我国铝土矿床分为沉积型、堆积型、古风化壳型和红土型四个类型。

（2）刘长龄（1987）将我国铝土矿床分为残余型（红土型）、沉积型（岩溶型）、变质型、其他型。

（3）廖士范等《中国铝土矿地质学》（1991）综合了我国铝土矿成因、下伏基岩的性质、铝土矿的品位等因素，将铝土矿矿床分为两大类型，即：古风化壳型铝土矿矿床（Ⅰ型）和红土型铝土矿矿床（Ⅱ型）。

前一类又分为六个亚类：南川式、遵义式、修文式、巩县式、麻栗坡式和平果式。

1）南川式又称铝硅酸盐岩古风化壳原地残积亚型铝土矿，该类型矿石储量约占Ⅰ型的5.90%，典型矿床是四川南川县大佛岩及贵州遵义苟江铝土矿床。

2）遵义式又称碳酸盐岩古风化壳准原地堆积（沉积）亚型铝土矿，以贵州遵义川主庙铝土矿床为典型代表，其矿石储量约占Ⅰ型的7.55%。

3）修文式又称碳酸盐岩古风化壳异地堆积亚型铝土矿。其成因与碳酸盐岩喀斯特红土化古风化壳有关。由于铝土矿与下伏碳酸盐岩基岩之间有数米厚的湖相铁矿扁豆体沉积，因此铝土矿不是原地堆积的，而是某个已接近干枯的湖泊附近的红土化风化壳异地迁移来堆积成的。该类矿床以贵州修文县小山坝铝土矿床为典型，其矿石储量约占Ⅰ型的48.7%。

4）巩县式又称碳酸盐岩古风化壳异地淡水或咸水沉积亚型铝土矿。典型矿床有河南巩县小关铝土矿及贵州清镇林歹铝土矿、猫场铝土矿，其储量约占Ⅰ型的24.92%。

5）麻栗坡式又称古风化壳异地海相沉积亚型铝土矿，典型矿床有云南麻栗坡铁厂铝土矿床等，其矿石储量约占Ⅰ型的0.52%。

6）平果式又称碳酸盐岩古风化壳准原地堆积（或沉积）~现代喀斯特堆积亚型铝土矿。该矿床的层状矿之上覆及下伏基岩数百米厚度范围以内均为石灰岩，经过第四纪喀斯特化，石灰岩、铝土矿石再风化成钙红土及铝土矿石碎块坠落成堆积矿石。典型矿床是广西平果那豆铝土矿床，其矿石储量约占Ⅰ型的12.41%。

红土型铝土矿矿床只有一个亚类，称漳浦式红土型铝土矿床，是第三纪到第四纪玄武岩经过近代（第四纪）风化作用形成的铝土矿床，其储量很少，仅占我国铝土矿总储量的1.17%。

（4）中华人民共和国地质矿产行业标准《铝土矿地质勘查规范》（DZ/T 0202—2002），根据我国铝土矿的实际情况、铝土矿成因等，将铝土矿划分为沉积型铝土矿、堆积型铝土矿和红土型铝土矿，详见表3-1。

表3-1 《铝土矿地质勘查规范》铝土矿床成因类型划分

矿床类型		成矿地质特征	矿体形态规模	矿石矿物及结构构造特征	伴生组分	矿床规模	矿床实例
沉积型铝土矿矿床	产于碳酸盐侵蚀面上的一水硬铝石铝土矿矿床	含矿系呈假整合覆盖于石灰岩、白云质灰岩或白云岩侵蚀面上。含矿岩系自上而下由页岩、砂页岩、灰岩、薄煤层、黏土岩（煤、铝土矿、含铁黏土岩、铁矿）等组成。产状一般平缓	呈似层状、透镜状和漏斗状。单矿体长数百米至两千余米，个别仅数十米，宽二百米至千余米。矿厚：1~4m，个别漏斗矿矿厚达50余米	矿物成分以一水硬铝石为主，其次为高岭石、水云母、绿泥石、褐铁矿、赤铁矿、一水软铝石、黄铁矿、微量锆石、锐钛矿、金红石等。主要化学成分：Al_2O_3 40%~75%、SiO_2 4%~18%、Fe_2O_3 2%~20%、S 0.8%~8%，Al/Si 3~12。矿石结构呈土状、鲕状、豆状、碎屑状等	Ga 0.007%~0.011%	规模为大、中型，占总储量84%	小山坝、林歹、小关、张窑院、克俄、石公村、洋水等铝土矿

续表 3-1

矿床类型		成矿地质特征	矿体形态规模	矿石矿物及结构构造特征	伴生组分	矿床规模	矿床实例
沉积型铝土矿矿床	产于硅酸盐岩侵蚀面上的一水硬铝石铝土矿矿床	含矿岩系呈假整合覆盖于页岩、砂页岩、砂岩等硅酸盐岩层上，含矿系自上而下由砂岩、碳质页岩、黏土岩、铝土岩、铝土矿、铝土页岩、铁质页岩、黏土等组成	呈层状或透镜状，单个矿体一般长数百米至千余米。厚度：一般为1～4m	矿物成分主要为一水硬铝石，其次为高岭石、蒙脱石、多水高岭石、绿泥石、黄铁矿、菱铁矿等。化学成分：Al_2O_3 40%～70%、SiO_2 8%～20%、Fe_2O_3 2%～20%、S 0.8%～3%、Al/Si 2.6～9，一般3～5。矿石结构呈致密状、角砾状、鲕状、豆状等	Ga 0.005%～0.01%	规模一般为大、中、小型，占总储量6%	大竹园、瓦厂坪、新民、新木～晏溪等铝土矿
堆积型铝土矿矿床		由原生沉积的铝土矿在适宜的构造条件下，红风化淋滤就地残积或于岩溶洼地重新堆积而成。矿层底板常有一层胶泥层，顶板有时有很薄的覆土	矿体形态复杂，呈不规则状，矿体长数百米至2000m以上，宽数十米至千余米。矿厚：0.5～10m	矿物成分以一水硬铝石为主，次为高石、针铁矿、赤铁矿、三水铝石等。化学成分：Al_2O_3 40%～65%、SiO_2 2%～12%、Fe_2O_3 16%～25%、S < 0.8%、Al/Si 4～15，含矿率一般为0.4～1.2t/m^3、矿石结构呈鲕状、豆状、碎屑状	Ga 0.06%～0.009%	规模多为中、小型，占总储量8.5%	平果堆积铝土矿、广南堆积铝土矿
红土型铝土矿矿床		产于玄武岩风化壳中，由玄武岩风化淋滤而成。自上而下分为：红土带、含矿富集带、玄武岩分解带、新鲜玄武岩、含矿层。多分布于残丘顶部	呈斗篷状或不规则状，产状平缓。单个含矿层面积一般为0.1～4km^2，矿厚：0.2～1m	矿物成分以三水铝石为主，次为褐铁矿、赤铁矿、伊利石、高岭石、一水软铝石等，化学成分：Al_2O_3 30%～50%、SiO_2 7%～10%、Fe_2O_3 18%～25%、Al/Si 4～6。矿石呈残余结构，如气孔状、杏仁状、砂状等	Ga及钴土矿	国外为大型、质量好，我国为小型，规模质量不佳，占总储量1.6%	蓬莱、漳浦铝土矿

3.1.3 本书铝土矿床采用的类型分类

根据贵州铝土矿的实际情况，本书主要采用《铝土矿地质勘查规范》的分类观点，结合了廖士范等的分类研究。贵州多见沉积型铝土矿，亚类有以下两类：一是产于碳酸盐岩侵蚀面上的亚型；二是产于硅酸盐岩侵蚀面上的亚型。而堆积型和红土型铝土矿在贵州则很少见，详细划分情况见表3-2。

表 3-2 贵州铝土矿床类型划分

大类	亚 类	类 型	矿 床 实 例
沉积型	碳酸盐岩侵蚀面上	清镇~修文类型	清镇猫场、林歹、燕垅、长冲河、麦坝、修文小山坝、干坝、大豆厂
		遵义类型	遵义后槽、苟江、川主庙、宋家大林、仙人岩、四轮碑
		息烽类型	息烽苦菜坪、石头寨
		织金类型	马桑林
		凯里类型	凯里苦李井、渔洞、铁厂沟、黄平王家寨等
		瓮安类型	瓮安木引槽、玉山镇、岩门、草塘、老寨子
		龙里类型	龙里金谷
	硅酸盐岩侵蚀面上	务川类型	务川大竹园、瓦厂坪
		道真类型	道真新民、大塘、岩坪
		正安类型	正安东山、马鬃岭、新木~晏溪、旦坪、红光坝
堆积型	第四系松散堆积层中	宋家大林类型	遵义宋家大林、龙里民主
红土型	无		

3.2 贵州铝土矿主要地质特征

贵州铝土矿类型以沉积类型为主，少见堆积型铝土矿，目前未见有红土型铝土矿。各类型铝土矿的基本特征如下。

3.2.1 沉积型铝土矿

产于碳酸盐岩侵蚀面上的铝土矿床特点：产于碳酸盐岩侵蚀面上的一水硬铝石铝土矿矿床。含矿岩系呈假整合覆盖于灰岩、白云质灰岩或白云岩侵蚀面上。矿体呈似层状、透镜状和漏斗状。单个矿体长一般数百米至两千余米，个别的仅数十米，宽200m至千余米。产状一般平缓，部分受后期构造影响而变陡。矿层厚度变化稳定—很不稳定，一般厚1~6m，古地形低凹处矿体厚度增大，质量也好，岩溶漏斗极发育地区矿体厚度很不稳定，最厚可达50余米（漏斗中部）；古地形凸起处厚度变薄，质量变差，甚至出现无矿“天窗”。矿床规模多为大、中型，该类铝土矿矿石储量在全国总储量中占有重要的位置。该亚类铝土矿矿石结构呈土状（粗糙状）、鲕状、豆状、碎屑状等。矿石颜色多为白色、灰色，也有红色、浅绿色及杂色等。矿物成分以一水硬铝石为主，其次为高岭石、水云母、绿泥石、褐铁矿、针铁矿、赤铁矿、一水软铝石，微量的锆石、锐钛矿、金红石等，有时有黄铁矿、菱铁矿和三水铝石。主要化学组分 Al_2O_3 为 40%~75%、SiO_2 为 4%~18%、Fe_2O_3 为 2%~20%、S 为 0.8%~8%、Al/Si 为 3~12。伴生有用元素镓 0.007%~0.011%。共生矿产有耐火黏土、铁矿、硫铁矿、熔剂灰岩、煤矿等。该类矿床以低铁低硫型矿石为主。

产于砂岩、页岩、泥灰岩、玄武岩侵蚀面上或由这些岩石组成的岩系中的铝土矿床特点：矿体呈层状、似层状或透镜状，单个矿体一般长数百米至2~3km。厚度较稳定，一般厚1~4m，矿床规模为大、中、小型均有。该亚类铝土矿矿石结构呈致密状、角粒状、鲕状、豆状等，局部有半土状。矿石颜色呈灰、青灰、浅绿、紫红及杂色等。矿物成分主要为一水硬铝石，其次为高岭石、蒙脱石、多水高岭石、绿泥石、菱铁矿、褐铁矿、黄铁矿等。主要化学组分 Al_2O_3 为 40%~70%、SiO_2 为 8%~20%、Fe_2O_3 为 2%~20%、S 为 0.8%~3%、Al/Si 为 2.6~9，一般 3~5，属中、贫矿石，伴生有用元素镓 0.005%~0.01%。共生矿产有半软质黏土和硬质黏土矿等。另外，此类型矿床中，高铁高硫型矿石往往占有较大的比例。

3.2.2 堆积型铝土矿

该类型铝土矿床特点：矿床系由原生沉积铝土矿在适宜的构造条件下经风化淋滤，就地残积或在岩溶洼地（或坡地）中重新堆积而形成。在风化淋滤过程中有害组分硫被淋失，矿石由高硫铝土矿转变为高铁铝土矿，从而提高了矿床工业利用价值。矿石呈大小不等的块砾及碎屑夹于松散红土中构成含矿层（矿体）。矿体形态复杂，呈不规则状，多随基底地形而异，长数百米至两千余米，宽数十米至千余米。含矿层厚度0.5~10m，变化较大。含矿率一般0.4~1.2t/m^3。矿体规模多为中、小型，矿石储量在全国总储量中占有比例较小。

矿石结构呈鲕状、豆状、碎屑状。矿石颜色呈灰色、褐红色、杂色等。矿物成分以一水硬铝石为主，其次为高岭石、针铁矿、赤铁矿、三水铝石、一水软铝石等，化学成分 Al_2O_3 为 40%~65%、SiO_2 为 2%~12%、Fe_2O_3 为 16%~25%、S<0.8%，Al/Si 为 4~15，矿区平均 Al/Si 一般大于 10。伴生有用组分镓 0.006%~0.009%。

3.2.3 红土型铝土矿

贵州目前未见该类型铝土矿床，其他地区该类型铝土矿床特点：产于玄武岩风化壳中，由玄武岩风化淋滤而成。玄武岩风化壳一般自上而下分为红土带、含矿富集带、玄武岩分解带，再下为新鲜玄武岩。含矿富集带位于风化壳的中上部，与上、下两带均为过渡关系，由红土与块砾状铝土矿组成。

含矿富集带（含矿层）多分布于残丘顶部，呈斗篷状或不规则状，产状平缓。单个含矿层面积一般为0.1~4km^2，厚度一般为0.2~1m，含矿率0.1~0.6t/m^3。矿体规模多为小型，该类矿床储量在全国总储量中占有比例最少。

矿石呈残余结构，如气孔状、杏仁状、斑点状、砂状等。矿石颜色为灰白色、棕黄色、褐红色等。矿物成分以三水铝石为主，其次为褐铁矿、赤铁矿、针铁矿、伊丁石、高岭石、一水软铝石及微量石英、蛋白石、钛铁矿等。化学成分 Al_2O_3 为 30%~50%、SiO_2 为 7%~10%、Fe_2O_3 为 18%~25%，Al/Si 为 4~6，伴生及共生矿产有镓及钴土矿。

该类矿床属三水型铝土矿，矿石类型属高铁低硫型铝土矿。

3.3 典型铝土矿床特征

3.3.1 清镇~修文地区

3.3.1.1 修文小山坝铝土矿床

A 地理位置

矿区位于修文县城南南东方向约7km，行政上隶属于修文县龙场镇管辖。矿区西为干坝铝土矿，东为长冲铝土矿。

B 区域构造位置

矿区区域构造上处于扬子准地台，黔北台隆之遵义断拱贵阳复杂构造变形区，矿区处于该变形区的北东向构造与南北向构造的交接复合部位小山坝单斜构造上。

C 矿区地层岩性

矿区主要出露有寒武系、石炭系、二叠系和第四系地层（图3-1）。

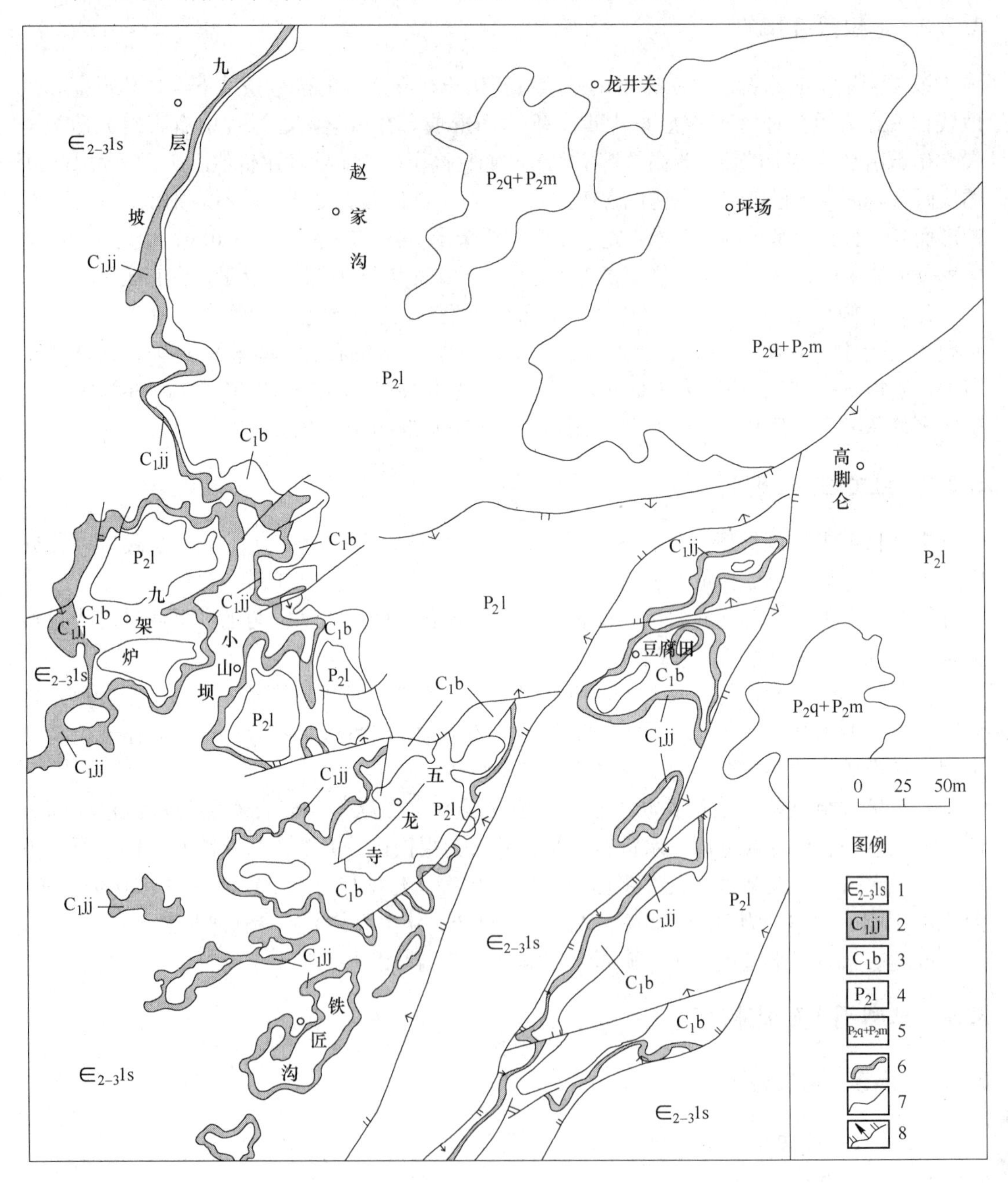

图3-1 矿区地质简图（据贵州地矿局修文地质大队资料修编）

1—寒武系中上统娄山关组；2—石炭系下统九架炉组；3—石炭系下统摆佐组；4—二叠系中统梁山组；5—二叠系中统栖霞组＋茅口组；6—矿体露头；7—性质不明断层；8—正断层

地层由老到新依次为：

寒武系中上统娄山关组（$\in_{2\text{-}3}ls$）：浅灰色至中厚层细晶白云岩。上部（含矿系底板）、局部夹黄绿色黏土岩，大于400m。

————————————假整合————————————

石炭系下统九架炉组（C_1jj）：为矿区铝土矿赋矿层位，主要由黏土岩、铝质黏土岩、铝土矿组成，厚度不稳定，变化较大，厚0~10.04m。

———————————— 整合 ————————————

石炭系下统摆佐组（C_1b）：下部灰色粗晶白云岩，中部灰色黏土岩夹薄层状灰岩，上部前灰色厚层状灰岩夹泥晶生物碎屑灰岩，厚1.36~20.85m。

————————————假整合————————————

二叠系中统梁山组（P_2l）：下部为灰色黏土岩夹豆鲕状含铝质黏土岩，中部灰~深灰色黏土页岩夹杂色石英砂岩，上部为深灰色黏土岩，其厚度变化受下伏摆佐组制约，即下厚上薄或上厚下薄。厚3~34.03m。

———————————— 整合 ————————————

二叠系中统栖霞组（P_2q）：据岩性特征分为两段：下段（P_2q^1）为深灰色中~厚层状灰岩夹钙质黏土岩，上部含燧石结核，厚17.30~25.33m；上段（P_2q^2）为深灰色中~厚层状灰岩，含燧石团块，局部夹钙质黏土岩，厚10.10~41.83m。

———————————— 整合 ————————————

二叠系中统茅口组（P_2m）：主要为灰、浅灰色厚层~块层状细~中晶灰岩，含少量燧石团块，上部白云化明显，局部呈粗晶白云岩，厚50m。

~~~~~~~~~~~~~~~~~~~~ 不整合 ~~~~~~~~~~~~~~~~~~~~

第四系（Q）：分布于缓坡沟谷地带，为残坡积、冲积层。由碎石和黏土组成。不整合覆盖于矿区各地层之上。厚0~9.10m。

D 矿区地质构造

矿区处于河口背斜东翼，总体呈一单斜构造，断裂构造不发育。地层倾向南东、南东东、北东东，倾角5°~25°之间。其中见北东、东西向次级小断层，将矿层矿区略微错断，从而成为矿床中矿段划分的自然边界。

E 含矿岩系特征

矿区含矿岩系为石炭系下统九架炉组（C_1jj），呈整合伏于石炭系摆佐组白云岩之下，覆于寒武系上统娄山关组白云岩夹黏土岩之上。含矿岩系自上而下分为6层，矿区普遍见一层铝土矿发育，铝土矿底部常见铁质泥页岩，赤铁矿结核较发育，当赤铁矿结核体密集发育呈透镜体状产出时可成工业矿体（图3-2）。

F 矿体特征

矿区铝土矿体呈似层状和透镜状产于含矿岩系中间，埋深0~100m。至1974年，矿区共探获11个矿体，主要矿段为银厂坡矿段、五龙寺、九架炉矿段，其余8个矿段由于受地形切割，面积小，矿体四周均有露头，中部埋深浅（图3-3）。
~~~~~~~~~~~~~~~~~~~~

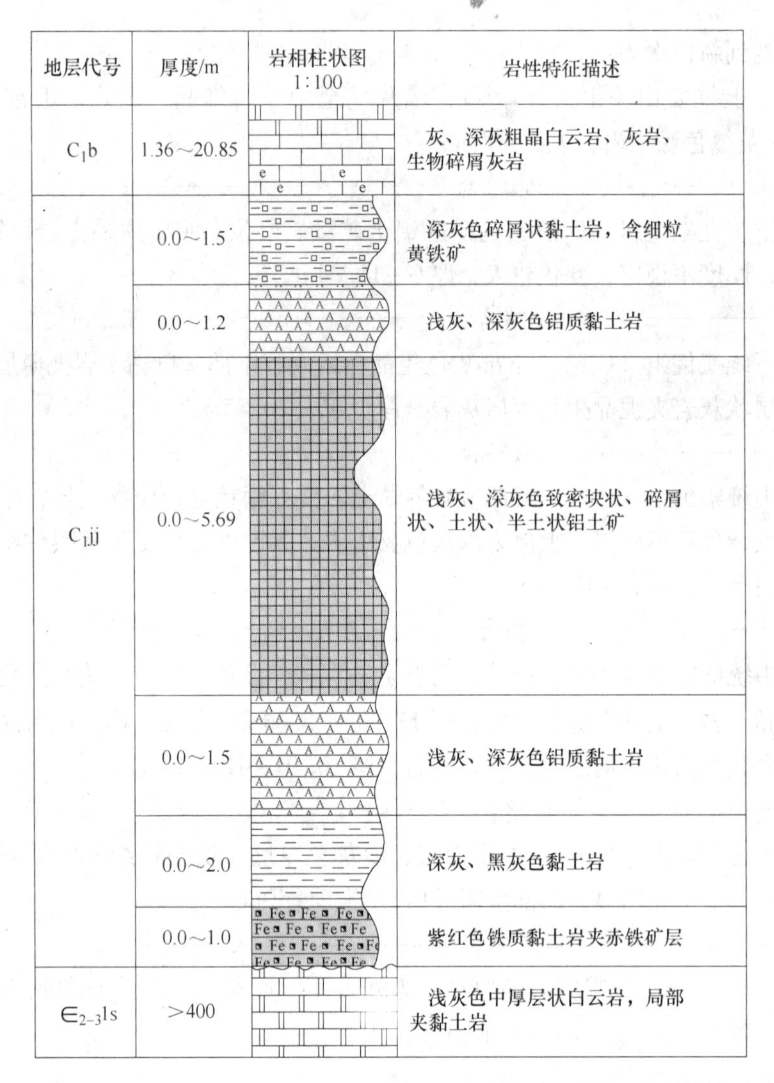

地层代号	厚度/m	岩相柱状图 1∶100	岩性特征描述
C_1b	1.36～20.85		灰、深灰粗晶白云岩、灰岩、生物碎屑灰岩
C_1jj	0.0～1.5		深灰色碎屑状黏土岩，含细粒黄铁矿
	0.0～1.2		浅灰、深灰色铝质黏土岩
	0.0～5.69		浅灰、深灰色致密块状、碎屑状、土状、半土状铝土矿
	0.0～1.5		浅灰、深灰色铝质黏土岩
	0.0～2.0		深灰、黑灰色黏土岩
	0.0～1.0		紫红色铁质黏土岩夹赤铁矿层
$\in_{2-3}ls$	>400		浅灰色中厚层状白云岩，局部夹黏土岩

图 3-2　含矿岩系综合柱状图（据贵州地矿局修文地质大队资料修编）

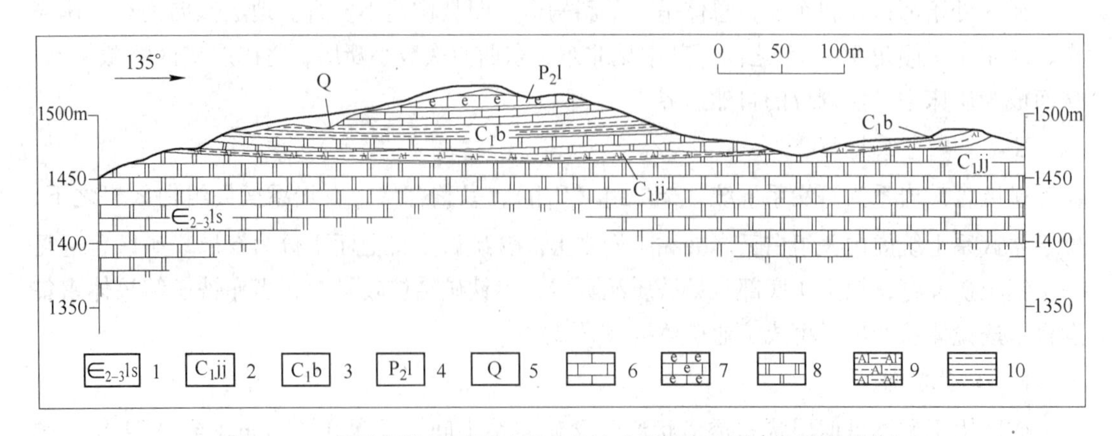

图 3-3　54 号勘探线剖面图（据贵州地矿局修文地质大队资料修编）

1—寒武系中上统娄山关组；2—石炭系下统九架炉组；3—石炭系下统摆佐组；4—二叠系中统梁山组；5—第四系；6—灰岩；7—生物碎屑灰岩；8—白云岩；9—铝土岩、铝土矿等；10—黏土页岩

银厂坡矿段为矿区最大的完整大矿段，长1800m，宽800m，矿体呈层状、似层状顺层产出，倾向北东，倾角8°。平均厚度2.25m，其中土状、半土状矿石占总量的17%。Al_2O_3平均含量67.91%，SiO_2平均含量11.8%，Al/Si平均为6.0。

五龙寺矿段长1100m，宽200～500m，矿体呈层状、似层状顺层产出，倾向北东，倾角7°。平均厚度3.11m，其中土状～半土状矿石占总量的26%。Al_2O_3平均含量68.90%，SiO_2平均含量10.84%，Al/Si平均为6.3。

九架炉矿段长900m，宽5500m，矿体呈层状、似层状顺层产出。平均厚度1.94m，其中土状～半土状矿石占总量的22%。Al_2O_3平均含量68.23%，SiO_2平均含量10.86%，Al/Si平均为6.3。

G 矿石质量特征

a 结构构造

按矿石的自然类型分类，矿区主要为土状、半土状铝土矿、碎屑状铝土矿和致密块状铝土矿，其次为豆鲕状铝土矿和高铁铝土矿（图版）。土状～半土状铝土矿结构疏松，具隐晶质结构，土状结构，块状构造；碎屑状铝土矿主要有砂屑和砾屑两种结构；致密状铝土矿具致密块状结构，略显微层理构造，具细微碎屑结构。

b 矿物组分

矿物主要成分为一水硬铝石，占60%～96%，其次为高岭石（少量）、水云母、黄铁矿；重矿物有电气石、锆石、锐钛矿等。

H 矿床规模及资源量

截至1983年，矿区累计探明铝土矿A+B+C+D级矿石储量1962.82万吨。其中A+B+C共计1517.6万吨，其中C_2级别储量520.0万吨。此外矿区探获赤铁矿C_2级资源量337.9万吨，矿石平均品位47.85%；铝土矿中伴生C_2级镓资源量636.1t。

I 矿床成矿规律、矿床成因与找矿标志

a 成矿规律

矿区内石炭系下统九架炉组为一赋矿地层，覆于寒武系中上统娄山关组之上；铝土矿体分布于小山坝的单斜构造之上，呈层状、似层状、透镜状产出，一般较稳定；矿区局部地段则受古侵蚀面的制约，含矿岩系变薄甚至缺失出现无矿天窗，铝土矿体亦随之变薄甚至缺失；矿区普遍发育一层铝土矿体，铝土矿体下部普遍发育一层赤铁矿层或铁质黏土岩。

b 矿床成因

矿区在早石炭世位于扬子古陆南缘，地处北纬10°左右，在干湿交替的湿热气候环境下以及古生物的作用下，原沉积的碳酸盐岩地层发生强烈的物理和化学风化，使得地层中的碱金属被大量淋滤而富铝富铁脱硅，形成大面积的古红土风化壳。在早石炭中期，经古红土风化壳再度陆解，同时Fe、Al氢氧化物被地表径流以不同形式搬运至古岩溶湖泊中，按照碎屑、化学和生物沉积规律形成铝土矿。成矿后期的表生富集作用、风化淋滤作用及去硅排铁作用使得局部地段的铝土矿体变富。

c 找矿标志

石炭系下统九架炉组是矿区的唯一赋矿层位，其中基底地层为寒武系中上统娄山关组

（$\in_{2-3}ls$）白云岩，找矿层的标志是石炭系下统摆佐组（C_1b）厚层粗晶白云岩之下。

J 矿区勘查工作历史

修文小山坝铝土矿区地质勘查工作始于1941年；1941～1942年地质学家罗绳武、蒋溶和乐森璕等人发现小山坝水矾土矿（铝土矿），并著有《贵州贵筑修文两县铝土矿》；1942～1943年，有多位学者及专家对包括该铝土矿床在内的黔中铝土矿做了评价及研究工作，李远庆著有《贵州铝土矿床》，彭琪瑞著有《贵州中部之水矾土矿》，边兆祥编著有《修文区铝矿地质简报》，谢家荣著有《贵州中部铝土矿采样报告》；1949年以后，修文小山坝铝土矿进入了开采应用的研究阶段，1950年起至1955年，先后涌现出一大批研究成果，罗绳武著有《贵州之铝土矿》，徐采栋著有《贵州铝矿冶炼试验报告》，贵州省工商厅工矿处编写《贵筑修文铝矿之发现勘测及试验》和《贵州铝矿综合报告》，贵州省工业厅编著《开发贵州铝矿的建议》、《贵州铝土矿概要》和《关于贵州铝矿找矿方向及普查勘探区选择的意见》等；1957～1958年贵州省地质局修文地质大队在矿区开展铝土矿地质勘探工作，提交《贵州铝土矿修文小山坝矿区最终储量报告》；1965～1966年，贵州省地质局修文地质大队在矿区开展银厂坡矿段深部水文地质的补充勘探工作，提交《贵州铝土矿修文小山坝铝土矿区水文地质溶剂石灰岩耐火黏土储量计算修改》报告；1975年，贵州冶金地勘公司在矿区开展进一步勘查工作，提交《修文县铝土矿小山坝基建地质工作报告》；1985年，贵州有色地勘公司五总队对矿区进行补充勘探，提交《修文县小山坝铝土矿区银厂坡矿段露采区补充勘探报告》。

3.3.1.2 清镇长冲河铝土矿床

A 地理位置

矿区位于清镇市北西约10km，行政上隶属于清镇市站街镇管辖。矿区西为麦田坝铝土矿区。

B 区域构造位置

矿区区域构造上处于扬子准地台，黔北台隆遵义断拱之贵阳复杂构造变形区。

C 矿区地层岩性

矿区出露有寒武系、石炭系、二叠系和第四系地层（图3-4）。

地层由老到新依次为：

寒武系中统高台组（$\in_2g$）：紫灰、灰色薄至中厚层细晶白云岩。上部（含矿系底板）、局部夹铁质页岩和绿泥石。

————————————喀斯特平行不整合————————————

石炭系下统九架炉组（C_1jj）：为矿区铝土矿含矿层位，由下段铁矿系，中段耐火黏土和上段铝矿系组成，厚0.51～26.13m。

——————————————假整合——————————————

石炭系下统摆佐组（C_1b）：灰～灰白色厚层粗晶白云岩，长冲河矿段主要为铝质白云岩，偶见铝质灰岩，大岩矿段则主要为生物灰岩、铝质灰岩。厚度在长冲河矿段比较稳定，40～60m，大岩矿段10～75m。

——————————————假整合——————————————

二叠系中统梁山组（P_2l）：褐黄、灰色黑色页岩，局部夹镜状含碳质灰岩，偶见有褐

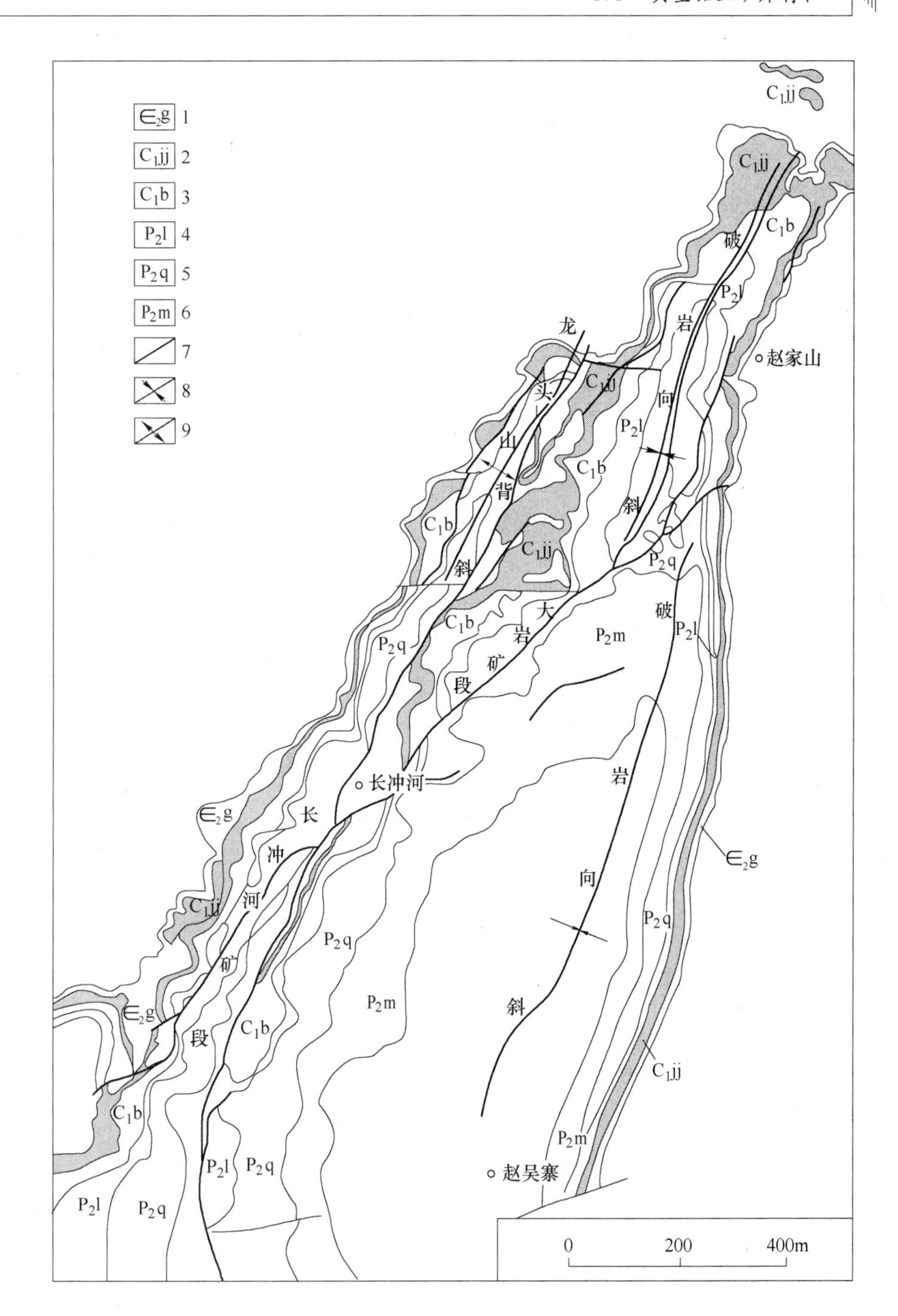

图 3-4 矿区地质简图（据贵州有色地勘局三总队资料修编）

1—寒武系中统高台组；2—石炭系下统九架炉组；3—石炭系下统摆佐组；4—二叠系中统梁山组；5—二叠系中统栖霞组；6—二叠系中统茅口组；7—断层；8—向斜轴；9—背斜轴

铁矿结核，局部夹页岩或劣煤，厚5～46m。

——————————— 整合 ———————————

二叠系中统栖霞组（P_2q）：分为三段，下段深灰色薄层有机质石灰岩，层间夹黑色钙质页岩，厚18~38m；中段灰色厚层致密石灰岩，偶夹燧石结核，厚22~48m；上段层深灰色致密石灰岩，夹薄层生物屑灰岩，偶夹燧石结核，厚23~33m。

———————————— 整合 ————————————

二叠系中统茅口组（P_2m）：分为两段，下段灰、浅灰色石灰岩，厚28~42m；上段浅灰、灰色厚块状致密石灰岩，含白云岩团块。

~~~~~~~~~~~~~~~~~~~~ 不整合 ~~~~~~~~~~~~~~~~~~~~

第四系（Q）：分布于缓坡沟谷地带，为残坡积、冲积层，由碎石和黏土组成，不整合覆盖于矿区各地层之上。

D 矿区地质构造

a 褶皱

矿区褶皱总体呈北北东向发育，龙头山背斜、破岩向斜等控制地层、矿层呈北北东向展布，铝土矿分布于褶皱的两翼。其中长冲河矿段位于龙头山背斜的东翼，大岩矿段位于破岩向斜的西翼。

破岩向斜位于矿区东部，东翼倾角40°~65°，西翼20°~35°，出露长达6km，北端幅宽600m，南端宽1500m，其西翼被F_8断层破坏，矿层南段保存不完整。铝土矿分布于该向斜两翼及扬起端。

龙头山背斜位于矿区西侧，向南倾伏，东翼倾角20°~35°，西翼40°。背斜南端（倾伏端）宽1500m，北端宽3000m。该背斜东翼为长冲河矿段，西翼为麦坝矿区之龙头山矿段。

b 断层

断层较集中分布于矿区的西部，发育在破岩向斜西翼与龙头山背斜东翼之间，走向北东或北北东向，多为逆断层，对矿层产生不同程度的破坏作用。其中断距大于30m以上的断层有F_8、F_{22}、F_{21}、F_{14}，其余规模较小，对矿层破坏作用不大。

F_8断层位于长冲河与大岩矿段之间，对矿层破坏不大。断层呈北东30°方向纵贯矿区，倾向南东，倾角70°~80°。该断层上盘为高台组，下盘为梁山组~茅口组，断距70~310m，中部较大，两端较小，为逆断层。

F_{22}、F_{21}断层与F_8近平行展布，倾向南东，倾角60~75°。断距：F_{22}，60~140m；F_{21}，40~65m。该断层为逆（冲）断层，致使矿层重复。

此外F_{35}、F_6、F_{15}、F_9、F_{10}、F_{14}等断层，走向北东或北东东向，皆为横向正断层，断距一般8~22m，最大F_{14}，40m。这组断层规模不大，但对矿层产生一定的破坏。

E 含矿岩系特征

矿区含矿岩系呈假整合覆于寒武系中统高台组白云岩之上，伏于石炭系摆佐组白云岩之下（图3-5）。矿系由下部铁矿系和上部铝矿系组成，厚0.51~26.13m。

铁矿系呈假整合产于寒武系中统白云岩古喀斯特侵蚀面上，侵蚀间断面凸凹起伏，导致该层厚度变化较大，矿物组分及矿石质量等差异也较大。铁矿系由暗红与钢灰色赤铁矿、红褐色与紫红色铁质黏土岩、铁质页岩及灰绿色绿泥石组成，厚0~7m，一般1~4m。赤铁矿呈结核状或透镜状产于铁质黏土岩或绿泥石岩中。结核或透镜体大小不一，当结核或透镜体密集成群，则可构成具工业价值的含铁矿层。据长冲河矿段取样分析，
~~~~~~~~~~~~~~~~~~~~

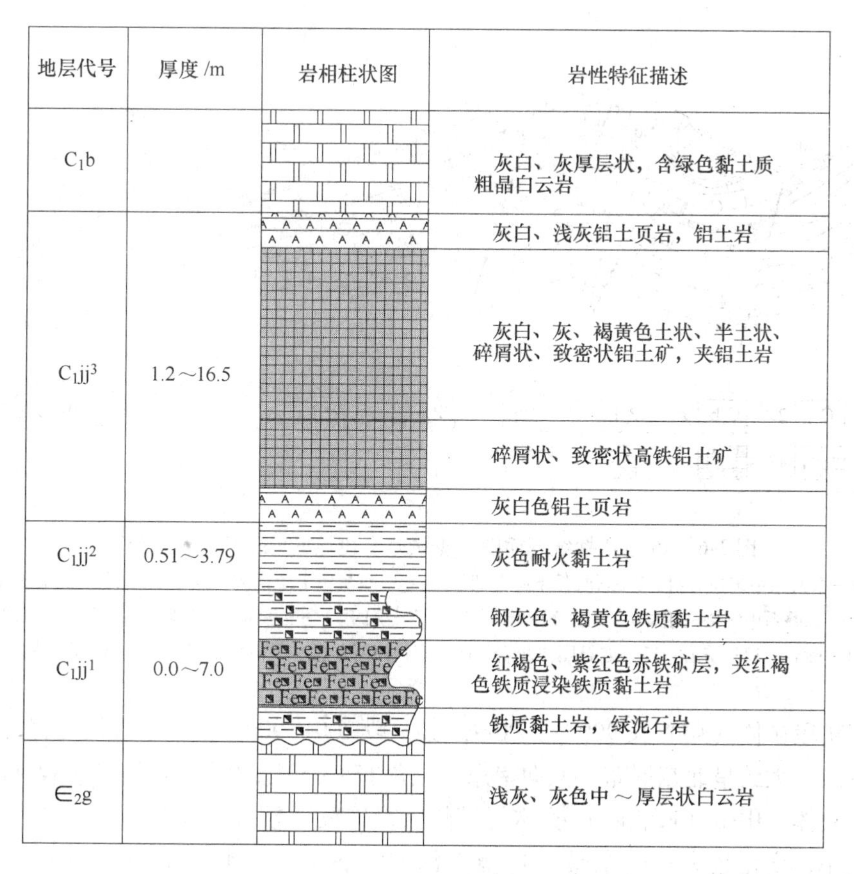

图3-5 含矿岩系柱状图（据贵州有色地勘局三总队资料修编）

TFe 51%～64%，平均58%；Al_2O_3 4%～12%；平均7%；SiO_2 2%～7%，平均6%。

耐火黏土岩常产于铝土矿的上部和下部，局部地段夹于铝土矿中，以下层为主，上矿层偶尔见到，分布不连续，呈小透镜体状。厚0.51～3.79m。

铝矿系整合于铁矿系之上。铝土矿产于铝矿系的中部和中上部，呈似层状或透镜状产出。铝矿系正常序列自上而下大致为铝土页岩或铝土岩、致密状铝土矿或铝土岩、碎屑（或鲕、豆状）铝土矿、致密状铝土矿或铝土岩、铝土页岩等，但这种层序常有缺失而不完整。铝土矿主要由致密状、土状、碎屑状以及少量豆状、鲕状矿石组成。

46号勘探线剖面图如图3-6所示。

F 矿体特征

长冲河矿段铝土矿体（层）长1200m，宽150～450m，整体呈北北东～南南西向展布，呈似层状产出，倾向南东东，倾角18°～44°。矿体（层）被纵向断层错断，北端被F_{35}横向断层平移错断。铝土矿层中的富厚矿体受基底的古岩溶洼地控制，呈现大小不等的透镜状、不规则状，直径一般30～120m，最大200m，富矿厚1～6m，由大小不等的透镜状构成似层状矿体，厚0.77～10.01m，平均3.9m。基底的凸起部位铝矿系缺失，发育一个无矿天窗（300m×60m）。矿体（层）南段大部分遭受强烈风化剥蚀，形成大量的残坡积铝土矿。矿体（层）北段保存较好，其厚度大，钻孔揭露最大真厚8.83m，一般5～7m。

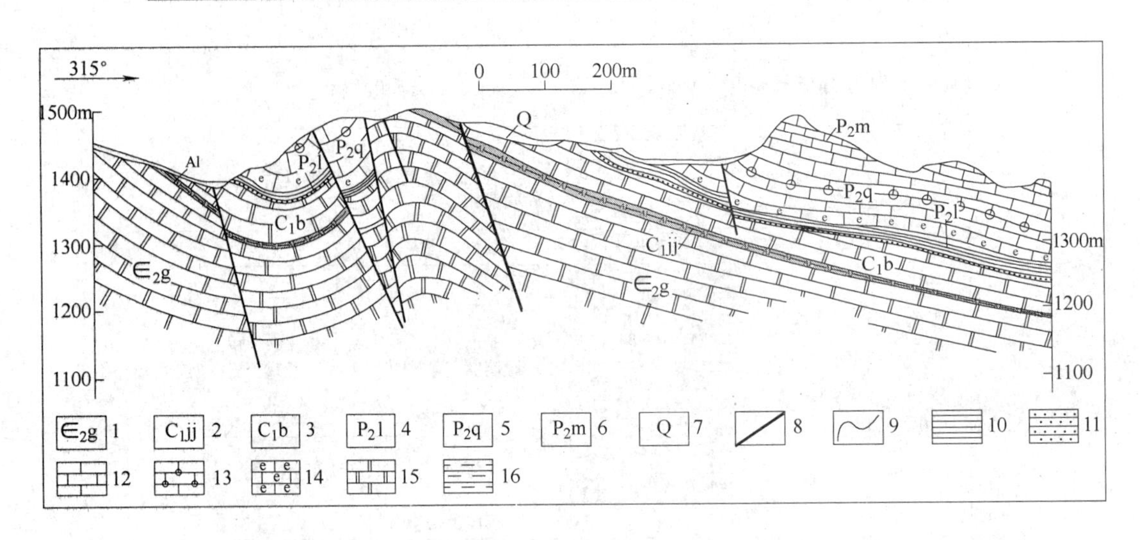

图 3-6 46 号勘探线剖面图（据贵州有色地勘局三总队资料修编）

1—寒武系中统高台组；2—石炭系下统九架炉组；3—石炭系下统摆佐组；4—二叠系中统梁山组；5—二叠系中统栖霞组；6—二叠系中统茅口组；7—第四系；8—断层；9—地层界线；10—页岩；11—砂岩；12—灰岩；13—燧石团块灰岩；14—生物碎屑灰岩；15—白云岩；16—铝土岩、铝土矿

大岩矿段矿体（层）长 900 ~ 1200m，宽一般 200 ~ 900m，呈似层状发育，与地层产状基本一致，大致呈北东展布，倾向南东，倾角 15° ~ 32°。矿层深部被 F_6 错断成两个北东向展布的块体。中带（F_6 北西）矿体规模较大，连续性较好；北西带（近地表）古岩溶洼地规模小，变化较大；南东带（F_6 南东深部）古岩溶洼地规模大且稳定，一般直径 100 ~ 280m。故该铝土矿体（层）中的富厚铝土矿体多为椭圆状、圆状及不规则透镜状，呈北东向发育在这类古岩溶低洼地带。低洼带之间的凸起地段均为薄铝土矿层带或无矿天窗，故矿段矿的厚度变化较大，0 ~ 10.03m，平均 2.81m，无矿天窗 5 个（60m × 50m ~ 120m × 150m）。

耐火黏土：长冲河矿段呈零星分布的小透镜体，规模不大，探明储量仅 71.92 万吨；大岩矿段分布较广，矿体仍为透镜状，探明储量 249.31 万吨。

铁矿：由结核状、小透镜状组成含矿体（层），一般厚 0.51 ~ 4.41m。赤铁矿矿石含 TFe 51% ~ 64%，Al_2O_3 4% ~ 12%，SiO_2 2% ~ 7%。矿体（层）含矿系数 0.73 ~ 0.78。长冲河矿段和大岩矿段探明储量合计为 197.81 万吨。

G 矿石质量特征

a 结构构造

按矿石的自然类型分类，矿区主要为致密状铝土矿和碎屑状铝土矿，其次为土状铝土矿。致密状铝土矿具致密块状结构，略显微层理构造；碎屑状铝土矿为碎屑结构，块状构造；土状铝土矿为土状结构，块状构造（见附录 1）。

b 矿物组分

致密状铝土矿的矿物成分以一水硬铝石为主，隐晶、少量微粒状，部分为板状晶体，与绢云母共生，约占 70%；黏土矿物隐晶质，夹有机质，约占 15%；绢云母呈长片状与水铝石密切共生，约占 10%；重矿物呈微粒状，分布极不均匀，总量小于 1%。

碎屑状铝土矿的矿物成分几乎全为一水硬铝石，以同生碎屑状产出，少数混产于黏土矿物内，约占70%~75%；黏土矿物，隐晶，分布于同生碎屑间隙内，约占25%；重矿物有锆石、帘石、电气石，呈微粒砂状，占1%~2%。

c 化学成分

Al_2O_3 53%~76%，SiO_2 4%~8%，Fe_2O_3 0.47%~13%。平均Al/Si比值：长冲河矿段8.02，大岩矿段6.88。

H 矿床规模及资源量

1977年3月~1979年6月，原"冶金局地勘公司三队"（现"贵州有色地质勘查局三总队"）对该矿区开展了补充勘探工作，1982年10月经省储量委审查通过，最终核实B+C+D级铝土矿储量（表3-3和表3-4）共计928.75万吨，达中型矿床规模。表3-3中B级储量占总储量的14.9%（长冲河15.96%，大岩14.17%），占工业储量（B+C）的16.80%（长冲河16.61%，大岩16.80%）。

表3-3 能利用的铝土矿储量 （万吨）

储量级别	B	C	D	B+C	B+C+D
长冲河矿段	63.53	172.57	161.95	236.10	398.05
大岩矿段	75.20	237.07	218.43	312.27	530.70
合　计	138.73	409.64	380.38	548.37	928.75

表3-4 能利用的耐火黏土储量 （万吨）

储量级别	C	D	C+D
长冲河矿段	1.40	70.52	71.92
大岩矿段	28.26	221.05	249.31
合　计	29.66	291.57	321.23

注：能利用的铁矿储量：D级197.81万吨（长冲河104.21万吨，大岩93.60万吨）。

I 矿床成矿规律、矿床成因与找矿标志

a 成矿规律

矿区内石炭系下统九架炉组为一赋矿地层，覆于寒武系中统高台组白云岩古喀斯特侵蚀面之上；含矿岩系严格受古侵蚀面的制约，铝土矿层厚度变化大，呈层状、似层状、透镜状产出；铝土矿产于含矿岩系上段，一般呈单层产出，局部地段产出多层铝土矿体；含矿岩系下段普遍发育赤铁矿层或铁质黏土岩。

b 矿床成因

矿区铝土矿属于沉积型铝土矿。成矿时代为早石炭系，黔中隆起后的碳酸盐岩和黏土岩类，在古湿热的气候环境及古生物等综合作用下，风化剥蚀而形成红黏土型古风化壳。红黏土型古风化壳进一步分解，其中的Al、Fe以氢氧化物的形式被淋滤随水流搬运至古岩溶洼地中初步形成零星分散的喀斯特型铝土矿体。随后初步沉积形成的喀斯特型铝土矿体碎屑及风化淋滤形成的Fe、Al氢氧化物被地表径流以不同形式搬运至寒武系中上统白云岩古岩溶侵蚀低洼地段，按照碎屑、化学和生物沉积规律形成铝土矿。

c 找矿标志

石炭系下统九架炉组是矿区的唯一赋矿层位，其中基底地层为寒武系中统高台组（$\in_2$g）白云岩，找矿层的标志是石炭系下统摆佐组（C_1b）厚层粗晶白云岩之下。

J 矿区勘查工作历史

长冲河铝土矿在20世纪50年代已有发现记载。1956年，贵州工业厅地勘处在长冲河查看铁矿时发现长冲河铝土矿，著有《清镇县破岩乡长冲河铁矿查对简报》，其中有铝土矿与铁矿共生的论述；1957年，贵州省地质局清镇地质队对长冲河矿区进行了地质普查，提交《清镇铝土矿及铁矿地质工作专报》；1957~1958年，贵州省地质局清镇地质队对破岩矿段进行初步勘探，提交《清镇铝铁矿区1958年勘探储量报告》；1959年，贵州省地质局黔中地质队对麦坝、长冲河矿区进行了勘探工作，提交的《清镇铁铝矿麦坝矿区最终储量报告》，其中包括长冲河矿区；1966年，贵州省地质局105地质大队对老荒坡、破岩、大岩、长冲河矿段进行补充勘探，提交《清镇铝土矿长冲河矿区老荒坡、破岩、大岩、长冲河露采块段详细勘探储量报告》和《清镇铝土矿长冲河矿区破岩露采块段补充勘探说明书》；1969年，贵州省地质局115地质队接替105队开展矿区全面详细勘探工作，提交《清镇长冲河矿区铝土矿详细勘探报告》；1972年，贵州省地质局115地质队又提交了《清镇长冲河矿区详细勘探报告储量改算说明书》；1974~1976年，地质局115地质队继续对老荒坡、赵家山矿段部分露采地段进行补充勘探，先后提交《清镇长冲河矿区老荒坡、赵家山矿段铝土矿补勘储量计算说明书》和《清镇铝土矿长冲河矿区破岩、赵家山、新隆大坡、大岩矿段露采部分补勘储量计算说明书》；1977~1982年，原“冶金局地勘公司三队”（现“贵州有色地质勘查局三总队”）开展补勘工作，提交《清镇县长冲河矿区铝土矿补充勘探报告》。

3.3.1.3 清镇猫场铝土矿床

A 地理位置

矿区位于清镇市北西约20km，行政上隶属于清镇市站街镇。矿区西为麦田坝铝土矿区。矿区面积80km^2。

B 区域构造位置

矿区区域构造上处于扬子准地台，黔北台陷遵义断拱之贵阳复杂构造变形区，矿区处于该变形区的北东向构造与南北向构造的交接复合部位。

C 矿区地层岩性

矿区主要出露有寒武系、石炭系、二叠系、三叠系、白垩系和第四系地层（图3-7）。地层由老到新依次为：

寒武系中上统娄山关组（$\in_{2-3}$ls）：浅灰色、肉红色薄至中厚层细晶白云岩，局部夹黏土质页岩，厚度大于73.38m。

——————————————假整合——————————————

石炭系下统九架炉组（C_1jj）：为矿区铝土矿赋矿层位，分为上中下三段：下段由暗红色赤铁矿、绿泥石赤铁矿、紫红色铁质黏土岩、灰绿色绿泥石黏土岩组成，厚0~6.34m。中段为铁铝岩段，肉红~褐红色致密高铁铝土矿和少量褐红色菱铁矿质黏土岩及铁绿泥石，厚0~17.13m。上段为铝质岩段，常含黄色、暗灰色黄铁矿结核和团块，厚

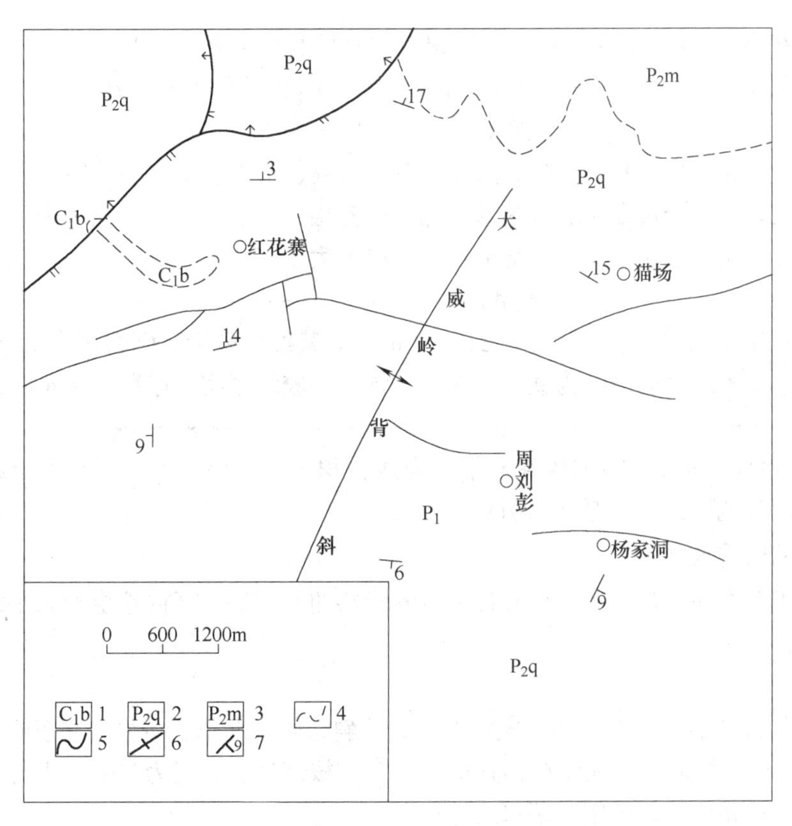

图 3-7 矿区地质简图（据贵州省地矿局 115 地质大队资料修编）

1—石炭系下统摆佐组；2—二叠系中统栖霞组；3—二叠系中统茅口组；

4—地层界线；5—断层；6—背斜轴；7—地层产状

0 ~ 19.67m。

———————————— 整合 ————————————

石炭系下统摆佐组（C_1b）：灰 ~ 灰白色厚层粗晶白云岩，厚 63.64 ~ 111.27m。

————————————假整合————————————

二叠系中统梁山组（P_2l）：顶部褐黄、灰色黑色页岩，及粉砂质黏土岩，含黄铁矿结核。局部夹少量薄层泥质白云岩夹页岩或劣煤，含细粒星点状和结核状黄铁矿，厚 5 ~ 46m。

———————————— 整合 ————————————

二叠系中统栖霞组（P_2q）：分三段，下段为深灰色薄至中厚层状生物碎屑灰岩与灰黑色薄层生物碎屑泥质灰岩互层，厚 17.94 ~ 49.16m；中段为灰色块状细晶生物碎屑灰岩，厚 22.96 ~ 58.50m；上段为浅灰、灰黑色厚层之块状含生物碎屑微晶灰岩，含少量燧石结核和白云质团块，厚 46.37 ~ 68.14m。

———————————— 整合 ————————————

二叠系中统茅口组（P_2m）：分为两段，下段为灰色中厚层状生物碎屑微晶灰岩，含白云质团块及少量燧石结核，厚 12.63 ~ 29.42m；上段为灰至深灰色块状微晶 ~ 中晶生物碎屑灰岩，含白云质团块及条带，厚 81.38 ~ 152.36m。

————————————假整合————————————

峨嵋山玄武岩（βp）：为灰绿色、灰黑色块状胶粒状凝灰岩，灰绿色拉斑玄武岩，灰绿色、灰黑色胶粒状玄武岩，含黄铁矿细晶及硅质团块，厚47.88～76。

——————————————假整合————————————————

二叠系上统龙潭组（P_3l）：分为两段：下段为灰、灰黑色中厚层至厚层块状含燧石团块生物碎屑灰岩与水云母黏土岩、粉砂质黏土岩互层，夹厚煤层；上段为灰、深灰色中厚层状泥质粉砂岩夹砂质黏土岩，下部夹煤层。厚度大于120m。

~~~~~~~~~~~~~~~~~~~不整合~~~~~~~~~~~~~~~~~~~~~~~

白垩系（K）：分布于大红岩、小红岩一带，为紫红色砾岩，砾石多为灰岩、白云岩，少为黏土岩、粉砂岩，胶结物为铁质、泥质、钙质，胶结紧密。厚0～140m。

~~~~~~~~~~~~~~~~~~~不整合~~~~~~~~~~~~~~~~~~~~~~~

第四系（Q）：分布于缓坡沟谷地带，为残坡积、冲积层。由碎石和黏土组成。不整合覆盖于矿区各地层之上，厚0～34m。

D 矿区地质构造

矿区处于北东向三岔河断裂褶皱带大威岭背斜的北西端，区内地层产状平缓，褶皱及断裂构造发育。

a 褶皱

大威岭背斜（猫场背斜）为一宽缓的穹状背斜，轴向北东，缓慢向北东倾伏，倾伏角3°～5°，两翼分别倾向北西和南东，倾角2°～7°。核部最老地层为二叠系中统梁山组，两翼分别出露二叠系中统栖霞组和茅口组地层。

b 断层

矿区断裂构造主要集中在矿区中部及西部，按走向大致可以分为三组：北东东向有F_{17}、F_{32}、F_{38}等，除F_{32}为逆冲断层外其余均为正断层，断距较大，延伸较长；近东西向主要有F_{31}，为逆断层；近南北向发育F_{30}，为逆断层。

F_{32}为压扭性断层，东起李家冲，经白浪坝、红花寨至杨柳井附近，横贯矿区中部，走向北东，沿走向延伸大于5km，倾向北西335°～345°，断距46～88m，由东到西断距增大，到落水潭矿段达120m之多。

F_{38}位于矿区中部，为正断层，系F_{32}北盘次级断裂，走向基本与F_{32}平行，倾向北西320°～340°，倾角50°～73°。

F_{17}位于矿区红花寨矿段中北部，为一压扭性断层。东起高洞西至破岩一带，走向北东，倾向320°～340°，倾角70°～76°，垂直断距10～20m，走向延伸近2km。

F_{30}位于矿区红花寨矿段中部，为一张性断层，走向北北西，倾向73°，倾角80°，垂直断距10～20m，走向延伸近1.2km。

E 含矿岩系特征

矿区含矿岩系为石炭系下统九架炉组（C_1jj），呈假整合覆于寒武系中上统娄山关组之上，伏于石炭系摆佐组白云岩之下。含矿岩系自上而下分为上中下三段（图3-8）：

上段（C_1jj^3）为矿区铝土矿的主要产出层位，岩性包括铝土矿、铝土岩、黏土岩、碳质黏土岩，发育土状、致密状和碎屑状铝土矿，厚0.27～25.12m，一般5～8m。

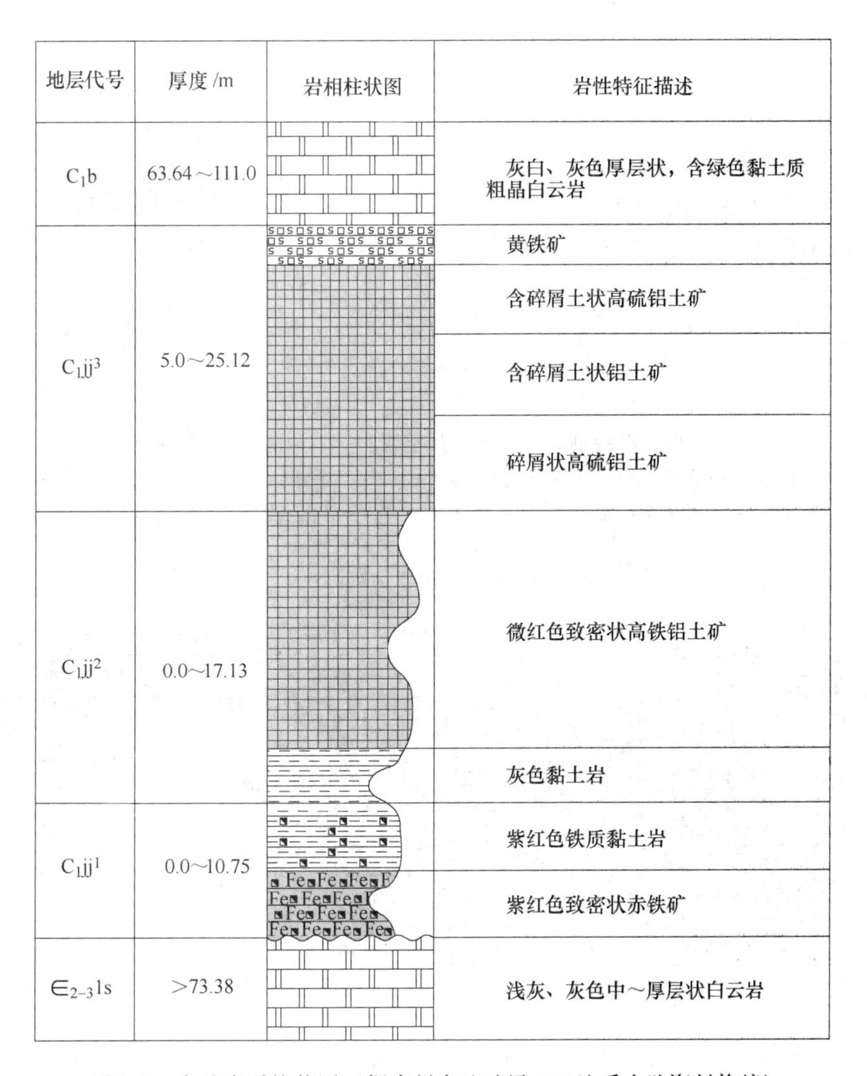

图 3-8 含矿岩系柱状图（据贵州省地矿局 115 地质大队资料修编）

中段（C_1jj^2）是高铁铝土矿的产出层位，为一套肉红～褐红色致密高铁（菱铁矿质）铝土矿和少量褐红色菱铁矿质黏土岩及铁绿泥石组成，厚 0～17.13m，一般 1～3m。

下段（C_1jj^1）为铁矿系，由暗红赤铁矿、红褐色与紫红色铁质黏土岩、铁质页岩及灰绿色绿泥石赤铁矿、绿泥石黏土岩组成，厚 0～10.75m，一般 1～3m。结核或透镜体大小不一，呈结核或透镜体密集成群，可构成具工业价值的含铁矿层。

F 矿体特征

猫场铝土矿床主要由五个矿体组成，其中Ⅰ号矿体包括红花寨矿段和白浪坝矿段，其余为将军岩矿段、水落潭矿段等，其中最大矿体东西长约 4500m，南北宽约 500～2500m，面积 6.13km^2，最小矿体长约 700m，宽约 400m，面积 0.28km^2。矿体呈似层状或大透镜状产出，一般为单层矿，局部地段主矿层上部或下部有小透镜状矿体产出。矿体形态严格受基底古岩溶地貌的制约，矿体厚度也随古岩溶地貌的起伏而呈现相应的薄厚变化，局部地段厚度变化较大（图 3-9 和图 3-10）。

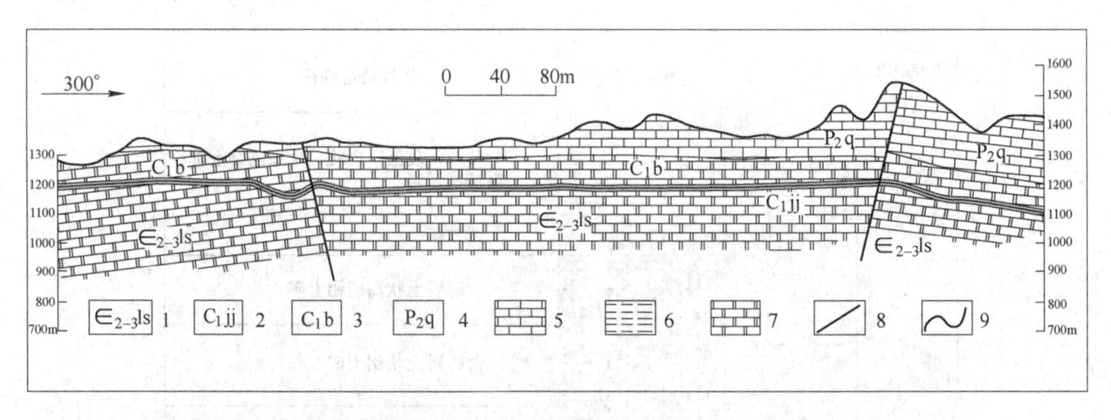

图 3-9　8 号勘探线剖面图（据贵州省地矿局 115 地质大队资料修编）

1—寒武系中上统娄山关组；2—石炭系下统九架炉组；3—石炭系下统摆佐组；4—二叠系中统栖霞组；5—灰岩；6—含矿岩系：黏土岩、铝土岩、铝土矿等；7—白云岩；8—断层；9—铝土矿层

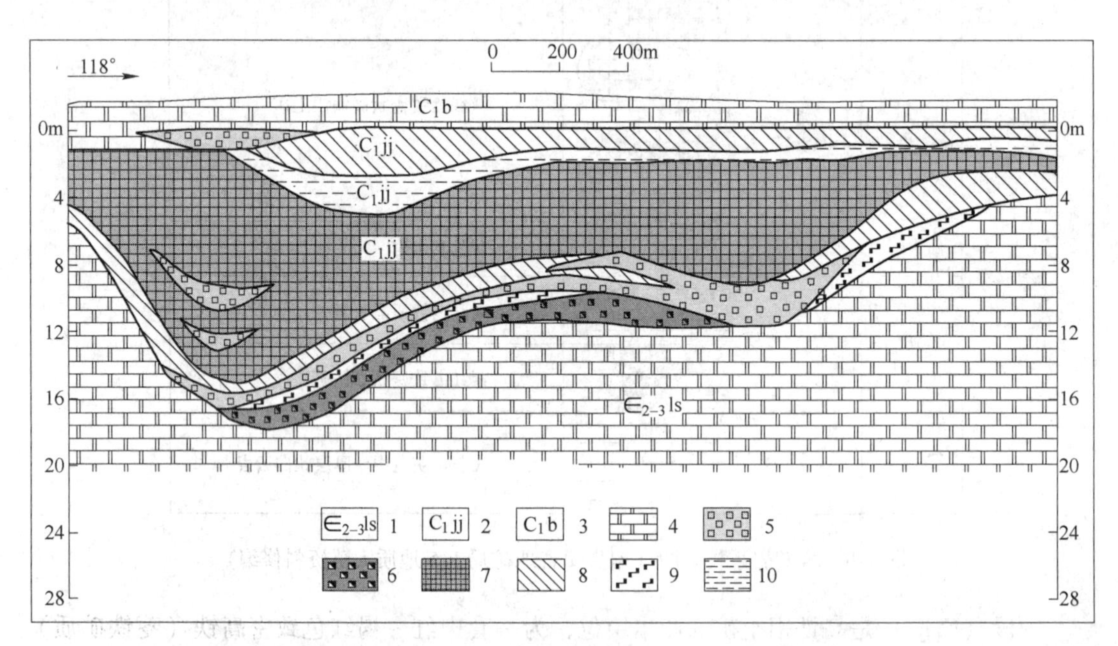

图 3-10　32 号勘探线矿体空间形态图（据贵州省地矿局 115 地质大队资料修编）

1—寒武系中上统娄山关组；2—石炭系下统九架炉组；3—石炭系下统摆佐组；4—白云岩；5—黄铁矿；6—褐铁矿；7—铝土矿；8—黏土岩、铝土岩；9—绿泥石、铁质黏土岩；10—耐火黏土

a　Ⅰ号矿体

Ⅰ号矿体位于矿区北部，是矿区主要矿体之一，大部分矿体在 1020m 标高以上，呈东西向展布，东西长 4500m，南北宽 500 ~ 2500m，面积 6.3km^2。F_{32}断层横穿南部把矿体分割成两个矿块：断层上盘是红花寨矿段，下盘属白浪坝矿段。矿体的南、西边界已圈定，北边基本圈定，东边未能圈定。矿体和围岩产状基本一致，呈层状、似层状、缓倾斜，一般单层，主矿层上下局部地段偶有透镜状小矿体，矿体中偶见铝土岩、黏土岩及黄铁矿夹层。平面形态为一东宽西窄的不规则“丁”字形，边界曲折多港湾。

红花寨矿段东西长 4500m，南北宽 1700m，面积 4.3km^2。矿体厚度 0.97 ~ 11.91m，平均 4.43m。矿段处在背斜北东倾末端，矿体倾向北，但有变化，中部有一宽缓椭圆形隆起，产状平缓，倾角一般0°~6°，断层附近略变陡，倾角可达15°。含 Al_2O_3 69.60%；SiO_2 平均6.72%；Al/Si 平均10.36。

白浪坝矿段东西长2950m，南北宽1500m，面积约2.00km²。有3个无矿天窗和1个不可采区，面积共约20000~45000m²。矿体厚0.87~5.83m，平均2.89m。矿层走向近东西、倾向北、倾角3°~8°。F_{32}断层附近有变陡现象。含 Al_2O_3 平均66.31%，SiO_2 平均9.17%，Al/Si 平均7.23。

b Ⅱ号矿体

Ⅱ号矿体控制面积6.32km²，南北长3600m，东西宽500~2500m。矿石量6703.45万吨，但是大部分在1020m标高以下。矿体呈层状及似层状，单斜产出，倾向270°~320°，南部产状从北西西转向南西向，倾角由东向西逐渐增大7°~22°。矿层底板标高868~1235m，埋深94~364m。有4个无矿天窗均集中在将军岩矿段内，面积40000~160000m²。含 Al_2O_3 平均70.13%；SiO_2 平均6.66%；Al/Si 平均10.53。

c Ⅲ号矿体

Ⅲ号矿体长2800多米，最宽400m，最窄50m。呈L形串珠状展布在Ⅰ号和Ⅱ号矿之间，面积约0.70km²，由4个透镜体连成一串，位于透镜体的中心部位厚度最大，为18.18m，连接处变薄。矿体单层厚度0.32~18.18m，平均6.88m。它和Ⅰ号、Ⅱ号矿体边缘呈上下重叠突变接触关系，层序上它总是在Ⅰ号、Ⅱ号矿层之下。呈透镜状或似层状产出，倾向北西西，倾角8°~15°。底板标高868~1257m，埋深63~344m，平均203m。含 Al_2O_3 平均51.90%；SiO_2 平均7.16%；Al/Si 平均7.25。

d Ⅳ号矿体

Ⅳ号矿体位于矿区东南部，与Ⅰ号矿体毗邻，呈环状近东西向展布，东西长2850m，南北宽500~1750m。中部无矿天窗东西长1500m，南北宽300~900m，面积0.72km²。矿层底板标高1191.91~1267.74m，埋深142~228m，平均188m。倾向80°~100°，倾角1°~8°。矿体呈椭圆环状产出，环带宽200~600m不等，面积1.78km²。厚度0.61~6.38m，平均2.99m，绝大多数为单层，局部两层，顶底界面波状起伏。含 Al_2O_3 平均70.14%；SiO_2 平均5.74%；Al/Si 平均12.23。

e Ⅴ号矿体

Ⅴ号矿体位于矿区东部，分叉展布，主体方向120°~300°，分叉方向40°，长1800m，宽500~1000m，面积1.3km²。矿层厚0.40~2.39m，平均1.85m。中部不可采区呈40°方向把矿体分割呈北西向南东两矿块，面积0.65km²，单层透镜状产出，顶底界面起伏不平，底板标高1040~1095m，埋深204~285m。倾向北东，倾角5°~15°。含 Al_2O_3 平均58.17%，SiO_2 平均11.74%，Al/Si 平均4.95。

G *矿石质量特征*

a 结构构造

按矿石的自然类型分类，矿区主要为土状、半土状铝土矿，碎屑状铝土矿和致密块状铝土矿，其次为豆鲕状铝土矿和高铁铝土矿。致密状铝土矿具致密块状结构，略显微层理构造，具细微碎屑结构，碎屑一般小于0.1mm，部分约0.5mm；碎屑状铝土矿主要有砂屑和砾屑两种结构，二者大小不一，大者2~10mm，小者0.1mm，呈次棱角状~次浑圆状，具红土特征，呈块状构造；土状铝土矿结构疏松，具隐晶质结构、土状结构、块状构造

(见附录1)。

b 矿物组分

土状、半土状铝土矿：矿物主要成分为一水硬铝石，隐晶质，占96%，其次为高岭石(少量)、水云母、黄铁矿；重矿物有电气石、锆石、锐钛矿等。

碎屑状铝土矿：主要由一水硬铝石组成，碎屑颗粒间充填物也主要为一水硬铝石，其次为高岭石、水云母等，并含微量电气石、锐钛矿、锆石等碎屑矿物。

致密状铝土矿：矿物以一水硬铝石为主，占60%~70%，基质含量20%~25%，由高岭石、水云母及一水硬铝石组成，含有少量黄铁矿。

H 矿床规模及资源量

猫场铝土矿床为我国规模最大的隐伏铝土矿床，自1959年发现以来，工程控制矿区面积大于50km^2，截至1996年探明表内D级以上储量铝土矿2.1亿吨。此外还探获赤铁矿、硫铁矿、耐火黏土和金属镓等资源量，详见表3-5。

表3-5 矿区铝土矿资源量统计表

矿种	储量级别	矿石储量						
		红花寨	白浪坝	将军岩	水落潭	矿区外围		合计
						表内	表外	
铝土矿/万吨	C	1011.87	553.30	1335.68		404.38	18.38	3323.61
	D	4451.88	1165.18	6313.60	435.00	5315.89	1705.24	19386.79
	E				167.96			167.96
	C+D	5463.75	1718.48	7649.28	435.00	5720.27	1723.58	22710.36
赤铁矿/万吨	D	1122.80	277.90	1021.43		2272.09		4694.22
硫铁矿/万吨	D	570.40	287.80	419.85		2947.57	121.25	4346.87
耐火黏土/万吨	D	825.50	631.17					1456.67
金属镓/t	D	3769.99	1185.75	4361.79		3661.00	1034.00	14012.53

I 矿床成矿规律、矿床成因与找矿标志

a 成矿规律

猫场铝土矿区成矿时期是一个与大海没多大联系的古岩溶湖泊。横向上按湖水相对深度和所处位置可发现，猫场古岩溶湖泊沉积物由湖岸到湖心具滨湖相、浅湖相和深湖相比较明显的环带特征。纵向上由下而上分为赤铁矿~绿泥石黏土岩相~菱铁矿质~铝土矿相的沉积序列。

滨湖区相地带矿体边界外宽窄不等的无矿地带，在横向上组合特征为黏土岩相、硫化物相、赤铁矿相、铝土矿相，纵向上组合单一。

浅湖相地带指低硫低铁（含高硫高铁）铝土矿分布地带，其横向和纵向变化明显。横向上靠矿体边部和无矿天窗周围以碎屑状铝土矿为主，其次为致密状铝土矿，中部以土状铝土矿为主，纵向上几种矿石类型交替重叠。高硫高铁铝土矿横向上集中分布在无矿天窗周围和断裂两盘，纵向上则集中分布在低硫低铁铝土矿的顶部和底部。

深湖相地带指湖盆中部高铁铝土矿分布地带，横向上4个大透镜状矿体呈串珠状展布。纵向上矿体厚度稳定且越向湖心厚度越大，顶界面平整、底界面起伏大，底部常发育一薄层铁质黏土岩，低硫低铁铝土矿体位于高硫高铁铝土矿体顶部且接触界线明显。

含矿岩系厚度与铝土矿体厚度呈明显正比关系，即含矿岩系厚度越大则铝土矿体越厚。

b 矿床成因

猫场铝土矿是经初步富集的喀斯特沉积型铝土矿，经再度风化剥蚀后由地表径流搬运到湖盆沉积而成。黔中隆起后的碳酸盐岩和黏土岩类，在古湿热的气候环境及古生物等综合作用下，风化剥蚀而形成红黏土型古风化壳。红黏土型古风化壳进一步分解，其中的Al、Fe以氢氧化物的形式被淋滤随水流搬运至古岩溶洼地中初步形成零星分散的喀斯特型铝土矿体，此为碎屑状、豆鲕状铝土矿体的最终形成提供了大量的物质来源。随后初步沉积形成的喀斯特型铝土矿体碎屑及风化淋滤形成的Fe、Al氢氧化物被地表径流以不同形式搬运至猫场古岩溶湖泊中，按照碎屑、化学和生物沉积规律形成猫场古岩溶湖泊沉积型铝土矿。成矿后期的表生富集作用、风化淋滤作用及去硅排铁作用使得局部地段的铝土矿体变富。

c 找矿标志

地层标志石炭：系下统九架炉组是矿区的唯一赋矿层位，其中基底地层为寒武系中上统娄山关组（$\in_{2\text{-}3}ls$），找矿层的标志是石炭系下统摆佐组（C_1b）厚层粗晶白云岩之下，无矿天窗周围和断裂两盘是寻找高硫高铁铝土矿的有利地段。

矿区石炭系下统摆佐组（C_1b）底部，发育一层厚3～8m深灰色中～细晶白云岩，含较多的灰绿色黏土岩团块及条带，为见矿标志层。

J 矿区勘查工作历史

猫场铝土矿区地质勘查工作始于1959年：1959年贵州省地质局黔中地质大队在该区开展1:50000矿产地质调查，发现本矿区，著有《贵州清镇猫场矿区铝土矿、铁矿、黄铁矿、硬质耐火黏土普查报告》；1959～1962年，黔中地质大队（今第三综合地质大队）整理前期工作资料，著有《清镇猫场矿区铝土矿黄铁矿硬质黏土普查评价报告》；1972～1973年贵州省地矿局115地质大队对矿区红花寨矿段进行勘察，并在综合研究矿区的基础上著有《贵州清镇铝铁矿猫场矿区初勘地质报告》；1979～1985年贵州省地矿局115地质大队全面开展了该矿区铝土矿普查和详查工作，其中1985年结束红花寨和白浪矿段详细普查工作，著有《贵州清镇铝土矿区红花寨、白浪矿段详细普查地质报告》；1988～1989年贵州省地矿局115地质大队对矿区将军岩矿段进行了详查地质工作，著有《贵州清镇铝土矿猫场矿区将军岩矿段详查报告》；1993～1998年贵州省地矿局115地质大队对猫场铝土矿进行了外围勘查工作，分别著有《贵州省清镇市猫场铝土矿矿区0～24线勘探地质报告》（包括68线）和《贵州省清镇市猫场矿区勘探区外围储量核实报告》。

3.3.2 务川～正安～道真地区

3.3.2.1 务川瓦厂坪铝土矿床

A 地理位置

矿区位于务川县城北偏东部，距县城约44km，属濯水镇管辖，位于濯水镇北，直线距离 5km，交通方便。矿区面积 10.13km^2。

B 区域构造位置

矿区在区域构造上处于扬子准地台黔北台隆遵义断拱凤冈北北东向构造变形区内。主构造线方向自南西部的北东向、至北东部逐步扭转成北北东~南北向，属北北东向的黔中~渝南务川~正安~道真铝土矿成矿带栗园~鹿池向斜内。

C 矿区地层岩性

矿区出露的地层有志留系、石炭系、二叠系、三叠系及第四系（图 3-11）。

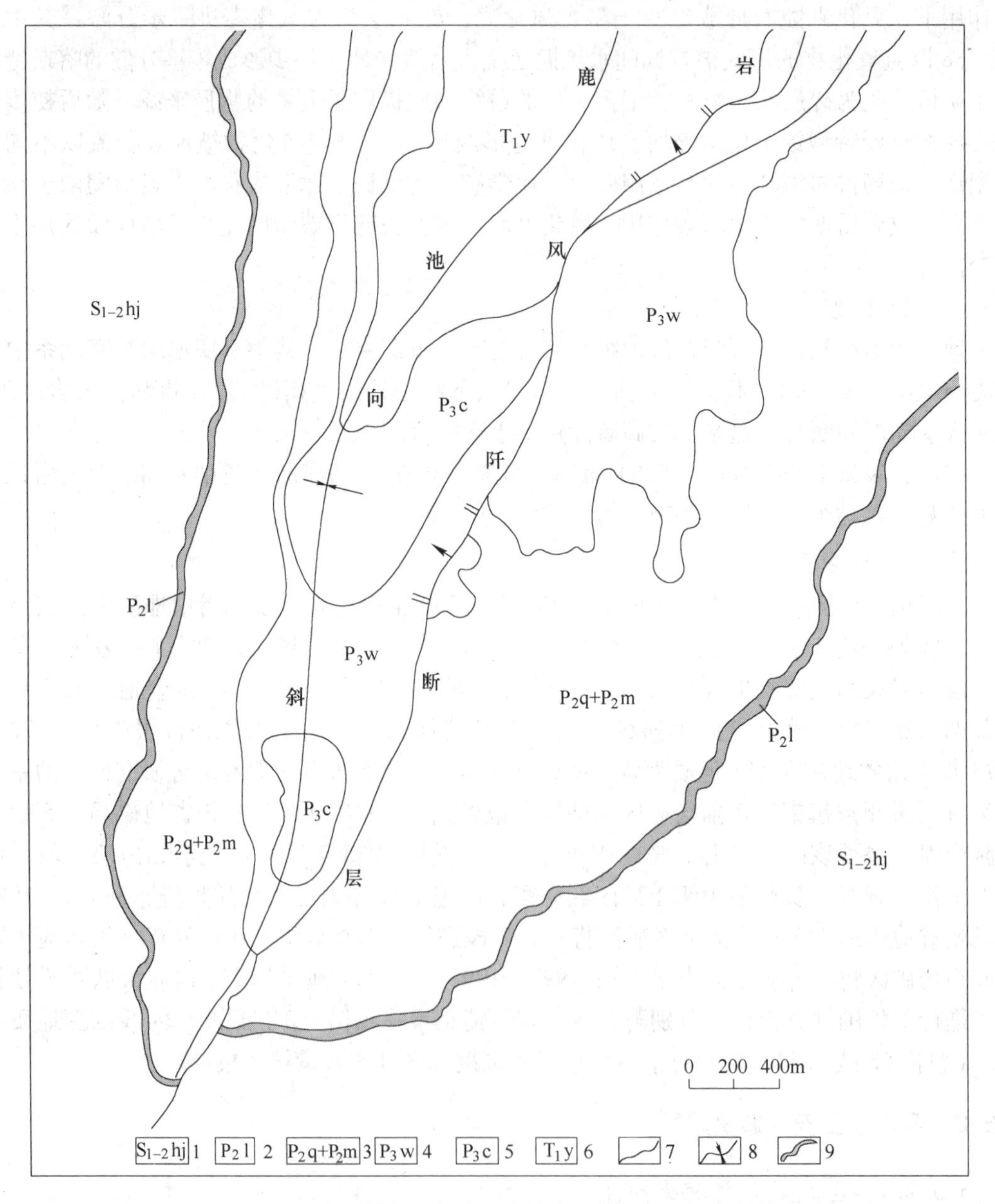

图 3-11 矿区地质简图（据贵州省有色地勘局三总队资料修编）

1—志留系中下统韩家店组；2—二叠系中统梁山组；3—二叠系中统栖霞组 + 茅口组；4—二叠系上统吴家坪组；5—二叠系上统长兴组；6—三叠系下统夜郎组；7—断层；8—向斜轴；9—矿体露头

地层由老至新简述如下：

志留系中下统韩家店组（$S_{1-2}hj$）：为一套紫红、灰绿色页岩、泥岩、粉砂质页岩，局部夹薄层粉砂岩及生物碎屑灰岩。厚度大于400m。

——————————————假整合——————————————

石炭系上统黄龙组（C_2h）：为灰、灰白和肉红色厚层至块状细至粗晶灰岩、生物碎屑灰岩，局部夹厚层至块状白云质灰岩。厚0～5.00m。

——————————————假整合——————————————

二叠系中统梁山组（P_2l）：为矿区铝土矿含矿层，岩性为黑色碳质页岩、碳质黏土岩、铝土岩、铝土矿，含少量星点状、结核状、团块状黄铁矿，局部夹黑色薄层硅质岩及煤线。厚3～15.37m。

—————————————— 整合 ——————————————

二叠系中统栖霞组（P_2q）：为泥灰岩、含燧石条带泥质灰岩、块状细晶～微晶灰岩、泥质灰岩，含燧石条带细晶灰岩，厚度大于100m。

—————————————— 整合 ——————————————

二叠系中统茅口组（P_2m）：为深灰色厚层团块灰岩、厚层状细晶灰岩夹燧石团块和条带灰岩、生物碎屑灰岩夹燧石团块灰岩，厚度大于400m。

—————————————— 整合 ——————————————

三叠系下统夜郎组（T_1y）：主要为页岩、钙质页岩、泥质灰岩。厚130m。

~~~~~~~~~~~~~~~~~~不整合~~~~~~~~~~~~~~~~~~~~~~

第四系（Q）：分布较广，有残、坡、冲、洪积等类型，由黏土、亚黏土及铝土矿，石灰石硅质岩、页岩的碎砾、砂粒、砂土等组成，砾石大小不等，杂乱分布于悬崖及陡坡之下，厚0～10m。

D 矿区地质构造

矿区地质构造较为简单，褶皱主要为鹿池向斜，次一级褶皱不发育，断裂构造主要为 F_1 和 F_2 断层。

a 褶皱

鹿池向斜，矿区位于该向斜南端，轴向20°～25°，局部略有扭曲。向斜枢纽向北北东倾伏，轴倾角5°，轴面向西倾斜。轴部出露地层为三叠系夜郎组。该向斜两翼不对称：东翼岩层倾向295°～320°，倾角12°～20°；西翼岩层倾向105°～120°，倾角较陡，一般25°～35°，深部可达40°以上。向斜自北向南逐渐由宽变窄，轴部南端与 F_1 断层逐渐靠近，受挤压力增大影响，向斜轴出现波状起伏。

b 断裂

F_1 断层（岩风阡断层）为一正断层，大致与向斜轴一致，走向总体为25°，倾向北西，倾角55°～60°。北西盘下滑、南东盘相对上升。在岩风阡附近可见断层南东侧的吴家坪组顶部与断层北西侧的夜郎组底部（沙堡湾段）接触。它破坏了矿区矿体的完整性：以 F_1 为界，自然分成东西两个矿段，界面以西的矿体较以东的矿体约跌落40～60m。

F_2 分布于矿区北东部，走向北东，以小夹角交于 F_1 上。为一推测断层，估计断距约20m左右。该断层位于本矿区外的无矿地段中，对矿体无影响。
~~~~~~~~~~~~~~~~~~

E 含矿岩系特征

矿区含矿岩系为二叠系中统梁山组（P_2l），其上覆地层为二叠系中统栖霞组灰岩，下伏地层为石炭系上统黄龙组灰岩或志留系中下统韩家店组泥岩、泥沙岩和页岩（图3-12）。含矿岩系下部为灰绿、紫红色黏土岩、黄铁矿、黏土岩及绿泥岩黏土岩和绿泥石岩，偶夹赤铁矿或菱铁矿透镜体；中上部为灰、黄灰色半土状，碎屑状铝土矿、铝土岩，偶见灰色鲕状铝土矿及灰绿色绿泥石铝土矿，灰色致密状铝土岩及黏土岩。黏土矿物主要为伊利石，厚度为0~13.2m。

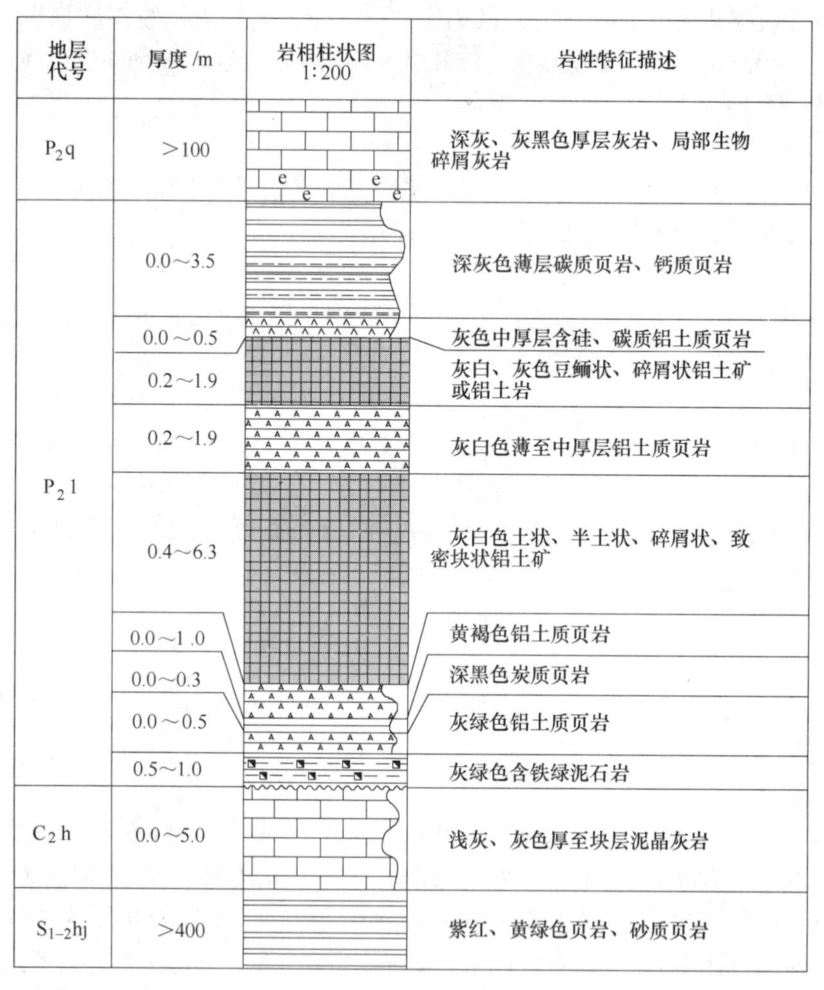

图3-12 瓦厂坪含矿岩系综合柱状图（据贵州省有色地勘局三总队资料修编）

F 矿体特征

矿区铝土矿体产于二叠系中统梁山组中部，受鹿池向斜的制约，矿体露头线沿鹿池向斜南西端呈U形展布，与向斜轮廓一致。南西端收缩变窄，向北东逐渐叉开，宽1.5~3km。矿体与围岩产状基本一致，呈层状、似层状产出，常见一层矿，局部见两层，下矿层为主矿层（图3-13）。向斜东翼由于倾角较缓而埋深较浅，西翼则埋深较大（图3-14）。由于F_1走向断层的错断，使矿区的矿体以露头线及断层为自然界面分为东西两个矿段。

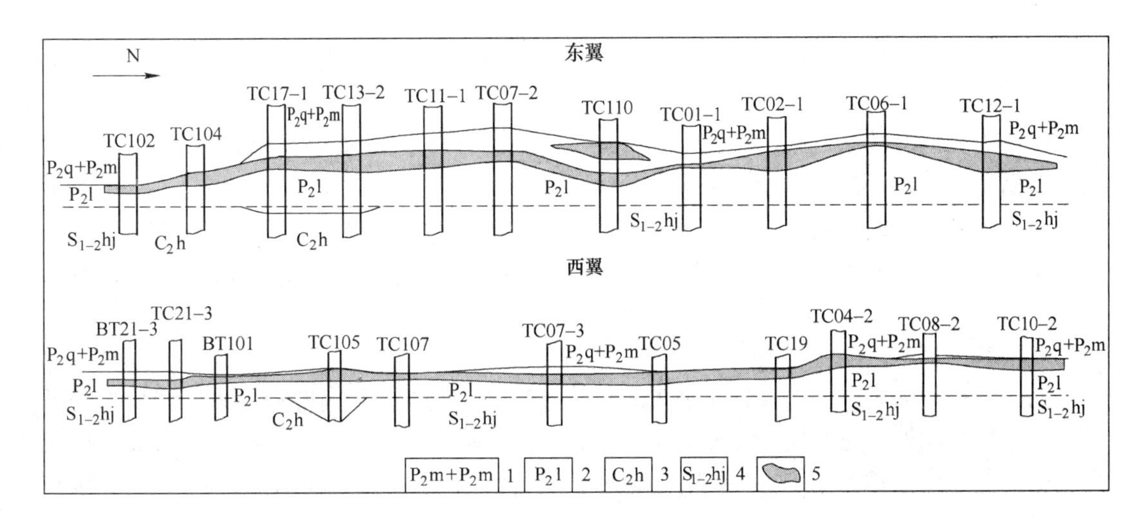

图 3-13 矿区含矿岩系地表露头线柱状对比图（据贵州省有色地勘局三总队资料修编）

1—中二叠统栖霞组 + 茅口组；2—中二叠统梁山组；3—上石炭统黄龙组；

4—中、下志留统韩家店组；5—铝土矿层

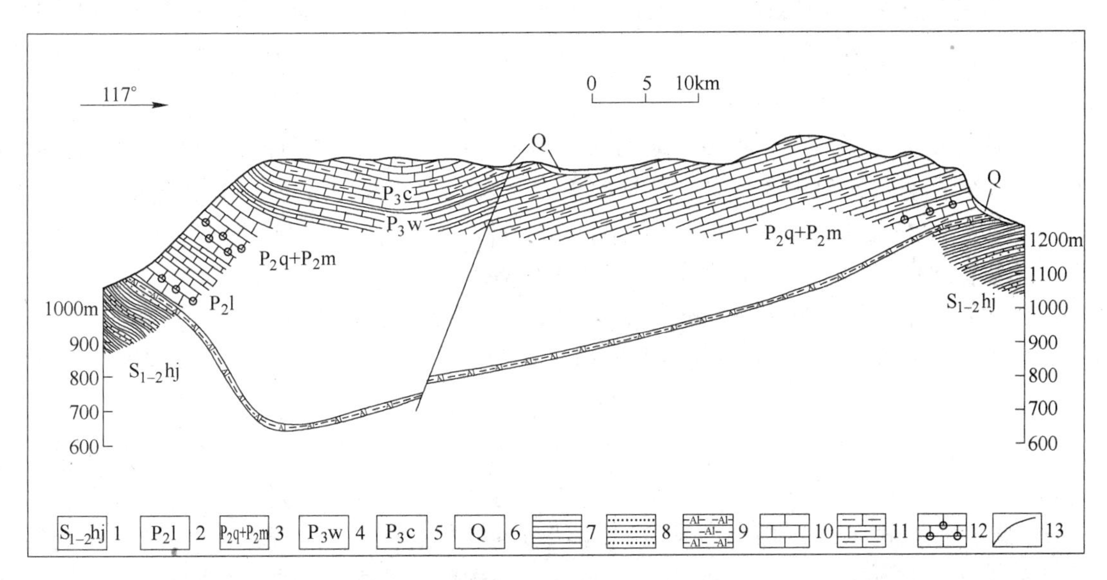

图 3-14 0-0’勘探线剖面图（据贵州省有色地勘局三总队资料修编）

1—志留系中下统韩家店组；2—二叠系中统梁山组；3—二叠系中统栖霞组 + 茅口组；

4—二叠系上统吴家坪组；5—二叠系上统长兴组；6—第四系；7—页岩；8—砂页岩；

9—铝土岩、铝土矿；10—灰岩；11—泥灰岩；12—燧石团块灰岩；13—断层

东矿段为向斜东翼矿体，地表露头线长 4200m，矿体厚 0.70 ~ 3.88m，平均 2.38m，矿石含 Al_2O_3 57.43%~77.33%，多数大于 70%，Al/Si 3 ~ 46，一般大于 10。西矿段矿体分布于向斜西翼，地表露头线长 4000m，矿体呈层状产出，产状与围岩一致，连续性较好，矿厚 0.50 ~ 1.90m，平均厚 1.45m，矿体露头厚度比东翼略薄（图 3-13）。矿体走向长 3200m，平均宽度 1000m，均厚 1.50m，平均品位：Al_2O_3 63.93%、Fe_2O_3 5.22%、SiO_2 8.79%、Al/Si 7.3。

G 矿石质量特征

a 结构构造

铝土矿石由泥晶基质和粒屑两部分组成，依据这两部分比例不同可划分成粒屑泥晶结构、泥晶粒屑结构、泥晶~微晶结构，复粒屑结构，重结晶结构。矿区内矿石构造以土状、半土状构造及碎屑状构造为主，其次为豆状、鲕状构造，深部有少量致密块状构造。按结构构造矿石类型主要有土状、半土状矿石，碎屑状、块状矿石，豆状矿石（见附录1）。

b 矿物组分

铝土矿石的组成矿物以含铝矿物为主，其次为少量或极少量高岭石、水云母和绿泥石等黏土矿物。此外，还有极少量的赤铁矿、黄铁矿、锆石、锐钛矿、金红石、板钛矿和极少量的电气石等。含铝矿物主要为一水硬铝石，另有少量一水软铝石、三水铝石和胶铝石。

c 化学成分

矿区铝土矿石的主要化学成分为 Al_2O_3、SiO_2、Fe_2O_3、TS、TiO_2 和 LOI（烧失量）。次要化学成分有 MgO、CaO、K_2O、Na_2O、V_2O_5、P_2O_5、RE_2O_3、CO_2 等，微量元素有 Li、Ga、Ge、Ba、Sr、Nb、Ta、Zr、Cr、Mn、Pb、Cu、Zr、V、Sn、Be 和 Au 等。

H 矿床规模及资源量

矿区矿体受 F_1 断层错断而分为东西两个矿段。目前已达详查阶段，2007 年贵州省有色局三总队提交《贵州省务川县瓦厂坪铝土矿区矿区详查地质报告》，经省储量委评审，共探获 332 +333 资源量 4397 万吨。其中：332 资源量 577 万吨，占总部资源量 13.12%，333 资源量 3820 万吨，占矿区总资源量的 86.88%。

东矿段铝土矿石资源量共 3298 万吨，占矿区总资源量 75%；其中 332 资源量 577 万吨，分布在东矿段靠近露头线浅部一带；333 资源量 2721 万吨。西矿段铝土矿石资源量共 1099 万吨，全为 333 资源量，占总资源量 25%。

I 矿床成矿规律、矿床成因与找矿标志

a 成矿规律

成矿时代：矿区铝土矿赋存于石炭系上统黄龙组白云岩古侵蚀面之上的二叠系中统梁山组中上部，上覆地层为二叠系中统栖霞组灰岩。成矿时代为中二叠世梁山期。

矿床空间分布规律：铝土矿体的空间分布受到古喀斯特侵蚀面及后期构造作用的制约。古喀斯特侵蚀面是铝土矿成矿物质后期就位富集成矿的场所，其凹凸不平的特点及起伏程度影响着含矿岩系的厚度变化以及铝土矿矿体的规模和形态。后期的构造作用则控制了铝土矿的空间展布，矿体的空间展布及露头范围受鹿池向斜和 F_1 断层的控制。

矿体空间分布规律：横向上，向斜东翼矿体倾角较缓而埋深较浅，西翼倾角陡则埋深较大，地表至向斜轴部矿层有逐渐变厚趋势。在向斜轴向上，位于向斜扬起端南西段的铝土矿层具厚度相对大、品位相对高、铝硅比高特征，而北东侧厚度变化大、总体变薄、品位相对低。含矿岩系厚度与铝土矿层厚度、矿石质量总体上呈正相关关系。

b 矿床成因

黔北地区经历了寒武纪~中志留世长期海侵后，于晚志留世广西运动中上升为陆，以后经历了泥盆～石炭纪近亿年长时间的风化剥蚀，原陆地逐渐准平原化，其风化作用也由原物理风化为主逐渐趋于以化学风化为主。暴露于地表大片面积的奥陶、志留系的富铝硅酸盐岩、碳酸盐岩，在热炎的气候条件下，经长期风化分解后红土化，铝质初步富集，上石炭世北部又有短暂海浸，沉积了黄龙组灰岩后再次接受风化侵蚀而发生钙红土化。至二叠纪，受黔桂运动影响，该区缓慢下沉，海水由北东方向徐徐入侵，彭水、武隆、南川、道真、务川、正安、桐梓东北部一带逐渐沦为半封闭海湾，原已初步富集了铝质的红土，在地表水作用下，从广大的陆地向滨海转移，并在相对低洼地区和适宜的介质作用下集中和沉积，同时在搬运和沉积过程中铝质又进一步分异富集，终于形成该区今天所见的丰富的铝土矿资源。原沉积的铝矿石经过成岩作用及后来沉积的巨厚上覆地层的巨大压力下，进一步脱水、去铁、脱硅、富化成为今天所见的一水硬铝石。原黔北沉积区在燕山初期的三都运动中上升成陆，至燕山末期宁镇运动发生了强烈褶皱，形成今所见的主要的背向斜，并在喜山期接受风化剥蚀。原沉积的铝土矿体在向斜中保存下来，而背斜中则被剥蚀殆尽。保存下来的铝土矿在地下水、地表水及氧气的作用下进一步富化形成目前所见铝土矿。

c 找矿标志

赋矿层位标志：二叠系中统梁山组是矿区的唯一赋矿层位，铝土矿产于 P_2l 中部，含矿层位固定，专属性异常典型，是区内寻找铝土矿最为可靠的标志和依据。

地貌标志：含矿层上覆层的栖霞～茅口组在黔北绝大多数形成悬岩，其下伏层的韩家店组泥岩、页岩均形成缓坡，铝矿层多位于高悬崖（上百米）与缓坡转换处。

含矿层底板标志：矿区含矿层底板为中下志留统韩家店组的紫红色泥岩、页岩，或为厚度很薄（1～2m）的黄龙组的结晶白云质灰岩时，含矿层往往有矿；当底板的黄龙组厚度较大（5～6m 以上）且连续稳定时，含矿层多无矿。

含矿岩系厚度：当含矿层厚度较大（3～10m 左右）时，其中往往有矿，而且含矿层越厚，往往矿层也越厚，矿质也较佳。当含矿层厚度小于 2m 以下时，均无矿。

含矿层岩性特征：矿区含矿层中各个岩性小分层较多（一般 5～7 小层或更多）、较全，且底部有绿泥石岩存在时，往往有矿；当含矿层中各小分层少（3～4 层），则多无矿。特别其顶部的碳质页岩厚度变大时（0.7～1m 以上），多为无矿。

含矿岩系矿层颜色特征：矿区含矿层的部位呈浅灰、灰或黄灰等浅色调时，则往往有矿；当含矿层部位呈褐红、深灰等深色色调时，多为无矿。

转石标志：含矿层下方斜坡的坡积层中往往可见到铝土矿碎石、碎块。

J 矿区勘查工作历史

矿区勘查工作始于 20 世纪 50 年代，黔东北地质大队、娄山关地质大队（均为贵州省地质矿产勘查开发局 106 地质大队前身）、四川省地质局 107 队、南江水文地质大队等地勘单位先后在区内进行过煤、铁矿普查和 1:200000 南川幅区域地质、区域矿产及区域水文地质调查等工作；20 世纪 80 年代中期至 90 年代初期，贵州省有色局三总队和贵州省地矿局 106 队，先后在道真、正安、务川县境内陆续开展以找铝土矿为主要目标的找勘工作，并发现了若干个铝土矿床（点）；2001～2003 年，贵州省有色局三总队对矿区进行了预查，并提交了《贵州省务川县瓦厂坪地区铝土矿预查地质报告》；2004～2005 年，贵州省有色局三总队对矿区开展了铝土矿普查地质工作，并提交了《贵州省务川县瓦厂坪地区铝土矿普查地质报告》；2006～2007年贵州省有色局三总队对矿区开展了铝土矿详查地质工作，提交了《贵州省务川县瓦厂坪铝土矿区矿区详查地质报告》。

3.3.2.2 道真新民铝土矿床

A 地理位置

矿区位于道真县城北东部，距县城约57km，北距重庆市武隆县65km，交通方便。矿区面积48.86km^2。

B 区域构造位置

矿区在区域构造上处于扬子准地台黔北台隆遵义断拱凤冈北北东向构造变形区内，属遵义断拱东北部的一个四级构造单元。矿区以北北东向和北东向多字形构造为主，西部发育有南北向构造，主要是燕山运动的产物。

C 矿区地层岩性

矿区及其附近出露地层有奥陶系、志留系、石炭系、二叠系、三叠系及第四系（图3-15）。

现由老至新简述如下：

奥陶系下统湄潭组（O_1m）：分两段，上段以黄、灰黄、灰绿色砂质页岩、粉砂岩及细砂岩互层为主；下段以灰绿色、黄绿色页岩为主，夹少量薄层灰岩，厚度116～200m。

———————————— 整合 ————————————

奥陶系中上统（O_{2-3}）：分布于矿区南东侧，主要发育十字铺组（O_2s）灰色中厚层至厚层状生物碎屑灰岩，宝塔组（O_2b）浅灰～灰或淡红～紫红等中厚层微至细晶含泥质条带龟裂纹灰岩，五峰组（O_3w）灰～灰黑色薄片至板状粉砂质页岩。

——————————假整合——————————

志留系中下统韩家店组（$S_{1-2}hj$）：灰、灰绿、黄绿、紫红等杂色薄层黏土岩、钙质页岩、钙质粉砂岩、泥质粉砂岩等，夹生物碎屑灰岩透镜体。厚度一般大于400m。

——————————假整合——————————

石炭系上统黄龙组（C_2h）：为浅灰、灰白色中厚层状微晶～细晶灰岩，方解石脉发育，铁质浸染现象常见，厚度小于10m。

————————喀斯特平行不整合————————

二叠系中统梁山组（P_2l）：矿区铝土矿赋矿层位，为灰白、灰、深灰薄层状黏土岩、铝土质黏土岩、铝土岩、钙质页岩、石英砂岩、硅质岩等，夹薄煤层，厚约10m。

———————————— 整合 ————————————

二叠系中统栖霞组、茅口组（P_2q+P_2m）：为灰白、浅灰、灰、灰深灰、灰黑色中厚层状至厚层块状泥晶灰岩，局部生物碎屑灰岩，下部夹燧石结核灰岩、含泥质灰岩、泥灰岩及泥页岩，厚度大于400m。

———————————— 整合 ————————————

二叠系上统吴家坪组（P_3w）：吴家坪组下部为黏土岩、铝土质黏土岩及泥灰岩，中上部为中厚层状灰岩、夹燧石条带及团块灰岩、硅质岩，厚78～204m。主要分布于矿区西侧。

———————————— 整合 ————————————

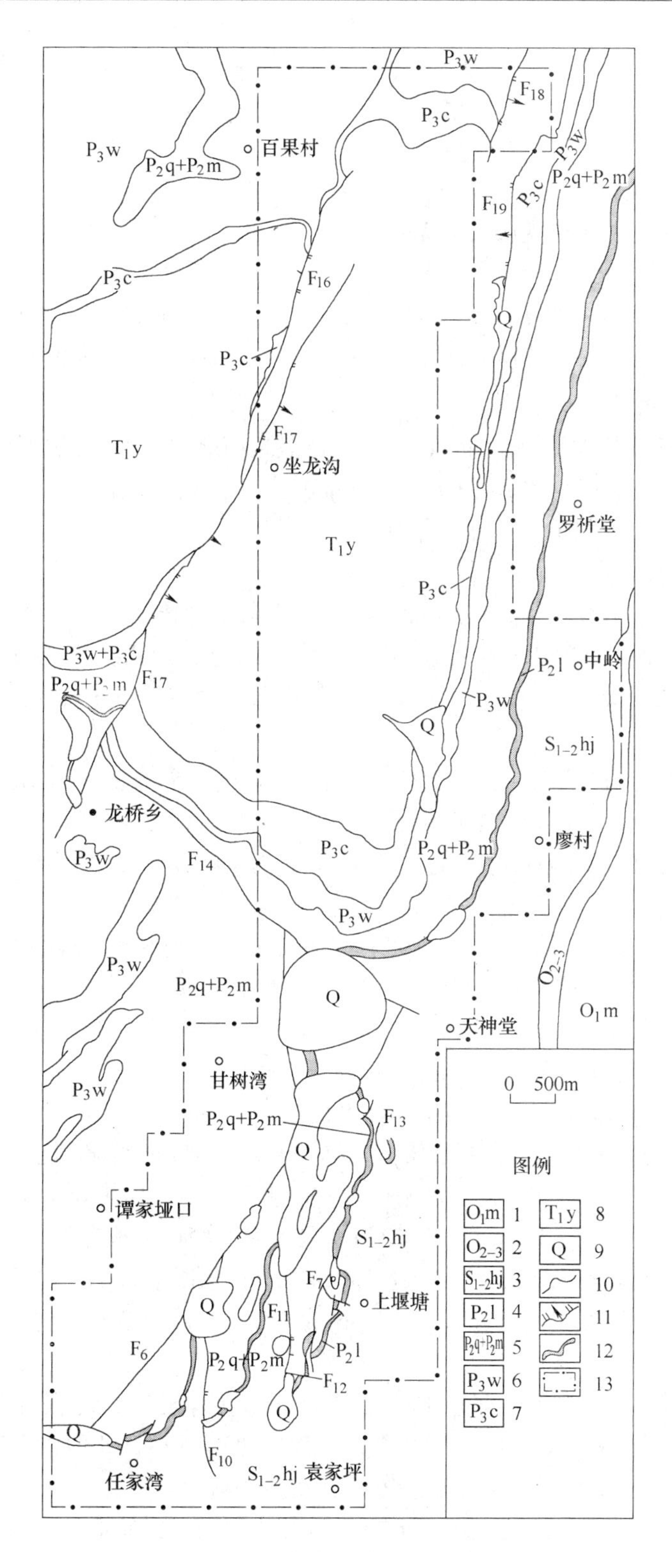

图 3-15 矿区地质简图（据贵州有色局地勘院详查资料修编）

1—奥陶系下统湄潭组；2—奥陶系中上统；3—志留系中下统韩家店组；4—二叠系中统梁山组；5—二叠系中统栖霞组＋茅口组；6—二叠系上统吴家坪组；7—二叠系上统长兴组；8—三叠系下统夜郎组；9—第四系；10—地层界线；11—正断层；12—矿体露头；13—矿权范围

二叠系上统长兴组（P_3c）：为灰、深灰色中厚层状至厚层块状泥晶灰岩，局部含燧石结核，厚60～176m。分布于矿区西侧。

——————————— 整合 ———————————

三叠系下统夜郎组（T_1y）：黄色泥岩及粉沙质泥岩，黄褐色、黄绿色页岩，局部浅灰色薄层灰岩与薄板状泥灰岩互层，分布于矿区西侧。

~~~~~~~~~~~~~~~~~~~~不整合~~~~~~~~~~~~~~~~~~~~~~~~

第四系（Q）：为褐黑色、褐色及黄色黏土、亚黏土，底部常含岩石团块。一般分布于山间洼地或地势低缓处。厚度一般0～20m，与下伏各时代地层为不整合接触关系。

D 矿区地质构造

矿区位于大塘向斜东翼，区内地质构造总体呈近南北向展布，断裂构造主要发育于矿区南端，以北东向正断层为主，地层总体呈单斜产出，倾向北西275°～330°，南部略转折，倾角12°～46°，南部略缓、北部较陡。

a 褶皱

矿区主要受大塘向斜控制，向斜轴线呈北北西向，轴线长大于25km，新民铝土矿区内展布长约6km，轴向北东15°。其核部地层为上二叠统长兴组，两翼地层依次为二叠系上统吴家坪组，二叠系中统茅口组、栖霞组和梁山组，志留系下统韩家店组。

b 断裂

按矿区断层发育与分布情况，大致于中部、沿新民河展布的F_{14}断层为界，矿区分割为北矿段和南矿段，自北而南主要断层有F_{16}～F_{19}及F_6、F_{10}、F_{11}、F_{16}、F_7等。

F_{16}逆断层发育于矿区北西部，走向北东20°，倾向北西，倾角70°，长约3.6km。南端交于F_{17}断层，西盘上升，东盘下降。

F_{17}正断层发育于矿区北部西侧，走向北东30°，倾向115°，倾角65°～78°，长约4.1km。该断层中段向南延出矿权区，西盘上升，东盘下降。

F_{18}正断层于矿区北东角伸入区内约1.0km，走向北东20°，倾向110°，倾角68°，长约1200m。西盘上升，东盘下降，断面东侧岩石小褶曲发育。

F_{19}正断层发育于北东部外侧（两端在区内小于200m），呈北东10°左右延展，长约4.3km，倾向西，倾角65°左右，断层带多被第四系浮土覆盖，中部切错P_3c及T_1y地层。

F_{14}正断层发育于矿区中部，走向310°～130°左右，长约4.6km，倾向北东40°左右，倾角75°，其西段延出矿区2.6km交于F_{17}，东段因地表垮塌堆积厚度、面积大，为推测连接。北东盘下降，南西盘上升，推测断距150m以上，该断层同时切错含矿岩系及Ⅰ号矿体南端露头。走向上沿新民河河床展布，破碎带宽20～30m，断层带主要见溶塌角砾岩及泥沙质胶结物。

F_6正断层发育于矿区南东部，主体呈北东35°左右延展，北段弧形转向北，长约6.2km，倾向南东，倾角70°左右。切错含矿岩系及Ⅱ号矿体，北西盘上升，南东盘下降，断距约40～140m，断层带内多为泥沙质胶结物及灰岩透镜，局部可见溶塌角砾岩。

F_{10}正断层为F_6的分支断层，走向近南北，长约2.4km，倾向东，倾角50°～70°，断距约30～280m，断层带内多为泥沙质胶结物及灰岩转石。切错含矿岩系及矿体，形成东、西两盘的Ⅳ号和Ⅲ号两个矿体，断层距离两个矿体较远，对矿体破坏小，对矿体开采影响小。
~~~~~~~~~~~~~~~~~~~~

F_{11}正断层发育于矿区南部，南段走向近南北，南端被F_{16}错断约120m，北段转向北东延伸，长约5.1km，交于新民河处F_{14}；倾向东，倾角70°；断距120～200m，断层带内多为泥沙质胶结物及灰岩转石，局部可见角砾岩、溶塌角砾岩。切错含矿岩系及Ⅳ、Ⅴ号矿体，上盘为Ⅴ号矿体，下盘为Ⅳ矿体。

F_7正断层发育于矿区南东东部，大致呈北东向延展，长约1100m，倾向东，倾角65°～70°，断层带内多为泥沙质胶结物及灰岩转石。部分切错含矿岩系及Ⅴ～3号矿体号矿体，断距小，约85m左右，矿体埋深小，对矿床开采的影响较小。

F_{12}平移断层发育于矿区东南角，呈近东西向延展，长约700m，倾向南，倾角80°，断层带内岩层产状变化较大，错移Ⅴ-4号矿体及F_{11}约50～120m。

E　含矿岩系特征

矿区含矿岩系为二叠系中统梁山组（P_2l），厚2.00～16.50m。上覆地层为二叠系中统栖霞组灰岩，下伏地层为石炭系上统黄龙组灰岩或志留系中下统韩家店组泥岩、泥沙岩、页岩（图3-16）。含矿岩系中各小分层往往发育不全，单个工程中常常仅见6～7层，第4分层为矿区主矿层；第5分层Al_2O_3可达50%左右，但含硅较高。整个矿区普遍发育一层铝土矿，厚度较稳定。

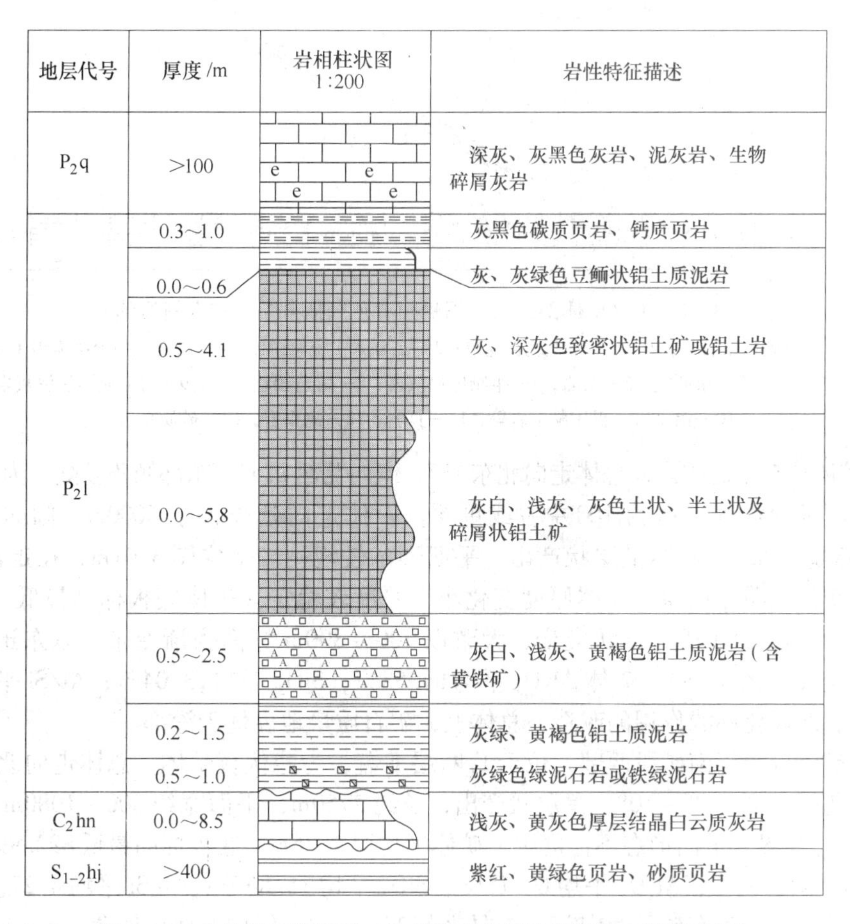

图3-16　含矿岩系柱状图（据贵州有色局地勘院详查资料修编）

F 矿体特征

矿区铝土矿产于石炭系上统黄龙组（C_2h）碳酸盐岩或志留系中下统韩家店组（$S_{1-2}hj$）页岩、泥岩、砂质页岩及粉砂质泥岩侵蚀间断面上的二叠中统梁山组（P_2l）的中上部。目前矿区共探获5个铝土矿矿体，以 F_{14} 断层为界，将矿区划分为北矿段和南矿段。其中北矿段圈出1个矿体，南矿段圈出4个矿体。矿体走向延长200～6000m，倾向宽60～1500m；控制矿体底板标高最低454.63m、最高1274.98m（图3-17）。

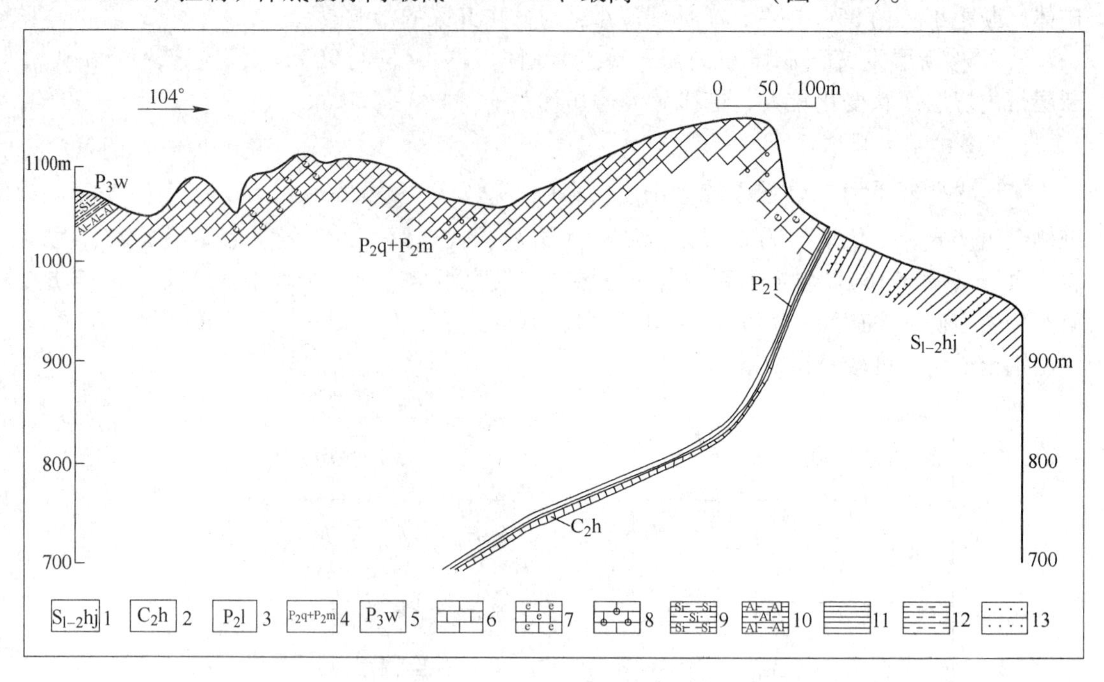

图3-17 Ⅰ号矿体剖面图（据贵州有色局地勘院详查资料修编）

1—志留系中下统韩家店组；2—石炭系上统黄龙组；3—二叠系中统梁山组；4—二叠系中统栖霞组＋茅口组；5—二叠系上统吴家坪组；6—灰岩；7—生物碎屑灰岩；8—燧石团块灰岩；9—含硅质团块泥灰岩；10—铝土岩、铝质黏土岩等；11—页岩；12—泥页岩；13—砂质页岩

Ⅰ号矿体分布于北矿段，总体走向北东15°，倾向北西275°，东部倾角较陡，为40°～45°左右，向西延深逐渐变缓为10°左右或更缓。矿体走向延长大于6000m，倾向宽200～1500m（南宽北窄）；矿体呈层状产出，平面形态较规则。平均厚3.01m，在走向和倾向上，厚度变化无明显规律。矿体厚度变化小，厚度较稳定。矿体底板标高最低454.63m、最高1274.98m，由于矿体产状突变，大致以700～800m标高为渐变带，以东迅速变陡、以西逐渐变缓（图3-18）。矿体 Al_2O_3 平均64.58%；SiO_2 平均13.04%；Al/Si 平均8.27。矿体因受后期风化淋滤作用的改造，总体上，矿石质量地表优于深部。

Ⅱ号矿体分布于南矿段西部，位于 F_6 断层下盘，为隐伏盲矿体，总体走向北东30°左右，倾向北西，倾角8°～10°，呈层状产出，长约2750m，平面宽约300～1080m。矿体东界南段以 F_{16} 为界，平面形态不甚规则。矿体平均厚1.76m，底板标高最低892.99m、最高1148.19m。矿石品位：Al_2O_3 平均60.18%；SiO_2 平均15.85%；Al/Si 平均4.27。

Ⅲ号矿体分布于南矿段西南部，走向北东25 °左右，倾向北西，倾角13°～15°，呈层状产出，长约1230m，平面最大宽度350m。矿体中南段部分地段堆积厚度大，南端被 F_{21}

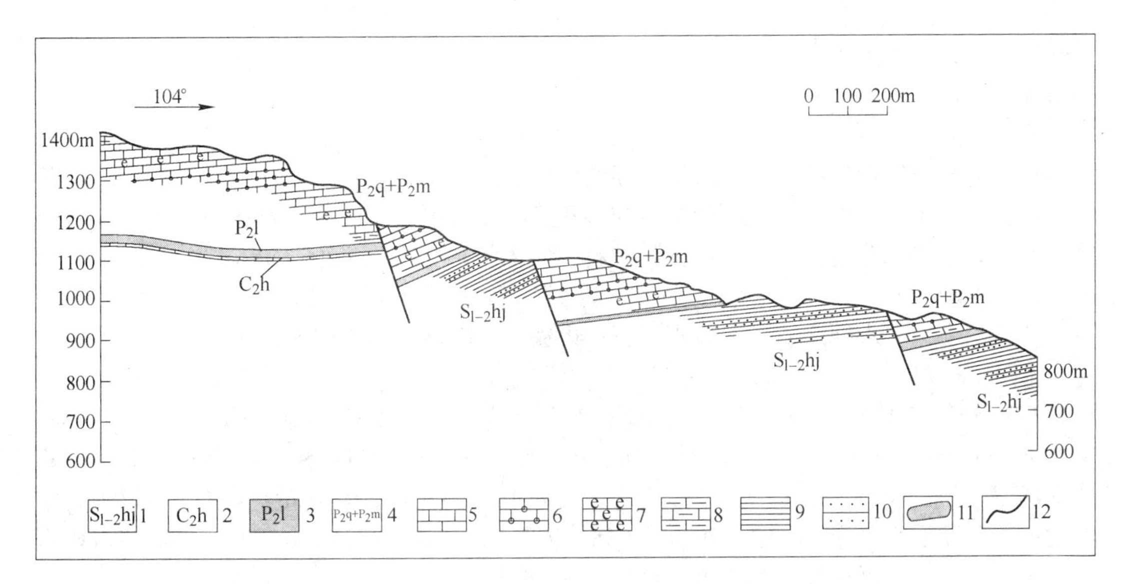

图 3-18 95 ~ 95′号勘探线剖面图（据贵州有色局地勘院详查资料修编）

1—志留系中下统韩家店组；2—石炭系上统黄龙组；3—二叠系中统梁山组；4—二叠系中统栖霞组 + 茅口组；5—灰岩；6—燧石团块灰岩；7—生物碎屑灰岩；8—泥灰岩；9—泥页岩；10—砂页岩；11—铝土矿、铝质黏土岩；12—断层

断层切错。矿体平均厚 1.95m。矿体底板标高最低 1109.64m、最高 1267.94m。矿石化学组分含量为：Al_2O_3 平均 63.05%；SiO_2 平均 12.74%；Al/Si 平均 6.19。

Ⅳ号矿体分布于南矿段中部，走向近南北，倾向西，倾角一般 10° ~ 18°或更缓，呈层状产出。由于局部无矿或矿化，又大致分为北部Ⅳ-1、南部Ⅳ-2 两个矿块。矿体底板标高最低 908.61m、最高 1031.16m。矿块内矿石化学组分含量为：Al_2O_3 平均 64.09%；SiO_2 平均 10.83%；Al/Si 平均 7.89。

Ⅴ号矿体分布于南矿段中部，岩矿岩系总体走向近南北，由于局部无矿或矿化或因规模较小的断层影响，由北至南又大致分为 5 个矿块。矿体底板标高最低 632.18m、最高 973.00m，总体趋势为南高北低。

Ⅴ-1 号矿块走向近南北，倾向西，倾角 19°，呈透镜状产出，走向长约 400m，平面最大宽度 200m。矿体厚度平均厚 4.10m。矿体底板标高最低 632.18m、最高 734.90m。矿块内矿石化学组分含量为：Al_2O_3 平均 64.58%；SiO_2 平均 10.76%；Al/Si 平均 9.73。

Ⅴ-2 号矿块走向近南北，倾向西，倾角 10° ~ 26°，呈似层状产出，走向长约 1300m，倾向平面宽 50 ~ 240m。矿体平均厚 1.55m。矿体底板标高最低 832.14m、最高 673.71m。矿块内矿石化学组分含量为：Al_2O_3 平均 58.69%；SiO_2 平均 17.90%；Al/Si 平均 3.98。

Ⅴ-3 号矿块走向北东 30°左右，倾向北西，倾角 8°左右，呈似层状产出，走向长约 600m 左右，平面宽 70m。北段被 F_8、F_9 切错。矿体平均厚 2.96m。矿体底板标高最低 860.48m、最高 869.63m。矿块内矿石化学组分含量为：Al_2O_3 平均 67.34%；SiO_2 平均 8.70%；Al/Si 平均 9.63。

Ⅴ-4 号矿块走向近南北，倾向西，倾角 8°左右，呈似层状产出，长约 400m 左右，平面宽 70m。中段被 F_{12} 切错成南北两个矿块。矿体平均厚 3.45m。矿体底板标高最低 894.96m、最高 927.00m。矿块内矿石化学组分含量为：Al_2O_3 平均 65.57%；SiO_2 平均

12.21%；Al/Si 平均5.70。

G 矿石质量特征

a 结构构造

矿石的主要结构类型为碎屑结构、豆鲕状结构和假象结构等。矿区内矿石构造以块状构造，土状、半土状构造，致密状构造和多孔状构造为主。按结构构造矿石类型主要有土状、半土状矿石，碎屑状矿石，豆鲕状矿石，致密状矿石等（见附录1）。

b 矿物组分

矿石主要由一水硬水铝石、软水铝石、褐铁矿、高岭石等黏土矿物组成。

c 化学成分

矿石中含有 Al、Si、Fe、Ti、S、Ag、Ba、Be、Ca、Cd、Ce、Co、Cr、Cu、Ga、Ge、K、La、Li、Mg、Mn、Mo、Na、Nb、Ni、P、Pb、Rb、Sc、Sn、Sr、V、Nb、Zn、Y、Zr 等30多种元素，其中以 Al、Si、Fe、Ti、S、Mg 为主要元素，其含量均在0.5%以上。矿石中的主要化学组分为 Al_2O_3、SiO_2、Fe_2O_3、TiO_2 及水加挥发分，此五种组分之和占矿石组分95%~98%，而其前三项之和一般为77%~90%。

H 矿床规模及资源量

矿区在2007~2011年，由贵州省有色局地质矿产勘查院进行了普查及详查地质工作，最终提交《贵州省道真县新民铝土矿详查报告》，共探获5个铝土矿矿体。总资源量：332+333共3240.55万吨，其中：332类资源量545.80万吨，占16.8%；333类资源量2694.75万吨，占83.2%。矿区平均品位：Al_2O_3 62.89%；SiO_2 13.56%；Al/Si 7.00。平均铅垂厚度2.64m，平均真厚度2.12m。

I 矿床成矿规律、矿床成因与找矿标志

a 成矿规律

成矿时代：矿区铝土矿赋存于石炭系上统黄龙组白云岩古侵蚀面之上的二叠系中统梁山组中上部，上覆地层为二叠系中统栖霞组灰岩。成矿时代为中二叠世梁山期。

空间分布规律：铝土矿床的空间分布受到古喀斯特侵蚀面及后期构造作用的严格制约，古喀斯特地貌平缓的洼地地带矿体总体顺层产出，产状平缓，厚度变化稳定，古喀斯特地貌凹陷地带矿体随之变厚，而在凸起地段矿体则变薄甚至消失。后期的构造作用则对矿体起到破坏作用：横向上，矿体的展布受向斜构造控制，部分矿体也遭受后期断裂的破坏而错断；纵向上，大致以700~800m标高为渐变带，矿体产状突变，表现为矿体以东迅速变陡而以西逐渐变缓，矿体因受后期风化淋滤作用的改造，总体上矿石质量地表优于深部。

含矿岩系及铝土矿层厚度与矿石质量总体上成正相关关系，即当含矿岩系及铝土矿层厚度大时，铝土矿石质量相对好，Al_2O_3 及 Al/Si 值高。

b 矿床成因

都匀运动后形成了黔中古陆，矿区在志留纪末期的广西运动强烈隆升使中晚志留世~石炭纪风化剥蚀。晚石炭世的局部断块间歇性上升和海侵的作用下，相对低洼地段沉积了浅海台相的黄龙组。之后矿区抬升为古陆，大面积志留系中下统韩家店组和石炭系上统黄龙组地层在古湿热的气候环境和古生物综合作用下遭受风化剥蚀，为矿区提供了丰富的成矿物质来源。早二叠世梁山期，矿区下降海水南侵，初步富集的铝质风化物经海水径流等作用搬运到半封闭海湾等有利沉积环境中，由于物理化学性质的差异，铝土矿源物质再次分异沉积富集。首先 SiO_2 的负胶体和 Fe_2O_3、Al_2O_3 的正胶体相互混合生成铁质黏土岩和高岭石等，随着溶液中 Fe_2O_3、SiO_2 胶体的减少，Al_2O_3 胶体相对富集，经成岩作用形成致密块状铝土矿。同时，后期地壳的抬升作用，早期形成的矿石出露于地表或近地表，并再次被地下水、地表水进行风化淋滤改造及氧气作用，进一步脱硅去硫除铁作用后，形成高品位铝土矿。二叠纪中期大规模的海侵作用使矿区沉积了巨厚的栖霞茅口组灰岩，使梁山组铝土矿系得以保存。

c 找矿标志

赋矿层位标志：二叠系中统梁山组是矿区的唯一赋矿层位，铝土矿产于 P_2l 中部，含矿层位固定，专属性异常典型，是区内寻找铝土矿最为可靠的标志和依据。

地貌标志：含矿层上覆层的栖霞～茅口组在黔北绝大多数形成悬岩，其下伏层的韩家店组泥岩、页岩均形成缓坡，铝矿层多位于高悬崖（上百米）与缓坡转换处。

含矿层底板标志：当含矿岩系底板为志留系中下统韩家店组的紫红色泥岩、页岩，或为厚度很薄（1～2m）的黄龙组的结晶白云质灰岩时，含矿层往往有矿；当底板的黄龙组厚度较大（大于6m）且连续稳定时，含矿层多无矿。

含矿岩系厚度：当含矿层厚度较大（3～10m 左右）时，其中往往有矿，而且含矿层越厚，往往矿层也越厚，矿质也较佳。当含矿层厚度小于2m 以下，均无矿。

含矿层岩性特征：矿区含矿层中各个岩性小分层较多（一般 5～7 小层或更多）、较全，且底部有绿泥石岩存在时，往往有矿；当含矿层中各小分层少（3～4 层），则多无矿。特别其顶部的碳质页岩厚度变大时（0.7～1m 以上），多为无矿。

地下水标志：含矿岩系上覆层为较厚的碳酸盐地层，为含水层，而含矿岩系为页岩、黏土岩、泥（灰）岩，是相对隔水层，在含矿岩系和其顶、底部常常有泉水出露或较大的出水点。

含矿岩系矿层颜色特征：远望含矿岩系的部位多呈浅灰、灰或黄灰等浅色调时，则往往赋存有铝土矿；当含矿岩系部位呈褐红、深灰等深色色调时，大多为无矿。

砖石标志：矿区铝土岩系多产于陡崖之下，地形切割强烈，易形成铝土矿转石，因此，当有铝土矿存在时，含矿岩系下方斜坡的坡积层中往往可见到铝土矿转石、碎块。

J 矿区勘查工作历史

矿区勘查工作始于20 世纪50 年代，黔东北地质大队、娄山关地质大队（均为贵州省地质矿产勘查开发局106 地质大队前身）、四川省地质局107 队、南江水文地质大队等地勘单位先后在区内进行过煤、铁矿普查和1:200000 南川幅区域地质、区域矿产及区域水文地质调查等工作；1983～1985 年，贵州省地矿局科研所开展黔北铝土矿成矿条件和远景分析专题调研，编写有《贵州省遵义地区北部铝土矿调查及找矿远景报告》，同期（1984～1985 年），贵州省有色地质三总队对区内部分铝土矿进行过踏勘检查；1986～1991 年，贵州省地矿局106 地质大队开展正安～道真地区铝土矿远景调查，提交了《正安～道真铝土矿远景调查报告》；1991～1995 年，贵州省地矿局106 地质大队开展务川～凤冈地区铝土矿远景调查，提交了《务川～凤冈铝土矿远景调查报告》，同期，1989～1990 年，贵州省地矿局106 地质大队对原道真铝土矿大塘矿区新民矿段开展地表普查工作（其范围相当于本矿区南矿段之一部分），1992 年提交《贵州省道真铝土矿大塘矿区新民矿段普查地质报告》；2006～2007 年，贵州省地质调查院对区内部分矿点进行了调查评价，编制了《贵州务川～正安～道真铝土矿评价报告》，同期，贵州省有色局地质矿产勘查院开展了《黔北铝土矿资源调查评价》地质大调查，对包括道真向斜在内的7 个向斜进行了路线地质调查，初步了解了各向斜的构造展布、含铝岩系分布特征及铝土矿资源远景；2007～2011

年，贵州省有色局地质矿产勘查院相继对矿区开展了铝土矿的普查和详查地质工作，最终提交《贵州省道真县新民铝土矿详查报告》。

3.3.2.3 正安安场铝土矿床

A 地理位置

矿区位于正安县城北西部，距县城约15km，分属正安县安场镇和道真县三江镇管辖。矿区面积244km^2。

B 区域构造位置

矿区在区域构造上处于扬子准地台黔北台隆遵义断拱凤冈北北东向构造变形区内。主构造线方向自南西部的北东向、至北东部逐步扭转成北北东～南北向，受此控制，矿区的褶皱和断裂均与区域构造展布及延伸一致。

C 矿区地层岩性

矿区出露的地层由老至新依次有寒武系、奥陶系、志留系、石炭系、二叠系、三叠系、侏罗系和第四系地层（图3-19）。

地层从老到新分述如下：

寒武系中上统娄山关组（$\in_{2-3}$ls）：由咸化浅海相白云岩及白云质灰岩组成。总厚度大于400m。

——————————————假整合——————————————

奥陶系下统湄潭组（O_1m）：分两段，上段以黄、灰黄、灰绿色砂质页岩、粉砂岩及细砂岩互层为主；下段以灰绿色、黄绿色页岩为主，夹少量薄层灰岩。厚度116～200m。

——————————————整合——————————————

奥陶系中统十字铺组（O_2s）：主要为褐色砂岩，砂质页岩为主。底部见灰色中厚层灰岩，厚度130～150m米。

——————————————整合——————————————

奥陶系中统宝塔组（O_2b）：为灰、灰白色龟裂纹灰岩，厚度45～60m。

——————————————整合——————————————

志留系下统石牛栏组（S_1s）：分为两段，上段灰绿色、黄绿色页岩、粉砂质页岩、泥质砂岩；下段为灰色瘤状灰岩，泥灰岩加黄色页岩、钙质页岩。厚度440～460m。

——————————————整合——————————————

志留系中下统韩家店组（S_{1-2}hj）：分三段，下段为黄灰、青灰、灰绿色页岩、泥岩，局部夹透镜状生物灰岩；中段以紫红色页岩、泥岩为主，夹少量灰绿色页岩及透镜状灰岩；上段为灰绿、黄绿、黄灰色、紫红色页岩。厚度350～470m。

——————————————假整合——————————————

石炭系上统黄龙组（C_2h）：灰、浅灰、灰白色薄至中厚层状中～细晶白云质灰岩，偶夹有灰绿色绿泥石岩。向斜西翼北部马鬃岭一带厚度1.77～12.5m。一般厚0～2.79m。

——————————喀斯特平行不整合——————————

二叠系中统梁山组（P_2l）：为矿区铝土矿含矿层。为绿泥石岩、黏土岩、铝土岩系列，厚1.26～15.82m。

——————————————整合——————————————

二叠系中统栖霞组（P_2q）：深灰至黑灰色中厚层～厚层灰岩，底部含少量燧石结核，

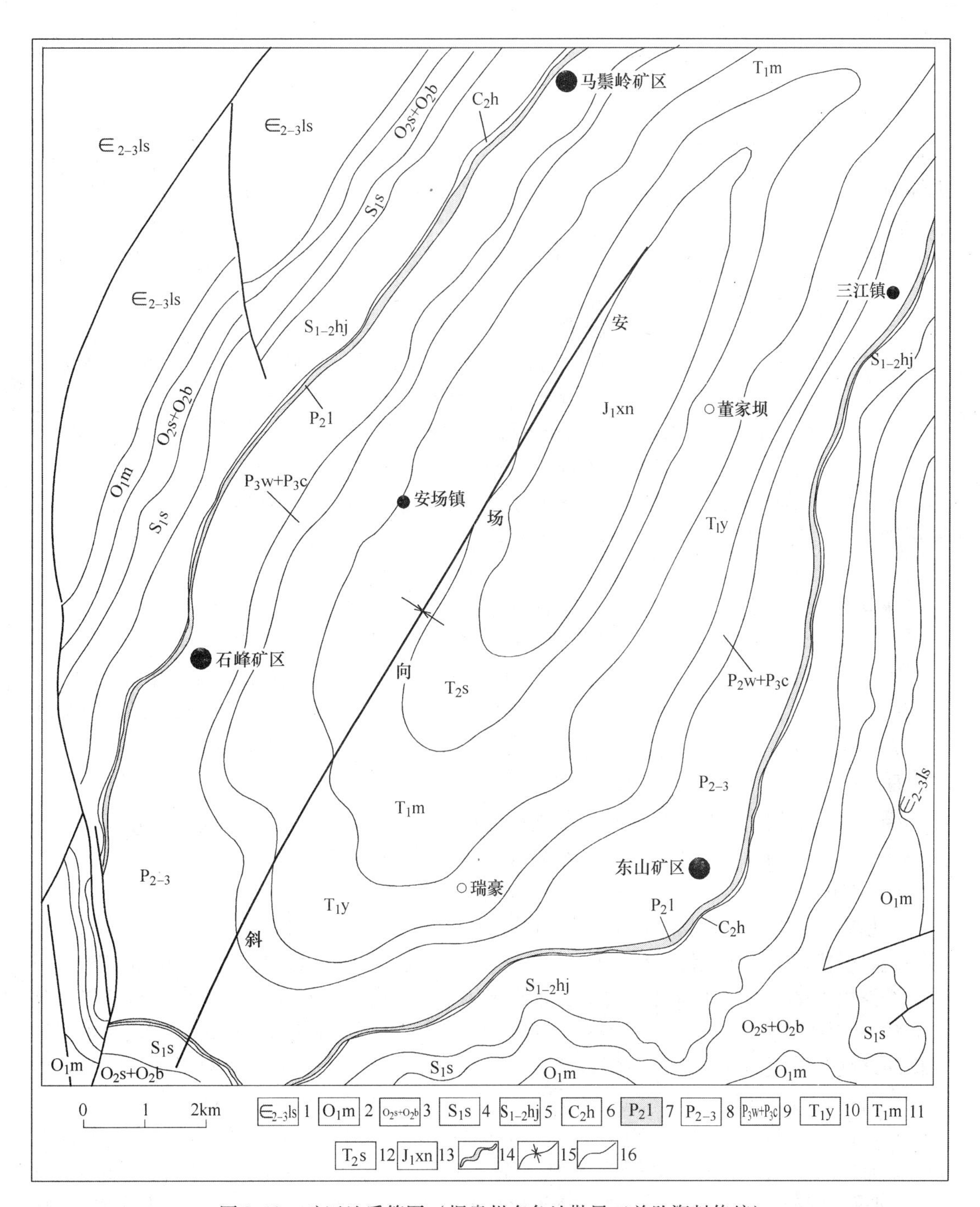

图 3-19 矿区地质简图（据贵州有色地勘局三总队资料修编）

1—寒武系中上统娄山关群；2—奥陶系下统湄潭组；3—奥陶系下统十字铺组＋宝塔组；4—志留系下统石牛栏组；5—志留系中下统韩家店组；6—石炭系上统黄龙组；7—二叠系中统梁山组；8—二叠系中上统地层；9—二叠系上统吴家坪组＋长兴组；10—三叠系上统夜郎组；11—三叠系上统茅草铺组；12—三叠系中统松子坎组；13—侏罗系下统香溪群；14—矿体露头；15—向斜轴；16—断层

厚 119～170m。

———————— 整合 ————————

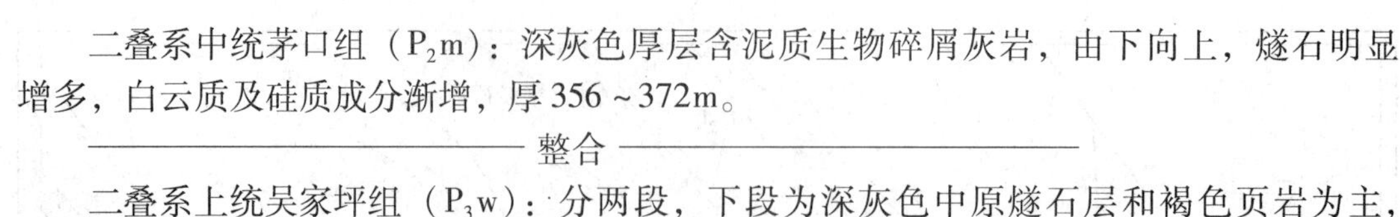

二叠系中统茅口组（P_2m）：深灰色厚层含泥质生物碎屑灰岩，由下向上，燧石明显增多，白云质及硅质成分渐增，厚356～372m。

———————————— 整合 ————————————

二叠系上统吴家坪组（P_3w）：分两段，下段为深灰色中原燧石层和褐色页岩为主，夹碳质页岩，1～2层可采煤层；上段为灰至深灰色中至厚层灰岩，厚100～150m。

———————————— 整合 ————————————

二叠系上统长兴组（P_3c）：浅灰至深灰色厚层至块状灰岩。顶部为数十厘米黄色页岩。厚18～50m。

———————————— 整合 ————————————

三叠系下统夜郎组（T_1y）：为黄灰、黄绿色页岩，钙质页岩，砂质页岩，厚384～400m。

———————————— 整合 ————————————

三叠系下统茅草铺组（T_1m）：为浅灰色薄至厚层致密灰岩夹灰质白云岩，厚597～620m。

———————————— 整合 ————————————

三叠系中统松子坎组（T_2s）：以一套紫红、灰褐、灰绿、黄褐等杂色泥岩为主，夹少量灰岩、灰质白云岩，厚387m。

———————————— 整合 ————————————

侏罗系下统香溪组（J_1xn）：为浅灰、黄褐色块状粗粒长石石英砂岩，厚112.95m。

~~~~~~~~~~~~~~~~~~~~~ 不整合 ~~~~~~~~~~~~~~~~~~~~~

第四系（Q）：分布较广，有残、坡、冲、洪积等类型，由黏土、亚黏土及铝土矿，石灰石硅质岩、页岩的碎砾、砂粒、砂土等组成，砾石大小不等，杂乱分布于悬崖及陡坡之下，厚0～3m。

D 矿区地质构造

受区域构造控制，矿区的褶皱和断裂均比较发育。褶皱主要为一级安场向斜，二级褶皱亦比较发育，均为背斜；断裂构造主要发育在向斜的南西部。

a 褶皱

安场向斜在矿区内长2.4km，宽4.5～13km，由翼部向核部其地层依次为韩家店组、梁山组、栖霞组与茅口组、吴家坪组、长兴组、夜郎组、茅草铺组、松子坎组、狮子山组、香溪组下部，轴部出露地层为侏罗系香溪组下部。向斜呈现不对称发育：东翼岩层倾向290°～340°，倾角17°～34°；西翼岩层倾向135°～150°，倾角16°～72°，岩层倾角大致有南缓北陡、东缓西陡特征。向斜自南向北逐渐由宽变窄。向斜北部西翼下寺河以北岩层倾角变陡，一般为50°～68°，最大达72°，向斜南部较缓，一般为20°～40°。

矿区内北西部以及北部分别发现有二级褶皱，均为背斜。同心村小背斜轴向为北北东向，局部略有扭曲，轴部出露地层为寒武系中上统娄山关组，矿区内出露长3.2km，宽2km。群心村背斜轴向为北北东向，轴部出露其地层依次为吴家坪组、长兴组、夜郎组、茅草铺组，矿区内出露长1.7km，宽1km。

b 断裂

矿区内发现有5条规模较大的断层，主要分布在向斜南西部。

F_{18}：出露于向斜南西翼转折端，为逆冲断层，走向近于南北向，出露长度5km，规模较大，对矿体具有破坏性，约930m长的含矿岩系露头被切割缺失，垂直断距约200～300m。

F_{19}：出露于向斜南西翼转折端，为压扭性断层，矿区内走向近于北北西向，出露长
~~~~~~~~~~~~~~~~~~~~~

度约1km，断距约300m。

F_1：出露于向斜北西翼，为压扭性逆断层，出露长度约4300m；走向为北北东向，垂直断距约30～50m，断层倾向110°～140°，倾角60°～70°。断层断于二叠系中统栖霞组与茅口组中。受断层的影响使得含矿层变陡，未对矿体产生破坏。

F_{17}：出露于向斜南西部转折端，位于F_{18}断层东侧，为逆冲断层，出露长度约1500m；走向为北北东，规模小，垂直断距约50～70m；F_{17}起始于F_{18}断层，向北延伸切割破坏含矿层（P_2l组）后延出矿区。

F_{21}：出露于向斜南西翼转折端，起始于F_{18}断层西侧，为逆冲断层，出露长度约1900m；走向为北北东，垂直断距约100～200m。

F_{23}：出露于向斜南西翼转折端，为逆冲断层，走向为北东，出露长度约1500m，规模较大，垂直断距约200m，水平断距约500m，起始于F_{18}断层东侧，向北东延伸切割破坏含矿层后，消失于二叠系中统茅口组地层中。

E 含矿岩系特征

含矿岩系特征如图3-20所示。

地层代号	厚度/m	岩相柱状图 1:100	岩性特征描述
P_2q	119～170		灰、深灰色中厚层粉晶灰岩夹少量灰黑色含生物碎屑泥岩、灰岩
P_2l	0.0～3.14		灰黑色碳质页岩及钙质页岩，局部发育劣质煤
	0.0～1.0		灰、黄灰色黏土岩
	0.0～2.0		灰、灰绿色豆鲕状铝土矿或铝土岩
	0.0～1.5		灰白、浅灰、灰红色土状、半土状、碎屑状铝土矿
	0.5～1.0		黄灰色铝土岩或硬质耐火黏土
	0.2～0.5		灰绿色铝土质页岩
	0.5～2.77		灰绿色绿泥石岩或含铁绿泥石岩
C_2h	0.0～12.5		灰、浅灰、灰白色中厚层中～细晶白云质灰岩
$S_{1-2}hj$	350～470		灰绿色、青灰色、紫红色页岩，砂质页岩，泥岩等

图3-20 含矿岩系综合柱状图（据贵州有色地勘局三总队资料修编）

F 矿体特征

矿区铝土矿体产于二叠系中统梁山组中上部，目前共控制7个铝土矿矿体，矿体呈层状产出，产状与围岩一致（图3-21）。

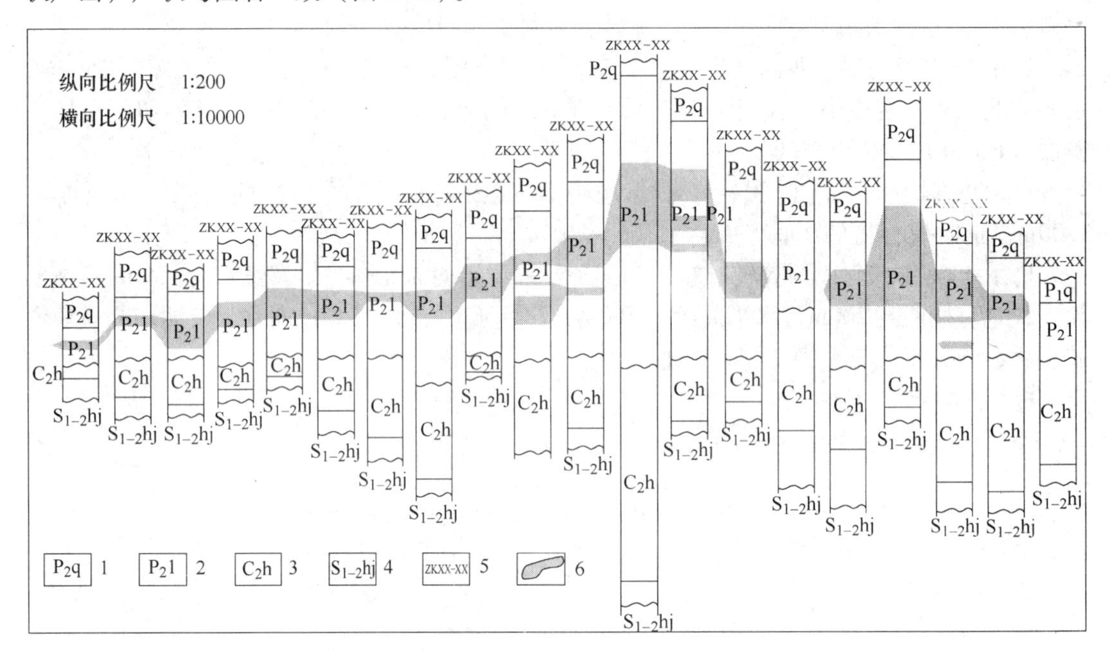

图3-21 贵州省务正道地区铝土矿整装勘查安场向斜钻孔柱状图
1—二叠系中统栖霞组；2—二叠系中统梁山组；3—石炭系上统黄龙组；
4—志留系中下统韩家店组；5—钻孔编号；6—铝土矿体

1号矿体位于安场向斜东翼中部，呈层状、似层状，矿体比较连续，倾向285°～305°，倾角35°～47°。走向长约2500m，沿倾向最大水平宽约800m，矿体北部延伸水平距离800m，南部延伸水平距离400m。矿体厚0.8～4.17m，平均厚度1.59m，最厚达4.17m，厚度变化系数为51.6%，变化较小。矿体矿石质量优良、品位高、稳定、变化幅度小。矿体的矿石品位：Al_2O_3品位平均61.48%；SiO_2平均12.29%；Al/Si平均5.0。

2号矿体位于安场向斜东翼北部，呈层状、似层状，倾向290°～300°，倾角39°～52°。走向长约2200m，沿倾向水平宽约400m。矿体总体地表厚度较大，地表最厚达3m，向深部延伸，厚度稳定在1m左右。矿体整体厚度0.9～3.00m，平均厚度1.61m。矿体矿石质量较好、品位较高、稳定、变化小。矿体的矿石品位：Al_2O_3品位平均61.63%；SiO_2平均13.88%；Al/Si平均4.4。

3号矿体位于安场向斜东翼南东端，呈层状、似层状，倾向330°～350°，倾角23°～34°走向长约900m，沿倾向水平宽约800m。矿体规模小，平均厚度1.31m。Al_2O_3平均56.50%；SiO_2平均11.75%；Al/Si平均4.8。

11号矿体位于向斜西翼马鬃岭一带，呈层状、似层状，倾向102°～175°，地表倾角18°～64°，平均倾角42°，深部倾角：60°～74°，平均69°。该矿体受断层F_1的影响，在深部有变陡的趋势。矿体长约7500m，目前工程控制的矿体倾向斜长约400m。矿体延走向上总体中部较厚，向两边逐渐变薄，矿体整体厚度0.8～4.44m，平均厚1.72m。矿体矿石质量优良、品位高、稳定、变化幅度小。矿体的矿石品位：Al_2O_3品位平均60.38%；

SiO_2平均14.00%；Al/Si平均4.3。

12号矿体位于安场向斜西翼中部，矿体呈层状、似层状，倾向135°，倾角50°。矿体长约1000m，平均厚度0.93m。Al_2O_3平均50.13%；SiO_2平均23.89%；Al/Si平均2.1。

13号矿体位于安场向斜西翼北部，矿体呈层状、似层状，倾向140°，倾角62°。矿体长约1200m，平均厚度1.26m。Al_2O_3平均60.20%；SiO_2平均17.53%；Al/Si平均3.4。

14号矿体位于安场向斜东翼北部，该矿体控制地表含矿岩系露头线长1500m，矿体斜长400m，矿体在深部被一逆断层错断。矿体呈层状、似层状，倾向300°，倾角66°~75°。矿体的矿石品位Al_2O_3品位平均61.49%；SiO_2平均13.99%；Al/Si平均4.4。

G 矿石质量特征

a 结构构造

铝土矿石由泥晶基质和粒屑两部分组成，依据这两部分比例不同可划分成粒屑泥晶结构、泥晶粒屑结构、泥晶~微晶结构等。矿区内矿石构造以碎屑状构造为主，其次为土状、半土状构造及豆状，少量致密块状构造。按结构构造矿石类型主要有碎屑状，土状、半土状矿石，块状矿石，豆状矿石（见附录1）。

b 矿物组分

铝土矿石的组成矿物以含铝矿物为主，其次为少量或极少量高岭石、水云母和绿泥石等黏土矿物。含铝矿物主要为一水硬铝石，另有少量一水软铝石，三水铝石和胶铝石。

c 化学成分

矿区铝土矿石的主要化学成分为Al_2O_3、SiO_2、Fe_2O_3、TiO_2和LOI，此五种组分占总量的95%~98%。

H 矿床规模及资源量

矿区目前共控制7个铝土矿矿体，目前已达普查程度，贵州省有色金属和核工业地质勘查局三总队提交了《贵州省务正道地区铝土矿整装勘查安场向斜整装勘查报告》，共探获333+334？资源量6647万吨。其中：333资源量3434万吨，占总部资源量52%，334？资源量3213万吨。伴生镓（334？）资源量1211t，伴生锂（334？）资源量63454t，伴生钪（334？）资源量1731t。

I 矿床成矿规律、矿床成因与找矿标志

a 成矿规律

成矿时代：矿区铝土矿赋存于石炭系上统黄龙组白云岩古侵蚀面之上，或志留系中下统韩家店组泥页岩之上的二叠系中统梁山组中上部，上覆地层为二叠系中统栖霞组灰岩。成矿时代为中二叠世梁山期。

矿床空间分布规律：铝土矿体的空间分布受到古喀斯特侵蚀面及后期构造作用的制约。古喀斯特地貌凹陷处含矿岩系及矿体相对变厚，而古喀斯特侵蚀面相对凸起部位含矿岩系及矿体相对变薄甚至消失，出现无矿天窗。后期的褶皱则控制了铝土矿的空间展布及露头的出露范围，而断裂则对矿体起到破坏作用。

含矿岩系厚度与铝土矿层厚度、矿石质量总体上呈正相关。

b 矿床成因

矿区经历了寒武纪~中志留世长期海浸后，于晚志留世广西运动中上升为陆，以后经历了泥盆~石炭纪近亿年长时间的风化剥蚀，暴露于地表大片面积的奥陶、志留系的富铝硅酸盐岩、碳酸盐岩，在湿热的气候及古生物作用下，经长期风化分解后红土化，使得铝质初步富集。上石炭世北部又有短暂海浸，沉积了黄龙组灰岩，后地壳抬升又接受风化侵蚀而钙红土化。至二叠纪，受黔桂运动影响，矿区缓慢下沉，海水入侵，矿区一带逐渐沦为滨海、海湾，原已初步富集了铝质的红土，在地表水作用下，从广大的陆地向滨海转移，并在相对低洼地区和适宜的介质作用下集中和沉积，同时在搬运和沉积过程中铝质又进一步分异富集，形成滨海相区的铝土矿原生资源。原生富集沉积的铝矿石经过成岩作用进一步脱水、去铁、脱硅、富化成为今天所见的一水硬铝石。二叠纪中期发生大规模的海侵从而在铝土矿层上部发育巨厚灰岩沉积，使得铝土矿得以初步保存。矿区在燕山初期的三都运动中上升成陆，至燕山末期宁镇运动发生了强烈褶皱，并在喜山期接受风化剥蚀。原沉积的铝土矿体在向斜中保存下来，而背斜中则被剥蚀殆尽。保存下来的铝土矿在地下水、地表水及氧气的作用下进一步去硅排铁变富，形成铝土矿。

c 找矿标志

赋矿层位标志：二叠系中统梁山组是矿区的唯一赋矿层位，铝土矿产于 P_2l 中部，含矿层位固定，专属性异常典型，是区内寻找铝土矿最为可靠的标志和依据。

地貌标志：含矿层上覆层的栖霞～茅口组在黔北绝大多数形成悬岩，其下伏层的韩家店组泥岩、页岩均形成缓坡，铝矿层多位于高悬崖（上百米）与缓坡转换处。

含矿层底板标志：矿区含矿层底板为中下志留统韩家店组的紫红色泥岩、页岩，或为厚度很薄（1～2m）的黄龙组的结晶白云质灰岩时，含矿层往往有矿；当底板的黄龙组厚度较大（五六米以上）且连续稳定时，含矿层多无矿。

含矿岩系厚度：当含矿层厚度较大时，其中往往有矿，而且含矿层越厚，往往矿层也越厚，矿质也较佳。

含矿层岩性特征：矿区含矿层中各个岩性小分层较多较全，且底部有绿泥石岩存在时，往往有矿；当含矿层中各小分层少，则多无矿。特别其顶部的碳质页岩厚度变大时多为无矿。

含矿岩系矿层颜色特征：矿区含矿层的部位呈浅灰、灰或黄灰等浅色调时，则往往有矿；当含矿层部位呈褐红、深灰等深色色调时，多为无矿。

砖石标志：含矿层下方斜坡的坡积层中往往可见到铝土矿碎石、碎块。

J 矿区勘查工作历史

矿区勘查工作始于20世纪50年代，黔东北地质大队、娄山关地质大队（均为贵州省地质矿产勘查开发局106地质大队前身）、四川省地质局107队、南江水文地质大队等地勘单位先后在区内进行过煤、铁矿普查和1:200000南川幅区域地质、区域矿产及区域水文地质调查等工作；20世纪80年代初期，曾有多个地勘单位对黔北各地进行铝土矿调查，在安场向斜东翼及北西翼发现有多个铝土矿点；1984～1985年贵州省有色地质勘查局三总队在矿区进行了矿点评价工作，发现了铝土矿体；1986～1991年，贵州省地矿局106地质大队对正安、道真地区进行了正安～道真铝土矿远景调查工作，提交了《正安～道真铝土矿远景调查报告》；2009年，贵州省有色地质勘查局地质矿产勘查院对安场向斜三江以南地区进行了地质调查，初步评价了矿区铝土矿床地质特征，对铝土矿资源远景做了评价；2010～2013年，贵州省有色地质勘查局三总队开展了《贵州省务（川）正（安）道（真）地区铝土矿安场向斜整装勘查》工作，并提交了《贵州省务正道地区铝土矿整装勘查安场向斜整装勘查报告》。

3.3.3 遵义～开阳地区

3.3.3.1 遵义苟江水铝土矿床

A 地理位置

矿区位于遵义市南约34km，行政上隶属于遵义县苟江镇管辖。矿区北起南公田，南至浪池，南北长约7.5km，从北至南由双山顶、水井坎和白岩三个矿段组成。

B 区域构造位置

矿区区域构造上处于扬子准地台，黔北台隆遵义断拱之凤岗北北东向构造变形区，位于铜锣井背斜南东翼。

C 矿区地层岩性

矿区主要出露有寒武系、奥陶系、石炭系、二叠系和第四系地层（图3-22），其由老到新依次为：

寒武系中上统娄山关组（$\in_{2\text{-}3}ls$）：厚层状细晶～微晶白云质灰岩或白云岩，局部夹硅质条带和燧石薄层，厚约100m。

———————— 整合 ————————

下奥陶统桐梓组（O_1t）：为灰、深灰色中厚层白云岩，局部深灰色灰岩与黏土岩互层，厚约30～85m。

————————喀斯特平行不整合————————

石炭系下统九架炉组（C_1jj）：为铝土矿含矿层位，从上到下为深灰、灰红色铁铝质黏土岩，浅灰、灰白色暗绿色豆鲕状、土状、半土状和致密块状铝土矿，灰、深灰色铝土岩或铝质黏土岩组成。厚约1.1～8.2m。

————————假整合————————

二叠系中统梁山组（P_2l）：黑色粉砂质黏土岩、碳质泥岩夹劣质煤层透镜体或煤线，底部为铁、锰质风化壳，厚约0～6.35m。

———————— 整合 ————————

二叠系中统栖霞组（P_2q）：为灰、灰黑色细晶～微晶薄中厚层状灰岩、含泥质石灰岩，局部见黄铁矿及燧石条带，底部发育稳定含燧石条带灰岩，是见含矿岩系的标志层。

———————— 整合 ————————

二叠系中统茅口组（P_2m）：以深灰～灰色厚层燧石灰岩生物碎屑灰岩为主，夹薄层泥灰岩和钙质页岩，底部常见星点状或细脉状黄铁矿和硅质岩，厚120～250m。

————————假整合————————

二叠系上统龙潭组（P_3l）：为含煤层，由泥岩，硅质泥岩，粉砂质、钙质、碳质页岩及煤层、煤线组成，下部夹薄层硅质岩或硅质灰岩，厚110m。

~~~~~~~~~~~~~~~~~~~~不整合~~~~~~~~~~~~~~~~~~~~~~~~

第四系（Q）：分布较广，有残、坡、冲、洪积等类型，由黏土、亚黏土及铝土矿，石灰石硅质岩、页岩的碎砾、砂粒、砂土等组成，厚0～30m。

D 矿区地质构造

矿区构造比较简单，属铜锣井（绥阳）背斜南延倾没后，又于苟江水地段复出翘起部分，背斜轴向北北东，西翼受寨沟断层破坏，东翼完整且平缓。矿区位于背斜的东翼。矿
~~~~~~~~~~~~~~~~~~~~

区地质简图如图3-22所示。

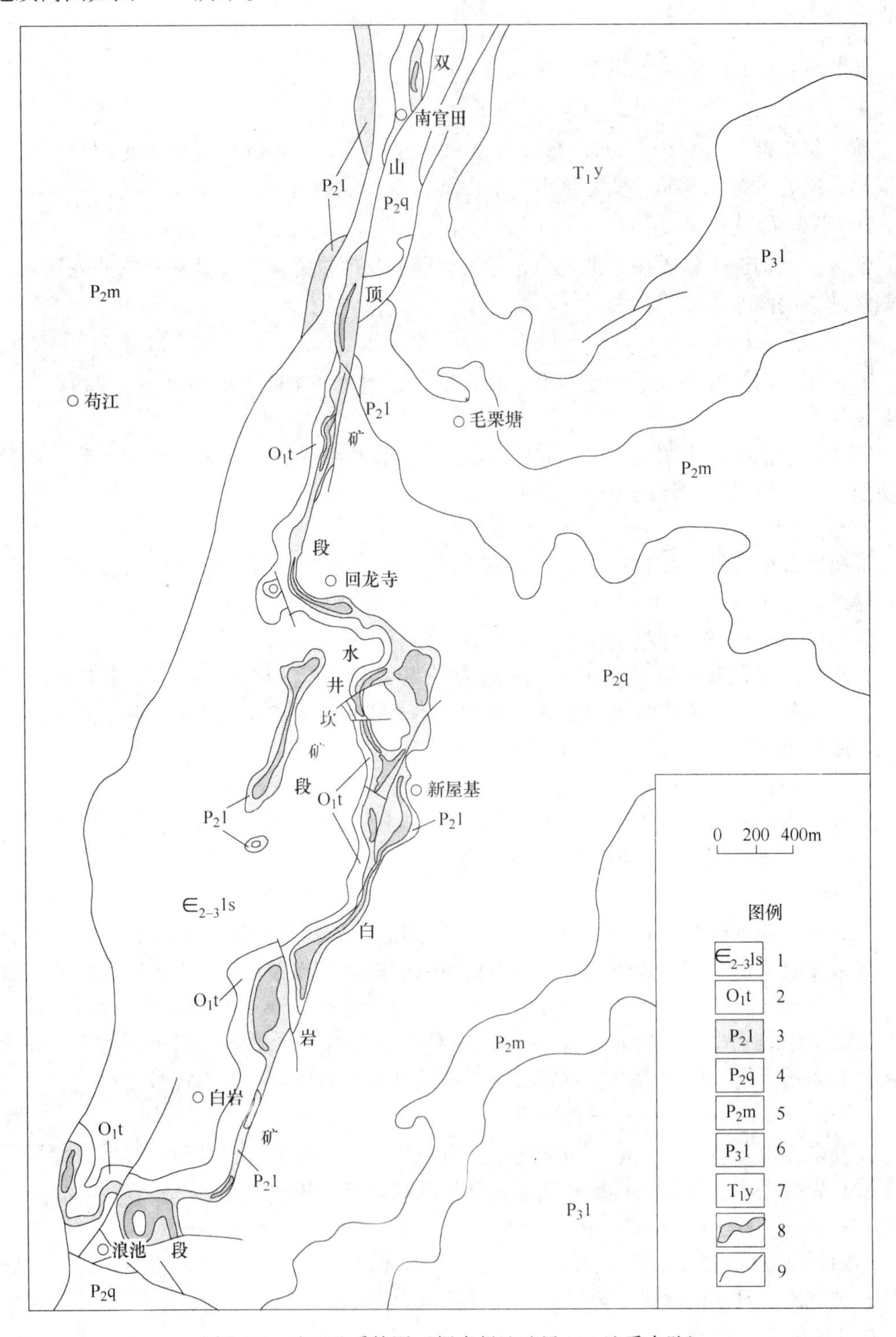

图3-22 矿区地质简图（据贵州地矿局102地质大队）

1—寒武系中上统娄山关组；2—奥陶系下统桐梓组；3—二叠系中统梁山组；4—二叠系中统栖霞组；5—二叠系中统茅口组；6—二叠系上统龙潭组；7—三叠系下统夜郎组；8—矿体露头；9—断层

E 含矿岩系特征

矿区含矿岩系呈假整合覆于奥陶系下统桐梓组（O_1t）白云岩之上，伏于二叠系中统梁山组（P_2l）黑色粉砂质黏土岩、碳质泥岩之下（图3-23）。含矿岩系从下到上由铝质岩、铁铝质黏土岩，铝土矿层和铝质岩或铝质泥岩组成，厚约1.1~82m。

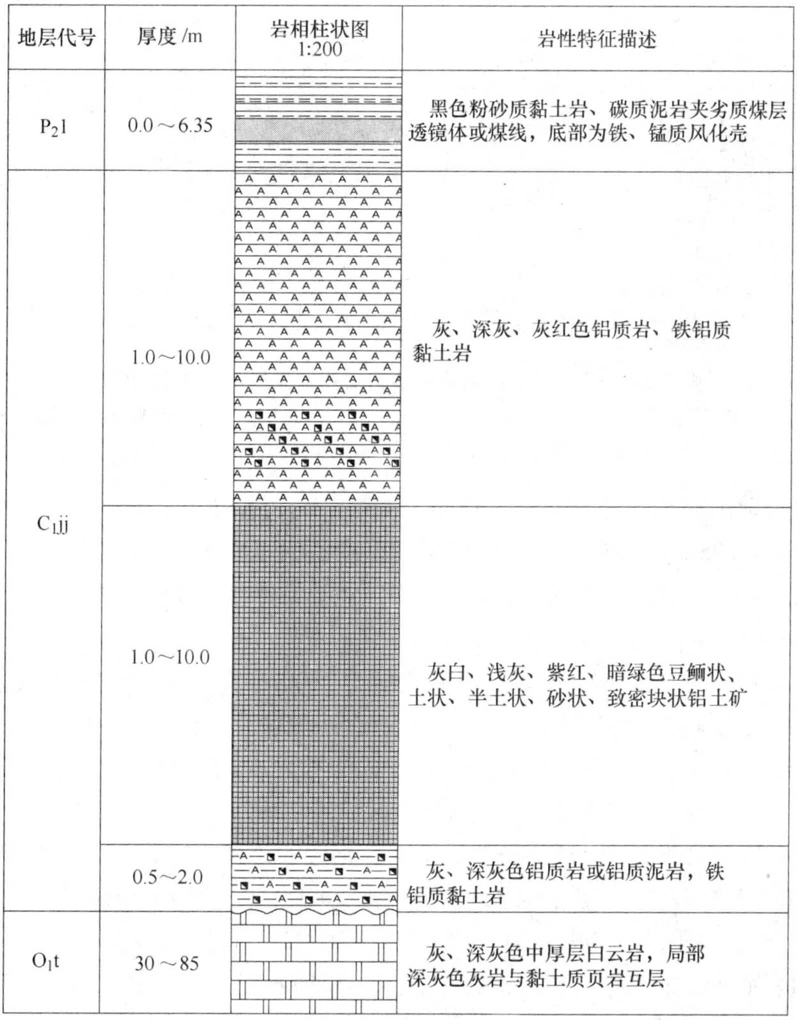

地层代号	厚度/m	岩相柱状图 1:200	岩性特征描述
P_2l	0.0～6.35		黑色粉砂质黏土岩、碳质泥岩夹劣质煤层透镜体或煤线，底部为铁、锰质风化壳
C_1jj	1.0～10.0		灰、深灰、灰红色铝质岩、铁铝质黏土岩
	1.0～10.0		灰白、浅灰、紫红、暗绿色豆鲕状、土状、半土状、砂状、致密块状铝土矿
	0.5～2.0		灰、深灰色铝质岩或铝质泥岩，铁铝质黏土岩
O_1t	30～85		灰、深灰色中厚层白云岩，局部深灰色灰岩与黏土质页岩互层

图3-23 含矿岩系综合柱状图（据贵州地矿局102地质大队）

含矿岩系可分为三段，下段为铁铝质黏土岩：灰、深灰、灰红色铝质岩、铁铝质黏土岩，厚0.56~25.5m，一般厚约1~10m。中段为铝土矿层：浅灰、灰白、紫红、暗绿色豆鲕状、砂状、块状和土状铝土矿，厚度变化较大，约为0.26~41.06m，一般1~10m。上段为泥岩、黏土岩：灰~深灰色铝质岩或铝质泥岩、铁铝质黏土岩，顶界面受古风化剥蚀影响呈波状起伏状，常发育铁质皮壳层。该层不稳定，局部地段常有缺失，厚约0~8.0m，一般0.5~2.0m。

F 矿体特征

矿区各矿段一般发育一层铝土矿层，局部发育两层。矿层间夹层厚数十厘米至数米不等，最厚可达23.7m，呈透镜状，厚度极不稳定。矿体形态受下伏基底古岩溶地貌的严格控制，一般呈透镜状、漏斗状产出（图3-24）。矿体产状基本与围岩产状一致，走向近南北，倾向北东，倾角10°~25°。矿体露头从北到南断续出现，分为三个矿段。

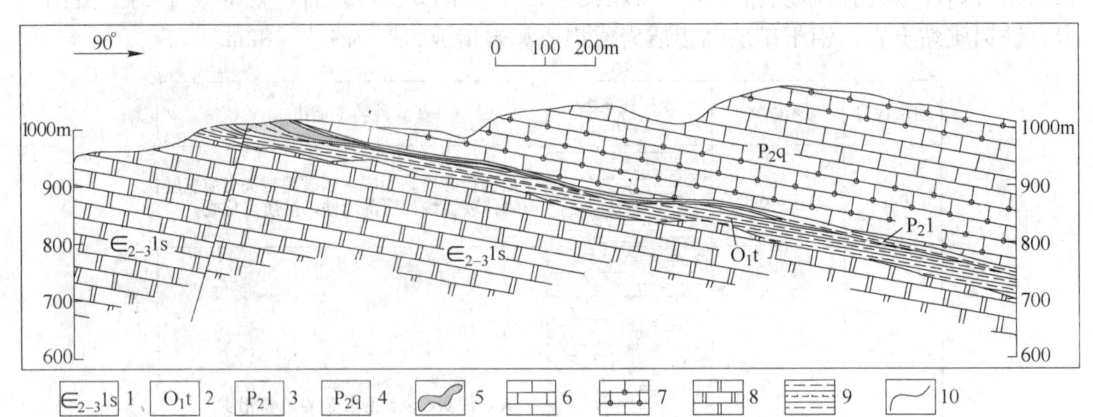

图3-24 18号勘探线剖面图（据贵州地矿局102地质大队）

1—寒武系中上统娄山关组；2—奥陶系下统桐梓组；3—二叠系中统梁山组；4—二叠系中统栖霞组；5—铝土矿体；6—灰岩；7—燧石团块灰岩；8—白云岩；9—黏土岩；10—断层

（1）双山顶矿段。地表矿体露头实际控制6个，长约120~250m，间隔100~1100m，厚度约0.74~16.25m，一般厚1~10m。矿石以高铁铝土矿为主，质量较差，含Al_2O_3约48.69%~70.16%，一般为50%~60%；Fe_2O_3约4.48%~24.15%，一般为10%~20%；Al/Si为4.55~14.94。

（2）水井坎矿段。地表矿体露头实际控制约1200m，该矿体的底板因受溶蚀作用影响，致使顶部局部矿体（层）产生崩塌，而原地堆积或迁移就近于岩溶洼地处即形成次生矿体，其中迁移形成于岩溶洼地中矿体的矿石品质稍差。该矿段矿体厚度变化较大，多为透镜状或漏斗状矿体，古岩溶地貌凸起部位矿体含矿岩系变薄，矿体变薄或者消失形成无矿天窗，古岩溶洼地部位则含矿岩系厚度变大，相应的矿体变厚，最大厚度可达41.06m，一般1~10m，平均7.58m。矿石含铁低，质量好，含Al_2O_3约45.13%~77.17%，一般为60%~70%；Fe_2O_3约2%~10%；Al/Si为2.82~30.25，一般为5~15。

（3）白岩矿段。地表控制矿体露头7个，长约100~600m，间隔200~700m，厚度变化较大，约0.26~14.11m，一般1~6m。矿石质量变化较大，该矿段北部六子台区域主要发育高铁铝土矿，矿石质量差；矿段南部白岩~浪池区域铝土矿石含铁量低，矿石质量较好，含Al_2O_3约45.7%~77.17%，一般为50%~65%；Fe_2O_3一般为2%~20%；Al/Si为3.33~36.73。

另外，矿区西侧中寒武系上统娄山关组白云岩及奥陶系下统桐梓组白云岩、黏土岩分布的山丘，零星发育残坡积类型铝土矿，系原生铝土矿体的底板溶蚀，致使顶部局部矿体（层）产生崩塌，由原地堆积或迁移至岩溶洼地处而形成的次生矿体，其中迁移形成于岩溶洼地中矿体的矿石品质稍差，水井坎矿段西侧部分山丘的残坡积矿分布较集中且面积较大。

矿体（层）顶板多已剥蚀，地表起伏较缓间隔100~1100m，厚度约0.74~16.25m，一般厚1~10m。矿石以高铁铝土矿为主，质量较差，含 Al_2O_3 约48.69~70.16%，一般为50%~60%；Fe_2O_3 约4.48%~24.15%，一般为10%~20%；Al/Si 为4.55~14.94。

G 矿石质量特征

a 结构构造

按矿石的自然类型分类，矿区主要为碎屑状铝土矿，其次为豆鲕粒状铝土矿、土状铝土矿等。其中碎屑状铝土矿为碎屑结构，块状构造（见附录1）。

碎屑结构：高铁铝土矿和低铁铝土矿的主要类型，其中低铁铝土矿主要由微~隐晶质硬铝石碎屑及少量黏土矿物的硬铝土胶结物组成，碎屑大小0.05~5mm，多为圆、椭圆形，部分碎屑见干缩裂纹，裂纹中充填微晶硬铝石；高铁铝土矿的碎屑结构是粒状绿泥石、铝土矿和隐晶质硬铝石、绿泥石组成的碎屑，呈椭圆状，含量20%~30%，两种碎屑均匀分布于含绿泥石隐晶质硬铝石等基质中，呈基底式胶结。

豆鲕粒结构：该结构以高铁铝土矿中最多，其次为低铁铝土矿。豆鲕混杂以鲕为主，粒径0.03~0.75mm，个别可达3.51mm，呈圆~椭圆状和不规则状，壳圈少而多断续或不具同心圆和核心。由硬铝石、绿泥石和黏土矿物等组成，胶结物为微晶硬铝石和黏土矿物，呈孔隙~接触式胶结，部分鲕粒无同心圈而成假鲕，豆粒无核心和同心圈，表面光滑。

土状结构：该结构类型矿石见于低铁铝土矿层中上部，矿石外观呈土状，粗糙近似砂岩，粒径约0.01mm，由粒状硬铝石组成，孔隙度大，黏土含量少。

b 矿物组分

碎屑状铝土矿：主要为一水硬铝石、绿泥石和黏土矿物等胶结，以同生碎屑状产出，少数混产于黏土矿物内，含 Al_2O_3 约50%~70%，Al/Si 大于7。

致密状铝土矿：以一水硬铝石为主，含黏土矿物较多隐晶质，含 Al_2O_3 约45%~60%，Al/Si 大于3。

土状铝土矿：以一水硬铝石为主，其80%~95%由微~隐晶质一水硬铝石组成，Al_2O_3 含量大于70%，Al/Si 大于12。品位高，矿石品质佳。

H 矿床规模及资源量

截至2006年年底，矿区已达勘探级别，双山顶、水井坎和白岩三个矿段累计探明铝土矿资源量为678万吨。

I 矿床成矿规律、矿床成因与找矿标志

a 成矿规律

矿区内石炭系下统九架炉组为赋矿地层，覆于奥陶系下统桐梓组之上；含矿岩系严格受古侵蚀面的制约，铝土矿层厚度变化大，不稳定，呈层状、似层状、透镜状产出，矿体平面形态复杂，边缘常呈港湾状；铝土矿产于含矿岩系中段，矿体一般单层产出，局部地段发育两层铝土矿，个别地段产出多层铝土矿体。

b 矿床成因

矿区在志留系末期广西运动使黔北抬升为古陆，低纬度湿热潮湿的气候加上古植物的作用，古碳酸盐岩基底遭受了长达150Ma之久的风化剥蚀，基底上形成了大小不等和形状不同的古岩溶洼地、漏斗，为铝土物质的搬运和沉积提供了良好的空间场所。奥陶系下统黏土页岩遭受风化剥蚀的部分被搬运至岩溶洼地保存下来，形成最初的铁铝质风化壳，之后地壳微微抬升，通过风化淋滤去硅排铁而使得铝土矿变富。石炭纪末期矿区范围内出现大规模海侵，铁铝质古风化壳上则沉积了厚大的碳酸盐岩盖层，使古风化壳完整保存从而生成了早石炭世的铝土矿。

c　找矿标志

石炭系下统九架炉组是矿区的唯一赋矿层位，其中基底地层为奥陶系下统桐梓组第二段的水云母黏土页岩，找矿层的标志是二叠系中统栖霞组石灰岩之下。

二叠系中统栖霞组灰岩在矿区常形成高数十米至百米的悬崖，悬崖断面或者缓坡处就是石炭系下统九架炉组含矿岩系。

J　矿区勘查工作历史

矿区地质勘查工作始于1959年，娄山关地质大队四分队在该区踏勘发现苟江水铝土矿；1960年，娄山关地质大队在川黔公路以东、乌江以北、四川以南和湄潭以西地区开展铝土矿地质工作，著有《遵义式铝土矿普查找矿简报》，其中包括苟江水铝土矿；1960年，娄山关地质大队四分队对矿区开展了详细勘探工作，提交《遵义铝土矿苟江矿区详查评价报告》；1984～1988年，贵州地矿局102地质大队，在矿区水井坎矿段开展了勘探地质工作，提交《遵义铝土矿苟江矿区水井坎矿段勘探地质报告》；1990年，贵州地矿局102地质大队，著有《遵义铝土矿苟江矿区水井坎矿段矿床地质特征及成矿规律》；1987～1990年，贵州地矿局102地质大队，在矿区白岩矿段开展了勘探地质工作，提交《遵义铝土矿苟江矿区水井坎矿段普查地质报告》。

3.3.3.2　遵义宋家大林铝土矿床

A　地理位置

矿区位于遵义县城南东约20km，遵（义）～开（阳）公路经矿区边缘，交通方便。矿区面积29km^2，分宋家大林和斜石板两个矿段，其中宋家大林矿段6.7km^2。

B　区域构造位置

矿区区域构造上处于扬子准地台，黔北台隆遵义断拱之凤岗北北东向构造变形区，位于川黔南北向构造带中绥阳～龙里复式背斜中部，以紧密线形褶皱构造为主，伴有规模较大的断裂构造，褶皱往往因断裂作用而复杂化。

C　矿区地层岩性

矿区出露的地层有寒武系、奥陶系、石炭系、二叠系和第四系（图3-25）。其由老到新依次为：

寒武系中统高台组（$\in_2g$）：紫灰、灰色薄至中厚层细晶白云岩，出露不全。

——————————整合——————————

寒武系中上统娄山关组（$\in_{2-3}ls$）：为灰、灰白色厚～中厚微～细晶白云岩及白云质灰岩，厚度大于100m。

——————————整合——————————

奥陶系下统桐梓组（O_1t）：下段为灰、深灰色薄至中厚层灰岩与页岩互层，上为鸭蛋绿色黏土岩，厚0～80m。

——————————假整合——————————

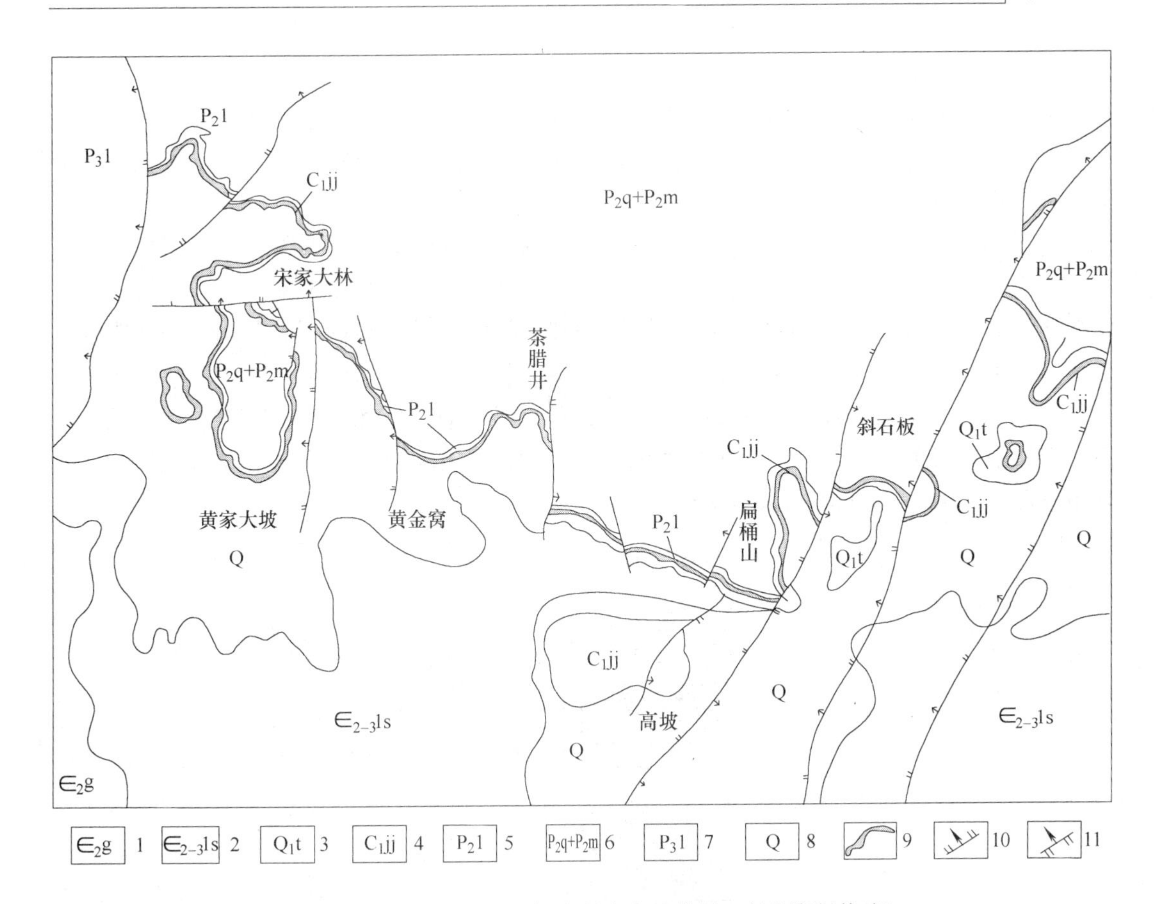

图 3-25 矿区地质简图（据贵州有色地勘局三总队资料修编）

1—寒武系中统高台组；2—寒武系中上统娄山关组；3—奥陶系下统桐梓组；4—石炭系下统九架炉组；5—二叠系中统梁山组；6—二叠系中统栖霞组 + 茅口组；7—二叠系上统龙潭组；8—第四系；9—矿体露头；10—正断层；11—逆断层

石炭系下统九架炉组（C_1jj）：为矿区含铝矿层，由系列杂色泥岩、含铁泥岩、绿泥石岩、铝质岩组成，厚 0 ~ 41m。

————————————假整合————————————

二叠系中统梁山组（P_2l）：由钙质页岩、铁质页岩、砂质页岩、黏土质页岩、碳质泥岩组成，厚 0 ~ 21.4m。

———————————— 整合 ————————————

二叠系中统栖霞组 + 茅口组（$P_2q + P_2m$）：以深灰 ~ 灰色厚层燧石灰岩生物碎屑灰岩为主，夹薄层泥灰岩和钙质页岩，底部常见星点状或细脉状黄铁矿和硅质岩，厚 115 ~ 250m。

————————————假整合————————————

二叠系上统龙潭组（P_3l）：为含煤层，由泥岩、硅质泥岩、粉砂质、钙质、碳质页岩及煤层、煤线组成，下部夹薄层硅质岩或硅质灰岩，厚 110m。

~~~~~~~~~~~~~~~~~~~~不整合~~~~~~~~~~~~~~~~~~~~

第四系（Q）：分布较广，有残、坡、冲、洪积等类型，由黏土、亚黏土及铝土矿，石灰石硅质岩、页岩的碎砾、砂粒、砂土等组成，厚 0 ~ 21m。
~~~~~~~~~~~~~~~~~~~~

D 矿区地质构造

矿区位于翁家坝背斜西翼的次级褶皱求子山向斜的南翼。地层呈单斜状产出，倾向340°~30°，倾角10°~25°。间或发育4~5级的波状挠曲，延长仅数米至数十米，轴向多为北北西或北北东。

矿区断裂较为发育，以北北东向为主，北北西向断裂较少且规模较小。北北东向断层一般长3~9km，断距80~150m不等，倾角多数大于60°，甚至达70°~80°，除F_4为平移逆断层外，均为正断层，所有规模较大的断裂断面均向西倾斜，形成“叠瓦式”伸展构造。

E 含矿岩系特征

矿区含矿岩系为石炭系下统九架炉组，其呈喀斯特平行不整合覆于奥陶系下统桐梓组灰岩与页岩侵蚀间断面之上。含矿岩系可分为两段，上段为铝土矿系，下段为铁矿系。厚度变化较大1.66~31.68m（图3-26）。

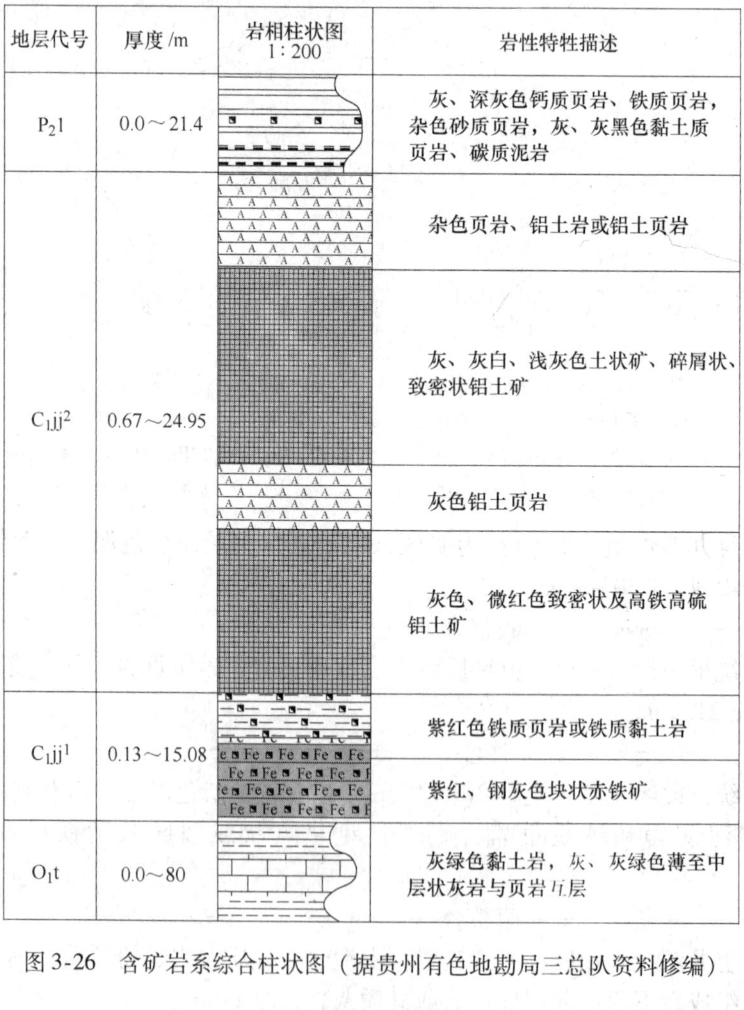

地层代号	厚度/m	岩相柱状图 1:200	岩性特性描述
P_2l	0.0～21.4		灰、深灰色钙质页岩、铁质页岩，杂色砂质页岩，灰、灰黑色黏土质页岩、碳质泥岩
C_1jj^2	0.67～24.95		杂色页岩、铝土岩或铝土页岩
			灰、灰白、浅灰色土状矿、碎屑状、致密状铝土矿
			灰色铝土页岩
			灰色、微红色致密状及高铁高硫铝土矿
C_1jj^1	0.13～15.08		紫红色铁质页岩或铁质黏土岩
			紫红、钢灰色块状赤铁矿
O_1t	0.0～80		灰绿色黏土岩，灰、灰绿色薄至中层状灰岩与页岩互层

图3-26 含矿岩系综合柱状图（据贵州有色地勘局三总队资料修编）

上段铝矿系整合于铁矿系之上，铝土矿产于铝矿系的中部和中下部，呈似层状或透镜状产出。铝矿系一般由杂色页岩、铝土岩、铝土矿、含铁铝土岩或铝土页岩组成，个别情况下只有含铁铝土岩或铝土质页岩，没有铝土矿。铝土矿按矿石类型，分为土状铝土矿、碎屑状铝土矿、致密状铝土矿，及高铁高硫铝土矿（少有产出）。厚0.67~24.95m。

下段铁矿系一般由紫红色铁质页岩及钢灰色块状赤铁矿组成，局部有分散的菱铁矿小透镜体产出。在铁矿系中，铁矿的产出不稳定，部分地段只有铁质页岩或铁质黏土，而无铁矿赋存。铁矿系厚0.13~15.08m。

F 矿体特征

矿区有两种矿床类型：一是沉积型原生矿体，一是堆积型矿体（图3-27）。

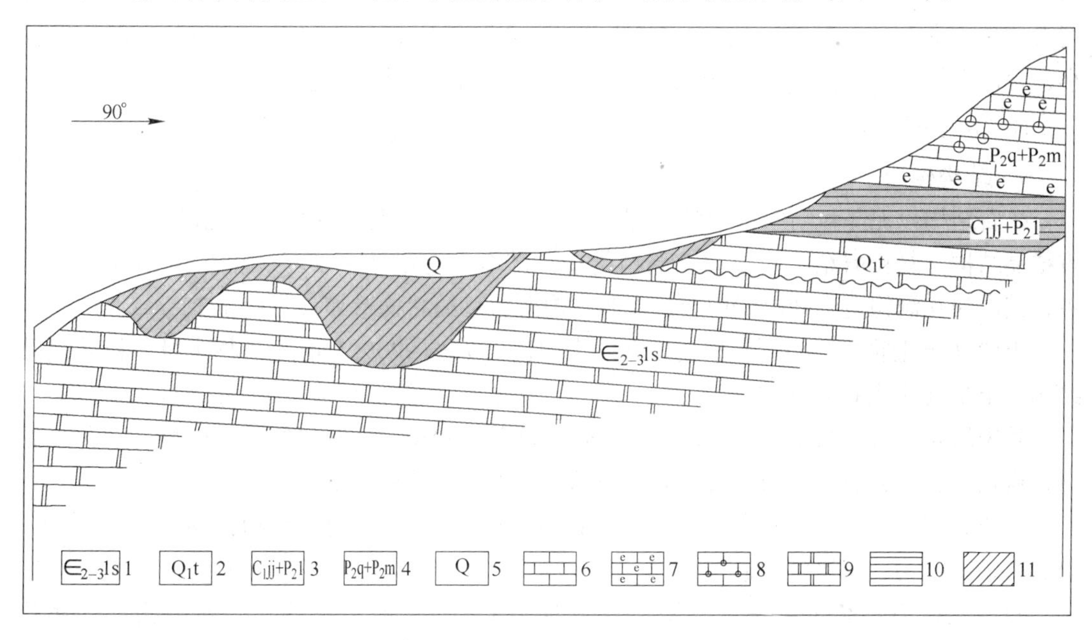

图3-27 1号矿体剖面图（据贵州有色地勘局三总队资料修编）

1—寒武系中上统娄山关组；2—奥陶系下统桐梓组；3—石炭系下统九架炉组+二叠系中统梁山组；4—二叠系中统栖霞组+茅口组；5—第四系；6—灰岩；7—生物碎屑灰岩；8—燧石团块灰岩；9—白云岩；10—沉积型铝土岩、铝土矿、铝土页岩等；11—堆积型铝土矿

a 沉积型原生矿体

呈似层次、大透镜状产出，产状与围岩基本一致。该类型矿体共探明9个，其大小不一，一般长数百米，宽数十米至一两百米，均属小型规模，平面形状多不规则，含Al_2O_3 52.09%~68.62%，Al/Si 5~9.3。其中以宋家大林矿段的Ⅰ号沉积矿体为最大，长600m，宽250~300m，厚0.7~7.3m，平均2.42m，含Al_2O_3 66.56%~77.20%，Al/Si 4.6~33.6。此类型矿体受含矿层底板的娄山关组灰岩古岩溶地貌控制：一般古溶洼地深大处含矿岩系相对较厚，一般产出铝土矿体且矿石品质好，如矿区ZK20-0孔揭露该含矿层厚达41.44m，其中矿体厚为32.57m；相反，在古溶凸起处或岩溶洼地边缘等，含矿岩系变薄，一般无矿或矿石品质差。矿区内古岩溶洼地直径由数十米至数百米不等，其规模大小基本决定矿体规模大小。

b 堆积型次生矿体

主要为残积型或略有位移的岩溶洼地（第四纪形成）堆积。区内共探明22个矿体，其中分布在宋家大林矿段有18个，长数十米至数百米不等，以两三百米为最多，宽数十米至一两百米，以百余米为最多，长轴方向不定，从北西～近南北～北东向均有，平面形状不规则。该类型矿体厚度变化大，在0.6～12.9m，一般2～3m，含 Al_2O_3 50%～73.65%，一般多在60%以上，Al/Si 4～18。最大矿体为宋家大林矿段1号矿体，长550m，宽220～320m，厚0.8～6.1m，一般厚1～3m，变化较大，其中数处 $\in_{2\text{-}3}ls$ 地层凸起处无铝土矿体发育。该矿体剖面上呈现"山"字形，矿石质量较好，Al_2O_3 含量62.75%～77.11%，Al/Si 3.9～31.22。该类型矿体含矿率高低不一，一般原地残积者，块度大，含矿率1206～2534kg/m^3，矿质优；异地堆积（包括溶洼堆积、坡积）一般块度较小，含矿率较低，一般300～500kg/m^3，含杂质较多，矿石质量也稍差。

G 矿石质量特征

a 结构构造

矿石结构以泥晶粒屑结构和粒屑泥晶结构两种类型为主，另有少量泥晶～微晶结构、重结晶结构、复粒屑结构、藻铝叠层结构等。矿石构造以致密块状、土状（半土状）为主，其次为孔洞构造、蜂窝状构造、碎屑状构造、豆鲕状构造等（见附录1）。

土状（半土状）矿石：灰白色，含一水硬铝石70%～90%，黏土矿物少量，粒屑泥晶结构、土状（半土状）构造。

致密块状矿石：灰至深灰色，含一水硬铝石50%～70%，较多的黏土矿物，时含绿泥石、褐铁矿，以粒屑泥晶结构及泥晶～微晶结构为主，致密块状构造。

碎屑状矿石：灰至深灰色，含一水硬铝石50%～80%，粒屑结构泥晶粒屑结构为主，兼有重结晶结构，碎屑状构造。

豆鲕状矿石：杂色，含一水硬铝石50%～80%，复粒屑结构、豆鲕结构、豆鲕状构造。

b 矿物组分

矿石中有用矿物主要为一水硬铝石，含量50%～95%，另有少量一水软铝石，三水铝石、胶铝石。主要共伴生矿物有水云母、高岭石、绿泥石，含少量碳酸盐矿物、黄铁矿、赤铁矿、褐铁矿及重矿物等，常见重矿物有锐钛矿、少量锆石、电气石，偶见金红石、磷灰石，辰砂等。

矿石中Al、Si、Fe、Ti四元素占83%～85%，而主要组分因不同的矿床类型略有差异。

沉积型原生铝土矿 Al_2O_3 含量在53%～74%之间者占86.6%，尤以62%～74%为最多，占56.8%。Al_2O_3 含量变化系数13.2%；SiO_2 含量在3.5%～17.5%区间占86.6%，其中以7%～10.5%占34.4%，变化系数49.3%，属分布较稳定组分；Fe_2O_3 含量区间在1.5%～24%之间占86.5%，而在1.5%～6%之间占45%，变化系数88%，属不均匀分布的组分；Al/Si 多在3.5～20之间，平均3.5～8者占56.8%，大于8者占35.9%。

堆积型铝土矿 Al_2O_3 含量59%～77%之间者占79.7%，其中68%～77%之间者占52.5%，变化系数11.8%；SiO_2 含量2%～17.5%者占92.5%，其中3.5%～10.5%者占58.3%，变化系数55.2%，属分布较均匀组分；Fe_2O_3 含量在0.5%～18%者占87.1%，其中0.5%～3%者占39.1%，3%～9%者占33.08%，含量变化系数为124%，属不均匀分

布组分；Al/Si 在 5～20 区间者占 72.7%，其中大于 20 者占 59.6%。

总之，堆积型矿石质量略优于沉积型矿石，Al_2O_3 含量较高，SiO_2 及 Fe_2O_3 含量稍低，说明堆积型矿石有一定的风化富集作用。就沉积型铝土矿而言，矿体厚度与 Al_2O_3 含量成正比，与 SiO_2、Fe_2O_3 含量成反比。

H 矿床规模及资源量

矿区提交探明储量经贵州省储委批准为：铝土矿石储量（表内）C+D 级 513.23 万吨，其中 C 级 67.27 万吨，85.75%分布于宋家大林矿段；分布在斜石板矿段的 98.78 万吨，全为 D 级储量。伴生（共生）的矿产储量：镓金属量 D 级（表内）743.95t；硫铁矿（表内）矿石量 C+D 级 227.59 万吨，其中 C 级 45.57 万吨。

由于矿区未经过经济的可行性或预可行性论证，按现行规定，上述储量均属资源量类别，从工程控制矿体程度来衡量，原 C 级可套改为（332）资源量，D 级可套改为 333+334？资源量。

I 矿床成矿规律、矿床成因与找矿标志

a 成矿规律

矿区内石炭系下统九架炉组为赋矿地层，覆于寒武系中上统娄山关组或奥陶系下统桐梓组之上；含矿岩系严格受古侵蚀面的制约，厚度变化大，不稳定，主要由页岩、泥岩、绿泥石岩、劣质煤层、铝土矿及铝土质泥岩等组成；铝土矿石为堆积型和沉积型两种，其中原生沉积型常多呈层状、似层状、透镜状等覆于奥陶系下统桐梓组之上，堆积型铝土矿则常以透镜状或不规则状存在于寒武系中上统娄山关组的侵蚀洼地中，厚度变化大。

b 矿床成因

矿区在志留系末期广西运动使黔北抬升为古陆，低纬度湿热潮湿的气候加上古植物的作用，古碳酸盐岩基底遭受了长达 150Ma 之久的风化剥蚀，基底上形成了大小不等和形状不同的古岩溶洼地、漏斗，为铝土物质的搬运和沉积提供了良好的空间场所。奥陶系下统黏土页岩遭受风化剥蚀的部分被搬运至岩溶洼地保存下来而形成最初的铁铝质风化壳，之后地壳微微抬升，通过风化淋滤去硅排铁而使得铝土矿变富。石炭纪末期矿区范围内出现大规模海侵，铁铝质古风化壳上则沉积了厚大的碳酸盐岩盖层，使古风化壳完整保存从而生成了早石炭世的铝土矿。

c 找矿标志

石炭系下统九架炉组是矿区的唯一赋矿层位，其中基底地层为奥陶系下统桐梓组第二段的水云母黏土页岩对成矿有利，找矿层的标志是二叠系中统栖霞组石灰岩之下；二叠系中统栖霞组灰岩在矿区常形成高数十米至百米的悬崖，悬崖断面或者缓坡处就是石炭系下统九架炉组的含矿岩系。

J 矿区勘查工作历史

矿区勘查工作始于 1960 年，贵州地质局娄山关地质大队开展寻找遵义式铝土矿，发现了遵义斜石板（含求子山）铝土矿区在内的多处产地，包括宋家大林铝土矿，著有《遵义式铝土矿普查找矿简报》；1974 年，贵州地质局 108 队开展 1:200000 区调，在宋家大林矿区东侧有高铁铝土矿找矿线索发现；1979 年，贵州省有色局三总队在该区开展工作，著有《遵义～开阳地区下二叠统梁山组铝土矿普查找矿设计书》；1980年，贵州省有色局三总队在矿区开展铝土矿普查找矿工作；1984～1985年，贵州省有色局三总队在矿区对地表出露铝土矿体进行工程控制加密等找矿工作；1986～1993年贵州省有色局三总队完成了宋家大林矿段浅部矿体勘探及深部控制和斜石板矿段详查工作，提交《遵义县宋家大林铝土矿地质勘探报告》。

3.3.4 凯里～黄平～瓮安～福泉地区

3.3.4.1 凯里苦李井铝土矿床

A 地理位置

矿区位于凯里市区北西约45km，隶属于大风洞乡管辖，毗邻黄平县，交通方便。矿区面积144.41km^2。

B 区域构造位置

矿区在区域构造上处于扬子准地台之遵义断拱贵阳复杂构造变形区与黔南台隆的交界地带，扬子准地台一侧，南东邻近华南褶皱带。

C 矿区地层岩性

矿区出露的地层有寒武系、奥陶系、志留系、泥盆系、二叠系和第四系（图3-28）。

底层由老到新依次为：

寒武系中上统娄山关组（$\in_{2\text{-}3}$ls）：该地层在各个矿区均有出露，主要为灰白、浅灰色含砂质细晶白云岩、角砾状白云岩，岩石风化较破碎，呈碎石状，厚度大于362m。

——————————整合——————————

奥陶系下统桐梓组（O_1t）：主要为一套浅灰、灰黑色中至厚层夹薄层微至细晶白云岩组成，偶夹砾屑、鲕豆粒白云岩。顶部及下部夹灰、灰绿色黏土页岩。厚度100m。

——————————整合——————————

石炭系下统大湾组（O_1d）：为紫红、灰绿色瘤状泥质灰岩，生物碎屑泥灰岩夹紫红、灰绿、黄绿色页岩，砂质页岩。厚度150m。

——————————假整合——————————

志留系翁项群（SWX）：上部为浅灰～灰白色中厚层石英砂岩；下部为红褐色、砖红色厚层砾层或砖红色砂岩夹泥岩。厚度534m。

——————————假整合——————————

泥盆系中统独山组（D_2d）：主要出露在矿区南西部，为浅灰、灰白色至黄色中厚层石英砂岩夹少量灰岩、粉砂岩。

——————————整合——————————

泥盆系上统高坡场组（D_3g）：该地层在各个工作区均有出露，为含矿岩系梁山组的底板，与上覆地层平行不整合接触。主要为灰、灰白、浅灰色，肉红色薄～中厚层细晶白云岩，偶夹灰绿、灰白钙质泥岩，风化面见刀砍状。顶部常见10～50cm的褐红色、橘黄色铁质浸染同生角砾状白云质灰岩。顶面起伏不平，具古岩溶地貌特征。厚度162.43m。

——————————假整合——————————

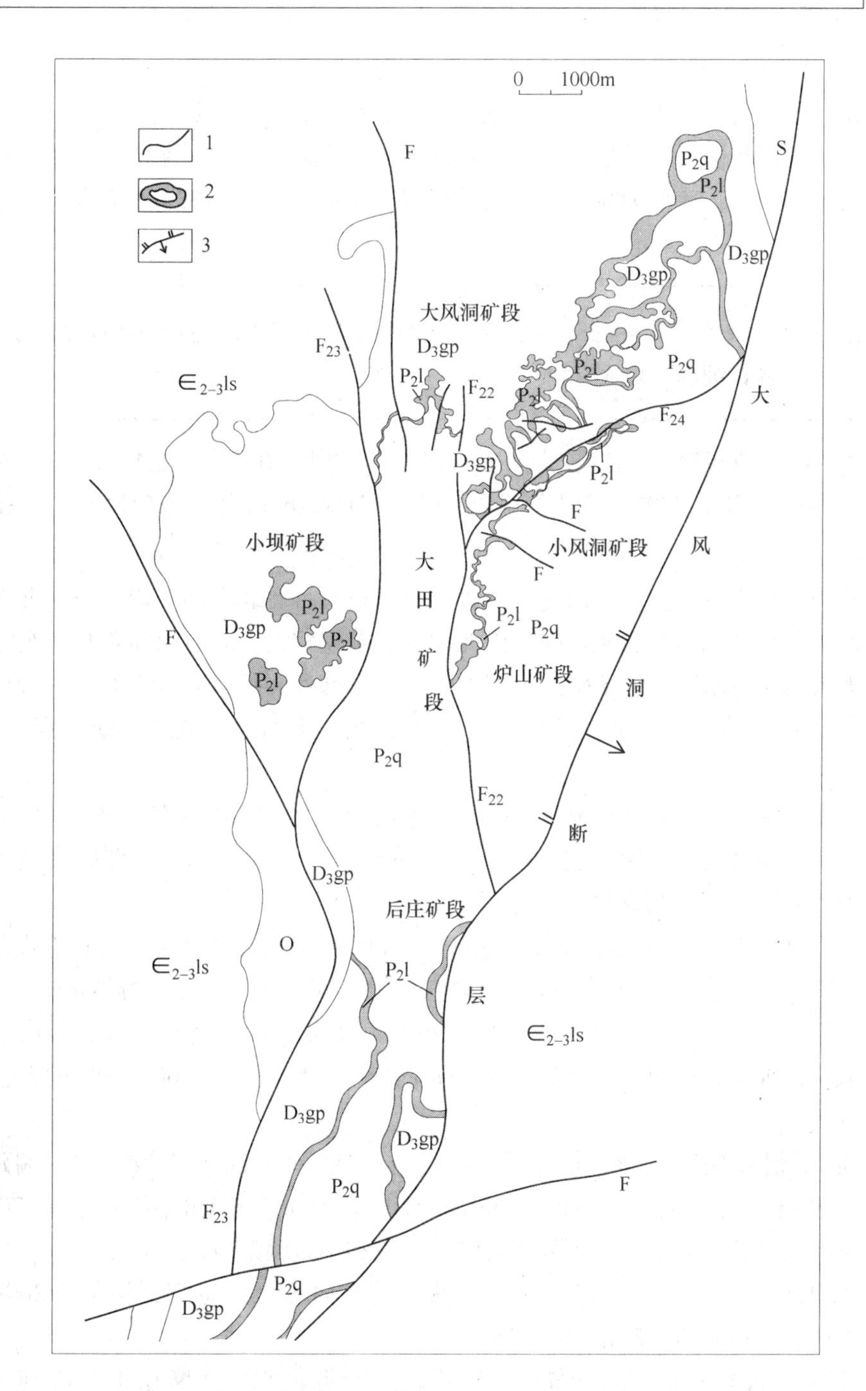

图 3-28 矿区地质简图（据《贵州省凯里～黄平地区铝土矿远景调查》资料修编）

1—地层界线；2—含矿岩系露头；3—断层

二叠系中统梁山组（P_2l）：为矿区的含矿岩系，下部为灰黄色、浅灰色铝土质页岩、泥岩，或红褐色、黄褐色含铁质页岩、泥岩；中部为浅灰～灰白色中厚层致密状铝土岩，或灰白色、灰黄色中厚层细粒石英砂岩、含砂质页岩；上部为煤层，黑色、灰黑色碳质页岩、劣煤；为调查区铝土矿的含矿岩系，厚度 0～44.2m。

——————————— 整合 ———————————

二叠系中统栖霞组（P_2q）：灰、深灰色块状细晶灰岩，局部见燧石结核，其间少量生物灰岩、生物碎屑灰岩、泥质条带灰岩，下部深灰、灰黑色、灰、深灰色中厚层燧石条带灰岩、燧石结核灰岩，底部为泥灰岩夹钙质页岩。厚度14.25～133m。为含矿岩系梁山组的顶板地层。

——————————— 整合 ———————————

二叠系中统茅口组（P_2m）：灰色、深灰色中厚层～块状灰岩，局部含白云石团块、燧石团块，夹方解石细脉，厚度25～225m。

~~~~~~~~~~~~~~~~~~~~不整合~~~~~~~~~~~~~~~~~~~~~~

第四系（Q）：分布较广，有残、坡、冲、洪积等类型，由黏土、亚黏土及铝土矿，石灰石硅质岩、页岩的碎砾、砂粒、砂土等组成，厚0～21m，堆积型铝土矿体即赋存在该层中。

D 矿区地质构造

矿区褶皱构造不发育，断裂构造较发育，有北东向、北北东向、南北向、北西向及东西向五组断裂，以北东向、北北东向、南北向断裂规模较大，北西向和东西向次之。

F_1：即大风洞逆断层，位于矿区东侧，为矿区东部边界线，破碎带宽50～80m，垂直断距大于500m，倾向南东，倾角50°～60°。为区域性大断裂，从北至南贯穿整个矿区，延长大于50km。

F_2：与F_1大致平行，破碎带宽5～10m，倾向南东，倾角70°～75°，延长约10km。

F_3：是区域性南北向白沙井逆断层，从鱼井至五里桥与F_1相交，破碎带宽5～10m，倾向东，倾角60°～70°，延长约10km。

F_4：是区域性南北向后庄逆断层，与F_3平行排列，相距约2km，呈地堑式断层，南部在伟勇与F_5相交，破碎带宽3～5m，倾向东，倾角60°～65°，延长约7km。

F_5：北部伟勇一带走向北北西，从顾家寨至王家寨一带走向北北东，形成了弧形断裂，北部倾向北北东，倾角50°～65°；南部倾向南东，倾角50°～60°，破碎带宽3～5m，延长约8km。

F_{11}：是区域性北东向苦李井逆断层，南西端与白沙井断层F_3相交，北东端延伸至大风洞断层F_1相交，被F_1错断，断距约100m，走向长5km，向东南倾斜，倾角70°～80°，断距30～40m。把铝土矿含矿岩系分为大风洞矿段和小风洞矿段。

F_{12}：位于矿区南部，为平移逆断层，错断北北东向F_1、F_2断层，错距约200m，走向长大于7000m，倾向北西，倾角70°～75°。

F_{13}、F_{14}：为北西向断层，分布于矿区中部苦李井南部，两断层平行排列，为平移断层。

E 含矿岩系特征

矿区含矿岩系为二叠系中统梁山组（P_2l），按岩性可分为三段，上段含煤（炭质）层、中段含铝土层和下段含铁质层（图3-29）。下伏地层为泥盆系上统高坡场组白云岩，上覆地层为二叠系栖霞组灰岩。局部地段煤层质量较好。受下伏地层古岩溶地貌控制，矿体厚度变化大，发育似层状矿体和漏斗状矿体。
~~~~~~~~~~~~~~~~~~~~

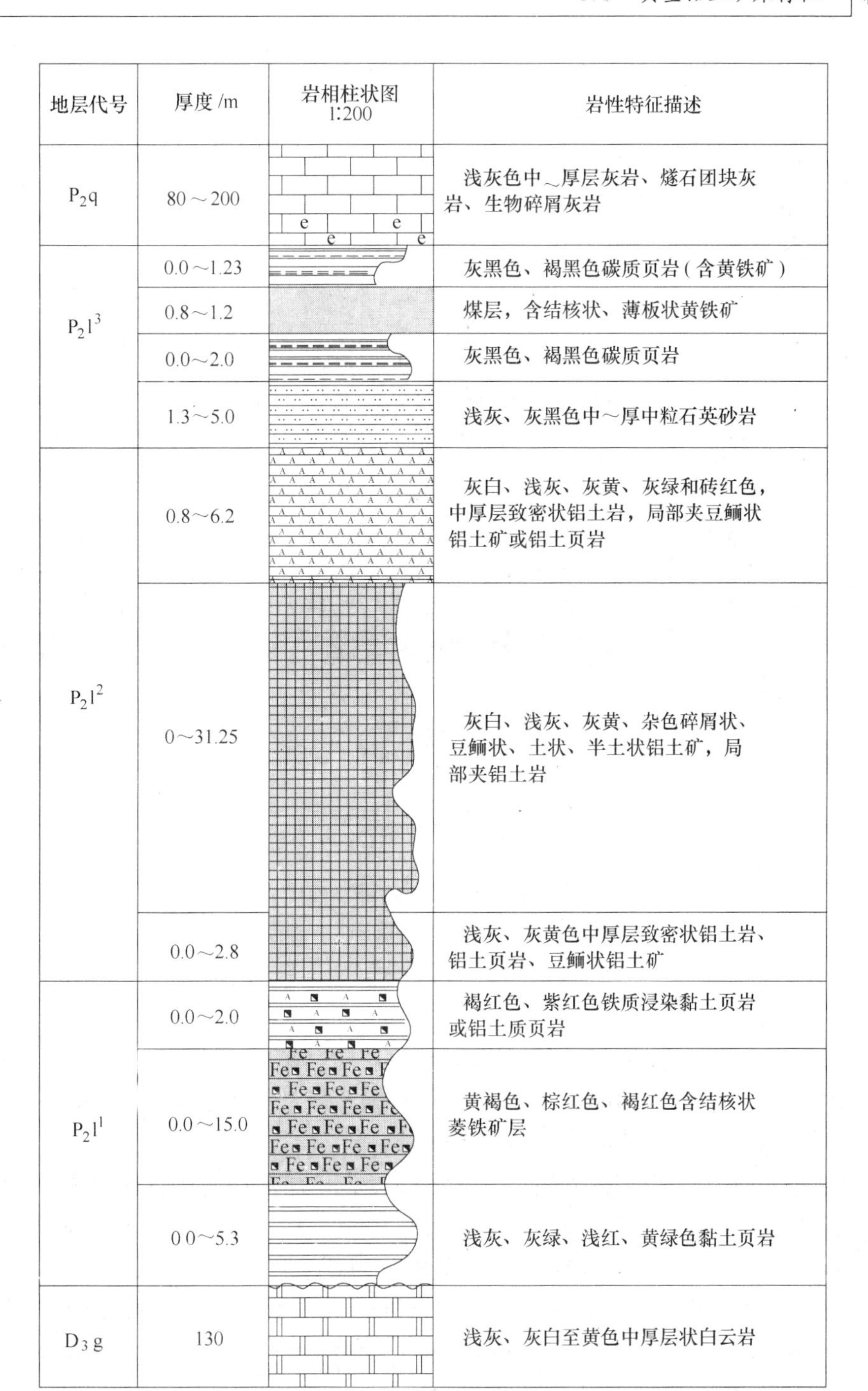

图3-29 含矿岩系柱状图（据《贵州省凯里～黄平地区铝土矿远景调查》修编）

F 矿体特征

矿区铝土矿体总体呈层状或似层状顺层产出，产状平缓，倾角一般小于30°，受基底古喀斯特地貌的制约，在古岩溶凹陷地带或古岩溶漏斗部位矿体变厚，甚至有厚大透镜状铝土矿体产出，而在古喀斯特地貌凸起部位矿体则变薄甚至尖灭（图3-30和图3-31）。目前，矿区共圈出铝土矿体 14 个。

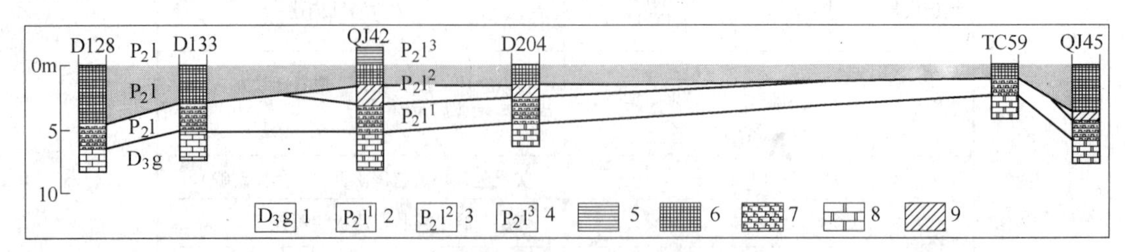

图 3-30 含矿岩系柱状对比图（据《贵州省凯里～黄平地区铝土矿远景调查》修编）

1—泥盆系上统高坡场组；2—二叠系中统梁山组下段；3—二叠系中统梁山组中段；
4—二叠系中统梁山组上段；5—煤层；6—铝土矿；7—铁矿；8—白云岩；9—黏土岩

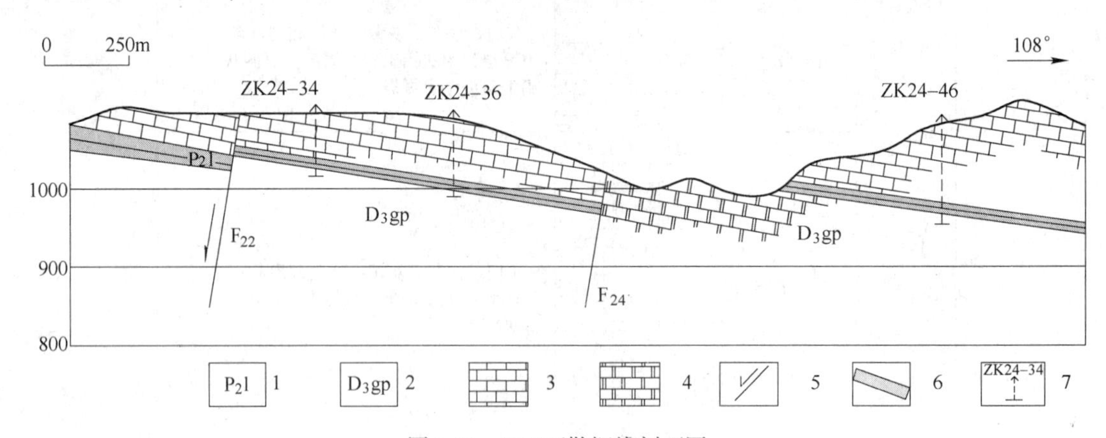

图 3-31 24-24′勘探线剖面图

1—二叠系中统梁山组；2—泥盆系上统高坡场组；3—石灰岩；4—白云岩；
5—断层及编号；6—含铝岩系；7—钻孔

a 层状、似层状矿体

A1 号矿体：位于矿区格田村北面约 1400m，矿层倾向南东，倾角 11°～15°，平均 12°。控制矿体长（走向）210m，宽（倾向）300m，厚 2.05～3.40m，平均厚 2.73m。矿石品位：Al_2O_3 60.51%～63.31%，Al/Si 5.14～7.96。

A2 号矿体：位于矿区格田村北西方向约 700m，矿层倾向南东，倾角 9°～13°，平均 10°。控制矿体长（走向）1200m，宽（倾向）100m，厚 1.25～4.30m，平均厚 2.70m。矿石品位：Al_2O_3 59.56%～69.51%，Al/Si 2.98～14.76。

A4 号矿体：位于矿区格田村北东方向约 500m，矿层倾向南东，倾角 10°～12°，平均 11°。控制矿体长（走向）90m，宽（倾向）40m，厚 0.90～2.20m，平均厚 1.55m。矿石品位：Al_2O_3 55.72%～68.82%，Al/Si 2.85～6.36。

A3 号矿体：位于矿区格田村北东方向约 1000m，矿层倾向南东，倾角 10°～12°，平均 11°。控制矿体长（走向）550m，宽（倾向）100m，厚 1.10～3.30m，平均厚 2.20m。矿石品位：Al_2O_3 62.76%～70.67%，Al/Si 4.46～23.87。

A5 号矿体：位于矿区格田村南东方向约 600m，矿层倾向南东，倾角 8°～15°，平均 10°。控制矿体长（走向）600m，宽（倾向）100m，厚 1.20～3.70m，平均厚 2.05m。矿石品位：Al_2O_3 58.67%～75.23%，Al/Si 3.51～24.90。

A6 号矿体：位于矿区岩脚村西面约 1300m，矿层倾向南东，倾角 10°~18°，平均 15°。控制矿体长（走向）1000m，宽（倾向）100m，厚 4.60~6.72m，平均厚 5.50m。矿石品位：Al_2O_3 64.51%~77.22%，Al/Si 5.01~34.25。

A7 号矿体：位于矿区石灰窑村北西方向约 200m，矿层倾向南东，倾角 10°~14°，平均 12°。控制矿体长（走向）240m，宽（倾向）100m，厚 2.30~2.85m，平均厚 2.58m。矿石品位：Al_2O_3 73.98%~77.77%，Al/Si 10.95~27.71。

A8 号矿体：位于矿区苦李井村北西方向约 800m，矿层倾向南东，倾角 8°~13°，平均 10°。控制矿体长（走向）690m，宽（倾向）100m，厚 1.00~1.95m，平均厚 1.40m。矿石品位：Al_2O_3 65.07%~77.49%，Al/Si 4.29~20.50。

A9 号矿体：位于矿区苦李井村北东方向约 900m，矿层倾向南东，倾角 10°~15°，平均 11°。控制矿体长（走向）400m，宽（倾向）200m，厚 1.70~3.50m，平均厚 2.60m。矿石品位：Al_2O_3 73.79%~74.67%，Al/Si 16.71~21.20。

A10 号矿体：位于矿区苦李井村北东方向约 800m，矿层倾向南东，倾角 6°~12°，平均 11°。控制矿体长（走向）1100m，宽（倾向）200m，厚 1.00~8.96m，平均厚 4.07m。矿石品位：Al_2O_3 57.89%~75.24%，Al/Si 2.78~17.35。

A11 号矿体：位于矿区苦李井村南西方向约 400m，矿层倾向南东，倾角 11°~15°，平均 13°。控制矿体长（走向）180m，宽（倾向）280m，厚 1.80~2.06m，平均厚 1.93m。矿石品位：Al_2O_3 55.93%~66.73%，Al/Si 2.62~5.54。

b 透镜状（漏斗状矿体）

A12 号矿体：位于矿区小米庄村南西方向约 800m，矿层倾向南东，倾角 8°~15°，平均 10°。控制矿体长（走向）750m，宽（倾向）300m，厚 1.59~5.19m，平均厚 3.97m。矿石品位：Al_2O_3 68.19%~75.40%，Al/Si 8.63~17.50。

A13 号矿体：位于矿区大沙田村北西方向约 600m，矿层倾向南东，倾角 8°~15°，平均 10°。控制矿体长（走向）1600m，宽（倾向）1000m，厚 1.27~9.40m，平均厚 4.22m。矿石品位：Al_2O_3 53.46%~77.84%，Al/Si 2.14~31.45。

A14 号矿体：位于矿区白沙井村北面约 100m，矿层倾向南东，倾角 10°~15°，平均 12°。控制矿体长（走向）460m，宽（倾向）100m，厚 0.80~4.80m，平均厚 3.08m。矿石品位：Al_2O_3 66.10%~72.51%，Al/Si 4.80~16.05。

G 矿石质量特征

a 结构构造

矿石按结构构造主要有豆鲕状铝土矿、碎屑状铝土矿、致密块状铝土矿及土状铝土矿。结构主要由自形~半自形结构、砂屑结构、豆鲕状结构、隐晶~微晶结构及胶状结构，矿石构造主要有豆鲕状构造、碎屑状构造、致密状构造及土状构造（见附录 1）。

b 矿物组分

铝土矿石的组成矿物以含铝矿物为主，其次是含硅矿物及少量的含铁矿物。含铝矿物主要为一水硬铝石，含量 50%~90%，另有少量一水软铝石、三水铝石和胶铝石；含硅矿物主要为高岭石，含量一般在 10%~25%，其次为磷绿泥石、水云母和石英；含铁矿物有菱铁矿、赤铁矿及黄铁矿；重矿物包括锆石和金红石。

H 矿床规模及资源量

截至2014年矿区共圈出14个铝土矿矿体，估算333+334？铝土矿矿石量1844.01万吨，其中333铝土矿矿石量306.41万吨，334？铝土矿矿石量1537.59万吨。

根据矿区组合样分析结果，镓达到其伴生矿工业要求。Ga的含量为0.0027%~0.0085%，平均含量为0.0063%，矿区Ga（334_1）金属量为：1161.73t。

I 矿床成矿规律、矿床成因与找矿标志

a 成矿规律

成矿时代：矿区铝土矿赋存于泥盆系上统高坡场组白云岩，古侵蚀面之上的二叠系中统梁山组中上部，上覆地层为二叠系中统栖霞组灰岩。成矿时代为中二叠世梁山期。

矿床空间分布规律如下。

矿床分布规律：铝土矿体的空间分布受到古喀斯特侵蚀面及后期构造作用的制约。古喀斯特侵蚀面是铝土矿成矿物质后期就位富集成矿的场所，其凹凸不平的特点及起伏程度，反映了岩溶负地形如岩溶洼地、溶斗的发育程度，从而影响含矿岩系的厚度变化以及铝土矿矿体的规模和形态。后期的构造作用则控制了铝土矿的空间展布，区域的大炮木向斜控制了矿区西部矿体的展布，而渔洞向斜则控制了矿区东部矿体的空间展布。

矿体分布规律：受古岩溶地貌的控制，使得产于不同古喀斯特地貌类型之上的铝土矿体规模及质量特征有差异，赋存于岩溶洼地地带的铝土矿体厚度变化稳定，延展范围大，规模大但矿石品质偏差；而产于溶斗的透镜状矿体厚度变化大，延展小但矿石质量高。铝土矿体厚度与含矿岩系的厚度变化呈正相关关系。铝土矿的次生富集使得浅表铝土矿体的厚度较大，且矿石疏松、铝硅比高、质量好、颜色浅，与深部铝土矿体形成鲜明对比。铝土矿石中Al_2O_3含量与SiO_2含量呈负相关，但与TiO_2含量呈正相关。

矿床的共生组合规律为：矿区与铝土矿共生的有菱铁矿和煤矿，矿区具有西部菱铁矿多东部煤矿多的特点，其中菱铁矿层和铝土矿曾具有一定的此消彼长的关系。

b 矿床成因

矿区矿床为“古风化壳~海陆交互沉积、改造矿床”。该矿区自广西运动后抬升为陆，在潮湿炎热的气候条件下，古陆上的碳酸盐岩进行长时间风化剥蚀和夷平作用，促使红土化的进程；在红土化作用下，岩石中的Ca、Mg、Si及碱金属被淋滤流失，而Al、Fe、Ti等惰性组分相对富集起来，随着红土化进程的不断加深，逐渐形成了富铝的钙红土风化壳。为该区铁矿、铝土矿的形成准备了丰富的成矿物质。当海水由南向北入侵，凯里处于陆地边缘海湾泻湖，在海侵和潮汐作用下，原基底上的铁、铝、钙红土等成矿物质，呈细小颗粒的悬浮物，当海水逐渐加深，在弱碱性~碱性还原环境时，海水中的CO_2与悬浮状态Fe结合，并凝结为碳酸铁胶体，在低能条件下伴随部分黏土物质沉积铁矿层，形成菱铁矿。在菱铁矿沉积后，地壳发生轻微抬升，海水相对变浅，为浅滨海泻湖条件下的氧化环境，继续沉积铝矿层。在海浪的冲击下，将原沉积物质再次打碎，形成碎屑状铝土矿，上部继续沉积豆鲕状铝土矿，搬运到水体的低洼地带，使铝土矿增厚变富。由于升降运动和岩溶化作用的交替影响，岩溶盆地内凹凸不平，形成大小不等的溶沟、溶槽、岩溶洼地，控制着铁、铝土矿的分布。当地壳继续上升，凯里海湾泻湖处于滨海的潮间和潮上带时，在气候炎热潮湿条件下，形成适于植物生长的沼泽地带。在燕山期后历次构造运动的影响下，已固结成岩的铝土矿层又被抬升到地表，裸露在地表的铝土矿，在长时间的表生环境下，在地表水及地下水、风化剥蚀等作用下，使铝土矿系物质进一步脱硅去铁而使得铝土矿变富。中叠世早期矿区范围内出现大规模海侵，铁铝质古风化壳上则沉积了厚大的碳酸盐岩盖层，使古风化壳完整保存从而生成了梁山期的铝土矿。

c 找矿标志

二叠系中统梁山组是矿区的唯一赋矿层位，如本区有含矿层存在，则有形成铝土矿矿床的可能，便可进行详细工作。

地表有铝土矿石出露的地方，一般都有铝土矿产出，铝土矿石是直接的找矿标志。

含矿岩系上部为黑色、灰黑色的煤矿层，均有民采老硐，极易辨认，只要表土外观呈黑色、灰黑色，有梁山组（P_2l）煤矿层出露的地方，就可能有铝土矿产出。

铝土矿常和赤铁矿石相伴产出，在本区只要发现地表有菱矿石产出的地方，一般都伴有铝土矿，菱铁矿是间接的找矿标志。

矿区铝土矿体均产出于泥盆系高坡场组的白云岩之上，特别在一些溶沟溶槽中产出了富厚的矿体。

民间的采铝及采铁遗址是最好的直接找矿标志。

J 矿区勘查工作历史

矿区勘查工作始于 1956 年，1985 ~ 1987 年贵州省有色局六总队完成了凯里市渔洞、江禾、黄猫寨、平路河、苦李井、后庄等地及黄平县铁厂沟等铝土矿预查工作，开展铝土矿预查工作，肯定了矿区范围内铝土矿的良好找矿前景；1988 ~ 1989 年贵州省有色局六总队在凯里市苦李井、渔洞和黄平县铁厂沟开展铝土矿普查工作，同时对部分找矿有利地段开展铝土矿详查工作，提交《贵州省凯里铝土矿去渔洞矿段、苦李井矿段、铁厂沟矿段详查地质报告》；2010 ~ 2011 年贵州省有色局六总队在本区开展了 1:50000 贵州省凯里 ~ 黄平地区铝土矿调查评价；2011 ~ 2013 年贵州省有色局六总队进行凯里 ~ 黄平地区铝土矿远景调查，并提交了《贵州省凯里 ~ 黄平地区铝土矿远景调查》报告。

3.3.4.2 瓮安岩门铝土矿床

A 地理位置

矿区位于瓮安县城北西约 10km，行政上隶属于瓮安县草塘镇管辖。

B 区域构造位置

矿区区域上位于一级构造单元扬子准地台，处于黔北台陷遵义断供之贵阳复杂构造变形区。

C 矿区地层岩性

矿区主要出露有寒武系、奥陶系、泥盆系、二叠系、三叠系和第四系地层，其由老到新依次为：

寒武系中上统娄山关组（$\in_{2\text{-}3}ls$）：紫灰、灰色薄至中厚层细晶白云岩。

————————————整合————————————

奥陶系下统桐梓组（O_1t）：为浅灰、灰白色中厚层微 ~ 细晶白云岩，夹白云质灰岩，局部发育灰绿色、黄绿色页岩、砂岩、黏土岩及薄层深灰色生物碎屑灰岩。

— — — — — — — — — — — —假整合— — — — — — — — — — — —

泥盆系上统高坡场组（D_3g）：上段为褐红色、紫红色厚层铁质白云岩；下段为浅灰至白色厚层白云岩夹灰绿色薄层黏土岩、泥质页岩或灰绿色中层细砂岩，厚70～175m。

——————————————假整合——————————————

二叠系中统梁山组（P_2l）：为矿区的铝土矿含矿层位，可分为三段，上段为灰黑色至黑褐色薄层碳质页岩夹煤层或煤线和浅灰至灰白色薄至中厚层石英砂岩、细砂岩；中段为浅灰至灰白色铝土岩、铝土页岩和土状、豆鲕状、碎屑状铝土矿或铝土岩；下段为褐红色、紫红色铁质浸染铝土页岩、铝土岩或灰绿色厚层状含菱铁矿结核铝土岩。厚1～26m。

—————————————— 整合 ——————————————

二叠系中统栖霞组（P_2q）：为灰至深灰色厚层微晶灰岩，深灰色厚层含燧石结核灰岩、含燧石条带灰岩，厚90～140m。

—————————————— 整合 ——————————————

二叠系中统茅口组（P_2m）：为灰至灰白色中厚层至厚层状白云质灰岩，局部发育少量燧石条带或团块，偶见铁质浸染现象明显，厚120～158m。

—————————————— 整合 ——————————————

二叠系上统吴家坪组（P_3w）：分两段，下段为灰色中厚层生物屑泥砂质灰岩，燧石灰岩、泥灰岩、钙质泥岩、见煤层；上段为暗灰色中厚层生物屑泥灰岩。厚180～350m。

—————————————— 整合 ——————————————

二叠系上统长兴组（P_3c）：中上部为灰色中厚层燧石灰岩，下部为深灰色中厚层生物碎屑泥砂质灰岩。厚20～50m。

—————————————— 整合 ——————————————

三叠系下统茅草铺组（T_1m）：分为两段，上段为白云岩、泥质白云岩夹石膏层；下段为白云岩夹白云质泥页岩、泥灰岩，厚度大于400m。

~~~~~~~~~~~~~~~~~~不整合~~~~~~~~~~~~~~~~~~

第四系（Q）：广泛分布于村寨、坡麓和冲沟中。由黄色残积黏土、砂土及坡积的含砂、页岩的岩石碎块的黏土组成。厚0～25m。

D 矿区地质构造

矿区构造以褶皱为主，位于瓮安复向斜之平顶营背斜北段西翼，瓮安复向斜之黄家巷向斜北段东翼，断裂构造不发育。

平顶营背斜：出露于营定街～草塘一带，相对较宽缓，背斜轴长约24km，呈北北东～南西向展布，背斜宽约1.5～3km，其总体走向北北东向，在南倾伏端呈北东～南西向。背斜核部出露地层为寒武系中上统娄山关组白云岩，翼部为二叠系中统梁山组，是含铝岩系层位，栖霞茅口组灰岩。两翼倾角一般20°～30°，局部大于40°。其北东倾伏端出露地层单元为核部的娄山关组白云岩，南西倾伏端出露梁山组含铝岩系地层，栖霞茅口组灰岩，吴家坪及长兴组燧石灰岩、硅质岩等。

黄家巷向斜：出露于瓮安平定营～两岔河一带，向斜轴长约30km，轴向走向北北东～南西向，向斜呈两端宽缓、中部紧密，地层倾角较缓，北段一般10°～20°，南段倾角一般15°～30°，中部倾角变陡，一般75°左右，在向斜北段断层构造影响较小，含矿岩系梁山组保存完好，中段受断层影响，梁山组含矿岩系地层遭不同程度破坏。向斜核部地层为三叠系中统关岭组、三叠系下统茅草铺组，向斜两翼出露地层依次为三叠系下统夜郎组灰岩及页岩、二叠系上统吴家坪及长兴组燧石灰岩和硅质岩等、二叠系中统栖霞～茅口组灰岩、二叠系中统梁山组砂岩及铝土岩。
~~~~~~~~~~~~~~~~~~

E 含矿岩系特征

矿区的含铝岩系为二叠系中统梁山组（P_2l）地层，上覆地层为二叠系中统栖霞组灰岩，下伏地层为泥盆系上统高坡场组。该层在矿区总体较稳定，在走向上及倾向上无明显变化规律，总厚度约 26m。

含矿岩系自上而下分为三段（图 3-32），上段为褐红色或灰绿色铝铁质黏土岩，顶部常见灰褐色泥炭或劣质煤线，常见黄铁矿集合体呈团块状、不规则状发育，厚 0～3m；中段常见含砾碎屑状铝土矿、豆鲕状铝土矿、致密状铝土矿或土状铝土矿，以及含有机质黏土岩或铝土矿互层产出，厚 0～20m；下段一般为浅灰绿色含菱铁矿绿泥石的铁铝质黏土岩或褐色含赤铁矿铝土岩，厚 0～3m。

地层代号	厚度 /m	岩相柱状图 1:300	岩性特征描述
P_2q	90～140	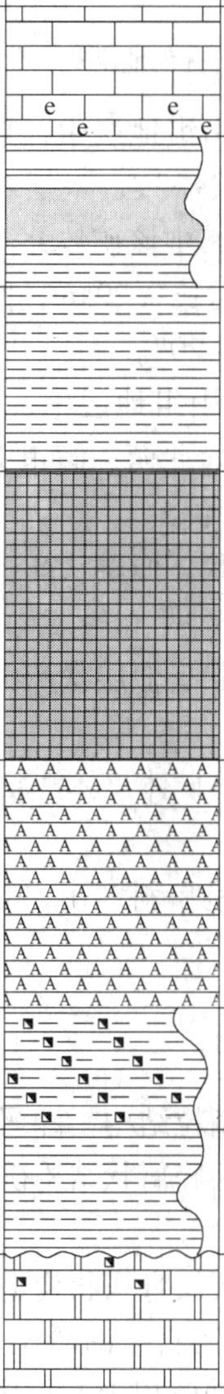	深灰、灰黑色中厚～厚层生物碎屑灰岩，底部为燧石结核灰岩
P_2l^3	0.0～5.17		黑、灰黑薄层碳质页岩、泥岩、劣质煤层（黄铁矿团块、星点状黄铁矿层）
	0.38～6.38		灰白、浅灰色致密状黏土岩
P_2l^2	0.82～9.54		灰白、浅灰色土状、半土状、致密状、豆鲕状铝土矿；浅红色铁质碎屑状铝土矿
	0.44～8.38		灰白、浅灰色铝质黏土岩
P_2l^1	0.0～3.94		褐红色、灰绿色铁质黏土岩
	0.0～3.96		浅绿色、灰绿色绿泥石黏土岩
D_3g	70～175		褐红、紫红色厚层铁质白云岩，浅灰、灰白色厚层白云岩夹灰绿色薄层黏土岩

图 3-32 含矿岩系柱状图（据贵州有色地勘局物化探总队资料修编）

F 矿体特征

矿区内出露一层矿体，分布于黄家巷向斜两翼，向斜北西翼倾向南东，南东翼倾向北西，矿体走向北东，两翼矿体沿向斜翼部断续分布，工程控制4个主要铝土矿矿体（图3-33）。

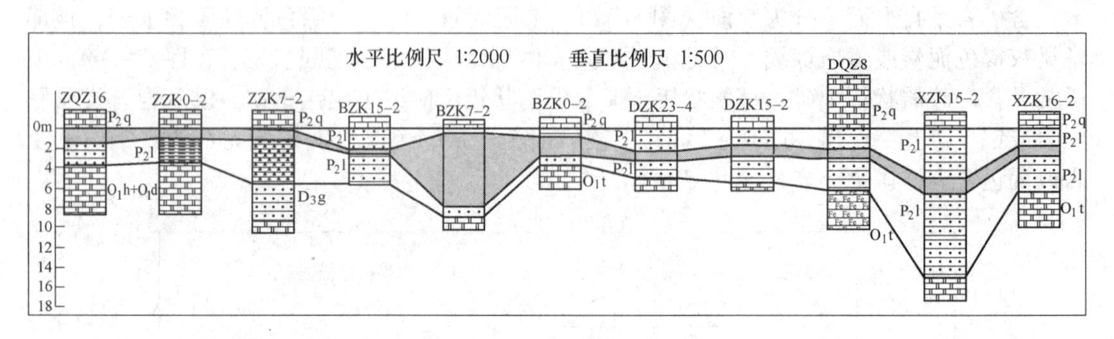

图3-33 含矿岩系对比图（据贵州有色地勘局物化探总队资料修编）

Ⅰ号矿体赋存于黄家巷向斜北西翼的梁山组地层中，总体呈北东向产出，倾向南东，倾角17°~25°。其中该矿体总体产状与地层一致，呈层状、似层状产出，厚度0.77~6.23m，平均厚度2.14m，厚度变化不稳定。其中该矿体北西段沿走向长0.72m，倾向东~北东，倾角10°~20°；南东段1号矿体沿走向长0.70km，倾向北西，倾角10°~20°；2号矿体沿走向长1.10km，倾向北西，倾角10°~20°。

Ⅱ号矿体赋存于黄家巷向斜北西翼的梁山组地层中，呈北东走向，倾向北西，倾角16°~25°，矿体沿走向出露长度0.35km，倾向北西，倾角10°~20°。该矿体被F_{12}断层破坏而分为南北两段：Ⅱ-1号矿体和Ⅱ-2号矿体。

Ⅱ-1号矿体总体产状与地层一致，呈层状、似层状产出，厚度0.89~2.97m，平均厚度1.91m，厚度变化不稳定。

Ⅱ-2号矿体总体产状与地层一致，呈层状、似层状产出，厚度0.80~6.92m，平均厚度1.87m，厚度变化不稳定。

Ⅲ号矿体位于黄家巷向斜核部扬起端，该矿体总体产状与地层一致，呈层状、似层状产出，平均厚度3.36m，厚度及品位较稳定。

Ⅳ号矿体位于黄家巷向斜南东翼，矿体呈单斜产出，与地层产状较一致，倾向北西、倾角15°~24°，矿体平均厚度2.22m。

G 矿石质量特征

a 结构构造

矿石结构有微~泥晶砂屑结构、泥晶豆鲕粒结构、碎屑结构。微~泥晶砂屑结构矿石基本上由硬水铝石基底及黏土矿物基底构成，碎屑状结构矿石由于受侵蚀作用影响，产生碎屑化现象，由碎屑及基质构成。

矿石的结构与构造关系密切，矿区内主要发育块状构造铝土矿，土状、半土状和斑点状铝土矿。其中块状构造铝土矿石中一水硬铝石、高岭土与其他矿物呈无定向排列；土状、半土状铝土矿矿石中一水硬铝石含量在75%以上，构成无空间或少空间的块体；斑点状构造铝土矿矿石中一水硬铝石呈斑点状分布，斑点多呈近圆状质点，少部分呈不规则状。

b 矿物组分

矿石矿物以一水硬铝石为主，脉石矿物为黏土矿物及少量石英、褐铁矿、铁质。其中一水硬铝石为矿石主要矿物成分，矿石常呈片状、鳞片状或隐晶质及胶结物形态的豆状、鲕状集合体产出。含量60%~90%，最高可达99%；石英为矿石的微量成分，呈自生矿物形式产出，他形，微~隐晶质，含量10%~25%；褐铁矿为矿石微量成分，其继承黄铁矿晶型，含量小于1%；铁质和泥质在矿石中不均匀污染状分布，含量小于2%。

H 矿床规模及资源量

2013年贵州省矿权储备交易局提交的《贵州省瓮安~龙里地区铝土矿整装勘查报告(瓮安复向斜向斜勘查区)》提交了瓮安岩门铝土矿的预普查资源量，并经过评审但未备案，具体提交资源量见表3-6。

表3-6 瓮安岩门铝土矿各矿体资源量统计

矿体编号	资源量/万吨			
	333	333+334_1	333占比/%	总 量
Ⅰ号矿体	21.25	248.66	8.55	248.66
Ⅱ号矿体	86.1	576.71	14.93	576.71
Ⅲ号矿体		583.89		583.89
Ⅳ号矿体		17.09		17.09
总 量	107.35	2771.07		2771.07

I 矿床成矿规律、矿床成因与找矿标志

a 成矿规律

矿区铝土矿矿体的产出形态受碳酸盐岩基底古岩溶地貌的严格控制，产于古岩溶洼地或古岩溶漏斗部位的铝土矿矿体呈透镜状或漏斗状，而古岩溶侵蚀面凸起部位含矿岩系变薄甚至尖灭，而矿体也随之发生变化；黄家巷向斜扬起端或两翼找矿条件好。

b 矿床成因

矿区的铝土矿为“海陆交替沉积和表生富集”多阶段和多因素综合作用形成铝土矿床。矿区经历广西运动之后较长时间处于低纬度相对稳定的陆地环境，在潮湿炎热的气候条件下，古陆上的碳酸盐岩在气候及生物等的多重作用下被长时间风化剥蚀、夷平和红土化。随着红土化过程的不断加深，逐渐形成了富铝的钙红土风化壳，其为矿区铝土矿的形成储备了丰富的物质条件。中二叠世早期发生由南向北的海侵，矿区处于浅湖亚相沉积环境，在海侵和潮汐作用下，原沉积基底上的铁、铝、钙等物质进一步淘洗而呈细小悬浮颗粒物，海侵作用继续发展使得成矿环境变成弱碱~碱性的还原环境，海水中的CO_2与悬浮颗粒物结合，形成碳酸铁胶体，在低能条件下伴随部分黏土物质沉积，在菱铁矿沉积后，地壳发生微微抬升，海水相对变浅使得成矿环境变成了氧化环境，并继续接受铝土矿物质的沉积。在浅海高能环境下，海浪的冲击作用将原沉积物破坏打碎，搬运沉积后形成碎屑状铝土矿，上部继续沉积的豆鲕状铝土矿搬运至海底低洼部位沉积，使得铝土矿增厚变富。随着地壳的继续抬升，凯里泻湖海湾处于海滨的潮间和潮上带时，在炎热潮湿的气候环境下，形成了适于植物生长的沼泽地带，沉积厚度达20m以上的碳质泥岩和煤层等。后期地壳继续缓慢抬升，由于风化剥蚀作用使得原生沉积的铝土矿裸露在地表，地表铝土矿体在长时间表生风化淋滤作用下，铝土矿系物质进一步脱硅去铁而变富。

c 找矿标志

梁山组地层为矿区的唯一含矿层位，其为碎屑岩。

含矿岩系中上部普遍发育灰黑~和黑色碳质页岩夹煤层，煤层中发育黄铁矿集合体，是铝土矿含矿岩系的标志层位。

矿区的民采老硐及采场绝大部分分布于梁山组煤系地层，其下部常为铝土矿赋矿层位。

民采标志：民采老硐等是找矿直接标志。

J 矿床勘查历史

矿区勘查工作始于20世纪60~70年代，1988~1989年贵州省地矿局102队开展了贵州省瓮安县岩门铝土矿区普查，普查报告经评审通过，全区合计提交能利用储量D级130.16万吨，E级61.72万吨，暂不能利用储量D级18.33万吨，E级9.18万吨。2010~2013年贵州省有色金属和核工业地质勘查局物化探总队受贵州省矿权交易局委托在该区开展整装勘查工作，并于2013年9月提交《贵州省瓮安~龙里地区铝土矿整装勘查报告(瓮安复向斜勘查区)》。

3.3.4.3 龙里金谷铝土矿床

A 地理位置

矿区位于龙里县城南西约17km，行政上隶属于龙里县高坡苗族乡管辖。

B 区域构造位置

矿区位于扬子准地台之黔南台陷贵定南北向构造变形区。

C 矿区地层岩性

矿区主要出露有泥盆系、石炭系和第四系地层（图3-34）。

其由老到新依次为：

泥盆系上统高坡场组（D_3g）：为灰色薄至中厚层细晶白云岩，厚450~516m。

———————————— 整合 ————————————

泥盆系上统者王组（D_3z）：为灰色厚层~块状介壳泥晶灰岩，厚20~47m。

— — — — — — — — — — 平行不整合 — — — — — — — — — —

石炭系下统九架炉组（C_1jj）：矿区的含铝岩系，为一套铝土质岩石层，下部常见红色铁质浸染，底部常见一套由铁铝质胶结碳酸盐岩焦里形成的砾质岩石。厚度一般3~5m，最厚可达10余米。含铝岩系主要分布于矿区中、西部，东部缺失，北部则受F_3断层影响出现尖灭-再出现的现象。

— — — — — — — — — — 假整合 — — — — — — — — — —

石炭系下统祥摆组（C_1x）：为一套薄至中厚层石英细砂岩、页岩和碳质页岩互层，下部常夹煤线或煤层，厚22~64m。

~~~~~~~~~~~~~~~~~~~~ 不整合 ~~~~~~~~~~~~~~~~~~~~

第四系（Q）：为褐黑色、褐色及黄色黏土、亚黏土，底部常含岩石团块。一般分布于山间洼地或地势低缓处。厚度一般0~35m。
~~~~~~~~~~~~~~~~~~~~

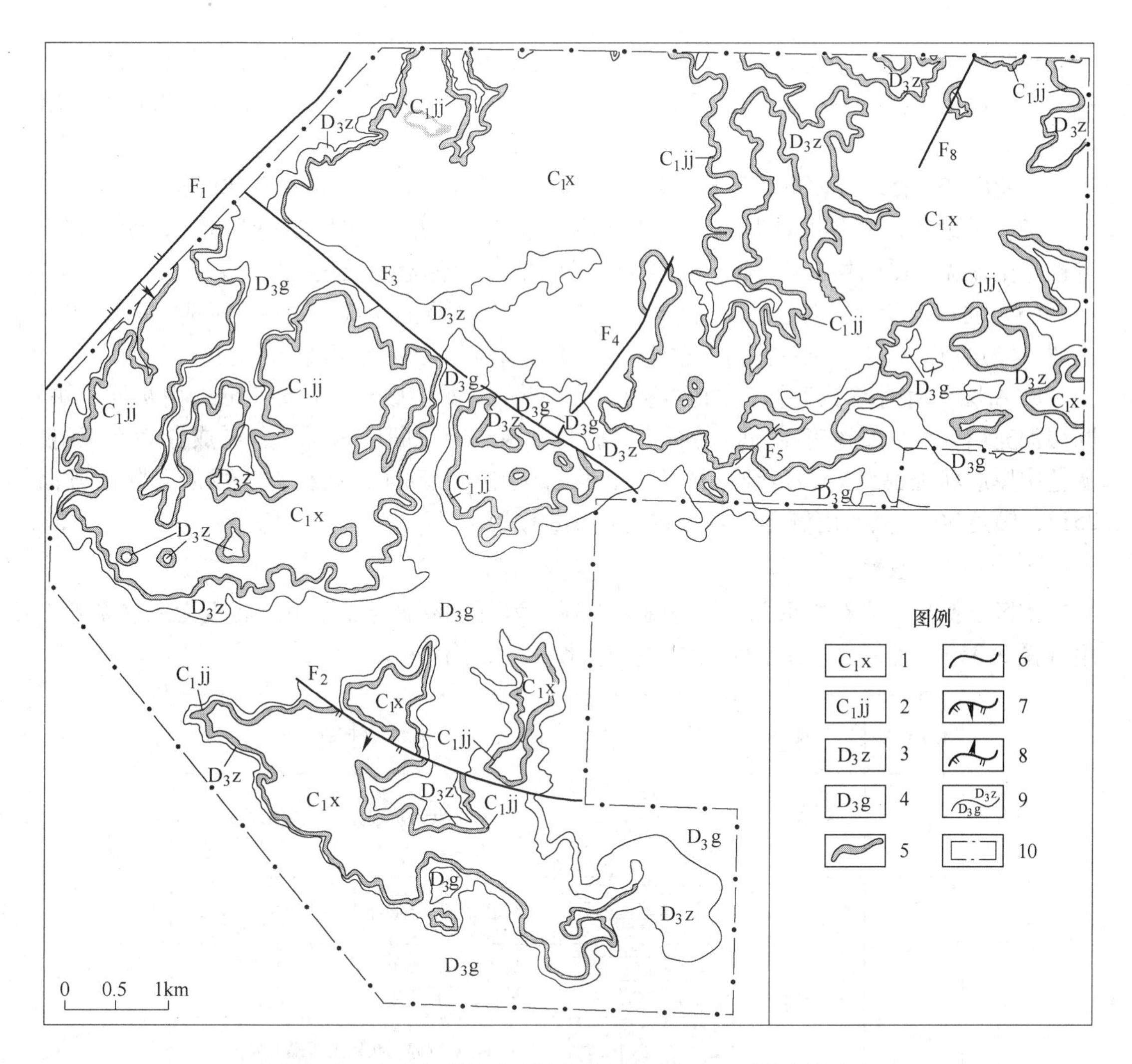

图 3-34 矿区地质简图（据贵州省地矿局104队资料修编）

1—石炭系下统祥摆组；2—石炭系下统九架炉组；3—泥盆系上统者王组；4—泥盆系上统高坡场组；5—含矿岩系露头；6—性质不明断层；7—正断层；8—逆断层；9—地层界线；10—矿区范围

D 矿区地质构造

a 褶皱

矿区位于龙里箱状背斜中段，轴向近南北，次级褶皱和构造部发育。含矿岩系地表出露于向斜两翼及向斜扬起端。含矿岩系在本向斜区域，总体呈北窄中部收紧，到南部变宽的分布格局，但铝质岩系分布同样不均匀，总体分布较零星，连续性较差。岩层产状较平缓，倾向一般280°~305°、0°~45°，倾角0°~13°。

b 断层

矿区断层发育，其对矿层破坏较大，是矿区主要的地质特征之一。按走向分为三组。

（1）北东组断层：包括 F_1、F_4、F_5、F_9。

F_1断层位于矿区西部，为区域性边界逆断层，属余下堡复合大断层中部，延绵十几千米。倾向南东，倾角75°左右，断层两侧有含铝岩系分布，对矿层起破坏作用。

F_4断层位于长谢平北西侧，延伸长度约2km，南西端被北西向的F_3断层截切，北东端沿入祥摆组后特征不明，该断层沿线浮土覆盖严重，其出露线系根据两盘岩性及产状推测。

F_5断层产于摆家坪西侧，延伸长度约600m，断层规模小，其南东盘地层稍有抬升。

（2）北北东向断层主要为F_8。F_8断层位于狗头坡西，延伸长度约1.8km，断层破碎带被浮土掩盖，受断层影响，断层两盘具有明显褶皱，两盘地层稍有错动。

（3）北西向断层主要包括F_2和F_3。F_2断层产于矿区西南部，走向上延伸3km，倾向南西，倾角70°~80°，断层刚好穿过IV号矿体，对矿体起到破坏作用。

F_3断层东南端起于灯盏坪，北西端止于F_1断层，断层破碎带宽约15m，由灰岩团块、断层泥充填，可见摩擦镜面，断层面上见碳化现象，亦见断层角砾，角砾成分为者王组，灰色中厚层状泥晶灰岩、角砾呈棱角状，角砾大小3~5mm，胶结物为泥质。断层倾向253°，倾角36°，其对南侧含铝岩系地层起破坏作用。

E　含矿岩系特征

矿区含铝岩系为石炭系九架炉组地层，顶板为石炭系下统祥摆组，底板为泥盆系者王组（图3-35）。含矿岩系在平面上总体呈南北向、北东向展布。

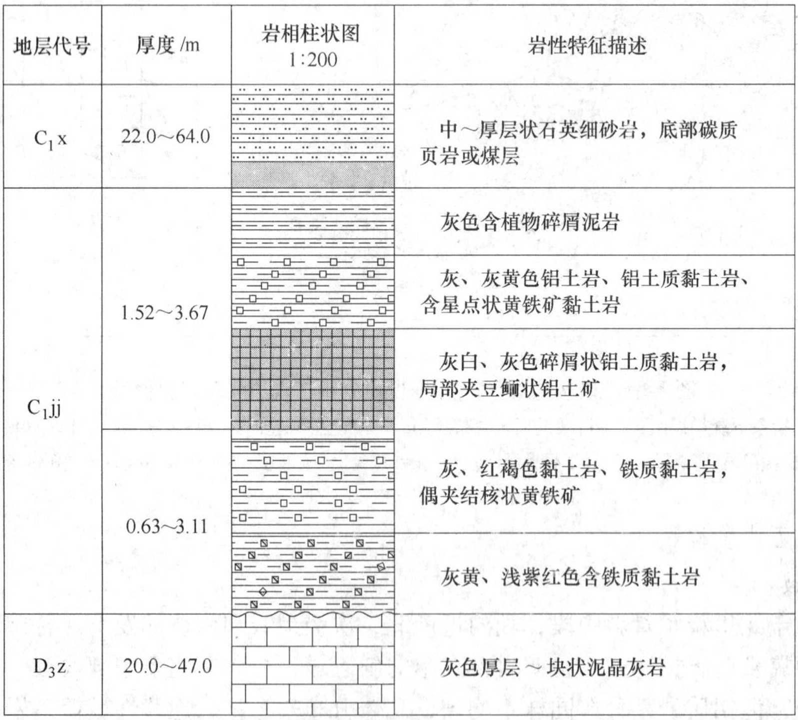

地层代号	厚度/m	岩相柱状图 1:200	岩性特征描述
C_1x	22.0~64.0		中~厚层状石英细砂岩，底部碳质页岩或煤层
C_1jj	1.52~3.67		灰色含植物碎屑泥岩
			灰、灰黄色铝土岩、铝土质黏土岩、含星点状黄铁矿黏土岩
			灰白、灰色碎屑状铝土质黏土岩，局部夹豆鲕状铝土矿
	0.63~3.11		灰、红褐色黏土岩、铁质黏土岩，偶夹结核状黄铁矿
			灰黄、浅紫红色含铁质黏土岩
D_3z	20.0~47.0		灰色厚层~块状泥晶灰岩

图3-35　含矿岩系柱状图（据贵州省地矿局104队资料修编）

含矿岩系厚度受底板者王组碳酸盐岩岩溶凸起或凹陷的影响而有变化。矿区普遍发育一层铝土矿，铝土矿底部常见铁质黏土岩，局部见赤铁矿层。

F　矿体特征

矿区铝土矿体呈层状、似层状、透镜状赋存于九架炉组中下部，矿体厚度随含矿层厚度变化而变化，铝土矿体受古风化壳及古岩溶地貌控制明显，含矿岩系厚度大则铝土矿相对较厚，反之则小或者不含矿。矿体产状与上、下围岩产状近于一致。矿体内部结构简单，一般为单层矿，无夹石。矿体顶板围岩为含碳质黏土岩或煤线；底板围岩为白云岩(图3-36和图3-37)。矿体围岩标志明显，界线清楚，肉眼易于区分。该矿区工程控制9个矿体，主要分布在金谷、谷朗、凉水井、灯盏坪、长谢坪和摆家坪。其中发育在金谷一带的铝土矿体规模较大且稳定。

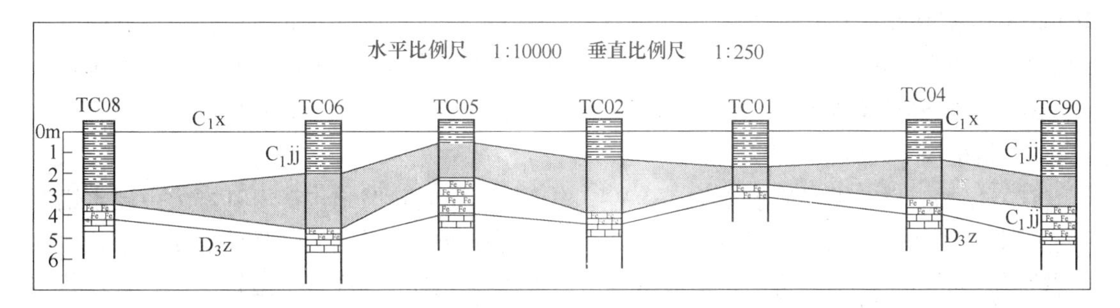

图3-36 含矿岩系柱状对比图（据贵州省地矿局104队资料修编）

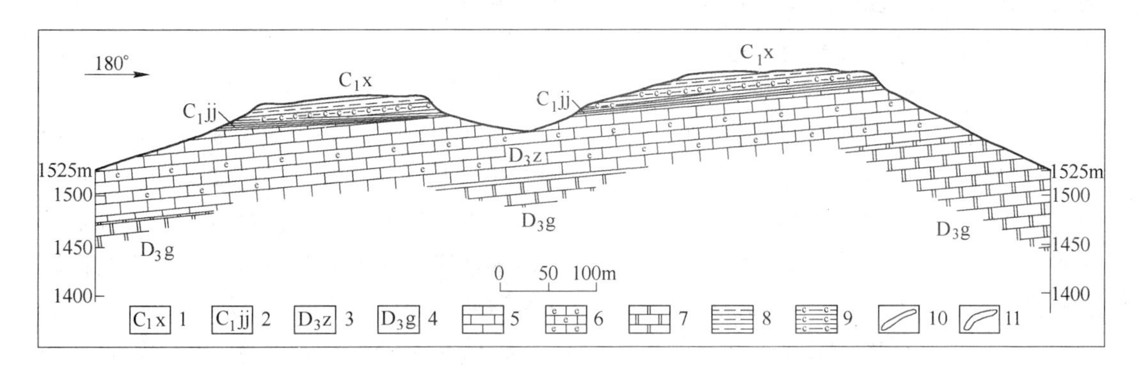

图3-37 1—1’勘探线剖面图（据贵州省地矿局104队资料修编）

1—石炭系下统祥摆组；2—石炭系下统九架炉组；3—泥盆系上统者王组；4—泥盆系上统高坡场组；5—灰岩；6—生物碎屑灰岩；7—白云岩；8—泥岩；9—碳质泥岩；10—含矿岩系；11—铝土矿体

Ⅰ号矿体为矿区的主矿体，位于金谷南西侧、谷朗南侧。矿体控制长度约1100m，宽度约1300m，产出标高为海拔1520～1628m。矿体呈层状产出，产状与围岩基本一致，倾向12°～76°，倾角4°～11°，平均倾角7°。矿体厚度0.60～4.51m，平均1.79m。矿石品位：Al_2O_3 平均63.97%；Al/Si平均4.34。

Ⅲ号矿体位于金谷村东侧，矿体控制长度750m，宽度800m，产出标高1484.1～1504.2m。矿体呈似层状产出，产状与围岩基本一致，厚度2.47～5.30m，平均3.75m；矿体倾向约326°～360°，平均倾角约6°。矿石品位：Al_2O_3 平均67.54%；Al/Si平均7.43。

Ⅳ号矿体位于谷朗北西侧，矿体控制长度约550m，宽度约1450m，产出海拔标高1425.37～1496.32m。矿体呈层状产出，厚度1.50～2.51m，平均2.10m，产状与围岩基本一致，倾向0°～67°，平均倾角7°。矿石品位：Al_2O_3 平均64.72%；Al/Si平均4.00。

Ⅵ号矿体位于灯盏坪，矿体控制长度约600m，宽度约550m，产出标高为1534.58～

1608.48m。矿体呈似层状产出，厚度0.86～4.16m，平均2.33m，产状与围岩基本一致，倾向296°～360°，平均倾角10°。矿石品位：Al_2O_3 平均63.35%；Al/Si平均4.76。

Ⅷ号矿体产于摆家坪，矿体控制长度约700m，宽度约310m，矿体产出标高1583.72～1603.87m。矿体呈似层状产出，厚度0.85～2.81m，平均厚度2.03m，产状与围岩基本一致，倾向335°～360°，平均倾角9°。矿石品位：Al_2O_3 平均60.36%；Al/Si平均3.78。

Ⅸ号矿体产于凉水井，矿体控制长度约830m，宽度约750m，矿体产出标高1616.26～1642.13m。矿体呈似层状产出，厚度0.68～7.30m，平均厚度2.48m，产状与围岩基本一致，倾向298°～360°，平均倾角7°。矿石品位：Al_2O_3 平均63.83%；Al/Si平均4.02。

G 矿石质量特征

a 结构构造

矿石结构有微～泥晶砂屑结构、碎屑结构。微～泥晶砂屑结构矿石基本上由硬水铝石基底及黏土矿物基底构成，碎屑状结构矿石由于受侵蚀作用影响，产生碎屑化现象，由碎屑及基质构成。矿石的结构与构造关系密切，矿区内主要发育块状构造铝土矿、致密状构造铝土矿，也有少量的土状、半土状构造及蜂窝状构造铝土矿。其中块状构造铝土矿具有泥晶状砂屑结构，颗粒极细，紧密堆积而形成块状构造；致密状构造铝土矿具有泥晶状砂屑结构，颗粒细小，颗粒大小相近。

b 矿物组分

矿石矿物以一水硬铝石为主，脉石矿物为黏土矿物及少量石英、褐铁矿、铁质。其中一水硬铝石为矿石主要矿物成分，在矿石中的赋存形态呈现基底碎屑主要矿物构成形式和基底填隙物主要矿物构成形式产出，含量8%～30%；石英为矿石的微量成分，呈自生矿物形式产出，他形，微～隐晶质，含量小于1%；褐铁矿为矿石微量成分，其继承黄铁矿晶型，含量小于1%；铁质和泥质在矿石中不均匀污染状分布，含量小于2%。

矿区铝土矿石化学组分简单，主要为 Al_2O_3，矿石中含 Al_2O_3 45.46%～79.26%，平均63.76%；SiO_2 约1.08%～37.87%；Fe_2O_3 约0.71%～17.43%，平均5.47%；Al/Si比值2～22.8，平均4.93。

H 矿床规模及资源量

2013年贵州省矿权储备交易局提交的《贵州瓮安～龙里地区铝土矿整装勘查（坪寨向斜）勘查报告》提交了龙里金谷铝土矿的预普查资源量，并经过评审但未备案。矿区共提交铝土矿矿石资源量（333＋334_1）1506.60万吨，其中（333）矿石资源量477.54万吨。其中凉水井一带Ⅸ号矿体属于压覆矿产，因此矿区内未压覆铝土矿石资源量（333＋334_1）1367.72万吨，其中（333）矿石资源量398.34万吨。

I 矿床成矿规律、矿床成因与找矿标志

a 成矿规律

矿区含铝岩系底部发育一层厚度小于1m的富铁泥质古风化壳；矿区铝土矿形成的古地势为南高北低，指示海侵方向由北向南，显示在铝土矿粒级空间展布上，矿区含铝岩系厚度及碎屑状铝土矿、豆鲕状铝土矿层厚度自矿区南向北逐渐变薄；矿区东部及北部含矿岩系变薄甚至尖灭，铝土矿层厚度及矿石质量较差；在矿区铝土矿层呈似层状发育，在古岩溶地貌表现为岩溶洼地地段的含铝岩系厚度变大，相应的铝土矿层厚度变大且矿石质量较好。

b 矿床成因

岩关早期~大塘早期，区域地壳上升形成水下隆起或岛屿，为铝土矿的形成提供了必要古地理条件，其控制了古风化壳的形成，同时也控制了铝土矿的分布；区域在成矿时期处于低纬度，在热带、亚热带湿热的古气候和古植物的联合作用下，发生强烈的喀斯特作用，早石炭中期随着古植物的进一步繁盛，古喀斯特作用进一步加剧，酸性淋滤加强，此时强烈的铝土矿化在碳酸盐岩残余红土和泥质黏土岩残余红土风化壳中自上而下进行，进而使得大量铝土物质富集成矿；在该成矿过程中周期性的海泛作用营造了不同的水动力环境，进而决定了铝土矿矿石结构构造及空间分布规律和特征。

c 找矿标志

含矿层位：矿区含矿层位为石炭系下统九架炉组。

岩相古地理：碳酸盐岩台地之上、区域上升的水下隆起或岛屿是成矿有利地段。

岩性：上部为黏土岩、含铝黏土岩，中下部为碎屑状铝土矿、豆鲕状铝土矿，下部为黏土岩、含铁质黏土岩，底部为风化壳。

保留较好的原始的古地貌特征区，相对较高的准平原化环境。

J 矿区勘查工作历史

矿区勘查工作始于20世纪80年代中期，2002年贵州蒙特资源勘查开发有限公司在龙里县民主乡、长冲开展铝土矿勘查，在谷朗一带圈定1个铝土矿体。2002~2003年贵州省地矿局104队在包括矿区在内的区域开展铝土矿调查评价工作，发现一批铝土矿点。2012~2013年，贵州省地质矿产勘查开发局104地质大队受贵州省矿权储备交易局委托，对瓮安~龙里地区铝土矿整装勘查平寨向斜勘查区开展整装勘查工作，并提交了《贵州瓮安~龙里地区铝土矿整装勘查（坪寨向斜）勘查报告》，该报告中对龙里金谷铝土矿做了较详细的评价，并初步提交远景资源量（333+334）1344.72万吨。

4 贵州铝土矿成矿区（带）的划分

4.1 成矿区（带）及划分

成矿区带是具有较丰富矿产资源及其潜力的成矿地质单元，在一个成矿区（带）中常以某几种矿产，或某些类型矿床特别发育为特征。成矿区（带）的形成是区域地质构造运动演化的结果，受大地构造背景、岩石建造类型和区域地球化学特征等综合因素控制。

成矿区（带）的划分，主要是依据区域成矿的地质构造背景、成矿作用性质、产物和强度等矿化信息，也是成矿地质背景、诸多控（成）矿因素和矿床地质的深入研究的综合性成果。因而成矿区（带）的划分是区域成矿规律研究成果的集中表现和矿产勘查及预测评价的基础。

本次研究，依据徐志刚、陈毓川等《中国成矿区带划分方案》，把我国成矿区带按成矿区的规模，级别由高到低分为5个级序，即采取五分法。

（1）成矿域（Ⅰ级成矿带）全球性成矿区（带）。系跨越不同大陆、包括不同时代不同性质的地质构造单元、在统一的地球构造运动中形成的巨型成矿带，如环太平洋成矿带。

（2）成矿省（Ⅱ级成矿带）大区域性的成矿地带，如中国东部成矿域，属于滨太平洋成矿带的东亚部分。

（3）成矿区（带）（Ⅲ级成矿带）是最常见的区域性矿化单元，与一定的构造～岩浆活动或构造～沉积作用有关，如长江中下游铁-铜-硫成矿带。

（4）成矿亚带（Ⅳ级成矿带）是指在成矿带内矿化集中的局部地区，如长江中下游成矿带中的宁芜（南京～芜湖）铁矿带和鄂东南铜-铁-金矿带。

（5）矿田（Ⅴ级成矿带）是由一系列在空间上、时间上、成因上紧密联系的矿床组合而成的含矿地区，亦即矿带中矿床、矿点最集中的地区。如宁芜铁矿带中的凹山～南山铁矿田。

4.2 贵州铝土矿成矿区带划分的原则和依据

4.2.1 成矿区（带）划分的基本原则

成矿区（带）划分的基本原则主要包括：

（1）区域矿产空间分布的集中性和区域成矿作用的统一性原则。区域成矿学研究认为：区域成矿作用与地质构造发展演化是一致的，区域成矿作用是区域地质构造活动的一个组成部分，在各种控矿条件最佳耦合情况下，在一定区域内一个或多个成矿旋回叠加作用，可形成矿化强度大、矿床分布集中的矿化密集区；在地壳演化发展过程中，每一构造旋回波及的空间范围不尽相同，多旋回构造的演化造就的区域成矿作用的影响范围不同，找出与每个成矿旋回发生最强烈、成矿作用强度最大、形成的矿产最丰富的相应地质事件并标出范围，特别是其中成矿作用最强的旋回所涉及地质构造的范围，是限定成矿区（带）边界的地质依据。

（2）逐级圈定的原则。圈定成矿区（带）的实际操作过程中，先圈出成矿域，其后依次圈定成矿省、成矿区（带）、成矿亚区（带）、矿田，是成矿区带圈定较好的方法途径。

（3）相似性原则。在一定空间范围内具备共同有利的成矿地层、岩石组合、物化探场、地质构造、岩浆条件和在相似成矿环境控制下，由相似成矿机制形成相近的一组（或一类）矿床（点），可以构成一个成矿区（带）。此原则在圈定低序次的成矿区（带）时更为适用。

（4）以区域成矿作用为基础，物、化、遥资料印证原则。成矿区（带）属特定区域成矿作用控制的空间，赋存着同一矿种或同一类型的矿床，它均有自身的地球物理场和地球化学场，均是其边界定位的参考依据；遥感影像特征从更宽广的范围反映大型地质构造单元的边界，它们都是圈定成矿区（带）的佐证。物、化、遥结合可较为客观地印证成矿区（带）边界的位置和反映不同深度的地质要素。

4.2.2 成矿区带划分的依据

Ⅰ～Ⅲ级成矿区带主要参考“全国矿产资源潜力评价项目”和徐志刚、陈毓川等的《中国成矿区带划分方案》。Ⅳ级成矿区（带）是以Ⅲ级大地构造单元为基础，结合成矿地质背景及构造成矿作用、控矿因素、找矿标志等进行圈定的。主要划分依据如下：

（1）地质构造单元；

（2）成矿地质背景；

（3）构造成矿作用；

（4）已知矿床、矿点等矿产分布、聚集特点；

（5）成矿时间；

（6）含矿岩系特征；

（7）古地理环境特征；

（8）成矿规律；

（9）找矿标志；

（10）以往勘查工作成果。

4.3 贵州铝土矿成矿区（带）特征分析

贵州省铝土矿资源丰富、矿床规模大、矿石质量好，通过对省内大量铝土矿床勘探及科研资料的分析和研究，以下从大地构造位置、赋矿地层、控矿构造、古地理环境、含矿岩系剖面特征、矿床类型、矿体特征、矿石质量特征、伴生有益组分等方面讨论贵州铝土矿成矿区（带）基本特征。

4.3.1 大地构造位置

根据《贵州省区域地质志》（2012），贵州大地构造跨越扬子陆块和江南造山带两大构造单元。黔北务川~正安~道真地区和遵义~息烽地区属于扬子陆块，瓮安~福泉~黄平~凯里地区处于江南造山带，清镇~贵阳~修文地区横跨江南造山带和扬子陆块复合部位。

4.3.2 地层分区

根据《贵州省区域地质志》（2012）岩石地层划分意见，铝土矿成矿区主要位于黔北分区，局部涉及其黔南分部和黔东分区。整个南部的贵阳~遵义~瓮安~凯里地区处于黔北分区的毕节~瓮安小区，仅瓮安~福泉~黄平~凯里地区东部局部涉及黔南分部和黔东分区，北部务川~正安~道真地区处于黔北分区的桐梓~沿河小区。

4.3.3 赋矿地层

根据贵州铝土矿基本地质特征，贵阳~清镇~修文地区和遵义~息烽地区的铝土矿均赋存于石炭系下统九架炉组，而凯里~黄平~瓮安~福泉地区与务川~正安~道真地区铝土矿均赋存于二叠系中统梁山组。

4.3.4 赋矿构造

根据贵州铝土矿基本地质特征，贵州铝土矿成矿均受褶皱构造的控制。整个南部的贵阳~遵义~瓮安~凯里地区铝土矿成矿多受背斜构造控制，沿北东—北北东向的背斜构造展布；而北部务川~正安~道真地区铝土矿成矿严格受向斜构造控制，矿床点均产于北东—北北东向的向斜构造中。

4.3.5 古地理环境

根据莫江平、杜远生和贵州省地质矿产局区域地质调查大队研究，贵州铝土矿均形成于不同地质时期的泻湖盆地、半封闭海湾、海湾中。贵阳~清镇~修文地区和遵义~息烽地区，其铝土矿形成于早石炭世大塘期的黔中泻湖海盆（莫江平），凯里~黄平~瓮安~福泉地区铝土矿形成于中二叠世梁山期的凯里海湾（贵州省地质矿产局区域地质调查大队），而务川~正安~道真地区铝土矿形成于中二叠世梁山期的渝南~黔北半封闭泻湖海湾中（杜远生），由南往北，水盆地的形成时间越来越新，海域越来越宽广，海湾环境越来越复杂。

4.3.6 含矿岩系特征

根据以往大量铝土矿勘查资料综合研究，贵阳~清镇~修文地区铝土矿的含矿岩系表现为上覆地层为石炭系中下统摆佐组白云岩、灰岩；含矿岩系为石炭系下统九架炉组，位于寒武系碳酸盐岩侵蚀间断面上；含矿岩系可细分为：下部铁矿系、中上部铝矿系；下伏地层寒武系中上统娄山关组白云岩。

遵义~息烽地区铝土矿的含矿岩系表现为上覆地层为二叠系中统梁山组之砂页岩夹碳质页岩；含矿岩系为石炭系下统九架炉组，位于奥陶系之碳酸盐岩侵蚀间断面上；含矿岩系可细分为下部铁矿系、中上部铝矿系；下伏地层为奥陶系下统桐梓组白云岩。

凯里~黄平~瓮安~福泉地区，铝土矿的含矿岩系表现为上覆地层为二叠系中统栖霞组灰岩；含矿岩系为二叠系中统梁山组，位于泥盆系之碳酸盐岩侵蚀间断面上；含矿岩系可细分为上部煤矿系、中部铝矿系、下部铁矿系；下伏地层为泥盆系上统高坡场组白云岩。

务川～正安～道真地区，铝土矿的含矿岩系表现为上覆地层为二叠系中统栖霞组灰岩；含矿岩系为二叠系中统梁山组，位于志留系中下统砂页岩（或局部石炭系上统黄龙组灰岩）侵蚀间断面上；含矿岩系为：下部为泥岩、铝土质页岩、炭质页岩，中部为铝矿层，上部为碳质、钙质页岩，局部薄煤层；下伏地层为志留系中下统韩家店组砂泥岩。

综上所述，由南往北，底板底层越来越新，成矿时间越来越新，风化剥蚀时间越来越短，含矿岩系的小分层由铁铝矿组合变为铁铝煤矿三层，再到北部仅有铝矿一层。

4.3.7 物质来源

根据以往贵州铝土矿勘查资料综合研究，务川～正安～道真地区铝土矿与遵义～息烽地区铝土矿物源均为寒武系、奥陶系、志留系、石炭系；清镇～修文地区铝土矿的物源主要为寒武系、奥陶系、石炭系；瓮安～福泉～凯里～黄平地区铝土矿物源为寒武系、奥陶系、泥盆系，可能夹有少量石炭系。寒武系、奥陶系为贵州铝土矿的形成提供了物源，但对黔北与黔中铝土矿的形成可能贡献较大，志留系与石炭系为务川～正安～道真地区主要物源，泥盆系物源对瓮安～福泉～凯里～黄平地区铝土矿的形成有重要意义，石炭系物源对各成矿区铝土矿都有所贡献。

4.3.8 矿体特征

根据已知铝土矿床资料研究，贵阳～清镇～修文地区，铝土矿矿体表现为以层状、似层状、透镜状矿体为主，次有扁豆状、囊状、漏斗状矿体，矿体规模较大，多见中型矿体，矿体连续性较好；遵义～息烽地区和凯里～黄平～瓮安～福泉地区，铝土矿矿体表现为以层状、似层状、透镜状和狭谷状、溶坑状、漏斗状、巢状、囊状及被盖状（斗篷状）等矿体形态并存，大矿体数量少，小规模矿体为主，矿体连续性较差。其基底岩性特征均为碳酸盐岩（白云岩、灰岩），古喀斯特地貌发育。

而务川～正安～道真地区，铝土矿矿体表现为矿体厚度较稳定，多呈层状、似层状、大透镜状，偶见透镜状，基本未见囊状和漏斗状，矿体多为中大型规模，厚度稳定、变化较小，矿体连续性好。基底岩性特征为硅酸盐岩（碳质钙质页岩、砂岩、局部灰岩），古喀斯特地貌不发育。

4.3.9 矿石质量特征

贵阳～清镇～修文地区和遵义～息烽地区，铝土矿石以碎屑、泥屑泥晶结构为主，较少见豆状、鲕状结构，以块状构造、土状半土状构造、致密状构造为主；凯里～黄平～瓮安～福泉地区，铝土矿石的结构构造均以豆鲕状、碎屑状为主；务川～正安～道真地区，铝土矿石以碎屑结构，以粒屑泥晶结构为主，豆状、鲕状铝土矿也较常见，以块状构造，土状、半土状构造、致密状构造为主。

4.4 典型铝土矿成矿区（带）特征对比分析

根据贵州四大片铝土矿集区的大地构造位置、赋矿地层、基底岩性特征、古地理环境、控矿褶皱、矿体形态特征、矿石质量特征、矿床类型规模等方面讨论其异同性，见表4-1。

表 4-1 贵州铝土矿成矿区（带）典型特征差异对比

成矿区（带）	贵阳～清镇～修文地区	遵义～息烽地区	凯里～黄平～瓮安～福泉地区	务川～正安～道真地区
地理位置	位于黔中地区，隶属于贵阳市、清镇市、修文县、织金县、龙里县等	位于遵义地区，隶属于遵义市、遵义县、息烽县、开阳县等	位于黔东南地区，隶属于瓮安县、福泉市、凯里市、黄平县等	位于黔北地区，隶属于务川县、道真县、正安县、凤冈县等
大地构造位置	扬子地块与江南造山带结合部位	位于扬子地块	位于江南造山带	位于扬子地块
赋矿地层	石炭系下统九架炉组		二叠系中统梁山组	
成矿时间	早石炭世大塘期		中二叠世罗甸期	
基底岩性	碳酸盐岩（白云岩、灰岩）			硅酸盐岩（碳质钙质砂页岩、局部灰岩）
控矿褶皱	北东向、北北东向背斜构造为主			北东向、北北东向向斜构造为主
古地理环境	黔中泻湖海盆		凯里海湾	渝南～黔北半封闭泻湖海湾
含矿岩系	含矿岩系为石炭系下统九架炉组，位于寒武系之碳酸盐岩侵蚀间断面上；含矿岩系可细分为：下部铁矿系、中上部铝矿系；其上覆地层为石炭系中下统祥摆组、摆佐组灰岩	含矿岩系为石炭系下统九架炉组，位于奥陶系下统桐梓组白云岩侵蚀间断面上；含矿岩系可细分为下部铁矿系、中上部铝矿系；其上覆地层为二叠系中统梁山组砂泥岩	含矿岩系为二叠系中统梁山组，位于泥盆系上统高坡场组白云岩侵蚀间断面上；含矿岩系可细分为三层，上煤、中间铝土矿、下铁矿，其上覆地层为二叠系中统栖霞组灰岩	含矿岩系为二叠系中统梁山组，位于志留系中下统韩家店组砂页岩（或局部石炭系上统黄龙组灰岩）侵蚀间断面上；含矿岩系下部为泥岩、铝土质页岩、碳质页岩，中部为铝矿层，上部为碳质页岩、钙质页岩；其上覆地层为二叠系中统栖霞组灰岩
矿体形态特征	层状、似层状、透镜状矿体为主，次有扁豆状、囊状、漏斗状矿体。矿体规模较大，见有中型规模矿体，矿体连续性较好	以层状、似层状、透镜状和狭谷状、溶坑状、漏斗状、巢状、囊状及被盖状（斗篷状）等矿体形态并存。大矿体数量少，小规模矿体为主，矿体连续性较差		多呈层状、似层状、大透镜状矿体，偶见透镜状矿体，基本未见囊状和漏斗状矿体。矿体厚度较稳定，多为中大型矿体规模，矿体连续性好

续表 4-1

成矿区（带）	贵阳～清镇～修文地区	遵义～息烽地区	凯里～黄平～瓮安～福泉地区	务川～正安～道真地区
矿石自然类型	以土状、半土状铝土矿为主	以碎屑状铝土矿为主	以豆鲕状、碎屑状铝土矿石为主	半土状至碎屑状铝土矿为主
矿石结构构造	矿石以碎屑、泥屑泥晶结构为主，较少见豆状、鲕状结构		矿石均以豆鲕状、碎屑状为主	矿石以碎屑结构、泥屑泥晶结构为主，豆状、鲕状铝土矿较常见
矿床类型	产于碳酸盐侵蚀面上的一水硬铝石沉积型铝土矿矿床			产于硅酸盐岩侵蚀面上的一水硬铝石沉积型铝土矿矿床

通过贵州铝土矿成矿区（带）典型特征差异对比的分析，贵州铝土矿成矿区域的南段，贵阳～清镇～修文地区、遵义～息烽地区和凯里～黄平～瓮安～福泉地区有较多的相同之处，大地构造位置上相近，基底岩性、控矿褶皱一致，古地理环境相似，矿体形态特征相当，矿床类型相同；同时相互间又表现出在赋矿地层、成矿时间、基底岩性、上覆地层、古地理环境、含矿岩系、矿石自然类型和矿石结构构造特征等方面存在有不同程度的差异性；而与贵州铝土矿成矿区域的北段务川～正安～道真地区相比，则有较多的差异，大地构造位置相距较远，基底岩性、控矿褶皱不同，古地理环境特征有较大差异，矿体形态规模不一样，矿床类型不一致。

综上所述，整个贵州省铝土矿典型特征表现出南北差异大，而南部地区间相似又有不同程度差异的特征。

4.5 贵州铝土矿成矿区（带）的划分

遵循以上划分原则和依据，通过对大地构造位置、古地理环境、含矿岩系、区域成矿作用、成矿规律等的研究，利用以往勘查工作成果，对已知矿床分布、聚集特点、成矿时代、矿体特征、矿石质量等的分析，再根据以上贵州铝土矿成矿区（带）特征的差异对比分析，提出了贵州省铝土矿成矿（带）划分方案。

成矿域（Ⅰ级成矿带）和成矿省（Ⅱ级成矿带）的划分主要参考“全国矿产资源潜力评价项目”和徐志刚、陈毓川等的《中国成矿区带划分方案》，分属滨西太平洋成矿域和上扬子成矿省，Ⅲ级成矿带属于渝南～黔中古生代、中生代铁汞锰铝成矿带内，Ⅳ级成矿带划分为贵阳～遵义～瓮安～凯里铝土矿成矿亚带和务川～正安～道真铝土矿成矿亚带两个，Ⅴ级矿田划分为贵阳～清镇铝土矿田、遵义～息烽铝土矿田、凯里～黄平～瓮安～福泉铝土矿田、务川～正安～道真铝土矿田四个，详见图 4-1 和表 4-2。

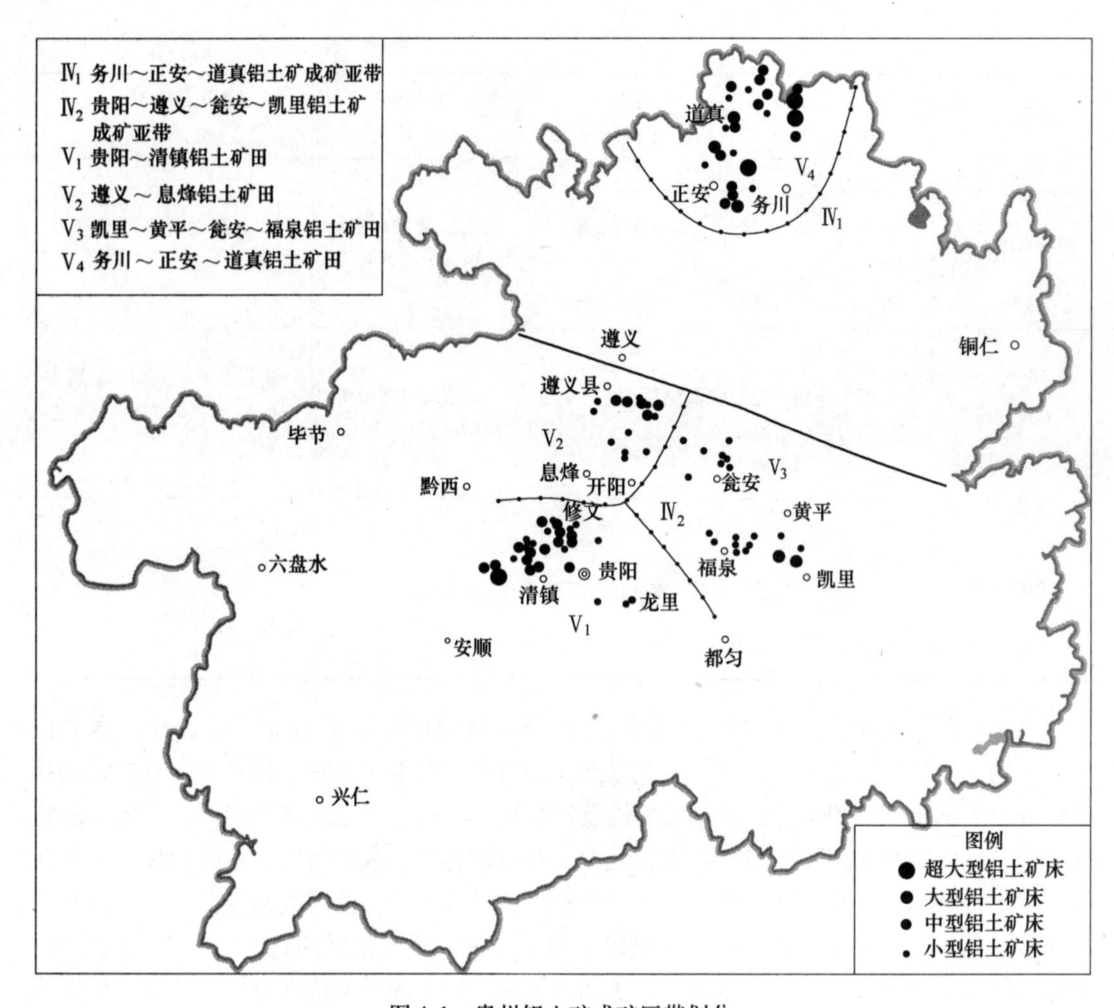

图 4-1 贵州铝土矿成矿区带划分

表 4-2 贵州铝土矿成矿区（带）划分

成矿域（Ⅰ级成矿带）	成矿省（Ⅱ级成矿带）	成矿区（带）（Ⅲ级成矿带）	成矿亚区（带）（Ⅳ级成矿带）	矿田（Ⅴ级成矿带）	典型矿床
滨西太平洋成矿域	上扬子成矿省	渝南～黔中古生代、中生代铁汞锰铝成矿带	贵阳～遵义～瓮安～凯里铝土矿成矿亚带	贵阳～清镇铝土矿田	猫场、燕垅、长冲河、小山坝、干坝、大豆厂、马桑林
				遵义～息烽铝土矿田	苟江、宋家大林、后槽、仙人洞、石头寨、苦菜坪
				凯里～黄平～瓮安～福泉铝土矿田	草塘老寨子、木引槽、岩门、苦李井、渔洞
			务川～正安～道真铝土矿成矿亚带	务川～正安～道真铝土矿田	瓦厂坪、大竹园、大塘、新民、岩坪、旦坪、新木～晏溪、斑竹园、东山、马鬃岭

贵州铝土矿成矿规律

5.1 空间分布特征及规律

5.1.1 铝土矿的区域分布特征

5.1.1.1 铝土矿的区域分布

贵州的铝土矿主要集中分布在省内五片地区（图 5-1）：(1) 贵阳地区，习称黔中铝土矿区，主要包括清镇、修文、贵阳、平坝、织金和黔西；(2) 务川~正安~道真地区，主要包括务川、道真、正安；(3) 遵义地区，主要包括遵义、息烽和开阳；(4) 瓮安~福泉地区；(5) 凯里~黄平地区。

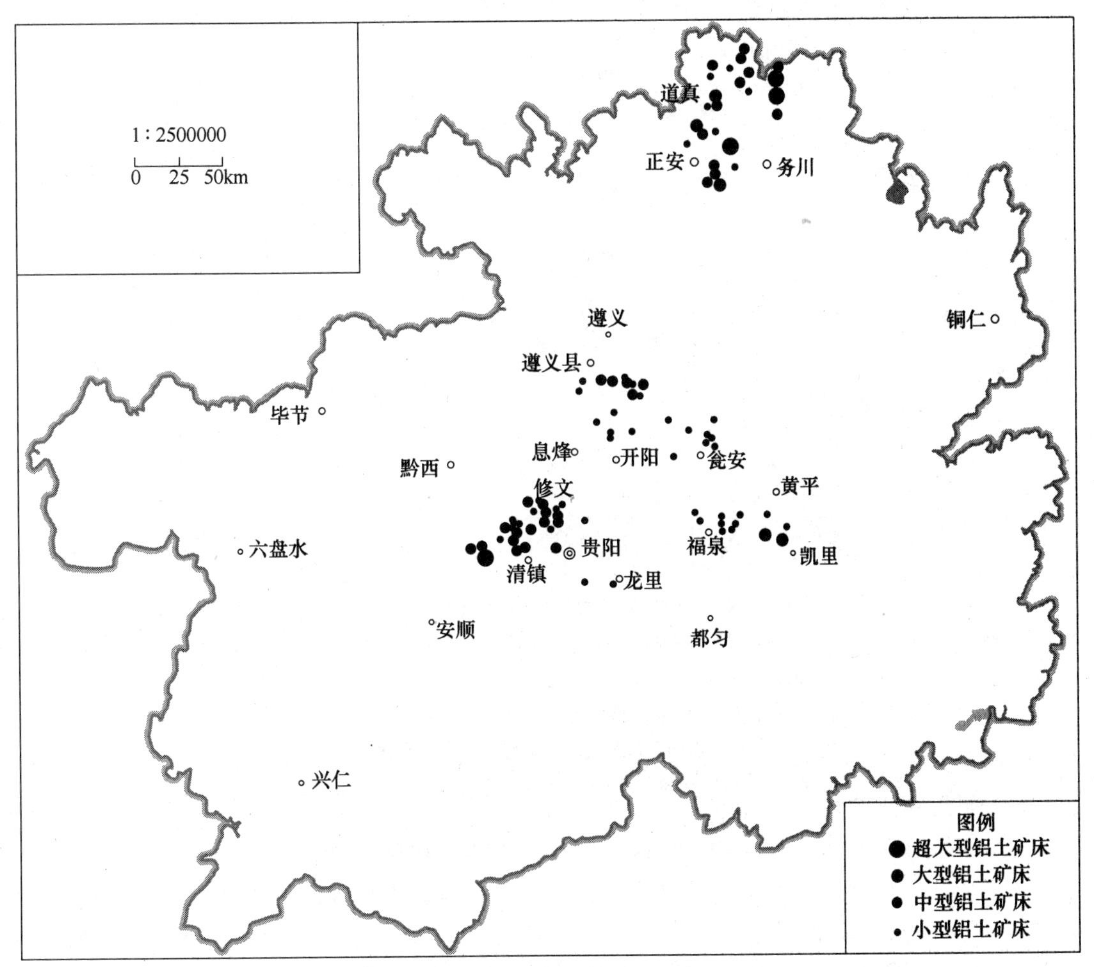

图 5-1　贵州省铝土矿资源分布

5.1.1.2 各区域铝土矿的禀赋特征

A 贵阳地区

贵阳地区铝土矿主要分布于清镇、修文、贵阳、平坝、织金和黔西等县市，习称黔中铝土矿区（图5-2）。其铝土矿的含矿岩系为石炭系下统九架炉组（C_1jj），上覆地层为石炭系下统摆佐组（C_1b）白云岩，下伏地层为寒武系中上统娄山关组（$\in_{2-3}ls$）白云岩夹黏土岩；区内矿体形态多呈似层状、透镜状，常见漏斗状、囊状等，矿体厚度变化相对较大，2～30m，一般5～6m；矿石质量较好，品位相对较高，以土状、半土状矿居多，辅以致密状、碎屑状和豆鲕状矿石；矿床规模较大，目前有超大型矿床1处（清镇猫场超大型铝土矿床），中型矿床4处（清镇长冲河、清镇麦坝、修文小山坝、织金马桑林），小型矿床9处；资源量丰富，累计探明资源量（331+332+333）3.8亿吨；矿体埋藏相对较浅，一般在几米至几十米，露采较多。

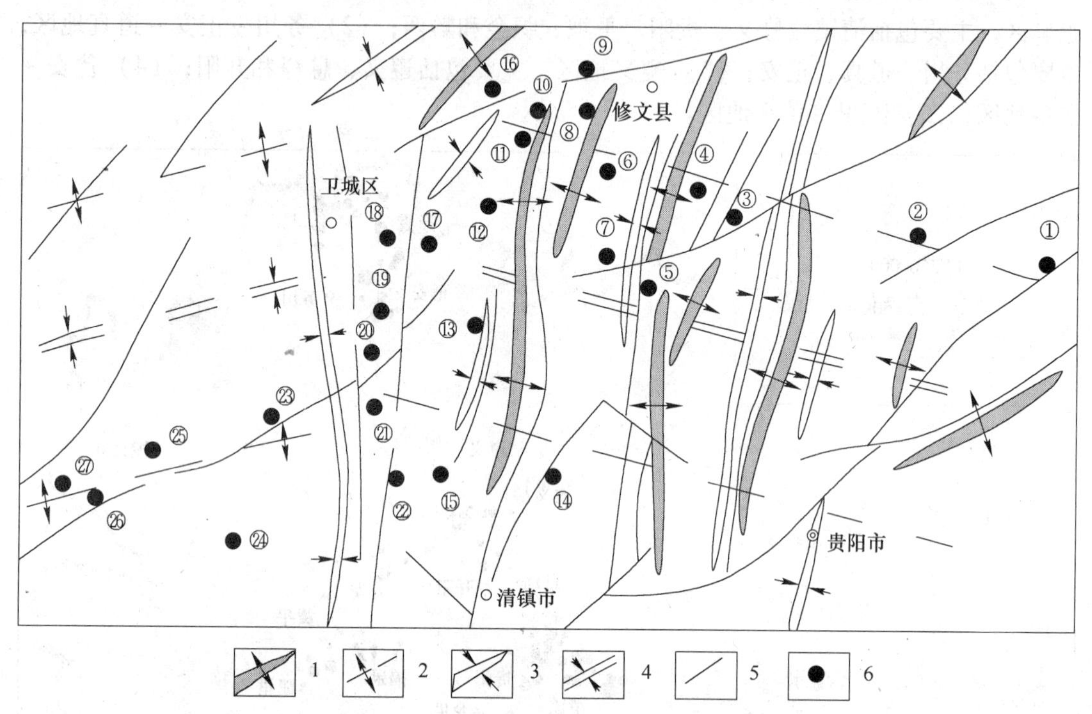

图5-2 黔中铝土矿区构造纲要图（据莫江平，1989）

1—背斜；2—推测古背斜；3—向斜；4—推测古向斜；5—断层；6—矿床（点）及编号：①王比，②云雾山，③斗篷山，④小山坝，⑤朱倌，⑥干坝，⑦大豆场，⑧长冲，⑨古隆，⑩上硐，⑪箭杆冲，⑫黄土坎，⑬麦格，⑭杨家庄，⑮长冲河，⑯乌栗，⑰麦巷，⑱牛奶冲，⑲岩上，⑳燕垅，㉑林歹，㉒麦坝，㉓黄泥田，㉔猫场，㉕老黑山，㉖窑上，㉗马桑林

B 务川～正安～道真地区

主要分布于务川～正安～道真地区，习称黔北铝土矿区（图5-3）。

该区铝土矿的含矿岩系为二叠系中统梁山组（P_2l），下伏地层为志留系中下统韩家店组（$S_{1-2}hj$）砂页岩或石炭系上统黄龙组（C_3h）灰岩，上覆地层为二叠系中统栖霞组（P_2q）灰岩、生物灰岩；区内矿体形态多呈层状、似层状，见有透镜状等，矿体厚度变化较小，1～10m，一般3～5m；矿石以碎屑状、豆鲕状和致密块状矿石居多，辅以半土状、

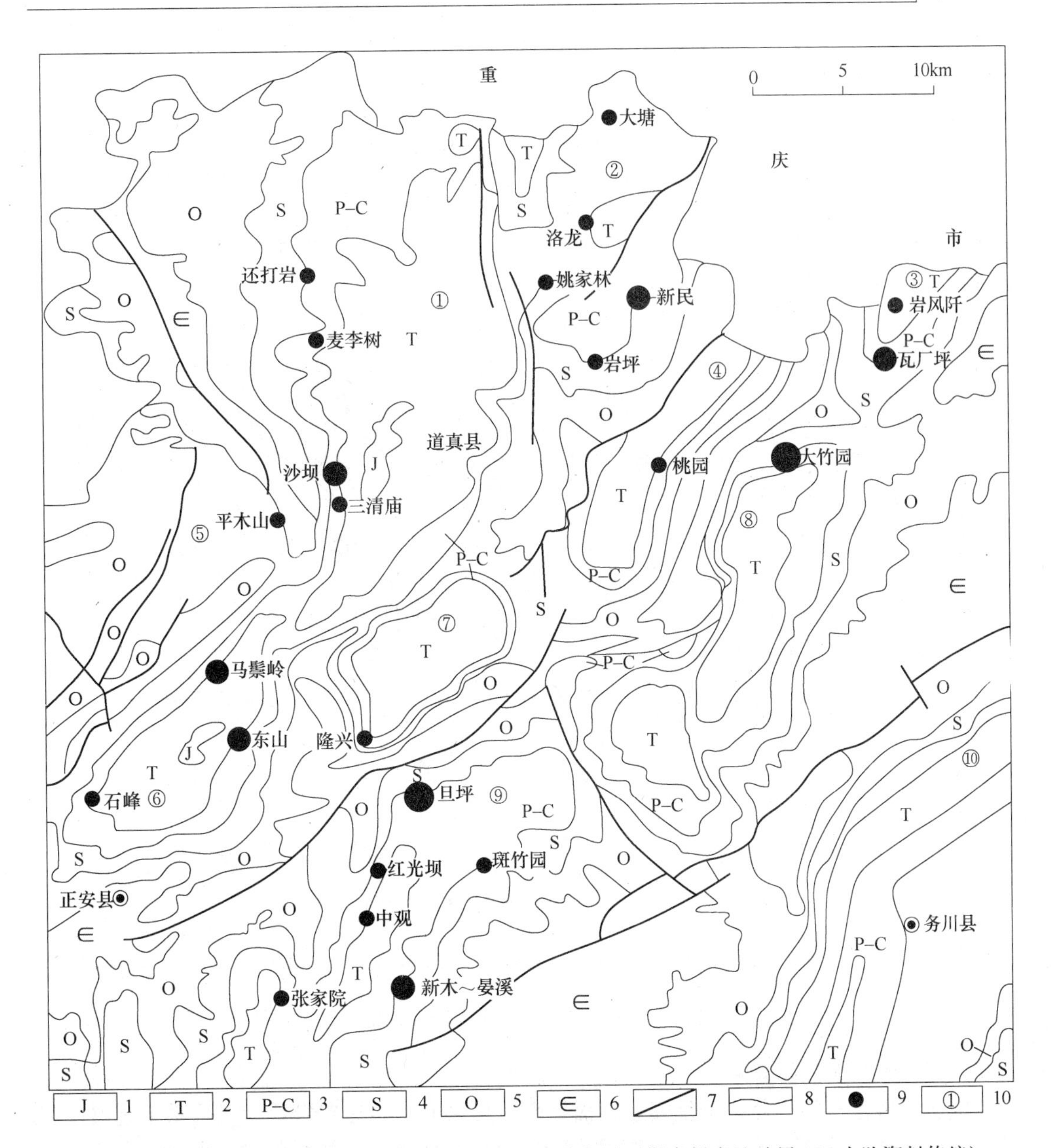

图 5-3 黔北务川～正安～道真地区地质及铝土矿分布图（据贵州省地矿局106大队资料修编）
1—侏罗系；2—三叠系；3—石炭-二叠系；4—志留系；5—奥陶系；6—寒武系；7—断层；
8—地层界线；9—铝土矿；10—向斜编号：①道真向斜，②龙桥向斜，③鹿池向斜，④桃园向斜，
⑤平木山向斜，⑥安场向斜，⑦浣溪向斜，⑧青坪向斜，⑨旦坪向斜，⑩务川向斜

土状矿石；矿床规模较大，目前有超大型矿床2个（如务川大竹园超大型矿床）、大型矿床9个（如务川瓦厂坪大型矿床、道真新民大型矿床、正安新木～晏溪大型矿床等）、中型矿床14个（如正安红光坝中型矿床、道真岩坪中型矿床、道真三清庙中型矿床等）；区内资源量丰富，目前累计探明资源量121b＋122b＋331＋332＋333＋334（?）资源储量7亿吨；矿体埋藏相对较深，多在300～500m，坑采为主。

C 遵义地区

主要分布于遵义、息烽和开阳县市（图5-4）。其铝土矿的含矿岩系为石炭系下统九

架炉组（C_1jj），下伏地层为奥陶系下统桐梓组（O_1t）或寒武系中上统娄山关组（$\in_{2-3}ls$）白云岩夹黏土岩；上覆地层为二叠系中统梁山组（P_2l）泥页岩、砂岩或石炭系下统摆佐组（C_1b）白云岩；区内矿体形态多呈似层状、透镜状、囊状、漏斗状等，矿体厚度变化较大，1～20m，一般4～6m；矿石以土状、半土状、碎屑状矿石居多，辅以豆鲕状和致密块状矿石；矿床规模一般不大，中小型为主，目前有中型矿床5个（如遵义苟江、遵义宋家大林、遵义后槽、遵义仙人洞、遵义川主庙）；区内累计探明资源量5885万吨；矿体埋藏相对较浅，多在几十米～100m，露采为主。

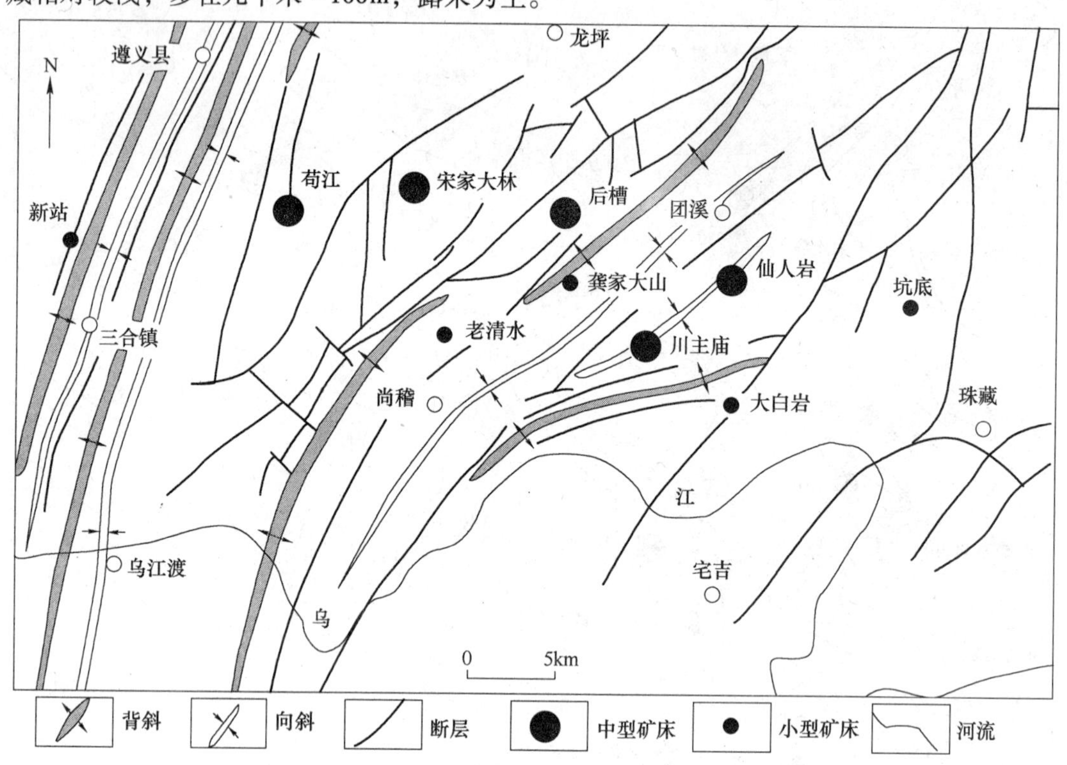

图5-4 遵义铝土矿带矿床（点）分布图（据朱永红，2007）

D 瓮安～福泉地区

位于贵州省东部，分布于瓮安县和福泉市。其铝土矿的含矿岩系为二叠系中统梁山组（P_2l），由一套铝土矿、铝质岩、铝质泥岩（页岩）、碳质页岩和石英砂岩组成，下伏地层为泥盆系上统高坡场组（D_3g）白云岩，上覆地层为二叠系中统栖霞组（P_2q）灰岩、生物灰岩；区内矿体形态多呈透镜状、囊状、漏斗状，辅以似层状，受基底古岩溶地貌影响大，在岩溶凹地或漏斗部位，矿体变厚呈透镜状、漏斗状产出，而在古地貌突起部位矿体变薄或尖灭，使矿体分布比较零星，连续性较差；矿体厚度变化较大，1～37m，一般2～5m；铝土矿矿石以碎屑状、豆鲕状和致密块状矿石居多，辅以半土状、土状矿石；矿床、矿体规模均较小，现仅有中型以下矿床（如瓮安木引槽、龙里金谷、草塘老寨子等中型矿床）；通过近年整装勘查，该区估算（332+333+334?）铝土矿资源量6472.84万吨；矿体埋藏相对较浅，多在几十米～100m，露采为主。

E 凯里～黄平地区

位于贵州省东部，分布于凯里市、黄平县境内。其铝土矿的含矿岩系为二叠系中统梁山组（P_2l），由一套铝土矿、铝质岩、铝质泥岩（页岩）、碳质页岩和石英砂岩组成，其厚度及岩系组成均变化较大，厚0~55.07m，其厚度严格受其下古岩溶地貌控制，与下伏地层呈假整合接触；下伏地层为泥盆系上统高坡场组（D_3g）白云岩，上覆地层为二叠系中统栖霞组（P_2q）灰岩、生物灰岩；区内矿体形态多呈透镜状、囊状、漏斗状，辅以似层状，受基底古岩溶地貌影响大，在岩溶凹地或漏斗部位，矿体变厚呈透镜状、漏斗状产出，而在古地貌突起部位矿体变薄或尖灭，使矿体不连续。矿体厚度变化相对较大，1~28m，一般2~5m；矿石以碎屑状、豆鲕状和致密块状矿石居多，辅以半土状、土状矿石；矿床规模较大，但矿体规模小，现有大型矿床2个（如凯里苦李井大型矿床、凯里渔洞大型矿床）、中型矿床2个（如凯里铁厂沟和黄平王家寨中型矿床）；通过近年整装勘查，该区共估算（332+333+334?）矿石资源量7005.42万吨；矿体埋藏相对较浅，多在几十米~100m，露采为主。

5.1.2 铝土矿区域分布规律及差异对比

5.1.2.1 各区域铝土矿分布规律

（1）资源储量丰富，分布相对集中。截至2014年年底，完成了普查以上程度的铝资源储量矿区78处，整装勘查区块21块，全省历年勘查累计提交资源储量共计约12.9亿吨，约占全国总量的25%左右，在全国排居第二位。铝土矿资源量主要集中在务川~正安~道真地区，累计资源储量7亿吨；其次为清镇~修文（含织金、贵阳）地区，累计资源量3.9亿吨。

（2）矿床规模大小不等，在务川~正安~道真地区，矿床规模较大，现有超大型矿床2个、大型矿床9个、中型矿床14个；在清镇~修文（含织金、贵阳）地区，矿床规模介于中等，有超大型矿床1处，中型矿床19处；其他地区矿床规模偏小，以中小型矿床为主。

（3）铝土矿产出有两个地层层位：一为石炭系下统九架炉组，主要分布在清镇、修文、息烽、开阳及遵义县一带，是全省最重要的铝土矿产出层位；二是二叠系中统梁山组，主要分布在务川、正安、道真、瓮安、黄平及凯里一带，务川~正安~道真地区资源潜力大，为贵州省新的铝土矿资源基地。

（4）铝土矿产出主要有两种基底岩石类型，一为碳酸盐岩之白云岩、灰岩，形成古喀斯特风化壳，喀斯特作用明显，底板凹凸不平，明显控制着铝土矿体的形体特征，主要分布在遵义~瓮安~福泉~黄平~凯里以南地区；二为硅酸盐类之砂页岩、泥岩，底板变化不大，对矿体形态影响不大，主要分布于务川~正安~道真地区。

（5）矿体形态主要有两种类型，一类为厚度变化不大、延展平稳的层状、似层状为主的矿体，主要分布于务川~正安~道真地区；二类为厚度变化较大、连续性较差的透镜状、囊状、漏斗状为主的矿体，主要分布在遵义~瓮安~福泉~黄平~凯里以南的地区。

（6）矿石质量尚好，铝土矿矿石主要为沉积型一水硬铝石，Al/Si为4~24，Al_2O_3一般60%~70%。在黔北务川~正安~道真地区，Al/Si和Al_2O_3稍偏低些，在遵义~瓮安~福泉~黄平~凯里以南的地区，Al/Si和Al_2O_3较高。

（7）矿石结构构造表现为：在黔北务川~正安~道真地区和瓮安~福泉~黄平~凯里地区，以碎屑状、豆鲕状和致密块状矿石为主，少有土状、半土状矿石；在遵义~开阳~修文~清镇地区，以土状、半土状、碎屑状矿石居多，辅以豆鲕状和致密块状矿石。

（8）共伴生矿产较多，与之共生的有赤铁矿、耐火材料（黏土）、煤矿，伴生矿产有镓、锂等，具有较高的经济价值。在黔北务川～正安～道真地区，主要表现为单一的铝土矿产，共生矿产不发育，伴生矿产有镓、锂、钪；而在遵义～瓮安～福泉～黄平～凯里以南的地区，多形成煤～铝～铁和耐火材料共生矿产，伴生矿产仅有镓、锂。

5.1.2.2 各区域铝土矿差异对比

贵州省各区域铝土矿差异对比见表5-1。

表5-1 贵州省各铝土矿区铝土矿分布差异对比

地区	务川～正安～道真地区	遵义地区	贵阳地区	瓮安～福泉地区	凯里～黄平地区
资源储量	7亿吨	5885万吨	3.9亿吨	6473万吨	7005万吨
矿床规模	超大型矿床2个、大型矿床9个、中型矿床14个	中型矿床5处	超大型矿床1处，中型矿床19处	中型矿床4处	2个大型矿床、2个中型矿床
含矿岩系	二叠系中统梁山组	石炭系下统九架炉组	石炭系下统九架炉组	二叠系中统梁山组	二叠系中统梁山组
底板岩性	硅酸盐类之砂页岩、泥岩，底板变化不大	碳酸盐岩之白云岩、灰岩，形成古喀斯特风化壳	碳酸盐岩之白云岩、灰岩，形成古喀斯特风化壳	碳酸盐岩之白云岩、灰岩，形成古喀斯特风化壳	碳酸盐岩之白云岩、灰岩，形成古喀斯特风化壳
矿体形态	厚度变化不大、延展平稳的层状、似层状为主的矿体	厚度变化较大、连续性较差的透镜状、囊状、漏斗状为主的矿体	厚度变化较大、连续性较差的透镜状、囊状、漏斗状为主的矿体	厚度变化较大、连续性较差的透镜状、囊状、漏斗状为主的矿体	厚度变化较大、连续性较差的透镜状、囊状、漏斗状为主的矿体
矿石质量	Al/Si和Al_2O_3含量偏低	Al/Si和Al_2O_3含量较高	Al/Si和Al_2O_3含量较高	Al/Si和Al_2O_3含量较高	Al/Si和Al_2O_3含量较高
矿石结构构造	以碎屑状、豆鲕状和致密块状矿石为主，少有土状、半土状矿石	以土状、半土状、碎屑状矿石居多，辅以豆鲕状和致密块状矿石	以土状、半土状、碎屑状矿石居多，辅以豆鲕状和致密块状矿石	以土状、半土状、碎屑状矿石居多，辅以豆鲕状和致密块状矿石	以土状、半土状、碎屑状矿石居多，辅以豆鲕状和致密块状矿石
矿体产状	产状较陡，多在40°以上	产状较缓，多在20°～30°以下	产状较缓，多在20°～30°以下	产状较缓，多在20°以下	产状较缓，多在20°以下
共伴生矿产	为单一的铝土矿产，共生矿产不发育，伴生矿产有镓、锂、钪	多形成煤～铝～铁和耐火材料共生矿产，伴生矿产有镓、锂	多形成煤～铝～铁和耐火材料共生矿产，伴生矿产有镓、锂	多形成煤～铝～铁和耐火材料共生矿产，伴生矿产有镓、锂	多形成煤～铝～铁和耐火材料共生矿产，伴生矿产有镓、锂
矿体的埋深	200m以深，坑采为主	100～200m以浅，露采为主，部分坑采	100～200m以浅，露采为主，部分坑采	100m以浅，露采为主	100m以浅，露采为主

5.2 时间分布特征及规律

关于贵州铝土矿矿床类型划分和含矿岩系时代归属问题，通过省内外地质学者和矿床专家数十年的研究与争论，目前大多数专家学者在认识上趋于统一，普遍认为其矿床类型属于古风化壳沉积矿床，含铝岩系主要形成于早石炭世大塘期和中二叠世罗甸早期。按岩石地层单元划分，前者属于九架炉组，后者归于梁山组。虽然这是通过贵州铝土矿整装勘查及初步研究后大多数专家的认识或意见，但对于二叠纪的铝土矿床仍有部分学者持不同意见，如刘巽锋等（1990）曾提出务、正、道地区的含矿岩系属于九架炉组的延伸部分；刘平（1995）认为黔北地区的铝土矿床的含矿岩系应属于大竹园组，不属于梁山组。关于瓮安地区铝土矿的含矿岩系，其时代还存在争议，一些勘查单位认为属于九架炉组，一些勘查单位则认为应归于梁山组，这些意见已在勘查报告和论文中有明显的表露和体现。本书主要以《贵州区域地质志》（2012）的岩石地层划分意见以及贵州省铝土矿整装勘查地质成果和大多数专家的主流意见为依据，将贵州省具有经济意义的铝土矿划分为两个成矿时代（图5-5）。

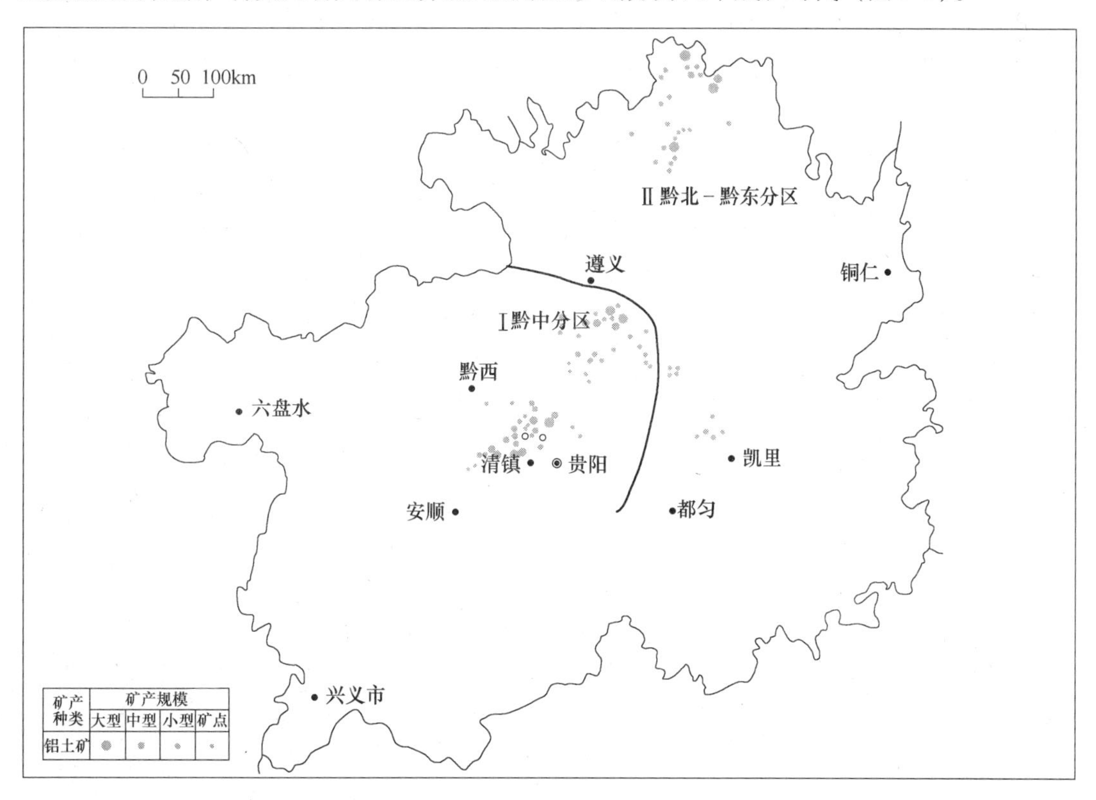

图5-5 贵州省铝土矿分布及时代分区图

5.2.1 早石炭世大塘期九架炉时铝土矿床

按《贵州省区域地质志》（2012）划分方案，贵州省石炭系属扬子地层区，并根据其岩性、岩相及古生物特征的明显差异，划分为独山～威宁～遵义分区、紫云～普安分区及罗甸～六盘水分区。其中早石炭世含铝岩系主要分布于独山～威宁～遵义分区的赫章～修文片区和遵义～凯里片区，务川～道真片区仅出露石炭系上统黄龙组。在区域上，含铝岩系九架炉组与下伏泥盆系呈平行不整合接触，以及与晚元古界青白口系、南华系、震旦系和早古生代寒武系、奥陶系呈角度不整合或平行不整合接触（图5-6和表5-2）。

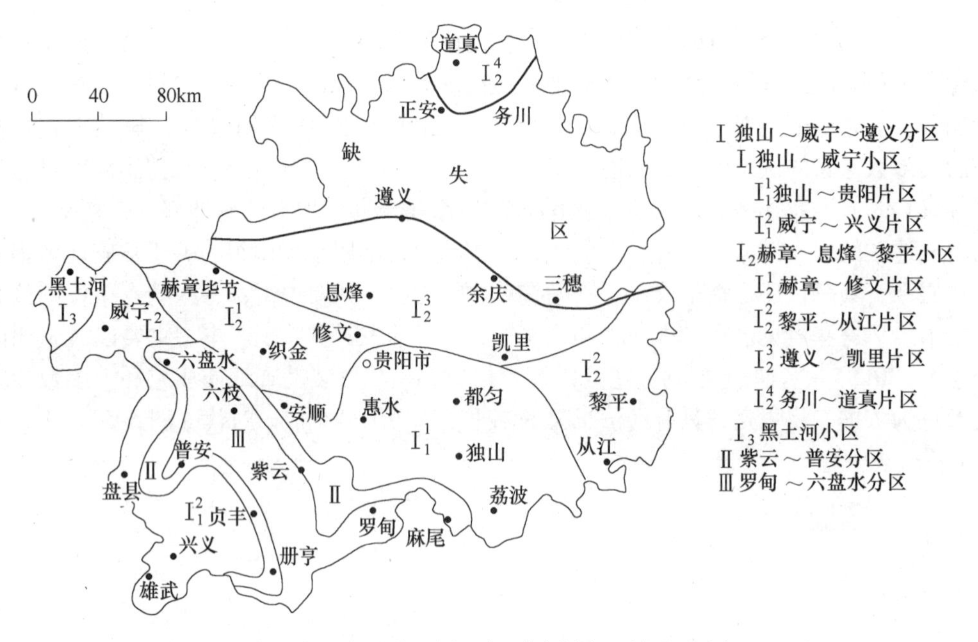

图 5-6 贵州省石炭系分区图（据《贵州省区域地质志》，2012）

表 5-2 贵州省石炭系分区地层划分对比表

年代地层		罗甸～六盘水分区Ⅲ		紫云～普安分区Ⅱ	独山～威宁～遵义分区Ⅰ						
					独山～威宁小区 I_1		赫章～息烽～黎平小区 I_2				黑土河小区 I_3
					独山～贵阳片区 I_1^1	威宁～兴义片区 I_1^2	赫章～修文片区 I_2^1	黎平～从江片区 I_2^2	遵义～凯里片区 I_2^3	务川～道真片区 I_2^4	
二叠系中统	罗甸阶	四大寨组 $P_{1-2}s$	栖霞组 P_2q 梁山组 P_2l	猴子关组 P_2h	栖霞组 P_2q 梁山组 P_2l		大竹园组	梁山组 P_2l		大竹园组 P_2d	梁山组 P_2l
二叠系下统	隆林阶		龙吟组 P_2ly	平川组 P_2p							
	紫松阶	南丹组 CPn		威宁组 CPw							摆布戛组 CPb
石炭系上统	逍遥阶				马平组 CPm						
	达拉阶				黄龙组 C_2h					黄龙组 C_2h	黄龙组 C_2h
	滑石板阶										
	罗苏阶				摆佐组 Cb						摆佐组 Cb
石炭系下统	德坞阶	打屋坝组 C_1W									
	大塘阶				上司组 C_1sh 旧司组 C_1j 祥摆组 C_1x	上司组 C_1sh 旧司组 C_1j 祥摆组 C_1x	九架炉组 C_1jj	祥摆组 C_1x	九架炉组 C_1jj		上司组 C_1sh 旧司组 C_1j 祥摆组 C_1x
	岩关阶	睦化组 C_1m			汤粑沟组 C_1t	汤粑沟组 C_1t					汤粑沟组 C_1t
泥盆系上统	邵东阶	五指山组 DCw		高坡场组 融县组	革老河组 D_3g	融县组 高坡场组 D_3gp	Pt_3^2–D	Pt_3^2–∈	∈–D	S	五指山组 DCw 融县组 D_3r
	待建阶										

（据《贵州省区域地质志》，2012）

早石炭世大塘期九架炉时铝土矿床即是指以九架炉组为含矿岩系的所有铝土矿床，本书的九架炉组泛指角度不整合或平行不整于震旦系灯影组到泥盆系高坡场组之上，平行不整合于摆佐组、中二叠统梁山组或栖霞组之下的一套淡化泻湖～沼泽相铝铁岩系，时限为早石炭世大塘期。在地域上，这一时期的含铝岩系主要分布于仁怀～遵义～余庆～都匀一线南西地区，并集中分布在修文～清镇和遵义～开阳两个分区（图 5-7），铝土矿露头沿九架炉组走向断续分布，其分布面积约 23000km^2。

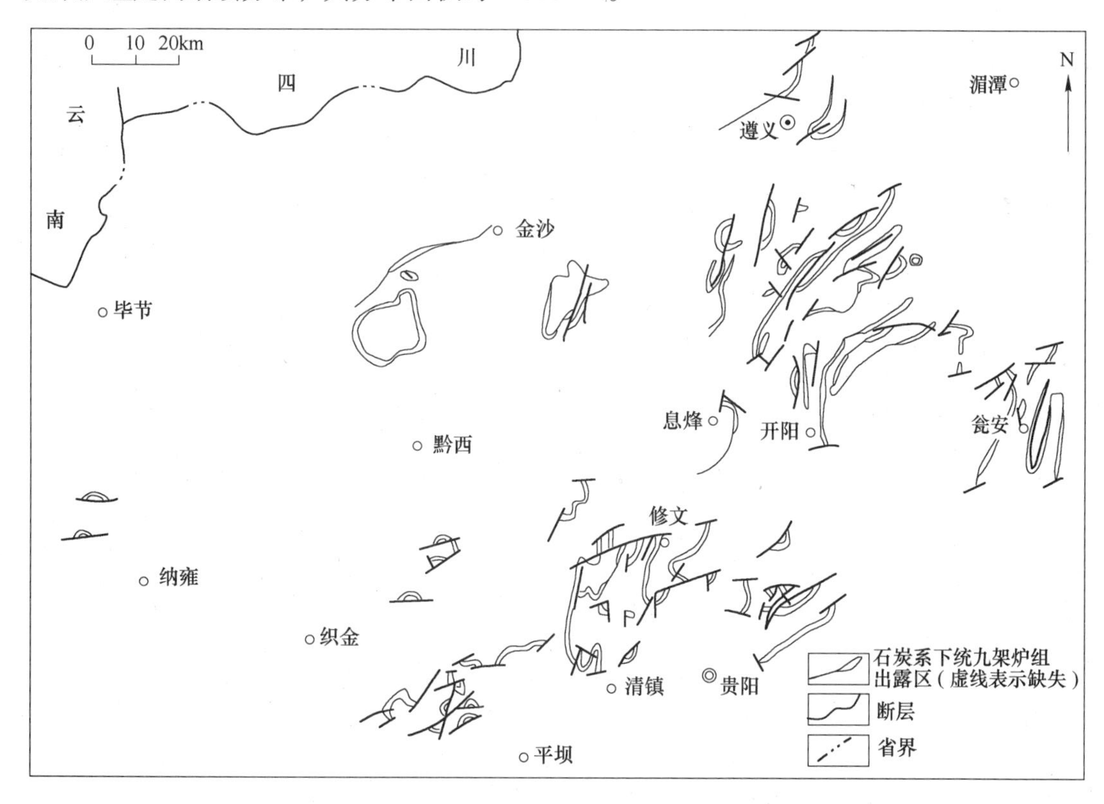

图 5-7 贵州省中部石炭纪九架炉组分布略图（据高道德，1992）

石炭纪的铝土矿主要分布于清镇、修文、贵阳市郊、平坝、织金、黔西、息烽、开阳、遵义等地，分属于修文～清镇和遵义～息烽～开阳两个矿集区，其代表性矿床有清镇猫场铝土矿、麦格铝土矿、燕垅铝土矿、贵阳云雾山铝土矿、修文小山坝铝土矿、干坝铝土矿、遵义后槽铝土矿、苟江铝土矿、开阳石头寨铝土矿、旧寨铝土矿等。在 20 世纪 80 年代早期，由于对遵义、息烽、开阳一带含矿岩系时代归属的不确定性，前人将黔西大关～修文～贵阳羊昌一线之南的铝土矿床称为“清镇式”或“修文式”，之北则称为“息烽式”、“开阳式”（《贵州省区域矿产志》，1986）。通过本次研究，我们认为上述区域内的含铝岩系均为九架炉组，时代均属于早炭世大塘期，建议统称为“清镇式”或“修文式”铝土矿，无须另创新名，以便更准确反映贵阳清镇至遵义一带铝土矿床的本质特征。

5.2.2 中二叠世罗甸期梁山时铝土矿床

贵州二叠系属于扬子地层区。据最新地质研究资料，二叠系下统、中统和上统的岩性、岩相及古生物差异明显，而且在赫章～织金～平坝～都匀～黎平一线以北地区，大面积缺失早二叠世地层。按贵州省地质志（2012）划分方案，二叠系中统分为遵义～贵阳～兴义、紫云～册亨及关岭～罗甸三个分区（表5-3），由北到南，浅水台地相碳酸盐岩、台地边缘滩礁相碳酸盐岩和斜坡至盆地相碳酸盐岩～碎屑岩组平面分带清楚（图5-8）。本书所称的梁山组等同于刘平（1993）命名的大竹园组，其含义是指整合于栖霞组之下，平行不整合于奥陶系、志留系及石炭系碎屑岩及灰岩之上的一套滨岸沼泽至潮坪～泻湖相黏土岩、夹砂岩、碳质黏土（页）岩、煤线、铝土质黏土岩及铝土矿，时代属中二叠世罗甸期（图5-8）。

表5-3 贵州省中二叠统划分对比简表

年代地层		遵义～贵阳～兴义分区（I）			紫云～册亨分区（Ⅱ）	关岭～罗甸分区（Ⅲ）
		天柱～黎平小区 I_3	遵义～务川小区 I_3	独山～威宁～兴义小区 I_1		
二叠系上统	吴家坪阶	合山组 P_3h	合山组 P_3h；龙潭组 P_3l	宣威组 P_3x；龙潭组 P_3l；合山组 P_3h；峨嵋山玄武岩组 $P_{2-3}em$	吴家坪组 P_3w	领薅组 $P_{2-3}lh$
二叠系中统	冷坞阶	茅口组 P_2m	茅口组；第二段 P_2m^2	峨嵋山玄武岩组 $P_{2-3}em$；茅口组；第二段 P_2m^2	猴子关组 P_2h	玄武岩 βP_2；四大寨组 $P_{1-2}s$；第二段 $P_{1-2}s^2$
	孤峰阶	茅口组 P_2m	茅口组；第一段 P_2m^1	茅口组；第一段 P_2m^1	猴子关组 P_2h	四大寨组 $P_{1-2}s$；第二段 $P_{1-2}s^2$
	祥播阶	茅口组 P_2m	茅口组；第一段 P_2m^1	茅口组；第一段 P_2m^1	猴子关组 P_2h	四大寨组 $P_{1-2}s$；第二段 $P_{1-2}s^2$
	罗甸阶	栖霞组 P_2q；梁山组 P_2l	栖霞组 P_2q；大竹园组 P_2d	栖霞组 P_2q；大竹园组 P_2d；梁山组 P_2l	猴子关组 P_2h	四大寨组 $P_{1-2}s$；第二段 $P_{1-2}s^2$
二叠系下统	隆林阶			龙吟组 P_1l；平川组 P_1q	平川组	四大寨组 $P_{1-2}s$；第一段 $P_{1-2}s^1$
	紫松阶			摆布戛组 CPb；南丹组；马平组 CPm；威宁组	威宁组 CPw	南丹组 CPn

（据《贵州省区域地质志》，2012）

中二叠世梁山时期的铝土矿主要集中分布于黔北务川～正安～道真地区和凯里～黄平地区，务川～正安～道真地区的典型矿床有大竹园铝土矿、新民铝土矿、瓦厂坪铝土矿、新木铝土矿等，矿床规模多见大中型。凯里黄平地区的铝土矿床分布于黄平复背斜、渔洞向斜和苦李井向斜的翼部（董家龙，2004），其代表性矿主要有苦李井铝土矿、渔洞铝土矿等，矿床规模主要为中小型。

5.2.3 铝土矿成矿时间分布规律及差异对比

贵州铝土矿含矿岩系的时代差异性是导致铝土矿床垂向分层和平面分区特征的根本因

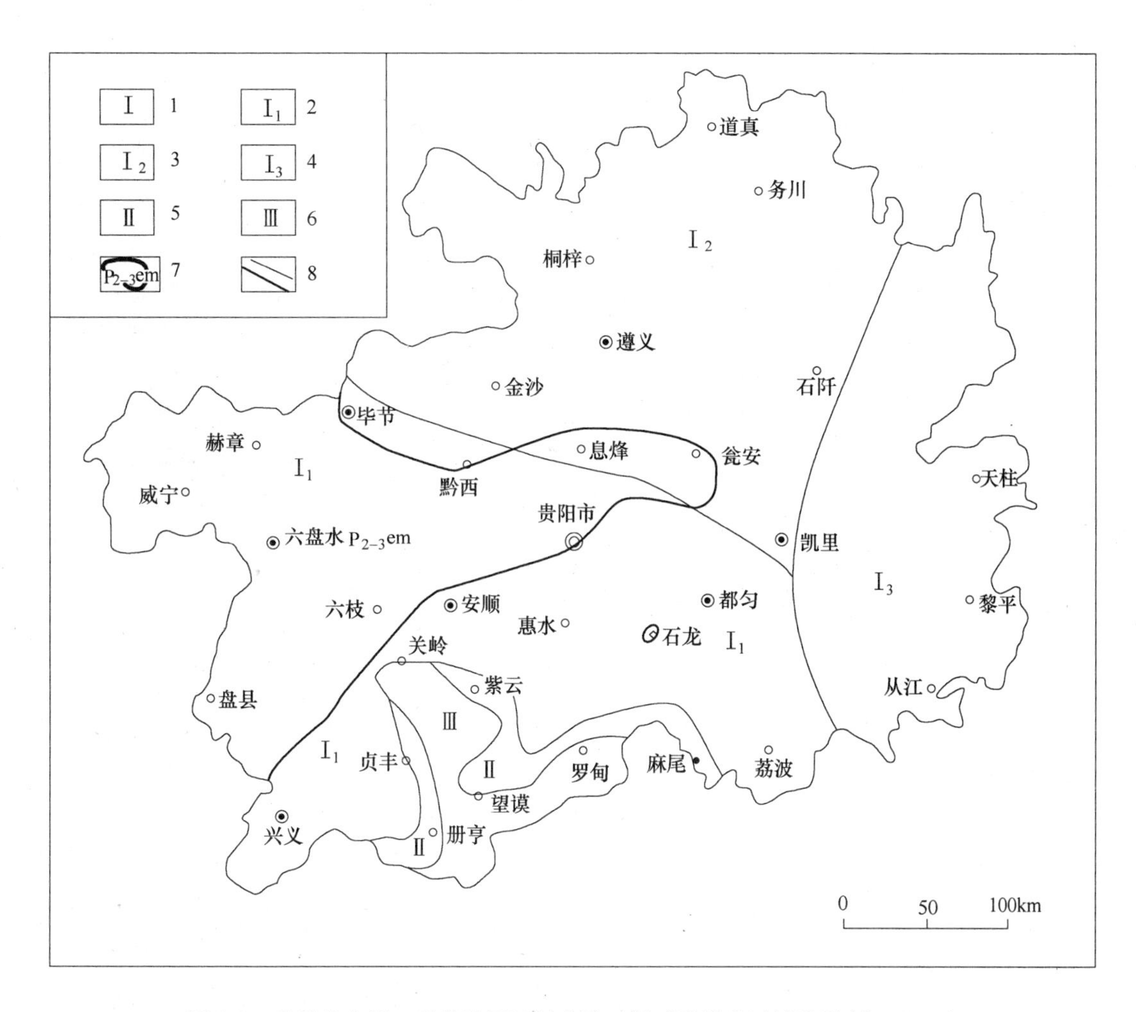

图 5-8 贵州省中部二叠世地层区划略图（据《贵州省区域地质志》，2012）

1—遵义～开阳～兴义分区；2—独山～威宁～兴义小区；3—遵义～务川小区；4—天柱～黎平小区；5—紫云～册亨分区；6—关岭～罗甸分区；7—峨嵋山玄武岩分区；8—分区及小区界线

素，铝土矿床的平面分区和纵向分层性是含矿岩系时限差异的空间表现。因此，铝土矿床的空间分布和时间差异是有必然联系的，并构成扬子陆块地壳构造演化和铝土矿成矿系列的重要组成部分。据高兰等（2014）研究，从时间上将我国铝土矿分为 7 个成矿系列，在空间上分为 15 个成矿带，其中的黔中成矿带就相当于本书所称的黔中成矿带，渝南黔北成矿带包括贵州省的务、正、道成矿区。因此，黔中早石炭世九架炉时期和黔北中二叠世梁山时期的铝土矿床，无疑都应作为我国早石炭世和中二叠世铝土矿成矿序列的典型实例。概括起来，贵州省铝土矿床的时间分布规律表现在以下几个方面。

（1）从南到北，由西到东，铝土矿床含矿岩系的时代由老变新，黔中铝土矿带中的含矿岩系为早石炭世大塘期九架炉组，黔北和黔东地区的含铝岩系为中二叠世罗甸期梁山组。这是目前贵州地质界比较统一的认识。

（2）含矿岩系顶、底板变化趋势。在黔中成矿带，含铝岩系九架炉组在不同地段直接与下伏泥盆系望城坡组、高坡场组，奥陶系湄潭组、桐梓组（刘平，1995）和寒武系娄山关组、石冷水组（贵州省区域矿产志，1986）、清虚洞组、明心寺组等地层呈平行不整合和角度不整合接触。其中最老的底板为寒武系下统明心寺组，在织金一带较为清楚；最新底板为泥盆系上统高坡场组，在凯里渔洞、瓮安岩门矿区较明显。从总体上，从西向东，从南向北，含铝岩系底板均有逐渐变新的趋势。

在清镇～修文地区，含矿岩系的顶板为摆佐组，并与顶板为平行不整合接触；在惠水～龙里地区，其顶板为旧司组，并与顶板为整合接触。当旧司组、上司组和摆佐组均缺失时，顶板则为二叠系中统梁山组或栖霞组，二者仍呈平行不整合接触。上述特征，一方面反映了含矿岩系的穿时性，另一方面也给上司组和摆佐组均缺失区，九架炉组和梁山组界面的识别及划分带来一定困难，这便是造成某些矿区含矿系时代归属争议的主要原因之一。

在黔北～黔东成矿区的务川～正安～道真地区，含铝岩系底板主要为志留系下统韩家店、石炭系上统黄龙组，并与其底板为平行不整合接触；含矿岩系顶板为栖霞组，二者为整合接触。在凯里～黄平地区，含铝岩系顶板为二叠系中统栖霞组，二者为整合接触；含铝岩系的底板为泥盆系上统高坡场组，顶面起伏不平，二者为平行不整合接触。上述特征，反映出梁山组也是一个穿时地层单元。

（3）古风壳形成时限差异性显著。两个时代含铝岩系的沉积特征、岩相古地理特征、地层接触关系等诸多资料证实，无论是石炭系下统九架炉组，还是二叠系中统梁山组，它们主要都属于古风化壳湖泊（淡水）～沼相～泻湖相沉积。但古风化壳形成的时限差异非常显著。

资料及研究表明，在黔中铝土矿成矿带，自奥陶系宁国期末（湄潭组沉积之后）开始，加里东构造期的古代造貌作用就使黔中隆起显露雏形，后经过志留纪至泥盆纪的长期剥蚀和溶蚀作用，并受到都匀运动、广西运动和紫云运动三次隆升造陆运动的影响，为九架炉组的沉积提供了物源条件，据最新中国地层表（全国地层委员会2011年征求意见稿）提供的地质年龄估算，九架炉组沉积之前古风化壳的形成时限约为1.8亿年。上亿年的漫长风化剥蚀淋滤作用，为含矿岩系的沉积创造了丰富的物质来源，这也就是形成黔中铝土矿带大量优质矿石的物质基础。

然而，黔北务川～正安～道真铝土矿区含铝岩系的下伏最新底板为石炭系上统黄龙组中厚层泥晶灰岩或生物碎屑灰岩，为一剥蚀残留体，其残留厚度为0～10m，含铝岩系与其底板黄龙组为平行不整合接触。含铝岩系与其最新底板的接触关系及该剥蚀残体特征充分表明，区内的梁山组是在黄龙组沉积之后，由于受到黔桂运动的影响，使黄龙组及其以前的地层遭受隆升剥蚀，为梁山组的形成提供古风化壳。距邻区资料，该风化壳发育的时间下限可延伸至准平原化的九架炉组古风化壳的顶面。据最新中国地层表（《全国地层委员会2011年征求意见稿》）提供的地质年龄估算，梁山组沉积之前古风化壳的形成时限约为1.5亿年。相比之下，为梁山组提供物源的古风化壳的发育时间要比为九架炉组提供物源的古风化壳的形成时间短得多，从而使含梁山组含铝岩系的厚度也要比九架炉组小得多。因此，古风化壳的存在及其厚度特征，是控制贵州省铝土矿床形成与分布的重要条件。

综上铝土矿成矿时间特征，基本情况对比分析见表5-4。

表 5-4 贵州省铝土矿成矿时间分布规律及差异对比

成矿地区	务川～正安～道真地区	遵义～开阳地区	清镇～修文地区	凯里～黄平～瓮安～福泉地区
含矿岩系	二叠系中统梁山组	石炭系下统九架炉组	石炭系下统九架炉组	二叠系中统梁山组
含矿岩系形成时间	中二叠世罗甸期	早石炭世大塘期	早石炭世大塘期	中二叠世罗甸期
下伏地层	志留系中下统韩家店组	奥陶系下统桐梓组、湄潭组等	寒武系中上统娄山关组、石冷水组、清虚洞组、明心寺组等	泥盆系上统高坡场组
古风壳形成时限/亿年	1.5	约 1.8	1.8	1.5

5.3 含矿岩系特征及成矿规律

5.3.1 铝土矿含矿岩系剖面特征

铝土矿含矿岩系：指含有铝土矿的一套岩石组合单元。贵州铝土矿的含矿岩系，本书按以下几个区域分述其剖面特征。

5.3.1.1 黔北地区

铝土矿含矿岩系为一套含铝土页岩、黏土岩、含铁质（矿）黏土岩和粉砂岩的地层，属中二叠统梁山组。一般厚 2.0～16.5m，最厚也只有十几米。通常含矿岩系分为三段，上段为深灰色薄层碳质、钙质、铝质页岩，中段为含铝岩系，下段为杂色页岩、黏土岩，含铁绿泥石岩。含矿岩系与上覆、下伏地层的区别较大，其下伏地层主要为志留系韩家店组灰绿色、紫红色泥岩、泥砂岩、页岩，也有部分区域为一套石炭系上统黄龙组浅灰色、灰色厚层至块状泥晶灰岩；含矿岩系的上覆地层，基本为二叠系中统栖霞组石灰岩。以务川瓦厂坪铝土矿床含矿岩系特征为例，见图 3-12。

5.3.1.2 黔中地区

铝土矿含矿岩系为石炭系下统九架炉组（C_1jj），呈整合伏于石炭系摆佐组白云岩之下，覆于寒武系中上统娄山关组白云岩夹黏土岩之上。该层厚度一般 20m 左右，含矿岩系通常为三段，下段为含铁矿岩系，中段为含铝土矿系，上段为砂页岩偶夹灰岩、泥质白云岩岩系。以修文小山坝铝土矿床含矿岩系特征为例，见图 3-2。

5.3.1.3 遵义地区

铝土矿含矿岩系呈假整合覆于奥陶系下统桐梓组（O_1t）白云岩之上，伏于二叠系下统梁山组（P_1l）黑色粉砂质黏土岩、碳质泥岩之下。含矿岩系从下到上由铝质岩、铁铝质黏土岩、铝土矿层和铝质岩或铝质泥岩组成，一般厚约 20m 左右。以遵义苟江铝土矿床含矿岩系特征为例，见图 3-23。

5.3.1.4 息烽地区

含矿岩系为石炭系下统九架炉组（C_1jj），呈假整合覆于寒武系中上统白云岩之上，伏于二叠系梁山组泥岩、砂岩之下。通常含矿岩系分为三段，上段为灰色、浅灰色铝土岩，中段为铝土矿，下段为铝土质泥岩、黏土岩。以息烽苦菜坪铝土矿床含矿岩系特征为例，见图5-9。

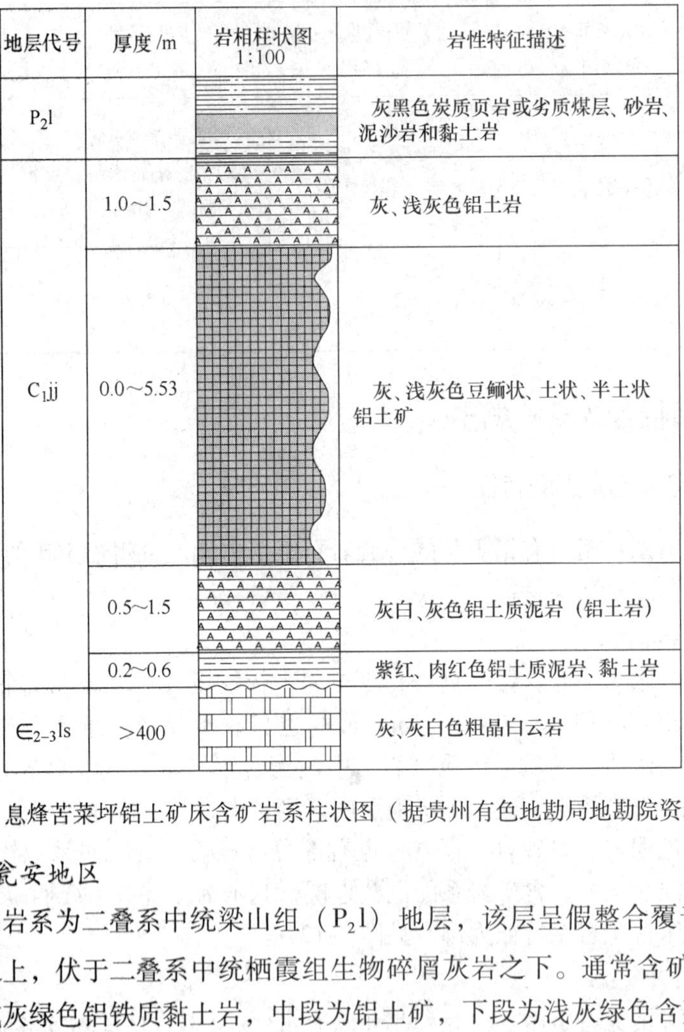

地层代号	厚度 /m	岩相柱状图 1:100	岩性特征描述
P_2l			灰黑色炭质页岩或劣质煤层、砂岩、泥沙岩和黏土岩
C_1jj	1.0～1.5		灰、浅灰色铝土岩
	0.0～5.53		灰、浅灰色豆鲕状、土状、半土状铝土矿
	0.5～1.5		灰白、灰色铝土质泥岩（铝土岩）
	0.2～0.6		紫红、肉红色铝土质泥岩、黏土岩
$\in_{2-3}ls$	>400		灰、灰白色粗晶白云岩

图5-9 息烽苦菜坪铝土矿床含矿岩系柱状图（据贵州有色地勘局地勘院资料修编）

5.3.1.5 瓮安地区

铝土矿含铝岩系为二叠系中统梁山组（P_2l）地层，该层呈假整合覆于泥盆系上统高坡场组白云岩之上，伏于二叠系中统栖霞组生物碎屑灰岩之下。通常含矿岩系分为三段，上段为褐红色或灰绿色铝铁质黏土岩，中段为铝土矿，下段为浅灰绿色含菱铁矿绿泥石的铁铝质黏土岩或褐色含赤铁矿铝土岩，一般厚度约20m。以瓮安岩门铝土矿床含矿岩系特征为例，见图3-32。

5.3.1.6 龙里地区

该地区铝土矿含矿层位为石炭系下统九架炉组。该层呈假整合覆于泥盆系上统者王组介壳泥晶灰岩之上，伏于石炭系下统祥摆组石英细砂岩、页岩和碳质页岩互层之下。含矿岩系通常分为三段，上段为灰色、灰白色、黄褐色黏土岩、含铝质黏土岩，中段为铝土矿段，下段为铁质黏土岩，一般厚度约10m。以龙里金谷铝土矿床含矿岩系特征为例，见图3-35。

5.3.1.7 凯里地区

含矿岩系为二叠系中统梁山组（P_2l），按岩性可分为三段，上段含煤（炭质）层、中段含铝土层、下段含铁质层。下伏地层为泥盆系上统高坡场组白云岩，上覆地层为二叠系栖霞组灰岩。以凯里苦李井铝土矿床含矿岩系特征为例，见图3-29。

5.3.2 含矿岩系成矿规律及差异对比

综上铝土矿含矿岩系剖面特征，基本情况对比分析见表5-5。

表5-5 贵州铝土矿含矿岩系成矿规律及差异对比

成矿地区	务川~正安~道真地区	遵义地区	息烽~开阳地区	瓮安~福泉地区	凯里~黄平地区	清镇~修文地区	龙里地区
上覆地层	二叠系中统栖霞组灰岩	二叠系中统梁山组砂泥岩	二叠系中统梁山组砂泥岩	二叠系中统栖霞组灰岩	二叠系中统栖霞组灰岩	石炭系中下统摆佐组白云岩	石炭系中统祥摆组砂泥岩
含矿地层	二叠系中统梁山组	石炭系下统九架炉组	石炭系下统九架炉组	二叠系中统梁山组	二叠系中统梁山组	石炭系下统九架炉组	石炭系下统九架炉组
下伏地层	志留系中下统韩家店组砂泥岩	奥陶系下统桐梓组白云岩	寒武系中上统娄山关组白云岩	泥盆系上统高坡场组白云岩	泥盆系上统高坡场组白云岩	寒武系中上统娄山关组白云岩	泥盆系上统高坡场组白云岩
煤铝铁小层划分	主要为一层铝土矿	可分为2层，上铝土矿、下铁矿	可分为2层，上煤、下铝土矿	可分为3层，上煤、中间铝土矿、下铁矿	可分为3层，上煤、中间铝土矿、下铁矿	可分为2层，上铝土矿、下铁矿	可分为2层，上铝土矿、下铁矿
厚度及变化	一般10m，厚度变化相对较小	一般20m	一般小于10m	一般小于20m厚度变化相对较大	一般小于20m厚度变化相对较大	一般20m	一般小于10m
下段铁矿特征	不发育	较发育	不发育	较发育	发育	发育	较发育
上段煤矿特征	不发育	不发育	较发育	较发育	较发育	不发育	不发育

根据以上特征，贵州省铝土矿含矿岩系表现出以下成矿规律：

（1）含矿岩系有石炭系下统九架炉组和二叠系中统梁山组2类，石炭系下统九架炉组主要分布于黔中~遵义~息烽、开阳~龙里地区，二叠系中统梁山组主要分布于务川~正安~道真地区和瓮安~福泉~黄平~凯里地区（图5-10）。

（2）含矿岩系的上覆地层主要有三类，二叠系中统栖霞组，二叠系中统梁山组和石炭系下中统摆佐组白云岩与石炭系中统祥摆组。二叠系中统栖霞组主要分布于务川~正安~道真地区和瓮安~福泉~黄平~凯里地区；二叠系中统梁山组主要分布于遵义~息烽、开阳地区；石炭系下中统摆佐组白云岩与石炭系中统祥摆组主要分布于黔中与龙里地区（图5-11）。

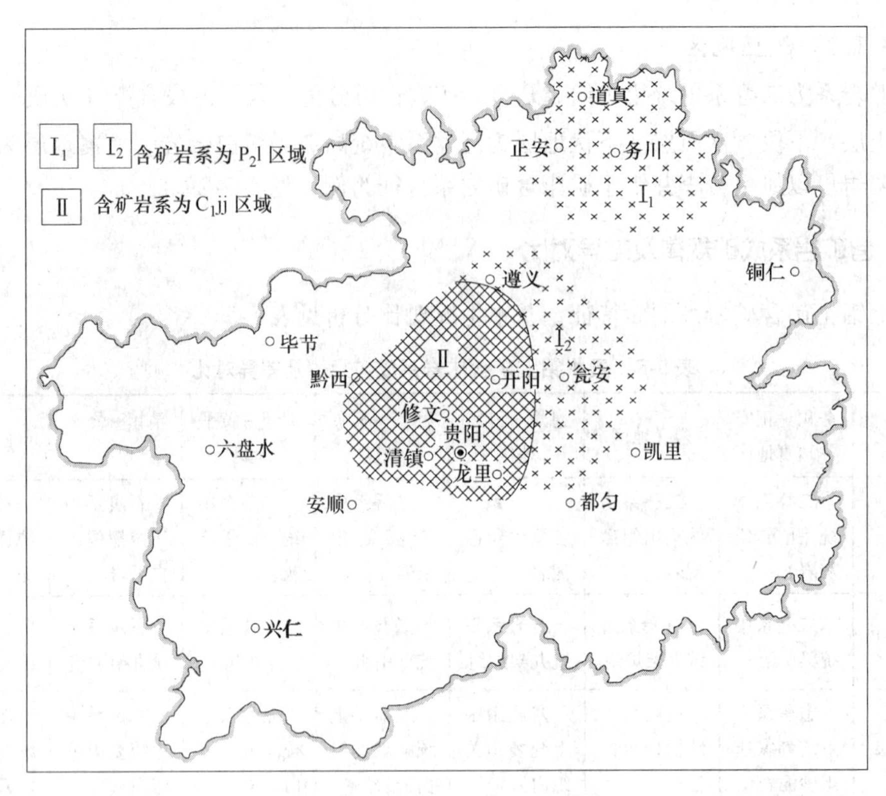

图 5-10 含矿岩系分布规律图

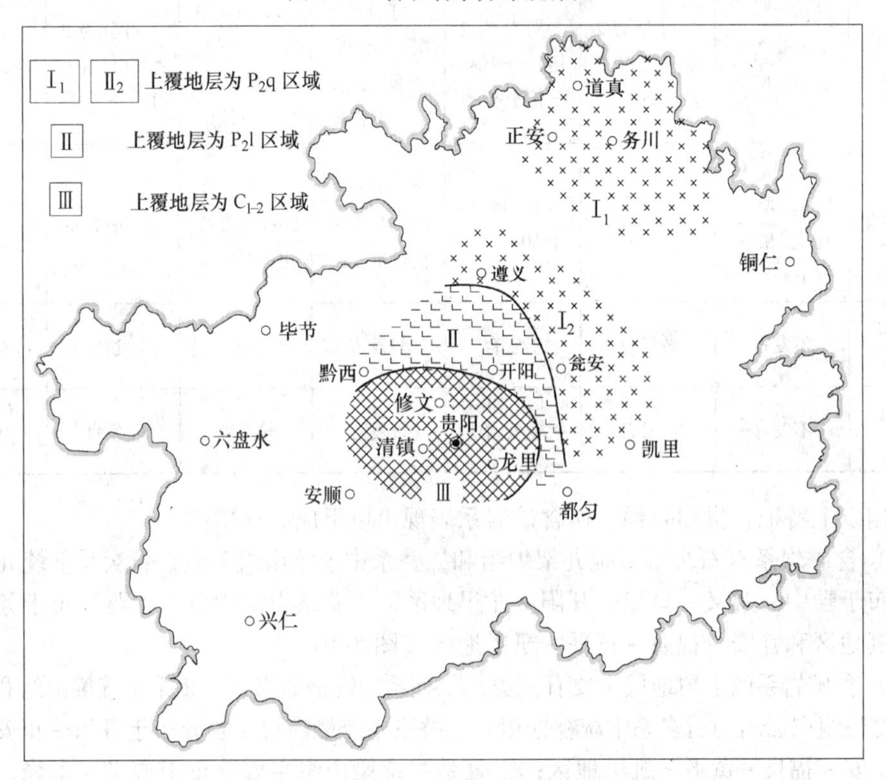

图 5-11 含矿岩系上覆地层分布规律图

(3) 含矿岩系的下伏地层从南往北为寒武系～奥陶系～泥盆系～志留系，最老的地层寒武系中上统娄山关组集中分布在黔中～息烽、开阳地区，奥陶系下统桐梓组主要分布在遵义地区，泥盆系上统高坡场组分布于瓮安～福泉～黄平～凯里～龙里地区；志留系中下统韩家店组主要分布于务川～正安～道真地区图（图5-12 和图5-13）。

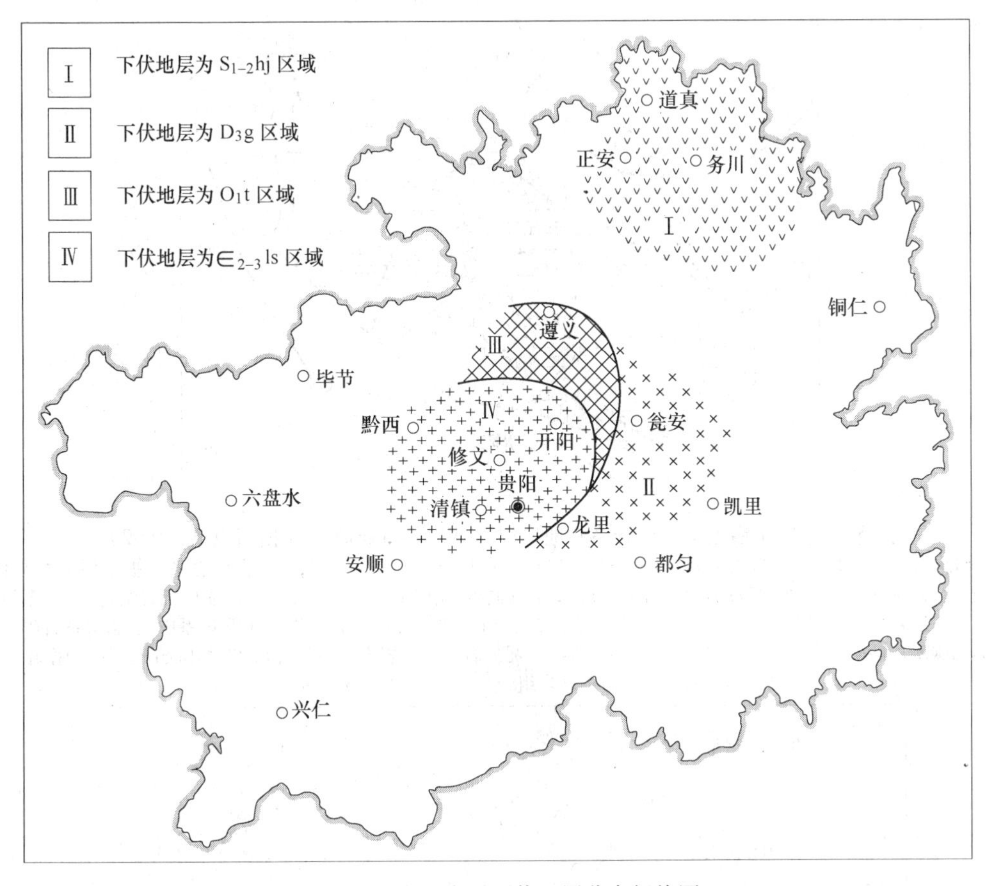

图5-12 含矿岩系下伏地层分布规律图

(4) 含矿岩系的厚度及变化趋势，最厚的含矿岩系（大于20m）分布于黔中地区，向北东方向的息烽～开阳～龙里地区变薄大约10m，遵义～瓮安～福泉～黄平～凯里地区又变厚（小于20m），在务川～正安～道真地区相比含矿岩系的厚度较薄，大约10m左右（图5-14）。

(5) 含矿岩系共伴生矿产的复杂程度特征有三种：铝～煤矿共伴生类型、铝～铁矿共伴生类型、煤～铝～铁矿共伴生类型。铝～铁矿类型集中分布于黔中和遵义地区，煤～铝～铁矿主要分布于息烽～开阳～瓮安～福泉～黄平～凯里地区，铝～煤矿类型集中分布于务川～正安～道真地区。铁矿主要发育于黔中和瓮安～福泉～黄平～凯里地区，煤矿发育于息烽～开阳～瓮安～福泉～黄平～凯里地区，务川～正安～道真地区仅见有炭质和劣质煤（图5-15）。

(6) 含矿岩系底板岩性特征分为两类：白云岩、灰岩与泥页岩。白云岩、灰岩表现为古喀斯特作用明显，底板凹凸不平，明显控制着铝土矿体的形体特征；泥页岩底板平整变化不大，相对矿体形态影响不大。另含矿岩系，顶板岩性特征分为三类：灰岩、白云岩和沙泥岩。

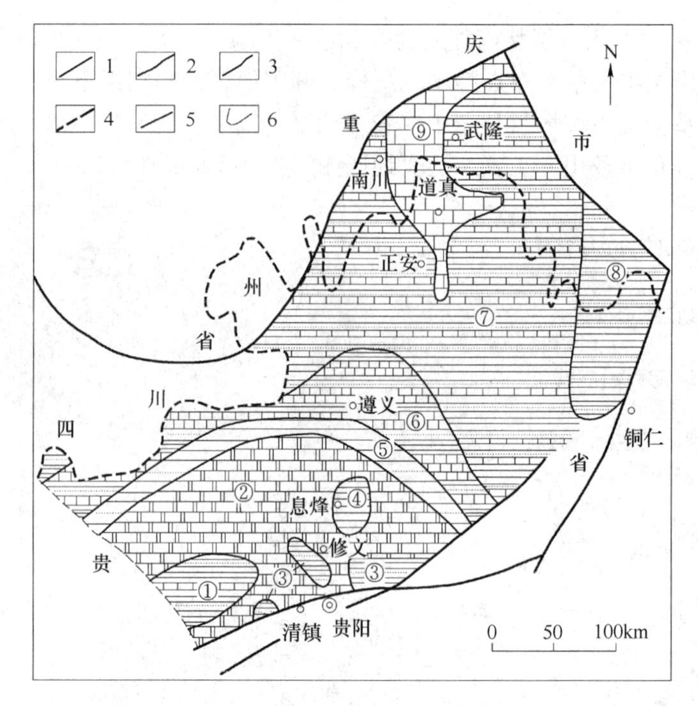

图 5-13 贵州铝土矿含矿岩系基地地层及其岩性分布略图（据高道德，1992）

1—一级构造单元；2—二级构造单元；3—三级构造单元；4—省界；5—断层；6—含矿岩系底板地层岩性界线：①明心寺-金顶山组（页岩、粉砂岩和灰岩组合），②清虚洞组-桐梓组一段（白云岩、泥质白云岩组合），③湄潭组（页岩夹粉砂岩），④桐梓组二段（页岩），⑤桐梓组二段-湄潭组（页岩夹粉砂岩），⑥奥陶系中统-志留系石牛栏组（灰岩与碳质、钙质页岩、粉砂岩组合），⑦韩家店组（泥质岩、粉砂岩夹薄层灰岩），⑧香树园组-回星哨组（页岩、粉砂岩、石英砂岩组合），⑨石炭系上统（灰岩）

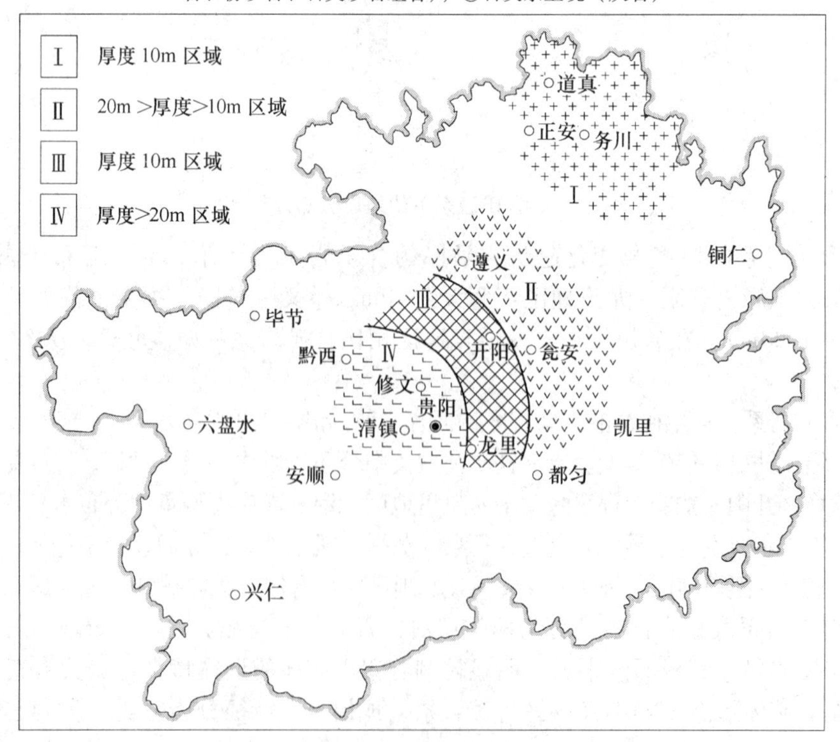

图 5-14 含矿岩系厚度变化规律图

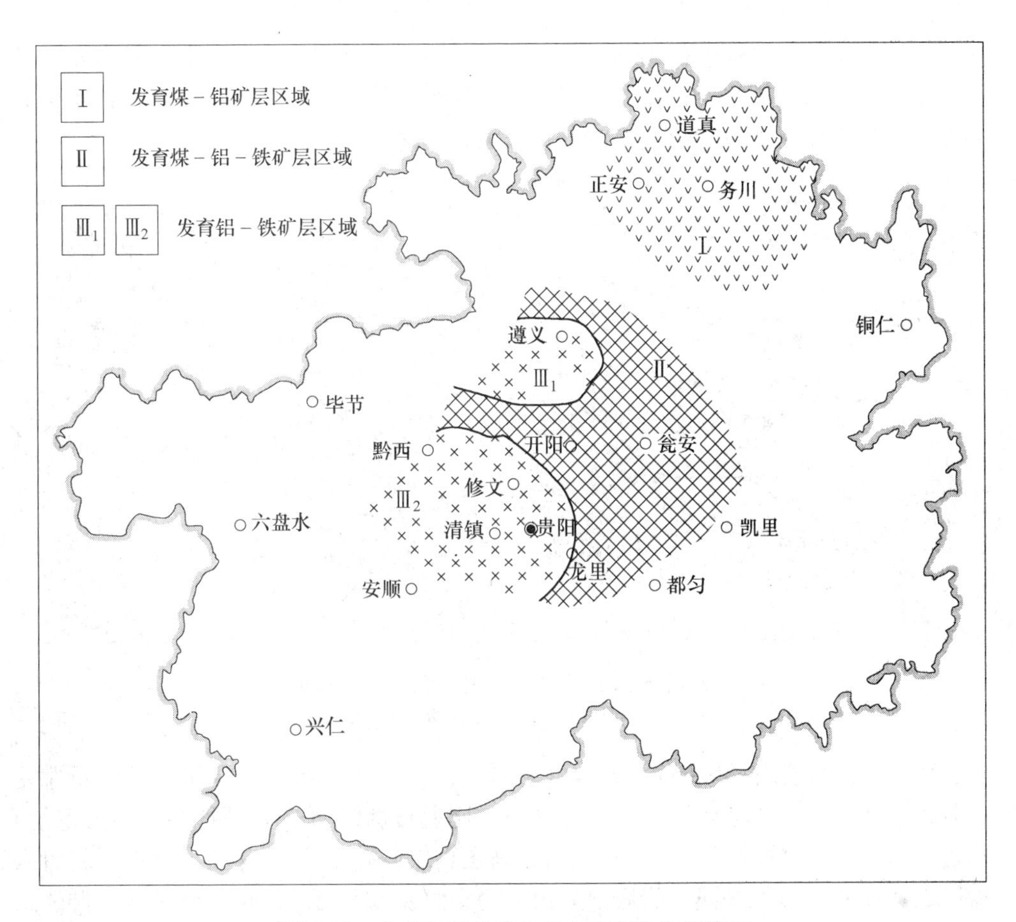

图 5-15 含矿岩系共伴生矿产发育程度规律图

5.4 铝土矿成矿古环境特征及成矿规律

贵州铝土矿可分为务川～正安～道真地区、遵义～开阳地区、清镇～修文地区、瓮安～福泉～凯里～黄平四个成矿区，4 个成矿区的矿物学、岩石学、矿床地质与地球化学特征、成矿古环境均有差异与共同点。通过对 4 个成矿区控矿因素与成矿机制综合分析，确定 4 个成矿区虽形成于不同时代，以往的研究多以单个矿区或单个成矿区域为对象，但诸多证据表明贵州的 4 个成矿区之间铝土矿的形成有相同性，并非是完全孤立的，成矿区之间存在过渡环境，同一矿区不同位置在不同时期可能隶属于不同的成矿环境，错综复杂的成矿环境导致了铝土矿在区域分布上的差异，但 4 个成矿区又受海平面变化综合控制，4 个成矿区的差异可视为海平面变化下的区域环境成矿差异。

5.4.1 铝土矿形成的古环境特征

5.4.1.1 务川～正安～道真地区铝土矿成矿古环境特征

A 志留纪古地理

务川～正安～道真地区志留系十分发育，几乎在全区皆有分布，该地区志留系主要为碎屑岩夹碳酸盐岩，生物化石主要有腕足动物、三叶虫、珊瑚、笔石，总体上说反映了一种热带滨浅海环境及浅海碳酸盐岩台地环境。研究区志留纪古地理如图 5-16 所示。该区域地层剖面由底部到顶部主要包括龙马溪组、松坎组、石牛栏组、韩家店组，以下为各组的简要介绍，各组介绍资料均引自《贵州省区域地质志》(2012)。

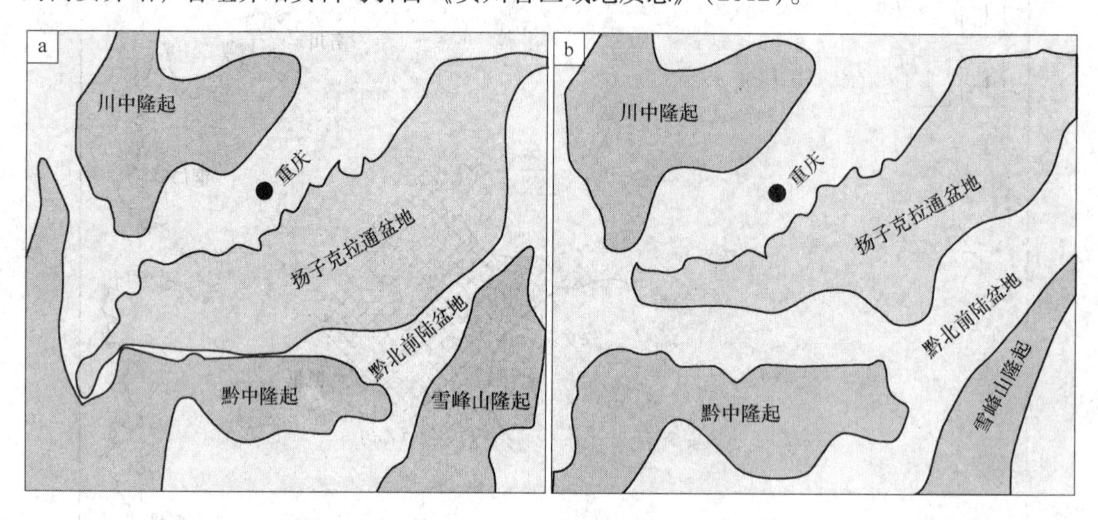

图 5-16 研究区志留纪古地理（据马永生等，2009，修改）
a—早志留世早期；b—早志留世中晚期

志留系下统龙马溪组（S_1lm）：最早由李四光、赵亚曾（1924）于湖北秭归新滩龙马溪村命名为龙马页岩，“为黑色含沥青质页岩，比上覆新滩页岩要硬得多，含大量笔石，厚度不超过 32m。”尹赞勋（1943）称之为龙马溪页岩，并于 1943 年将龙马溪页岩引入贵州。穆恩之（1962）在龙马溪页岩底部分出五峰组（归奥陶系），其上称龙马溪群。张文堂（1964）将穆氏（1962）的龙马溪群顶界提高至丁氏（1930）所称石牛栏灰岩中下部，在底部又分出观音桥组，置于志留系最底部。贵州区调队在 20 世纪 70 年代前后的 1:200000区调中使用张文堂（1964）重新确定后的龙马溪群定义。南京古生物研究所（1974）改称为龙马溪组，顶、底界大致与穆氏（1962）的龙马溪群相当。戎嘉余、杨学长（1981）又将韩家店剖面龙马溪组上部分出称松坎段，其下为龙马溪组，《贵州省区域地质志》(1987) 的龙马溪组与此相当。贵州省岩石地层（1997）重新厘定的龙马溪组为宝塔组灰岩之上，新滩组粉砂质黏土岩之下，全为黑色碳质页岩的地层为龙马溪组，实际上由五峰组下段的碳质页岩、上段的泥质灰岩及原龙马溪组底部的碳质页岩这三部分组成。

松坎组：穆恩之（1982）将张文堂等（1964）所测韩家店剖面龙马溪组上部钙质页岩夹薄层泥质灰岩，含腕足类、三叶虫及笔石混合相的岩层，厚约 132m 的地层称为松坎组。本组由黏土岩、钙质页岩与薄层泥质灰岩相间组成，由底部至顶部，颜色变浅，泥质变少，钙质含量增高，层增厚，富含笔石及少量珊瑚，厚 133m，与下伏新滩组页岩、砂质页岩渐变过渡分界（《贵州省区域地质志》，2012）。

志留系中统石牛栏组（S_2sh）：主要岩性为灰～深灰色中厚层至厚层块状（夹薄层）生物碎屑灰岩、瘤状泥质灰岩、粗晶灰岩夹介壳灰岩、珊瑚灰岩，偶夹泥页岩，含大量珊瑚及腕足类、头足类化石，厚度最大可达 300 余米，一般在 100m 左右，底界为松坎组钙质页岩夹薄层泥质灰岩，厚层灰岩或瘤状灰岩出现为二者分界，地面上常表现为陡坎(《贵州省区域地质志》，2012）。

志留系中上统韩家店组（$S_{2-3}hj$）：韩家店组在务川～正安～道真地区分布广泛，厚度较大，据《贵州省区域地质志》（2012）资料，韩家店组主要特征如下：主要岩性由灰绿、黄绿、蓝灰夹少量紫红色页岩、粉砂质页岩、泥岩、粉砂质泥岩、钙质泥岩夹少量薄层粉砂岩及薄层透镜状生物碎屑灰岩组成，含大量腕足类、三叶虫及少量珊瑚等，厚可达500余米。大致可分三段，第一段：以灰绿、黄绿色页岩、泥岩为主，夹少量砂质页岩、钙质页岩，偶夹薄层灰岩透镜体，波痕发育，含少量腕足类及三叶虫化石；第二段：为紫红色夹黄绿、灰绿色页岩、泥岩、粉砂质泥岩及少量粉砂岩，相比第一段化石稀少，仅见少量腕足类等，厚度有一定变化，最厚不超过152m，本段颜色变化显著，可作为研究及分层标志，总体变化特征为由东向西红层减少，厚度变薄，小区东部凤冈硐卡拉～务川龙井坡一带，平均厚度约90m，上下两层紫红，其间为蓝灰、灰绿色夹少量紫红组成；本段大致相当于印江～石阡小区的溶溪组中下部或下部；第三段：与第一段近似，以灰绿、黄绿及蓝灰色泥岩、页岩、砂质页岩为主，夹粉砂质泥岩及薄层生物碎屑灰岩或灰岩透镜体，本段最大特点以夹较多的灰岩透镜体为特征。据上述可知本组时代为志留系下统中～晚期，属潮坪～泻湖沉积环境。韩家店组与铝土矿的形成关系密切，经众多专家学者研究证明（余文超等，2014；赵芝等，2014；杜远生等，2014；汪小妹等，2013），韩家店组既是铝土矿的物源，同时作为铝土矿的下伏地层，亦可作为铝土矿找矿标志。

B 泥盆纪古地理

古地理图资料表明（图2-2和图2-7），研究区缺乏泥盆系地层，表明志留纪末期海水退去，研究区露出地表并遭受剥蚀，韩家店组泥页岩遭受大范围的暴露剥蚀，为铝土矿的形成提供了初步的物质条件。志留纪末至泥盆纪末研究区为古陆（图2-7和图2-12），滨海边缘准平原化的剥蚀区。

C 石炭纪古地理

据《贵州省区域地质志》（2012）资料，务川～正安～道真地区属于赫章～息烽～黎平小区：为近岸台地沉积区。早石炭世早中期地层基本缺失，只有祥摆组砂砾岩及九架炉组铝铁岩系，早石炭世晚期～晚石炭世地层为碳酸盐岩，剥蚀较严重，上部或全部遭不同程度的剥蚀缺失或剥蚀殆尽，保存最大厚度301m。总体上说，黔北地区石炭纪地层不发育，仅见晚石炭世黄龙组灰岩，厚度较小，但该地区石炭纪地层对铝土矿成矿的贡献不可忽视，同时，碳酸盐岩基底提供了良好的渗水条件，为优质铝土矿的形成创造了条件。

由于黔北、渝南和川东等地靠近古陆，尤其黔北地区是一个三面环陆、开口向北的海湾，主要发育局限台地相的滨海沉积，沉积厚度由北东～南西有由厚至薄的变化趋势，岩性以粉晶～细晶灰岩、微晶～粉晶灰岩、粗～中晶灰岩为主，生物稀少，多为藻团粒；而川东等地该段岩性主要为萨布哈沉积的去膏化或去云化次生灰岩和微晶白云岩互层或白云岩等，沉积相的横向展布相对稳定（李伟等，2011；文华国等，2011；郑荣才等，1995，2010；陈宗清，1990，1991）。

黄兴（2013）对务川～正安～道真地区石炭纪古地理进行了系统分析（图5-17～图5-20）：黔北地区石炭纪地层主要为残余的黄龙组，时期为滑石板期至达拉期，以局限台地相沉积为主；往北至渝南、川东等地也分布着厚度较厚的残余的黄龙组，并可见大量的暴露标志，如喀斯特化、红土化（郑荣才等，2008；胡忠贵等，2010；陈浩如等，2011）。鄂西一带石炭纪地层较厚，发育有黄龙组与船山组（林甲兴，1984）。

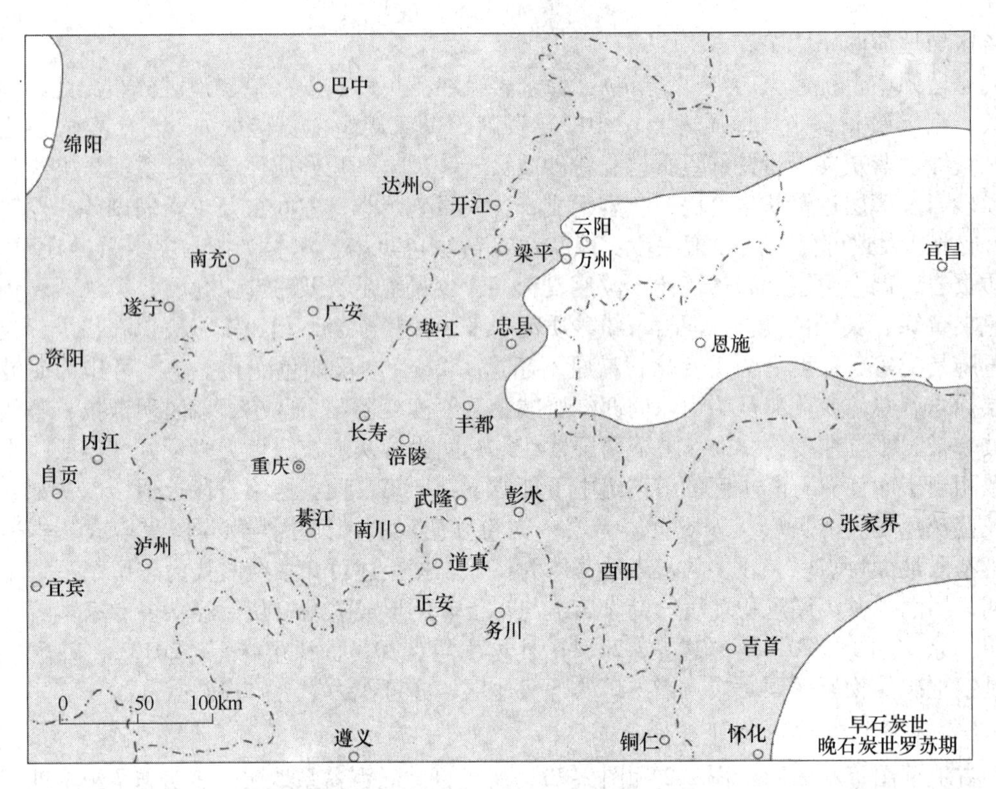

图 5-17 黔北川东早石炭世～晚石炭世罗苏期古地理图（白色为海相，灰色为古陆）（据黄兴，2013）

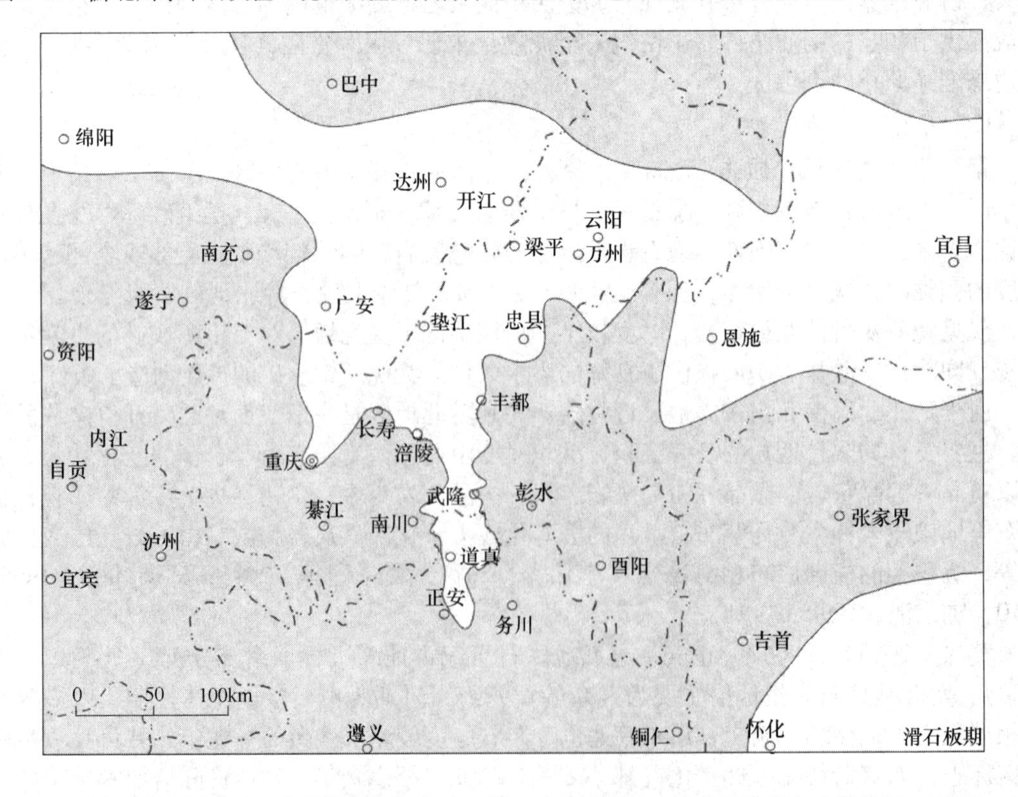

图 5-18 黔北川东晚石炭世滑石板期古地理图（白色为海相，灰色为古陆）（据黄兴，2013）

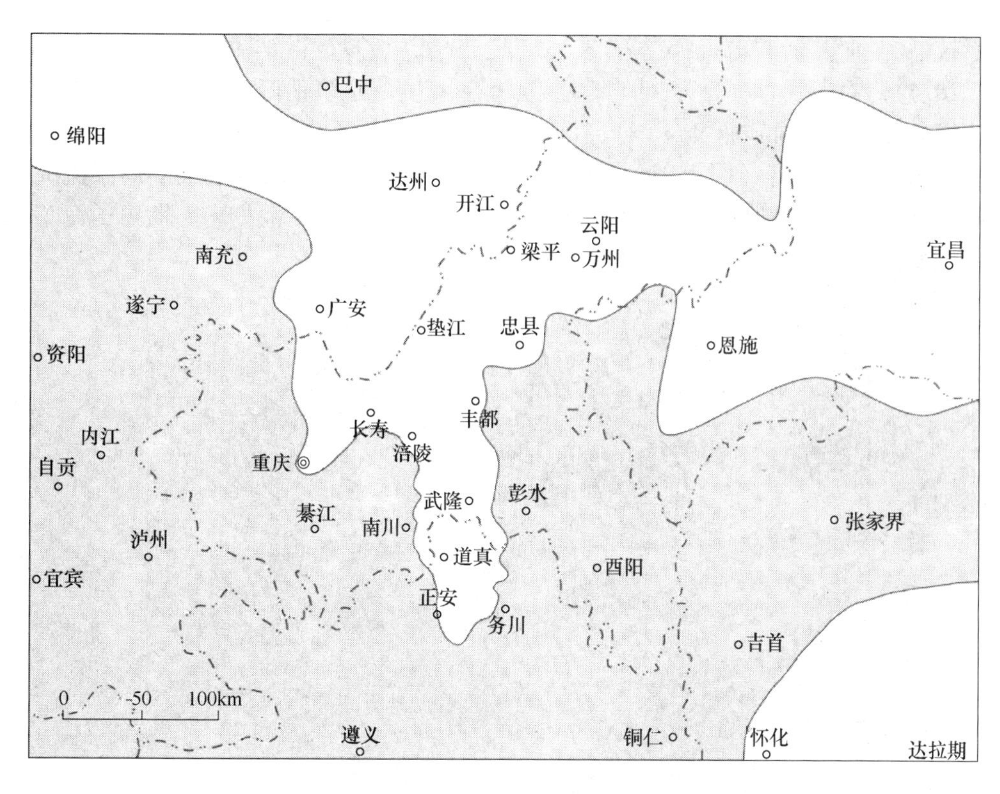

图 5-19 黔北川东晚石炭世达拉期古地理图（白色为海相，灰色为古陆）（据黄兴，2013）

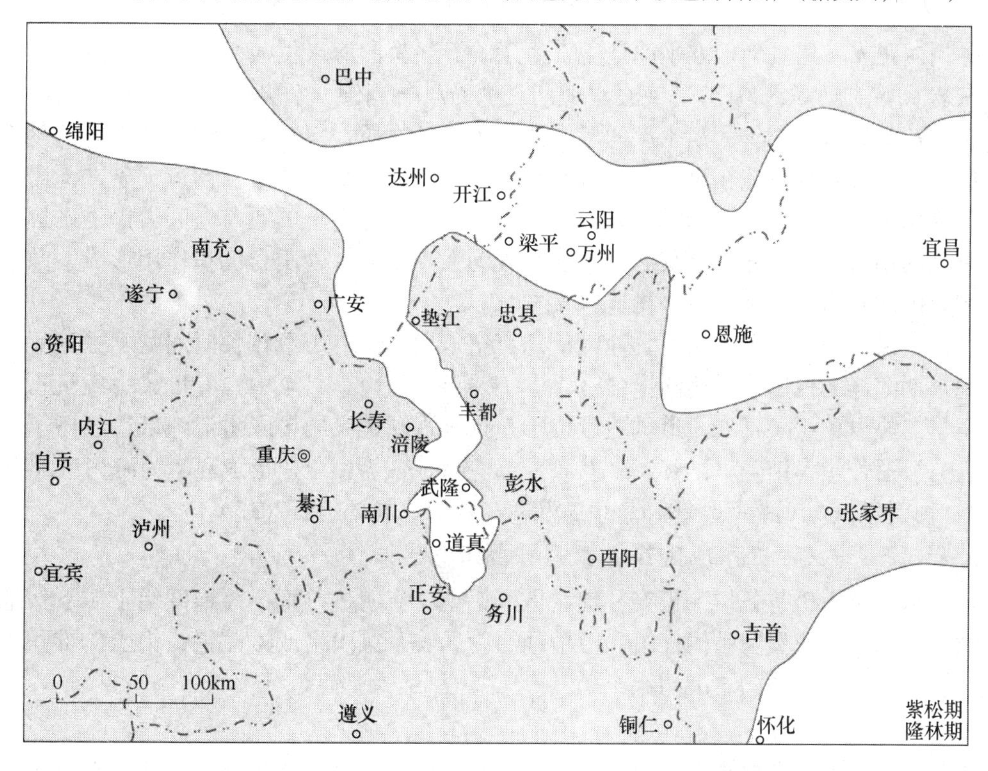

图 5-20 黔北川东早二叠世紫松期～隆林期古地理图（浅灰色为海相，灰色为古陆）（据黄兴等，2013）

系统总结前人资料（黄兴等，2013，陈宗清，1999；崔滔等，2013；杜远生等，2013，2014），本书认为晚石炭~早二叠世务川~正安~道真地区古地理演变趋势为：石炭纪晚期研究区海平面升降频繁，研究区地处扬子准地台内的上扬子古陆北缘，紧邻东西展布的狭长的扬子海湾（图5-21）。晚石炭世，扬子海处于局限流通或半局限流通的状态。随频繁的海进与海退过程扬子海的性质有所变化，晚石炭世早、中期扬子海为陆表海，晚期变为陆缘海（陈宗清，1990）。

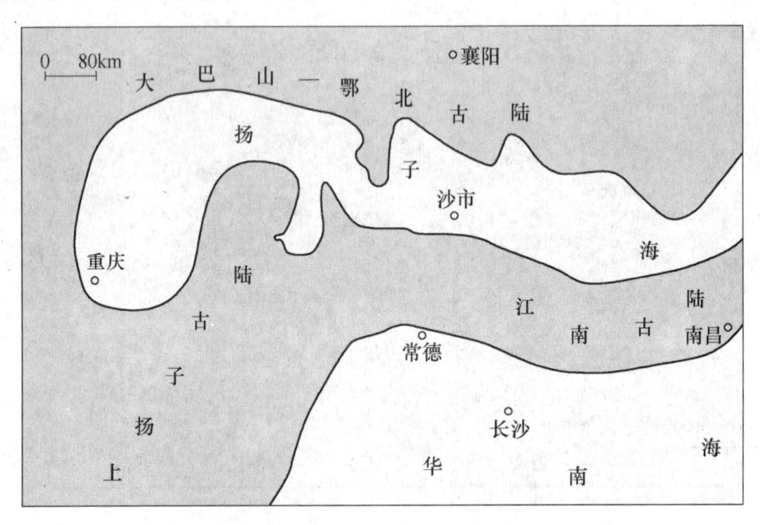

图5-21 务川~正安~道真地区晚石炭世早期古地理图（据陈宗清，1990，修编）

务川~正安~道真地区准平原地貌发生了晚石炭世的海水侵入，沉积了石炭系上统黄龙组灰岩（雷志远等，2013）。晚石炭中期，遭受风化剥蚀，黄龙组灰岩因遭受剥蚀而断续分布。黄龙组灰岩不仅为铝土矿的形成提供了成矿物质，同时亦有利于铝土矿矿化作用的形成。成矿环境频繁地在海、陆、过渡相之间转换，为杂质的清除创造了条件。历经晚石炭世晚期至早二叠世早期的风化剥蚀后，本区准平原化趋于成熟，为区内铝土矿形成提供了有利的场所，区内黄龙组灰岩被剥蚀得较为强烈，成矿物质为沉积作用形成，并非原地残积，因此岩溶洼地、漏斗等构造并不发育。

总体上说，务川~正安~道真地区从志留纪末期开始经历了较长时间的剥蚀过程，至石炭纪末期海洋的控制作用逐渐增强（图5-17~图5-21），直至中二叠世梁山组沉积，晚石炭至早二叠世务川~正安~道真地区位于上扬子古陆边缘的局限水流地区，经历了频繁的海进与海退作用，结合B、Sr、Ba及野外露头特征认为铝土矿形成环境为海湾（半封闭海湾）、海泛湖（杜远生等，2013；余文超等，2013；崔滔等，2013）。

5.4.1.2 遵义~开阳地区铝土矿成矿古环境特征

遵义地区铝土矿与务川~正安~道真地区铝土矿有明显差别，该地区铝土矿下伏地层为寒武系娄山关组或奥陶系桐梓组，上覆地层为二叠系梁山组或栖霞组，铝土矿堆积于碳酸盐岩漏斗中，为典型的岩溶型铝土矿。

A 寒武系

贵州寒武系地层发育齐全，化石丰富，遵义地区寒武系尤其完整，该地区有众多省内典型剖面，化石丰富，形成多个生物群，如凯里生物群、牛蹄塘生物群等。典型剖面以金沙县岩孔剖面（图 5-22，张正华等 1970 年测制，南古所 1975 年修测）为代表。

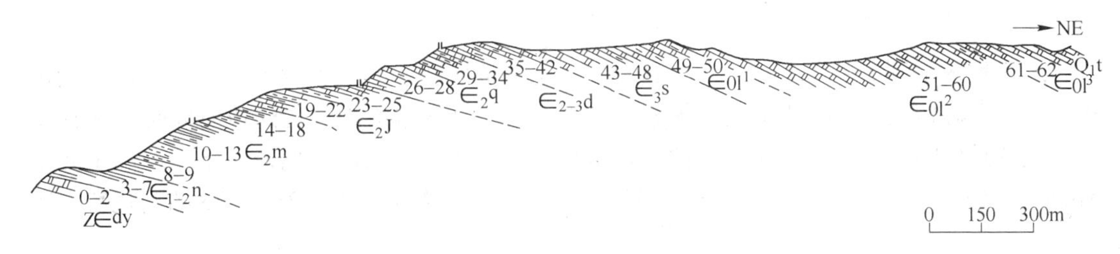

图 5-22 金沙县岩孔寒武系剖面图（《贵州省区域地质志》，2012）

B 奥陶系

据《贵州省区域地质志》（2012）研究区奥陶系剖面特征如下：主要岩性由灰～深灰色中～厚层夹薄层微～细晶白云岩和细～粗晶灰岩，夹砾屑、鲕豆粒白云岩，常含燧石团块或结核，顶及下部夹灰、灰绿色页岩或钙质页岩组成，含腕足类、三叶虫等化石，厚 45～225m；以下伏娄山关组的白云岩或毛田组的白云质灰岩结束，生物碎屑灰岩出现为二组分界；分布于黔北及黔南两个分区跨四个小区，据层型剖面岩石组合特征，自下而上可分四部分；本组在省内大部分地区为半局限台地，贵阳～毕节以西为局限台地，丹寨～三都普安一带为台地边缘滩相。奥陶系与石炭系有相似之处，都以碳酸盐岩为主，可作为铝土矿的物源，都可作为铝土矿含矿岩系下伏地层，为优质铝土矿的形成提供良好微古环境。

C 二叠系

梁山组：梁山组最早由赵亚曾等（1931）命名于陕西汉中城西偏北约 6km 中梁寺附近的“梁山层”。现今梁山组是指整合于栖霞组灰岩之下、角度不整合或平行不整合于晚元古界、寒武系至石炭系及早二叠世平川组、龙吟组灰岩之上的一套滨岸沼泽相黏土岩、砂岩，夹灰岩、碳质页岩及煤（线），时代属中二叠世罗甸期（《贵州省区域地质志》，2012）。

贵州广大地区均有梁山组分布，表明当时海侵的广泛性，主要包括思南～遵义～金沙一线以南、关岭～独山～麻尾一线以西。据《贵州省区域地质志》（2012），梁山组主要特征如下：岩性以灰至灰白色中厚层至厚层细砂岩、石英砂岩、石英粉砂岩及灰、深灰色黏土（页）岩为主，夹碳质页岩及 0～8 层煤（线），但煤层可采性较差，说明该阶段成煤条件不好；含蜓、腕足类、珊瑚及植物化石，与下伏晚元古代至早二叠世地层呈角度不整合或平行不整合接触；该组厚度大小不一，在威宁金钟、六盘水德坞、滥坝、加开及毗邻云南省宣威革学呈北西向展布的数百平方千米范围内，梁山组厚大于 100m；在息烽、瓮安、石阡、印江一带本组减薄为 1～10m，以黏土岩为主，夹砂岩，个别点上夹劣煤；在贵阳、惠水、贵定、凯里至独山、荔波一带本组厚 30～50m，以砂岩为主，夹黏土岩及煤线，局部可采。总体上说，梁山组代表了广泛的海侵，但海侵程度各地不同，同时海侵后沉积环境适合煤的形成，但后期沉积环境发生改变，煤系厚度普遍偏薄，质量较差。

栖霞组分布亦较广泛，据《贵州省区域地质志》（2012）：栖霞组为深灰、灰黑色中厚层至厚层微晶至泥晶灰岩、燧石灰岩，夹 1～2 层黑色中厚层眼球状灰岩、泥质灰岩，偶夹钙质页岩、白云质灰岩或透镜状白云岩；顶部多为 30m 厚的灰、黑色中厚层眼球状灰岩夹泥灰岩；含蜓、珊瑚、腕足类等，一般厚 100m 左右，与下伏大竹园组及梁山组呈整合接触。

D 古环境分析

遵义地区不同于务川～正安～道真地区，遵义地区在寒武、奥陶、志留纪均以接受沉积为主，但志留纪后，暴露地表，缺失泥盆系，遵义地区暴露地表的这段时间是该区铝土矿形成的重要时期，漫长的风华剥蚀与岩溶化作用为铝土矿的形成创造了条件。微量元素 Nb、Ta、Cr 等表明下伏基岩为铝土矿的形成提供了重要物源（图 5-23）。Ce 的变化特征表

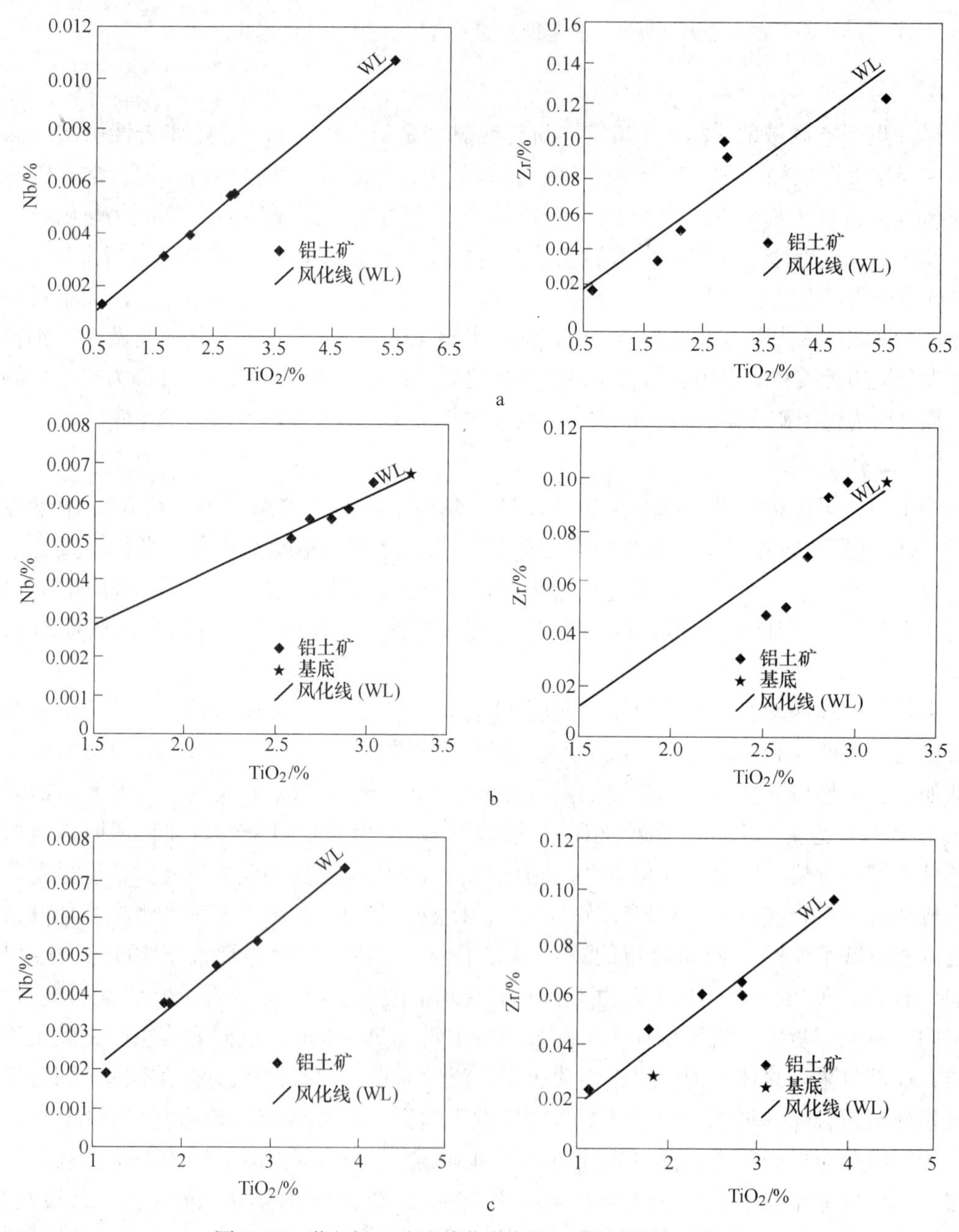

图 5-23 遵义铝土矿地球化学图解（据白朝益，2014）

a—仙人岩；b—后槽；c—新站

明成矿环境经历了氧化与还原的交替过程（白朝益，2014），成矿环境既暴露地表同时又有间歇性的海水侵入。由以上分析可知，遵义地区铝土矿主要形成于陆相环境，但间歇性的海水侵入为铝土矿的沉积提供了便利的条件，海水的周期性波动可将铝土矿成矿过程中积累的杂质带出，有利于高品位铝土矿的形成。综上所述，遵义地区铝土矿主要经历了两个阶段：母岩风化阶段及铝土矿化阶段。母岩风化阶段成矿区为陆相，遭受剥蚀，部分地区露出寒武系，该阶段为铝土矿的形成提供物源，此时成矿区为较少受海水侵入的陆地；铝土矿化阶段铝土矿含矿岩系脱硅排铁，最终形成高品位铝土矿，此阶段为沼泽环境，总体上说遵义地区铝土矿形成于以陆地为主的海陆过渡环境。

5.4.1.3 清镇~修文地区铝土矿成矿古环境特征

黔中铝土矿主要为岩溶型铝土矿，即通常所说的堆积型铝土矿。刘幼平（2009）认为矿床系由原生沉积铝土矿在适宜的构造条件下经风化淋滤，就地残积或在岩溶洼地中重新堆积形成，从而提高了矿床工业利用价值。从世界范围来说，岩溶型铝土矿定义为受古岩溶作用控制形成的铝土矿床更为合适，即无论下伏的碳酸盐岩是否为铝土矿提供物源，只需要下伏碳酸盐岩对铝土矿的形成有控制作用即可。这类型矿床最明显的特征为铝土矿床形成于岩溶漏斗、落水、峡谷状、透镜状凹陷等空间中，矿床储量大、品位高，但横向变化较大，矿石类型与颜色多样，灰色至红色都有，因矿体横向变化较大，故勘探线网距往往需精确到50m。黔中地区的铝土矿床主要有清镇猫场、清镇林歹、清镇燕垅、清镇长冲河、清镇麦坝、清镇老黑山、清镇杨家庄、修文小山坝、修文干坝、修文大豆厂、修文乌栗、贵阳斗篷山、织金马桑林（《贵州省有色金属、黑色金属矿产资源》，2009）。黔中铝土矿下伏地层多为石炭系九架炉组，上覆为石炭系下统摆佐组。

黔中地区石炭系剖面由九架炉组、摆佐组组成，石炭系研究区长时间接受沉积，九架炉组与摆佐组沉积特征如下（《贵州省区域地质志》，2012）。

A 石炭系

九架炉组：分布于遵义~余庆~三穗一线以南的赫章~修文片区及遵义~凯里片区内；岩性为灰、浅灰、暗灰色铝土质黏土岩、铝土岩，夹鲕豆状、土状铝土矿，局部夹透镜状煤线及碳质页岩，底部时为紫红色铁质页岩、灰绿色绿泥石岩，夹暗红、钢灰色鲕状及致密状赤铁矿。碳质页岩中含古孢子及大型植物化石碎片，厚0~44m，一般厚数米，与下伏地层的接触关系有角度不整合及平行不整合，在剑河南明附近本组与下伏渣拉沟组呈角度不整合接触，普定北西约15km的磨石坡附近与下伏震旦系灯影组白云岩至寒武系清虚洞组灰岩呈角度不整合接触，其余地区则与下伏寒武系至泥盆系高坡场组呈平行不整合接触；本组黏土岩厚度随下伏古喀斯特面起伏变化而变化，在同一矿区短距离内可由数十米变至尖灭。

摆佐组：贵州区调队杨绳武等（1963、1965）创名于贵州省贵定县城南43km平伐（云雾）摆佐附近的摆佐组，代表黔南石炭系下统九架炉组上司段Aulina亚带之上、石炭系中统黄龙组灰岩之下的一套局限台地相白云岩夹灰岩；本书摆佐组指时代为早石炭世德坞期至晚石炭世罗苏期，与下伏上司组深灰色灰岩、上覆黄龙组浅灰色灰岩均为整合关系，且含大量Striatifera、Aulina化石的一套半局限台地~开阔台地相富含的浅灰色白云岩夹灰岩或灰岩夹白云岩，厚数百米；摆佐组分布范围较广，主要分布于独山～威宁小区内，在赫章～修文片区及黎平～从江片区内可见零星出露；岩性以灰、浅灰至灰白色中厚层至厚层块状细～粗晶白云岩为主，夹浅灰色厚层粉晶粒屑灰岩、生物介壳灰岩及含燧石结核灰岩，底部通常与下伏上司组深灰色中厚层灰岩分界标志明显，为厚数米或数十米浅灰、灰白色白云岩。

在惠水摆金、明中口，长顺翁贵、王二寨及安顺连石铺一带，摆佐组产出大量腕足类、珊瑚、蜓类化石，岩性以浅灰、灰色中厚层至块状生物屑灰岩为主，夹白云岩及生物介壳灰岩，顶、底数米为浅灰色白云岩；本组与下伏地层为整合或平行不整合关系，具体取决于下伏地层类型，若下伏地层为上司组深灰色灰岩则为整合接触；若上司组缺失，下伏地层为祥摆组～旧司组或九架炉组，则接触关系为平行不整合接触。在黎平、从江一带接触关系相对特殊，当祥摆组缺失后与下伏地层不再为平行不整合接触，而是与青白口系及南华系呈角度不整合接触；在赫章～修文地区表现为角度不整合接触或平行不整合接触，当九架炉组缺失后本组直接与震旦系灯影组～泥盆系高坡场组呈角度不整合或平行不整合接触；角度不整合接触与平行不整合反映了构造变动或沉积间断，这种间断或变动可能对铝土矿的形成有影响。摆佐组岩性厚度变化明显，不同区域厚度差异较大，黎平、从江一带至独山、贵阳片区及片区内部该组厚度均有一定变化。

在黎平、从江一带本组岩性为灰白色厚层白云岩夹白云质灰岩，厚27～86m；在独山～贵阳片区内岩性以浅灰白色灰岩为主，底部与顶部变为浅灰色白云岩，长顺翁贵、惠水摆金至卡洛一带，摆佐组厚大于320m；摆佐～卡洛一线以东的独山、荔波一带，下伏上司组深灰色灰岩连续接触，岩性以白云岩为主夹灰岩，厚度由南西向北东变薄，如荔波捞村、茂兰一带本组厚280余米；向北至恒丰、洞摆坡一线上，下伏旧司组黏土岩夹砂岩似呈平行不整合接触，白云岩厚度减薄为100余米；都匀斑庄、贵定乌仰坝一带本组厚近80m，与下伏祥摆组砂岩似呈平行不整合接触；在威宁城郊、最高峰及山王庙～盐井沟一带，本组厚330m，盐井沟附近厚度增大达392m；黑土河～菩萨树南北线上，本组厚不小于220m，菩萨树附近厚280m。

B　成矿古环境分析

由岩石地层特征与古地理图（图2-8）可知，早石炭世黔中地区为陆相地层，理应为受剥蚀地区，但早石炭世沉积了九架炉组，表明早石炭世黔中地区发生了一定程度的海侵。海侵使黔中地区沉积了九架炉组，同时将周围风化的铝土矿母质搬运堆积至黔中地区，后经成矿作用改造形成了铝土矿。因此黔中地区的成矿古环境应为滨海环境，但因海侵的程度不是很强烈，造成了不同地区铝土矿与上覆地层分布不均匀的现象，总体上说黔中地区铝土矿形成于滨海环境。

5.4.1.4　瓮安～福泉～凯里～黄平地区铝土矿成矿古环境特征

A　泥盆纪古地理

研究区泥盆系主要为高坡场组，据《贵州省区域地质志》（2012），沉积特征如下：

高坡场组：王克勇（1964）创名于贵阳市高坡场南至北东的水塘寨～跑马地一带，本指以白云岩为主、顶为介形虫灰岩的晚泥盆世地层，自下而上分三段，与下伏马鬃岭组第二段泥质白云岩整合接触。《贵州省区域地质志》(1987) 对高坡场组进行了修订，分为：(1) 泥质白云岩段；(2) 晶洞白云岩段；(3) 白云岩段；(4) 豆石灰岩段。明确指出第一段是独山组鸡窝寨段的相变，为跨中～上泥盆统的跨时地层。本书的高坡场组只包括二段晶洞白云岩及三段白云岩，为晚泥盆世地层。本组主要分布于黔中及黔西北地区：主要为都匀～凯里小区及赫章～盘县小区，在长顺～普安分区亦有少量布露。高坡场组岩性为浅灰～深灰色中厚层～厚层细～中晶白云岩，夹泥质白云岩及灰岩透镜体，底部或下部变为晶洞白云岩。在下部泥质白云岩夹层中含腕足类、珊瑚及层孔虫；一般厚 200～400m，与下伏鸡窝寨组白云岩连续沉积。本组岩性变化小，厚度变化较大，在惠水岗、岗度厚度较大，均在 1000m 以上；惠水～岗度向北厚度逐渐减小直至最后尖灭，高坡场减薄为 427m，龙里至贵定仅 200～300m，贵阳乌当一带厚百米左右，再向北消失。

B 二叠纪古地理

清镇～修文地区梁山组与遵义～息烽地区属于同一个分区，二者特征基本一致，表明早二叠世海侵的广泛性，各成矿区虽然下伏底板不一致，但上覆地层基本为二叠性梁山组或栖霞组。

C 成矿古环境分析

由古地理图可知（图 5-24～图 5-28）黔东南地区铝土矿形成于晚泥盆世与中二叠世之间，时间跨度较长，含矿岩系下伏地层为高坡场组。由古地理图及含矿岩系分布可知，黔东南铝土矿形成于晚泥盆世后，经历了早志留世～晚泥盆世的风化剥蚀阶段，此阶段为铝土矿的形成提供了部分物源，黔东南地区铝土矿之上直接覆盖二叠系地层，未沉积石炭系地层，表明该成矿区从晚泥盆世至中二叠世一直为剥蚀区，未接受沉积，而成矿区西南面靠海，位于海陆过渡位置的凯里、黄平地区沉积改造形成了铝土矿。

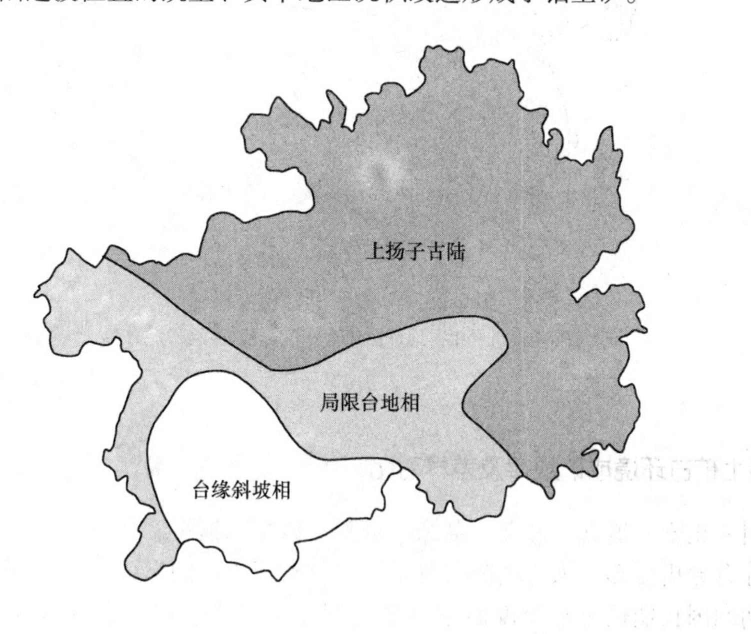

图 5-24 贵州晚泥盆世岩相古地理图
（据《贵州岩相古地理图集中元古代～三叠纪》修编）

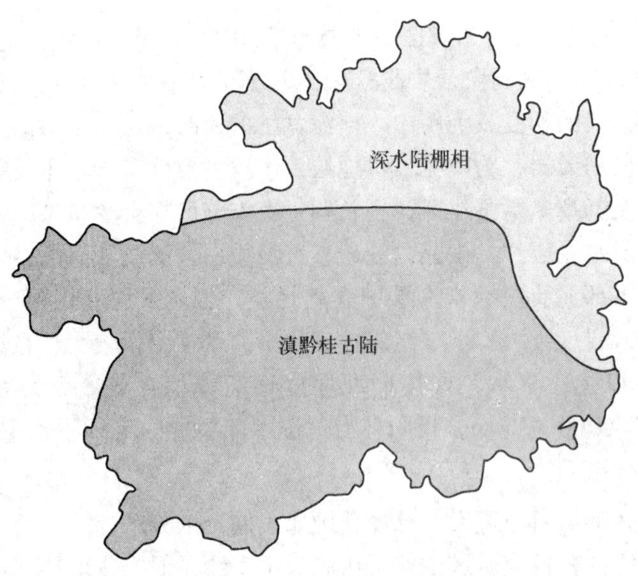

图 5-25 早志留世岩相古地理
（据《贵州岩相古地理图集》中元古代 ~ 三叠纪修编）

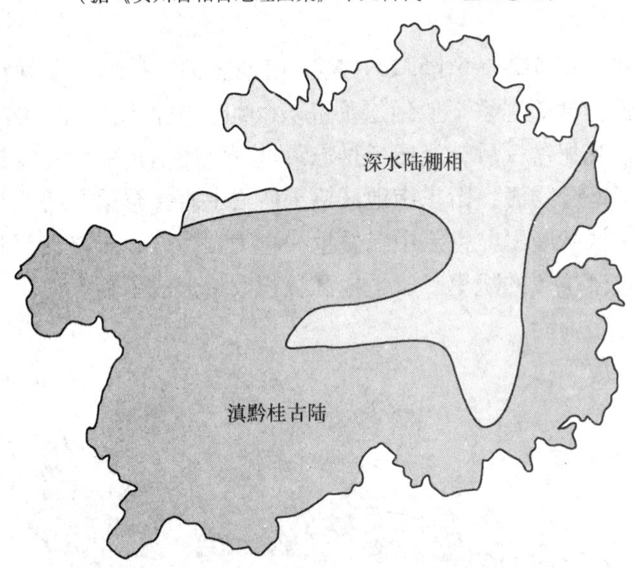

图 5-26 早志留世岩相古地理
（据《贵州岩相古地理图集》中元古代 ~ 三叠纪修编）

5.4.2 铝土矿古环境成矿规律及差异对比

对务川 ~ 正安 ~ 道真、遵义 ~ 息烽、贵阳 ~ 修文 ~ 清镇、瓮安 ~ 福泉 ~ 黄平 ~ 凯里四个成矿区综合分析可知，风化剥蚀与海岸线变化对铝土矿的形成至关重要，贵州南部在志留 ~ 二叠期间因长期被海水淹没而难以形成铝土矿。铝土矿较发育地区皆位于海岸线边缘，黔中与黔东南地区受扬子海海岸线变迁影响，黔北务川 ~ 正安 ~ 道真地区受到扬子海湾的重大影响。由古地理图可知，中奥陶世 ~ 中二叠世，贵州海岸线基本都沿修文 ~ 清

图 5-27 贵州中泥盆世岩相古地理
（据《贵州岩相古地理图集》中元古代～三叠纪修编）

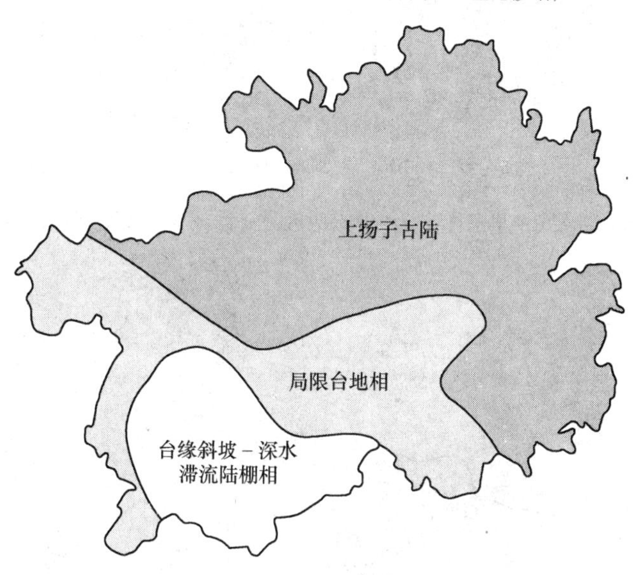

图 5-28 贵州晚泥盆世岩相古地理图
（据《贵州岩相古地理图集》中元古代～三叠纪修编）

镇～凯里～黄平一线分布。早寒武世～中奥陶世贵州接受沉积，中奥陶世部分地区暴露地表开始接受风化剥蚀作用，因红土化作用刚开始，因此中奥陶世海岸线虽部分由中间转向南方，但此时间段与南部地区都未形成大的铝土矿床。黔东南凯里～黄平地区接受沉积的时间较长，该区域长期被海水淹没，但晚泥盆世后间歇性暴露地表，成为滨海环境，接受周围从广阔地区剥蚀的主要为寒武系与奥陶系的成矿母质，经漫长的时间改造最终形成铝土矿。黔中地区（清镇～修文一带）从奥陶后便一直暴露地表遭受剥蚀，但早石炭世短暂接受沉积，在此期间沉积形成了铝土矿。黔北遵义地区在晚泥盆世后变为海陆过渡环境，四周的成矿母质开始堆积演化。黔北务川～正安～道真地区的形成则较复杂，经历了多期风化作用、志留纪末的风化与石炭纪晚期的风化，而且受扬子海湾的影响，形成典型的沉积型铝土矿。整体上说，贵州铝土矿的形成是受海侵与海退作用宏观控制的，局部地区受古地理环境影响出现一定的差异，寒武系与奥陶系地层对所有铝土矿的形成都有贡献。依据综合分析，我们作出了不同时期贵州铝土矿形成的古地理图，如图5-29～图5-34所示。

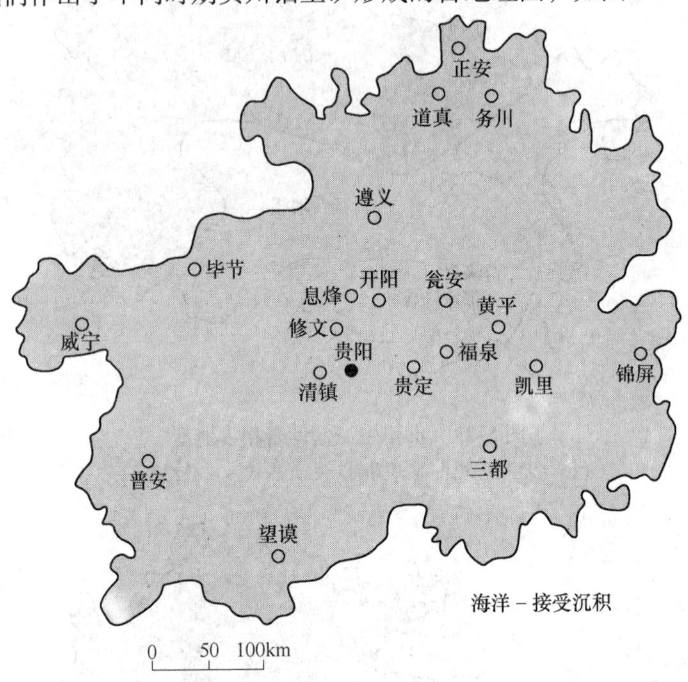

图5-29　成矿第一阶段（寒武～早奥陶纪）（贵州地区为海洋环境，接受沉积，形成寒武系与奥陶系）

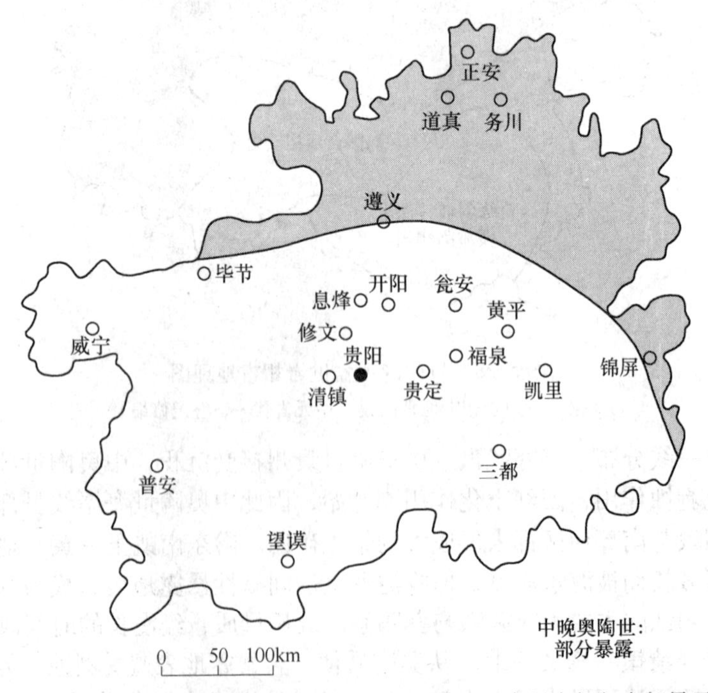

图5-30　成矿第二阶段（中奥陶世～早志留世早期）（贵州中部与南部暴露地表，黔中与黔东南成矿区遭受剥蚀，为铝土矿的形成提供物源）

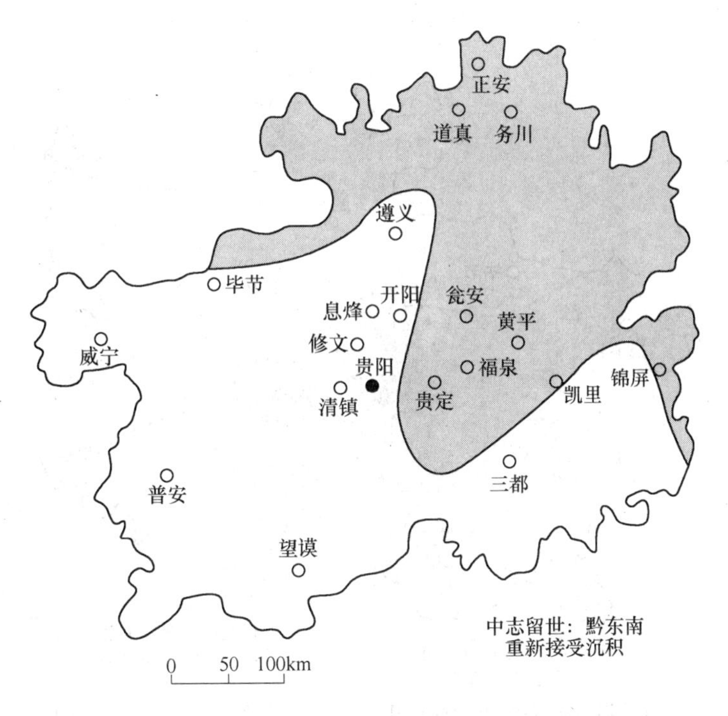

图 5-31 成矿第三阶段（中志留世）（黔中与黔东南大部分地区仍遭受剥蚀，但由北至南的海侵使黔东南本部分地区接受沉积）

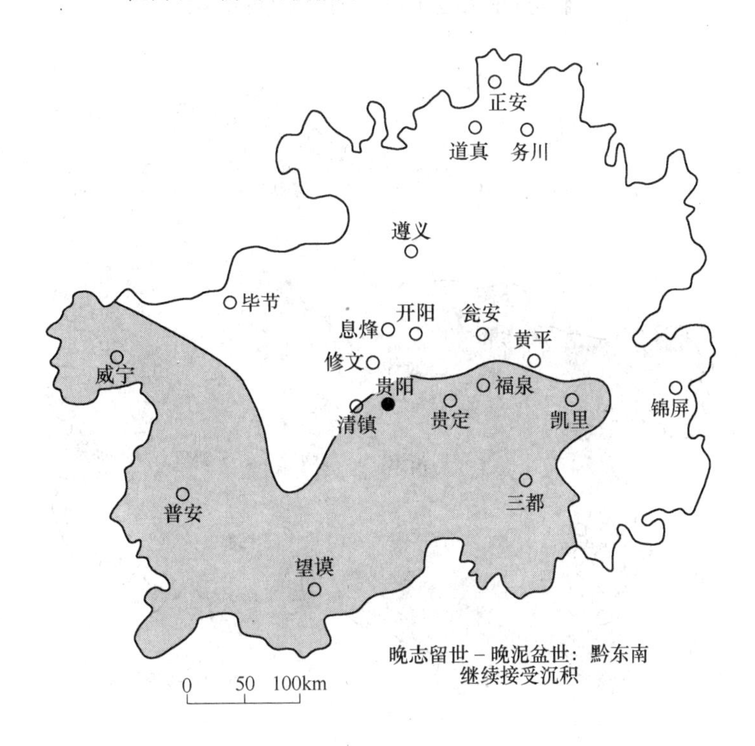

图 5-32 成矿第四阶段（黔北与黔中地区暴露地表，遭受剥蚀；黔东南地区继续接受沉积）

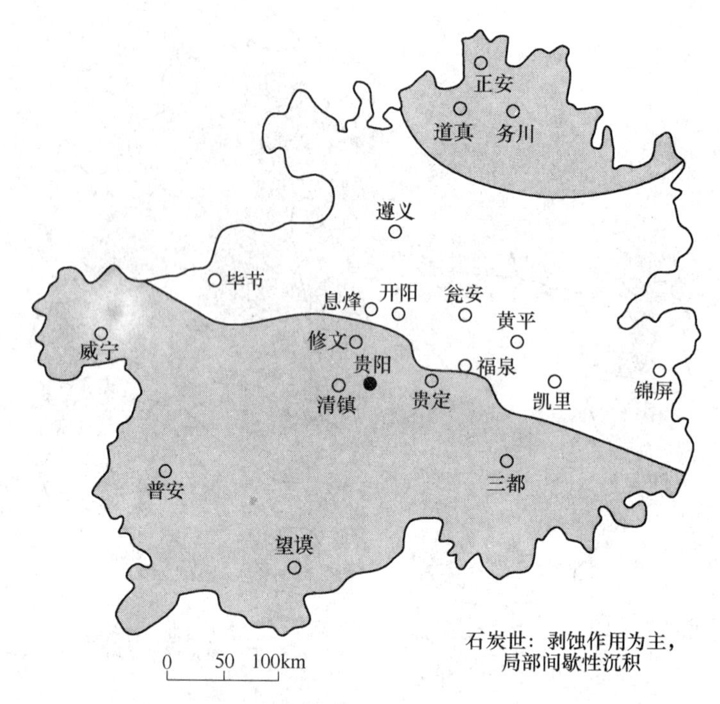

图 5-33 成矿第五阶段（石炭纪以剥蚀作用为主，但黔北地区经历了短暂的沉积后再剥蚀，黔中与黔东南地区位于华南海海岸线边缘，受中小规模海平面变化影响，特定时段接受沉积，成矿环境较复杂）

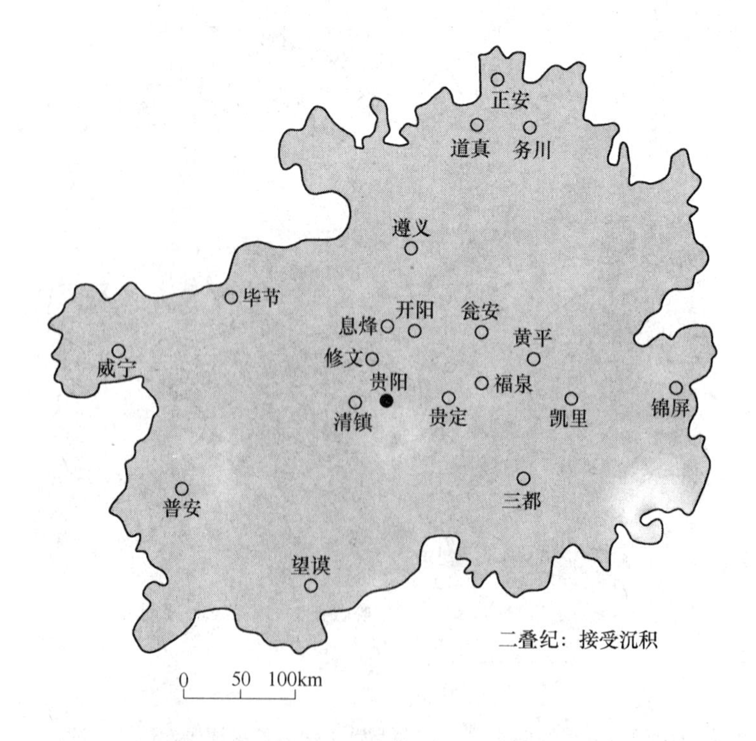

图 5-34 成矿第六阶段（四大成矿区铝土矿基本形成，除后期改造作用外，铝土矿的所有成矿作用已发生，铝土矿分布格局确定）

成矿古环境与成矿过程小结：由以上分析可知，贵州四大铝土矿成矿区形成是具有一定联系的，黔北、遵义~息烽、黔中、瓮安~凯里（黔东南）铝土矿区的形成基本都受海平面变化的控制。华南海海岸线的变动决定了黔中地区铝土矿的形成，黔中地区从奥陶纪后，大部分时段遭受剥蚀，短暂的沉积过程为铝土矿的形成提供了条件；黔东南地区既受华南海的影响，又受扬子海的影响，扬子海由北至南的海侵，使黔东南地区的沉积过程与黔中地区产生了较大差异，泥盆纪黔东南地区受扬子海海侵的影响形成了泥盆系，而黔中地区则仍遭受剥蚀。黔北地区亦受华南海与扬子海双重影响，但扬子海对黔北地区铝土矿形成的影响较大，黔北地区北部频繁的海平面变化将铝土矿矿化过程形成的杂质带走。总体上看，四个成矿区虽下伏底板不同，但成矿时间与成矿过程并不存在截然的区别，只是受海平面变化的影响使不同矿区在形式上存在差异，四个铝土矿成矿区的最终形成时间介于石炭~二叠之间，黔中地区上覆地层为石炭系，因此黔中地区铝土矿最终形成于晚石炭世，而黔北与黔东南铝土矿受华南海与扬子海的双重影响，铝土矿的矿化过程由奥陶纪中期的母岩风化开始至二叠纪接受沉积，铝土矿矿化的最终完成时间为早二叠世。

5.5 铝土矿体特征及成矿规律

5.5.1 铝土矿的矿体特征

5.5.1.1 修文~清镇地区

A 矿体产出及分布特征

区内铝土矿多受北东向的背斜构造控制，含矿岩系往往在背斜两翼和转折端出露，铝土矿体产于寒武系中上统娄山关组（$\in_{2\text{-}3}$ls）白云岩侵蚀面之上的石炭系下统九架炉组内，该组可分为上下两段，上段称含铝岩系（C_1jj^2）：主要为黏土岩、铝土岩常夹铝土矿层，偶夹劣质煤层；下段称含铁岩系（C_1jj^1）：主要为水平层理发育的铁质页岩、黏土岩，绿泥石黏土岩或绿泥石岩，常夹透镜状赤铁矿结核或透镜体。土状、半土状、碎屑状和致密状铝土矿（或高铁铝土矿，含 Fe_2O_3 为 15%~25%，Al/Si≥2.6）矿体一般赋存于含矿岩系中部（C_1jj^2）。矿体与含矿岩系厚度呈正相关关系，矿石品位也与矿体厚度呈正相关关系；其上覆地层为石炭系中统摆佐组（C_2b），下伏地层为寒武系中上统娄山关组（$\in_{2\text{-}3}$ls），时有石冷水组（$\in_2$s）、高台组（$\in_2$g）、清虚洞组（$\in_1$q）。

B 矿体形态及规模

该区矿体规模、形态等严格受下伏基底地层的喀斯特不整合面控制，通常低洼地带矿体较厚，凸起地带矿体较薄，甚至无矿；平坦区矿体薄、分布面积大而稳定，起伏变化区矿体厚但小而分散。在剖面上，矿体一般呈层状、似层状、透镜状，规模较大，连续性较好，但当底板喀斯特地貌发育，受其不整合面的制约常见扁豆状、囊状、漏斗状矿体产出，其规模较小，连续性较差；在平面上，矿体形态多不规则，边界形态曲折多变呈港湾状，部分无矿地段伸入矿体内部，在矿体内形成一些无矿天窗和不可采地段，面积大小不等，多为单层矿，各工业矿体相间存在数百米到近千米的无矿带或孤小矿体带。

区内矿体产状与岩层产状基本一致，一般走向北东，倾向南东或北西，倾角较缓，一般在20°左右，但也有个别产状较陡，倾角大于45°，如清镇燕垅铝土矿床。区内矿体规模最大 3000m ×（1200 ~ 4500）m，一般（1000 ~ 1500）m ×（300 ~ 800）m；厚 1 ~ 30 余米，一般 2 ~ 3m。铝土矿体面积一般 0.5 ~ 1km^2，最大者可达 3（修文小山坝）~ 6km^2（清镇猫场），见图 5-35 坛罐窑矿区 19 号勘探线剖面图。

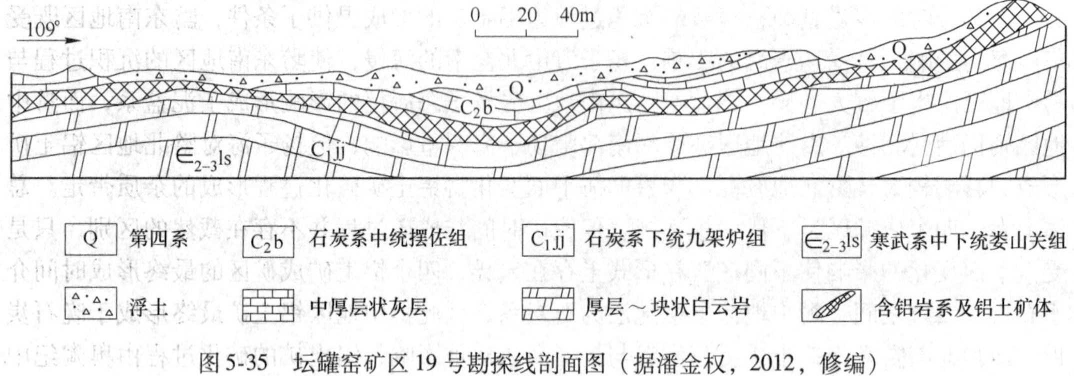

图 5-35 坛罐窑矿区 19 号勘探线剖面图（据潘金权，2012，修编）

5.5.1.2 务川 ~ 正安 ~ 道真地区

A 铝土矿体产出及分布特征

务川 ~ 正安 ~ 道真地区铝土矿均产于二叠系中统梁山组（P_2l）中，下伏地层为志留系中下统韩家店组（$S_{1-2}hj$）页岩、泥岩、砂质页岩及粉砂质泥岩，局部为石炭系上统黄龙组(C_2h)灰岩，上覆地层为二叠系中统栖霞组。含矿岩系总体上可分为三段：下部为灰、灰绿、紫红色黏土岩、黄铁矿黏土岩及绿泥石黏土岩和绿泥石岩，偶夹赤铁矿或菱铁矿透镜体、扁豆体和结核；中上部为灰、黄灰色半土状铝土矿、碎屑状铝土矿、鲕状铝土矿、致密状铝土矿、铝土岩，偶见黑灰色碳质铝土矿、灰绿色绿泥石铝土矿及灰色致密状、鲕状、豆鲕状铝土岩、黏土岩等；顶部常为灰白、深灰、褐黄色黏土岩、铝土岩，碳质页岩。一般含矿岩系厚度与铝土矿层厚度成正相关关系，即含矿岩系越厚，铝土矿层厚度就越大。同时含矿岩系及铝土矿层厚度也与矿石质量总体上成正相关关系，即当含矿岩系及铝土矿层厚度大时，铝土矿石质量相对好，Al_2O_3含量高，Al/Si 高。

B 矿体形态及规模

该区矿体的产出与分布严格受区内的向斜构造单元的形态控制，矿体平面形态多呈不规则 O 形展布，矿体主要保存于向斜构造内，以单层矿产出为特征。矿体多为中大型规模，长 200 ~ 7400m，宽 200 ~ 7700m，厚 1.42 ~ 2.26m，平均厚 1.92m，其厚度稳定、变化较小。矿体形态多呈层状、似层状，偶见透镜状产出，基本未见囊状、漏斗状形态。矿体产状与岩层产状基本一致，其产状由于受后期的构造挤压变形，表现出相对复杂，有陡有缓，陡的可达 60° ~ 70°，如安场向斜西翼、道真向斜西翼、桃园向斜西翼等，缓的一般平均 25°左右，多展布在向斜构造的东翼和向斜构造的转折端，见图 5-36，大竹园铝土矿区向斜构造剖面图。

5.5.1.3 凯里 ~ 黄平 ~ 瓮安 ~ 福泉地区

A 铝土矿体产出及分布特征

该区内矿体分布主要受向斜构造控制，含矿岩系在平面上多呈半椭圆形、椭圆形出露。含矿岩系为二叠系中统梁山组（P_2l），含矿岩系上覆于泥盆系高坡场组古岩溶侵蚀面

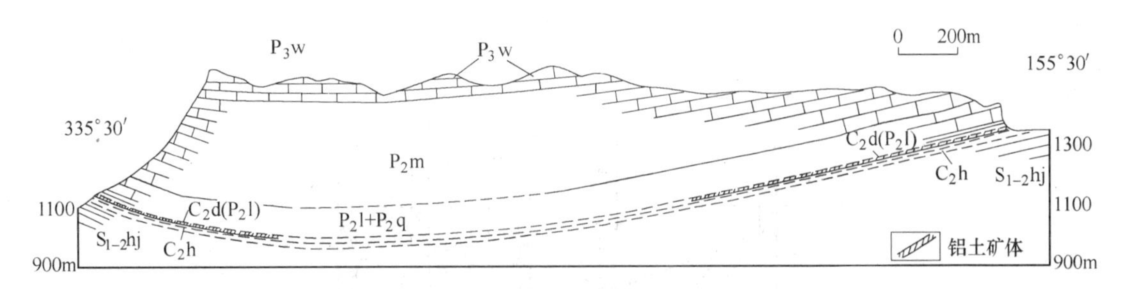

图 5-36 务川～正安～道真矿带大竹园矿区向斜构造剖面图（据贵州省地矿局 106 大队资料修编）

P_3w—二叠系上统吴家坪组；P_2m—二叠系中统茅口组，P_2l+P_2q—二叠系中统梁山组＋栖霞组；

C_2d（P_2l）—石炭系上统大竹园组（二叠系中统梁山组）；C_2h—石炭系上统黄龙组；

$S_{1-2}hj$—志留系中下统韩家店组

之上，顶板为二叠系栖霞组燧石条带灰岩。二叠系中统梁山组（P_2l），据其颜色、结构构造、成分的变化由下到上可分为三个岩组。下部为铁质层：褐红色、紫红色具铁质浸染的铝土质页岩或灰绿色厚层含菱铁矿结核铝土岩，局部可见高岭土；中部为铝土质层：浅灰至灰白色铝土岩、铝土页岩和土状、豆鲕状、碎屑状铝土矿或铝土岩，是矿区铝土矿产出部位；上部为碳质页岩层：灰黑色至褐黑色薄层碳质页岩夹煤层（ 多为劣质煤层，黄铁矿结核发育）、浅灰至灰白色薄至中层石英砂岩、细砂岩。

B 矿体形态及规模

研究区矿体空间展布形态主要有两种类型，即层状矿体和漏斗状矿体，各矿体的空间分布规律均严格受古岩溶地貌形态的制约。在基底为古岩溶凹地或漏斗部位，矿体厚度变大，连续性变差，在岩溶凹地或漏斗部位，矿体变厚呈小透镜状、扁豆状、漏斗状、囊状产出，而在古地貌凸起部位矿体变薄或尖灭，矿体不连续、变化大。

层状矿体的产出规律：往往受面积较大、地形起伏较小、地势较平坦的大型岩溶洼地控制，铝土矿体常形成厚度变化较小，分布面积较大，走向及倾向延伸大，矿体呈层状、似层状产出，但矿体厚度小，矿石质量相对较差，如渔洞矿段（图 5-37）的东北部，发育有凯里～黄平地区规模最大的铝土矿体 Al-y-1 号矿体，但质量相对较低，各矿区主要矿体特征见表 5-6。又如苦李井矿区层状矿体产于大型岩溶洼地，呈现矿体厚度小、中间稍薄两侧偏厚、厚度变化小、面积分布大的特点。

漏斗状矿体的产出规律：常常受溶斗状岩溶地貌的控制，由于溶斗的空间形态而使得溶斗深度大沉积的铝质亦厚，进而在空间上铝土矿体呈现为厚度大，厚度变化也较大，延展较小，但其矿石质量较好，品位较高。如王家寨矿区北部、铁厂沟矿区北西部、渔洞矿区南西部以及苦李井矿区均有产于溶斗中的铝土矿。如图 5-37 所示渔洞矿区 V 号矿体，矿体直径大于 200m，TC101 为溶斗的中心部位，其含铝岩系厚度可达 39.65m，铝土矿厚 31.25m，矿石质量亦好，Al/Si 最高可达 83.89，平均为 19.85，该矿体厚度大、厚度变化大、空间上呈漏斗状。以上特征与规律详见表 5-6。

矿体规模多为中、小型。单个矿体长几十米至 3000 余米，宽几十米至 900 余米，厚度变化大，矿体平均厚度 0.50～28.20m，一般为 2～4m。区内矿体数量多，但大矿体数量少，小规模矿体为主，连片出现，各矿区储量相对集中。铝土矿体的厚度与含矿岩系的厚度呈正相关，亦与含铝岩组的厚度呈正相关。

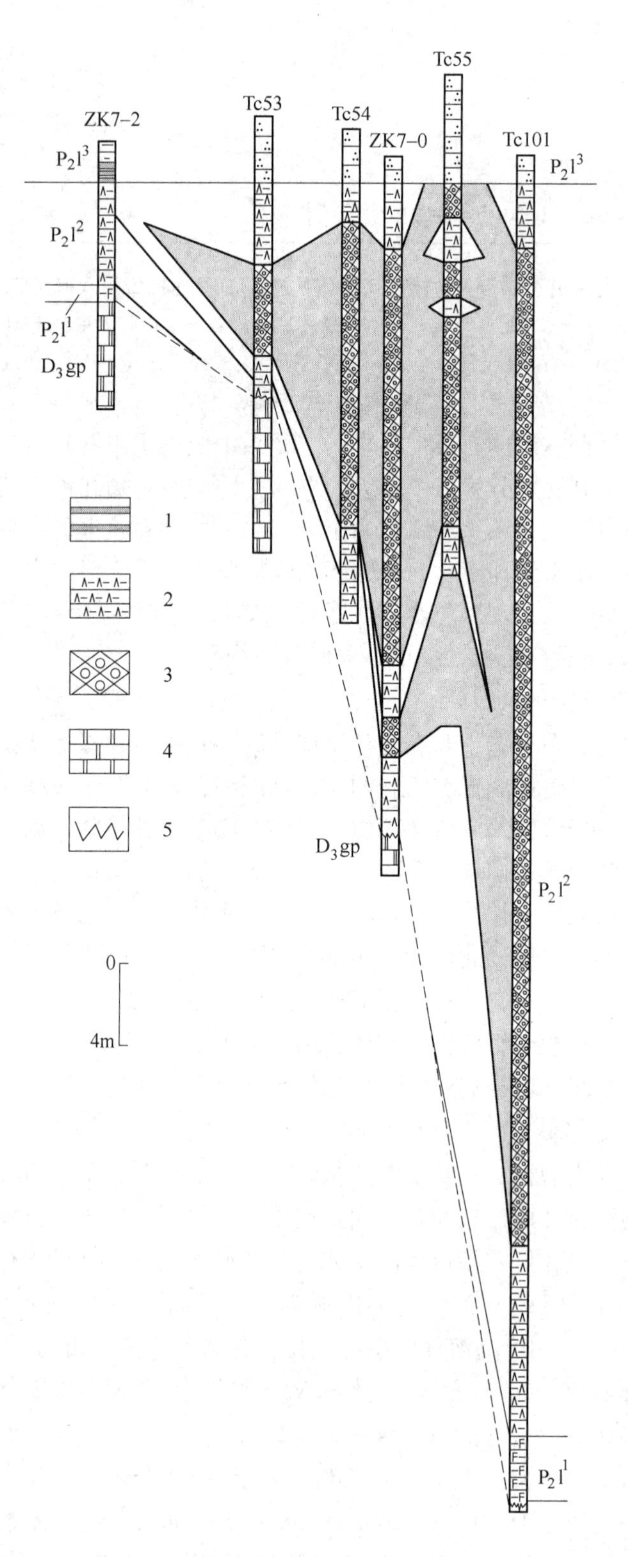

图 5-37 渔洞矿区Ⅴ号矿体柱状对比图（据刘幼平，2014）

1—碳质泥页岩；2—铝土岩/铝质泥页岩；3—铝土矿；4—白云岩；5—不整合接触

表 5-6 典型矿体特征

矿区名称	矿体编号	古岩溶地貌类型	矿体厚度/m	矿体均厚/m	矿石平均品位/%	平均 Al/Si
王家寨矿区	Ⅱ-1	溶斗	1.18～11.42	3.75	68.17	5.89
	Ⅱ-2	溶斗	1.18～14.00	4.8	71.15	8.3
	Ⅲ	岩溶洼地	0.78～4.99	2.44	62.99	3.59
铁厂沟矿区	A1	岩溶洼地	0.50～6.40	1.98	63.15	4.47
	A2	溶斗（不成熟）	0.68～14.31	2.44	64.58	10.9
苦李井矿区	A10	溶斗	1.00～28.20	4.42	68.13	6.96
	A20	溶斗	0.80～10.20	2.76	69.1	6.89
渔洞矿区	Al-y-4	溶斗	10.21～26.79	14.42	69.75	8
	Al-y-1	岩溶洼地	0.98～4.45	1.77	60.42	4.2

（据刘幼平，2014）

5.5.1.4 遵义～开阳地区

A 铝土矿体产出及分布特征

该区内铝土矿赋存在石炭系下统九架炉组中，底板地层主要是寒武系中上统娄山关组白云岩、奥陶系下统桐梓组-红花园组白云岩-灰岩，少数为桐梓组页岩或湄潭组海相生物页岩、砂岩夹薄层灰岩。两者间呈明显的岩溶不整合接触。顶板地层主要是二叠系下统栖霞组瘤状灰岩，部分地段为梁山组炭质页岩或碎屑岩及燧石岩。

含矿岩系厚度一般 5～20m，最大可超过 100m，变化显著，受底板古岩溶面起伏的严格限制。根据矿物和岩（矿）石组合特征，含矿岩系从上至下一般可分为三个连续的沉积岩性段：C_1^3碳质岩段，C_1^2铝质岩段（产铝土矿），C_1^1黏土岩段。铝土矿的产出与含矿岩系的厚度呈正相关关系。当含矿岩组的厚度小于 5m 时，一般不产铝土矿，反之，则常产铝土矿。含矿岩系及铝土矿的发育程度与基底古岩溶地貌形态密切相关，当底板为古岩溶洼地、漏斗时，含矿岩系和铝土矿发育良好，其矿体产状亦以层状、似层状分布的古岩溶洼地型、漏斗型和透镜体型为主。

B 矿体形态及规模

该区矿体的平面形状十分复杂，其边缘常弯曲延伸成不规则的港湾状，加上断裂切割和新构造运动挤压褶皱及风化剥蚀，使矿体的形态更为复杂，较多的矿体中常有无矿天窗存在。铝土矿体的形态均以似层状、透镜状和狭谷状、溶坑状、漏斗状、巢状、囊状及被盖状（斗篷状）等形态并存，少数矿区出现规模较大的层状、似层状矿体，与此同时都兼有其他形态的矿体。矿体形态尽管复杂，但层位一般较为稳定，多数呈似层状、透镜状、漏斗状沿层产出，多为单层矿，部分地段见有两层，少数为多层。

各矿床内的矿体规模大小悬殊、形状也不规则。单个矿体长为十余米至上千米不等，成规模的矿床中有长大于 1000m、宽在 400m 以上的矿体，在同一矿带内矿体之间的间隔由数十米至五六百米不等，局部可大于 1km。在同一剖面内，各层铝土矿的累计厚度为 0.20～48.82m，单层厚 0.20～16.8m。含铁铝土矿厚 0.70～18.78m，一般以 2～5m 和大于 10m 两个区间居多；低铁铝土矿厚 0.20～48.82m，变化极大，大于 30m 的特大厚度点多有见到。矿体厚度的变化尽管很大，但与含矿岩系的厚度变化呈明显的正相关。以遵义仙人岩铝土矿体为例，如图5-38所示。

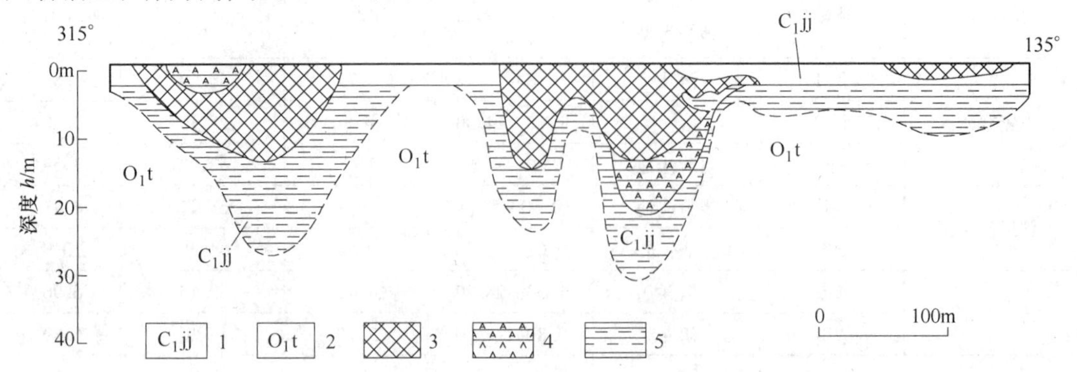

图5-38 遵义铝土矿带仙人岩矿段含矿岩系及矿体关系剖面示意图（据高道德，1992）
1—石炭系下统九架炉组；2—奥陶系下统桐梓组；3—铝土矿体；4—铝土岩类；5—黏土岩类

5.5.2 铝土矿体成矿规律及差异对比

综上，贵州省铝土矿体特征及基本情况对比见表5-7。

表5-7 贵州省铝土矿体特征及基本情况对比

矿区名称 / 矿体特征	务川～正安～道真	遵义～开阳	修文～清镇	凯里～黄平～瓮安～福泉
矿体形态	多呈层状、似层状，偶见透镜状产出，基本未见囊状、漏斗状形态	以层状、似层状、透镜状和狭谷状、溶坑状、漏斗状、巢状、囊状及被盖状（斗篷状）等矿体形态并存	以层状、似层状、透镜状矿体为主，常见扁豆状、囊状、漏斗状矿体	以层状、似层状、透镜状和狭谷状、溶坑状、漏斗状、巢状、囊状及被盖状（斗篷状）等矿体形态并存
矿体规模	多为中大型矿体规模，厚度稳定、变化较小	大矿体数量少，小规模矿体为主	矿体规模较大，多见中型矿体，连续性较好	大矿体数量少，小规模矿体为主
矿体产状	矿体倾角有陡有缓，陡的可达60°～70°，缓的一般平均25°左右	矿体倾角较缓，一般在20°左右	矿体倾角较缓，一般在20°左右，但也有个别产状较陡，倾角大于45°	矿体倾角较缓，一般在20°左右
矿体连续性	连续性好	连续性较差	连续性较好	连续性较差

（据高道德等，1992；金中国等，2013）

由表5-7及综合前人资料可知，贵州省铝土矿体成矿规律及差异主要有以下几个方面：

（1）矿体形态的变化趋势，表现为铝土矿体的形态变化由南往北，由修文～清镇矿体形态呈规模较大，连续性较好的层状、似层状、透镜状为主，同时常见受下伏基底地层喀斯特不整合面控制的规模较小，连续性较差的扁豆状、囊状、漏斗状矿体产出；过渡到遵义～开阳～瓮安～福泉～凯里地区的以层状、似层状、透镜状和狭谷状、溶坑状、漏斗状、巢状、囊状及被盖状（斗篷状）等矿体形态并存的格局；最后到务川~正安~道真地区矿体形态多呈层状、似层状，偶见透镜状产出，基本未见囊状、漏斗状形态。

（2）矿体规模的变化趋势，表现为铝土矿体的规模变化由南往北，由修文~清镇矿体规模较大，多见中型矿体，连续性较好；过渡到遵义~开阳~瓮安~福泉~凯里地区，以大矿体数量少，小规模矿体为主的格局；最后到务川~正安~道真地区，矿体多为中大型规模，厚度稳定、变化较小。

（3）矿体产状的变化趋势，表现为铝土矿体的产状变化由南往北，由修文~清镇矿体倾角较缓，一般在20°左右，但也有个别产状较陡，倾角大于45°；过渡到遵义~开阳~瓮安~福泉~凯里地区，矿体倾角较缓，一般在20°左右；最后到务川~正安~道真地区，矿体产状由于受后期的构造挤压变形，表现出相对复杂，有陡有缓，陡的可达60°~70°，缓的一般平均25°左右。

（4）矿体连续性的变化趋势，表现为铝土矿体的产状变化由南往北，由修文~清镇矿体的连续性较好；过渡到遵义~开阳~瓮安~福泉~凯里地区，矿体受底板古岩溶面起伏的影响较大，连续性较差；最后到务川~正安~道真地区，矿体底板地层的古侵蚀作用不发育，古岩溶面起伏变化较小，矿体连续性好。

5.6 铝土矿矿石质量特征及规律

5.6.1 务川~正安~道真地区矿石质量特征

5.6.1.1 *矿石类型*

矿石自然类型有半土状（土状）铝土矿、碎屑状铝土矿、豆鲕状铝土矿、致密状铝土矿（表5-8）。矿石的工业类型，除个别块段为低硫铝土矿外，其余基本为高硫铝土矿。

表5-8 务川~正安~道真地区矿石自然类型及其主要化学成分特征

矿石自然类型	化学成分平均含量/%				Al/Si	所占比例/%	统计样品件数
	Al_2O_3	SiO_2	Fe_2O_3	TS			
半土状铝土矿	70.66	5.27	4.33	0.985	13.40	41.75	1540
碎屑状铝土矿	64.41	9.86	6.16	0.702	6.53	26.56	
致密状铝土矿	56.09	15.92	5.94	1.097	3.52	23.64	
豆鲕状铝土矿	58.16	13.63	7.67	1.075	4.27	8.05	

半土状铝土矿，为灰、灰白及黄色，矿石具碎屑结构、泥晶或粉晶结构，半土状构造。矿石表面粗糙，断口参差不齐，吸水性强，质地疏松。

碎屑状铝土矿，为灰、深灰及黄灰色，具碎屑结构，块状构造，矿石质地疏松~致密。

致密状铝土矿，灰至深灰色，泥晶结构，局部具碎屑结构，矿石结构致密，表面细腻，硬度大，具脆性，断面平整光滑或呈贝壳状。

豆鲕状铝土矿，灰、深灰色。豆、鲕结构，块状构造。矿石松散易碎，孔隙度大，吸水性强。

5.6.1.2 *矿物组合*

区内铝土矿均为沉积型一水硬铝石铝土矿。矿石中主要有用矿物为一水硬铝石，约占矿物总量60%~90%，另有少量一水软铝石、胶铝石，偶见三水铝石，其次为黏土矿物。黏土矿物为伊利石、蒙脱石、高岭土、绿泥石等，占矿物总量的5%~25%，铁矿见有黄铁矿、纤铁矿、褐铁矿等，副矿物有锐钛矿、锆石、电气石、金红石等，约占1%~2%。其他还有少量石英、角闪石、长石（表5-9）。

表5-9 务川~正安~道真地区矿石矿物组合特征

矿物类别	铝矿物	黏土矿物	铁矿物	重矿物	碳酸盐矿物	硅酸盐矿物
主要	一水硬铝石	高岭石 绿泥石 蒙脱石	黄铁矿 纤铁矿 褐铁矿	锐钛矿		石英
次要	一水软铝石 胶铝石 三水铝石	伊利石	赤铁矿 铁绿泥石	锆石 电气石 金红石	白云石 方解石	角闪石 斜长石

5.6.1.3 *矿石结构构造*

A *矿石结构*

铝土矿矿石结构有碎屑结构、豆鲕结构、粉晶结构和泥晶结构等。

碎屑结构：区内主要的矿石结构类型。碎屑（含复碎屑）呈不规则粒状、棱角状和次棱角状，少数呈圆状及次圆状。粒径大小不一，一般0.04~5mm之间，最大达15mm。

豆鲕结构：岩石中豆鲕粒外形呈次椭圆状、次圆状、椭圆状、圆状，粒径大小相差不大，豆粒粒径多在2~4mm，豆鲕粒多具同心环带状内部结构，环带圈数有多有少。豆鲕粒和碎屑组成矿物有泥质黏土矿物、一水硬铝石、铁质、硅质等。

粉晶结构：区内少数矿石由粒径0.015~0.060mm的半自形粒状、自形片状及板柱状一水硬铝石粉晶和少量粒径小于0.005mm的片状及鳞片状黏土矿物组成。

泥晶结构：矿石由粒径小于0.005mm的他形一水硬铝石泥晶及少量粒径小于0.005mm的黏土矿物组成，一水硬铝石泥晶分布均匀，边界不明显。

B *矿石构造*

区内矿石构造以块状构造、半土状构造为主，次有致密状构造。

块状构造：此类构造是区内矿石构造的主要类型之一。由一水硬铝石堆积成厚度大于0.5m的厚层构造，无明显细层区分。

半土状构造：区内最常见的矿石构造类型。矿石呈灰白、浅灰及黄灰色，大部分矿石具碎屑结构，碎屑呈棱角状及次棱角状，分选差，少部分为泥晶或粉晶结构。

致密状构造：矿石呈灰、深灰色，泥晶结构，碎屑含量一般小于5%。矿石断面平整光滑，质地致密，硬度大，吸水性弱。

5.6.1.4 *矿石化学组成*

铝土矿的基本成分为Al_2O_3、SiO_2、Fe_2O_3、TiO_2，经初步统计，区内各矿床化学组成含量为：Al_2O_3 40.52%~80.41%，平均66.72%；SiO_2 0.76%~28.40%，平均9.67%；Fe_2O_3平均4.13%；TiO_2 2.99%；烧失量平均13.78%；Al/Si 1.8~78.63，平均7.39。处于浅表部分的铝土矿，硫含量多数都较低，浅部矿含硫量小于1%。但随矿床埋藏深度的增加，含硫量大于1%。其他组分除MgO含量较高外，其余均低。

5.6.1.5 矿石微量元素

区内微量元素以矿石中镓、锂富集并达综合利用要求为特征，其他组分含量低。Li 0.0198%~0.2725%，一般在0.08%左右；Ga 0.0022%~0.02%，一般在0.007%左右。其中，Al_2O_3与镓、锂呈正相关关系，另一部分矿床中含有一定的钪，如栗园~鹿池向斜，钪（Sc）4.62×10^{-6}~54.94×10^{-6}，平均20.47×10^{-6}。

5.6.2 清镇~修文地区矿石质量特征

5.6.2.1 矿石类型

矿石自然类型：一般土状、半土状铝土矿约占70%，致密状铝土矿约占20%，碎屑状铝土矿约占10%。矿石的工业类型：主要是低铁低硫铝土矿，高铁高硫铝土矿次之。

5.6.2.2 矿物组合

区内九架炉组发现矿物有40余种，其中以铝矿物为主，次为黏土矿物、铁矿物、硫化物及钛矿物，这几种矿物占九架炉组矿物总量的95%以上。但不同组段所含矿物主次不同。总的来看，最常见的是一水硬铝石、伊利石、高岭石、绿泥石、赤铁矿、菱铁矿、黄铁矿、钛铁矿、金红石、电气石等。

区内铝土矿中已发现的铝矿物有一水硬铝石、勃姆石。其中一水硬铝石是最主要的工业铝矿物，勃姆石虽然分布普遍，但很少形成独立的铝矿石；铝土矿中伴生的黏土矿物主要有高岭石、伊利石（水云母）和绿泥石；铁矿物包括赤铁矿、针铁矿、水针铁矿及菱铁矿；钛矿物以锐钛矿为主，占钛矿物总量80%以上，其他为金红石、板钛矿、白钛石、榍石、钛铁矿等；硫化物以黄铁矿为主，为高硫铝土矿的伴生矿物；其他伴生组分尚可见到炭化植物碎片，有机质以及锆石、电气石等陆源矿物碎屑。

5.6.2.3 矿石结构构造

A 矿石结构

区内矿石结构以碎屑结构、凝胶结构为主，豆鲕结构、交代结构等也有发育（表5-10）。碎屑结构是区内铝土矿的最主要矿石结构。

表5-10 修文~清镇矿集区铝土矿矿石结构类型

结构类型	宏观结构				微观结构		
	碎屑结构		豆鲕状结构		凝胶结构	交代结构	粒晶结构
成因	陆源碎屑	盆内碎屑	红土化作用	水体中胶体凝聚	胶体化学作用	生物及化学作用	成岩及后生作用

（据高道德等，1992）

（1）晶粒结构：根据一水硬铝石结晶颗粒的大小划分为两种：一是泥晶结构；二是粉晶结构。它们是在成岩后生作用下重结晶而成。

泥晶（隐晶）结构：在显微镜下一水硬铝石呈泥晶（隐晶）状，粒径小于0.005mm，看不清颗粒形态。

粉晶结构：一水硬铝石呈针状、纤维状、条状、粒状交错排列组成，颗粒直径0.005~0.1mm，一般0.03~0.06mm。

（2）碎屑结构：碎屑含量一般10%~20%，少数含量达50%左右。碎屑颗粒由一水硬铝石隐晶集合体及少许针柱状一水硬铝石和黏土矿物组成。碎屑具多种形态特征；呈不规则状、眼球状、扁平状、椭圆状、长条状等。颗粒内部结构既有单一的一水硬铝石组成，也有和少数黏土矿物组成复碎屑，个别颗粒还呈结核状及变形鲕状。颗粒直径大小不一，有滚圆状、次滚圆状，亦有棱角状、次棱角状。

根据碎屑的大小还可分为：砾屑、砂屑、粉屑和三种混杂的杂乱碎屑结构。

杂乱碎屑结构：矿石中碎屑大小不一、形状各异，有砾屑、砂屑、粉屑、变形鲕粒、团块、凝块、扁豆状等。碎屑由一水硬铝石组成，水云母充填具定向排列趋势。

鲕状结构：鲕粒形态呈圆或扁圆形，由陆源碎屑或铝土矿碎屑组成核心，具有圈数不等的同心环带，粒径小于2mm，鲕粒常大小间杂，长轴略显定向排列。

（3）凝胶结构：由非晶质一水硬铝石和水云母及高岭石组成。矿区内部分致密状铝土矿和部分致密状高铁铝矿及赤铁矿具有这一特征。

（4）交代结构：此类结构在矿区不多见，仅在高铁铝土矿中见一水硬铝石集合体被高岭石所交代，同时一水硬铝石和高岭石又被菱铁矿交代，一水硬铝石呈残余集合体。叠层石的暗带被黄铁矿交代，尚有黄铁矿的莓状结构。

B 矿石构造

区内矿石构造以致密块状构造、土状构造及层状构造为主，次有纹层层理、粒序层理及斜交层理构造。

（1）土状构造：具土状构造的铝土矿矿石主要是土状和半土状铝土矿，质地疏松，孔隙发育，矿物成熟度高，是矿区铝土矿的主要构造。

（2）块状构造：铝土矿的结构和构造关系较密切，一般具泥晶（隐晶）结构的致密状铝土矿具有块状构造。是矿区内铝土矿的主要构造，但在少数块状铝土矿仍可见到层纹和粒序层理。

（3）层状构造：除铝土矿本身呈层状和夹层产出外，在黏土岩和铁质黏土岩中具有层理和页理构造，它通过不同组分和颜色表现出来。

（4）层纹构造：致密状和部分碎屑状铝土矿中普遍可见到不同组分颜色和炭质（有机质）呈细丝状沿层纹定向分布。层纹一般呈波状起伏，层纹间距0.1~2mm不等，延伸不远，层纹厚1mm左右。

（5）斜交层理：一般出现在碎屑状铝土矿中，粉屑由于水力作用呈定向排列。由一系列斜交于层系界面的细层组成，这种构造不太多。

（6）粒序层理：在碎屑铝土矿中由于一水硬铝石碎屑颗粒大小不同，在水动力条件减弱的情况下，由沉积分异作用每个层纹内部均呈现从下到上由粗到细渐变关系的正粒序层理；也有上粗下细的逆序层理。

5.6.2.4 矿石化学组成

该区域中矿体 Al_2O_3 含量一般在60%~75%，SiO_2 0.14%~22.36%，平均小于10%，低硫低铁铝土矿 Al/Si 2.64~22.92，平均11.90；低硫高铁铝土矿 Al/Si 2.61~25.42，平均7.70；高硫铝土矿 Al/Si 2.7~7.63，平均7.4，Fe_2O_3 含量一般均在3%以下，TiO_2 2.73%，S<0.02%。以猫场为例：

Al_2O_3主要赋存在一水硬铝石中，其次赋存在高岭石及水云母中，平面上Al_2O_3在矿体中心含量高，边部相对较低；从厚度空间上，中部含量高，上下相对较低。矿石Al_2O_3含量主要集中在60%~75%间，占70%。

SiO_2主要赋存在高岭石中，其次赋存于水云母及绿泥石中。区内SiO_2含量一般集中在5%~10%，Al_2O_3与SiO_2呈反比关系。

Fe_2O_3主要赋存在赤铁矿、针铁矿、绿泥石中，或以FeO的形式存在于菱铁矿及黄铁矿中。Fe_2O_3的含量在0.35%~24.30%，平均值为4.87%。在低硫低铁铝土矿中，一般1%~4%；在高铁铝土矿中，一般16%~19%，平均18.59%。Fe_2O_3在铝土矿石中与Al_2O_3呈明显的反比关系，即Al_2O_3高Fe_2O_3低。

S主要赋存于黄铁矿中。硫在低硫铝土矿中，一般平均0.30%；在高硫铝土矿中，一般平均4.74%。硫主要偏集于矿体顶部及下部。

铝硅比值是衡量铝土矿质量的一个重要指标。低硫低铁铝土矿Al/Si 2.64~22.92，平均11.90；低硫高铁铝土矿Al/Si 2.61~25.42，平均7.70；高硫铝土矿Al/Si 2.7~7.63，平均7.4。

该区中矿石一般均含具工业利用价值的稀散元素镓、锂、稀土元素等。以猫场矿床为例：Li 0.00215%~0.021258%，Ga 0.0042%~0.0087%，Nb 0.0054%~0.0097%，Zr 0.0593%~0.1394%，Cr 0.00478%~0.01555%，Ba 0.0174%~0.7467%，Sr 0.0134%~0.0696%。其中，Al_2O_3与镓（Ga）呈正相关关系。

5.6.3 凯里~黄平~瓮安~福泉地区

5.6.3.1 矿石类型

A 自然类型

按矿石结构构造，可分为致密状铝土矿、碎屑状铝土矿、土状铝土矿、豆鲕状铝土矿、角砾状铝土矿、气孔状铝土矿。

（1）致密状铝土矿颜色为灰白至灰黄色，断口平坦、坚硬、致密细腻，具隐晶结构、块状构造，主要由一水硬铝石、高岭石组成，次为少量锆石、碳质粉末。该类矿石主要分布于矿体中部及底部，偶夹于矿层之中。

（2）碎屑状铝土矿颜色为灰白、灰黄至褐黄色，具碎屑结构、块状构造，碎屑呈纺锤状、条状和菱角状，断面粗糙，不染手，坚硬。由一水硬铝石组成的粉屑球粒胶结而成，碎屑边缘有铁矿物包裹，少部分已被溶蚀成孔洞，并被铁质浸染或高岭石、三水铝石充填。

（3）土状铝土矿颜色为浅灰白、灰白、灰黄色等，表面粗糙，吸水性强，具土状构造，多为富矿石。矿物成分以一水硬铝石为主，约占75%，高岭石5%~10%，其他矿物少量~微量。该矿石赋存于矿层中下部，为优质铝土矿石。

（4）豆鲕状铝土矿颜色为灰白、浅灰、黄灰至褐红色，具豆状、鲕状构造，断面粗糙，常呈豆粒和鲕粒凹凸，不染手。粒径一般为0.33mm，豆鲕粒同心圆不明显，由细小团粒黏结而成，团粒多为一水硬铝石杂少许高岭石。胶结物为黏土质、隐晶质高岭土。

（5）角砾状铝土矿颜色为褐黄色、红褐色等，具斑状结构。气孔状铝土矿颜色为浅灰、灰黄、褐黄色等，具孔隙状结构。

该区内，王家寨铝土勘查区内主要为碎屑状、致密状、土状铝土矿三种，其中土状铝土矿为主要类型，碎屑状铝土矿约占总资源量的40%~50%。渔洞勘查区内主要为豆鲕状、碎屑状、致密状、土状铝土矿四种，以豆鲕状类型为主，土状铝土矿矿石质量最好。铁厂沟勘查区内主要为豆鲕状、碎屑状、致密状、土状铝土矿四种，豆鲕状铝土矿为主要矿石类型。苦李井勘查区内主要为豆鲕状、碎屑状、致密状、土状、角砾状、气孔状铝土矿六种，豆鲕状铝土矿为主要矿石类型，矿石质量中等。

B 工业类型

按硫含量，该区内铝土矿以低硫铝土矿为主，铁厂沟、苦李井勘查区局部块段内有少量中硫、高硫铝土矿。

按铁含量，区内铝土矿以低铁铝土矿为主，铁厂沟勘查区局部块段内有少量中铁铝土矿，王家寨、铁厂沟、苦李井勘查区局部块段内有少量高铁铝土矿。

5.6.3.2 矿物组合

区内矿石由铝矿物、黏土矿物、铁矿物和重矿物组成（表5-11）。矿石矿物以一水硬铝石为主，50%~90%；其次为黏土矿物，包括伊利石、蒙托石、高岭石，占矿物总量5%~30%；再次为纤铁矿、黄铁矿、石英、方解石等，约占矿物总量1%~5%；局部矿层底部矿石中黄铁矿较多。重矿物主要为锐钛矿，偶见少量磁铁矿、电气石、锆石，金红石。重矿物约占1%~2%左右。

表5-11 铝土矿矿石矿物成分

矿物	铝矿物	黏土矿物	铁矿物	重矿物	碳酸盐矿物	其他矿物
主要	一水硬铝石	高岭石、蒙脱石、伊利石	菱铁矿、赤铁矿	锐钛矿		
次要	一水硬铝石、胶铝石、三水铝石	水云母 绿泥石	黄铁矿、铁绿泥石	锆石、电气石、金红石	方解石	石英、长石

5.6.3.3 矿石结构构造

A 矿石结构

区内铝土矿矿石结构主要有他形粒状结构、半自形~自形结构、隐晶~微晶结构、胶状结构、豆鲕状结构及碎屑状结构。

（1）他形粒状结构：一水硬铝石呈他形粒状，粒径0.01~0.05mm，紧密嵌生，多见于致密状铝土矿石中。

（2）半自形~自形结构：一水硬铝石晶形较好，粒径多为0.02~0.05mm，少数为0.1~0.5mm。此种结构主要出现在豆鲕、碎屑状铝土矿中。

（3）隐晶~微晶结构：粒径0.001~0.003mm，在致密状矿石中最为常见。

（4）胶状结构：由高岭石和一水硬铝石及少许鳞片状水云母混合组成。主要出现在致密状铝土矿石或铝土岩中。

（5）豆鲕状结构：是该区矿石的主要结构之一，粒径大于2mm称为豆粒，小于2mm为鲕粒，其形状一般为浑圆形和次浑圆形，由一水硬铝石组成。无论是豆还是鲕粒同心环带都不明显，豆鲕边缘常有赤铁矿粉末或褐铁矿浸染。在豆、鲕粒中常杂有一水硬铝石组成的碎屑。

（6）碎屑状结构：矿石中的碎屑物质多为一水硬铝石和少许高岭石。根据碎屑大小为砾屑（大于2mm）、砂屑（2～0.05mm）、粉屑（小于0.05mm）。以砾屑、砂屑较为常见。

B 矿石构造

区内铝土矿石构造主要有豆鲕状、土状、半土状、碎屑状和致密状四种，次有块状构造、层纹状构造、孔隙状构造等。

（1）土状构造：土状铝土矿多夹于碎屑状、豆鲕状铝土矿之间，呈白色、灰白色、灰黄色，粗糙土状。由粒状一水硬铝石及少许高岭石组成。

（2）豆鲕状构造：本区以豆鲕状铝土矿为主。颜色较杂，浅灰、黄灰、褐红等色出现，矿石具豆粒、鲕粒（粒径大于2mm者称豆粒、小于2mm者称鲕粒），浑圆和次圆形。豆鲕粒同心圆不明显，由细小团粒（0.03～0.1mm）黏结而成，团粒多为一水硬铝石杂少许高岭石。豆鲕中溶孔发育。胶结物为黏土质、隐晶质高岭土。

（3）碎屑状构造：碎屑状铝土矿矿量仅次于豆鲕状铝土矿，颜色为灰白、灰黄、褐黄，碎屑呈纺锤状、条状、菱角状，由一水硬铝石组成的粉屑球粒（小于0.03mm）黏结而成。碎屑粒径大小悬殊，依据碎屑大小分为砾屑（大于2mm）、砂屑（0.05～2mm）、粉屑（小于0.05mm），其中以砂砾屑比较常见。基质以显微粒状一水硬铝石为主，夹少量高岭石黏土。

（4）致密状构造：致密状铝土矿其量次于豆鲕状铝土矿、碎屑状铝土矿。颜色为灰白、浅灰、灰黄色，致密细腻坚硬，断口平坦。主要由隐晶、微粒一水硬铝石、高岭石组成，杂少许微鳞片状水云母、粒状锆石、碳质粉末。

（5）孔隙状构造：矿石中常见一些分布不均匀的细小孔洞，孔洞直径多小于1.5mm，沿孔壁有时可见一水硬铝石晶簇。

（6）层纹状构造：矿石在垂直层理方向上深色部分与浅色部分相间排列，深色部分与浅色部分矿物组分无明显差别，均由一水硬铝石、高岭石及少量黏土矿物和其他微量矿物组成。

5.6.3.4 矿石化学组成

矿石中含有 Al、Si、Fe、Ca、Mg、K、Na、Ti、V、Be、Ga、S、Mn、Cr、Zr、Cu、Sn、Pb、Zn、Ni、B、Li 等20余种元素，以 Al_2O_3、SiO_2、Fe_2O_3、TiO_2及烧失量为主，5种组分之和大于 90%。其中 Al_2O_3 46.06%～78.84%，平均 63.91%；SiO_2 1.04%～24.60%，平均 10.68%；Fe_2O_3 0.80%～23.48%，平均 5.72%；TiO_2 1.44%～4.73%，平均 2.81%；烧失量一般在 13%～15% 之间，变化不大；Al/Si 2.2～59.8，平均 6.0。浅表铝土矿石 S 含量很低，为 0.009%～0.044%，平均 0.02%，深部 S 含量较高，为 0.32%～24.33%，平均 2.93%，全区平均 1.48%。

5.6.3.5 矿石微量元素

矿石所含微量元素以 Ga 为主要。铝土矿石伴生组分：Li 0.001%～0.013%，Ga 0.0094%～0.0130%，Nb 0.0045%～0.019%，Zr 0.0421%～0.1178%，Cr 0.018%～0.09%，Ta 0.0003%～0.0010%。其中，Al_2O_3与镓（Ga）呈正相关关系。

5.6.4　遵义~开阳地区

5.6.4.1　矿石类型

A　矿石自然类型

（1）碎屑状矿石：由豆鲕粒结构和碎屑结构所组成的矿石，在自然类型中均称碎屑状矿石。这一类型矿石外观粗糙，断口参差不齐，吸水性较强，为该区铝土矿的主要矿石类型。

（2）致密状铝土矿：以具晶粒结构的硬水铝石为主要组成的铝土矿矿石。外观较细腻，断口平坦。此类型一般为低品级矿石，它是区内次要矿石类型。

（3）土状铝土矿：仅存在于白矿中，颜色常为灰白，但深部也有呈灰色者。外观粗糙，土状断口，孔隙度高，体重较轻，吸水性很强。这类矿石几乎都为高品级。

B　按工业要求分

可划分为高铁铝土矿和低铁、低硫铝土矿及高硫铝土矿三种。

（1）高铁铝土矿：含铁大于10%的铝土矿矿石。这一类型的矿石皆为低铝、中硅、高铁、中铝硅比值。各矿区的平均品位是：Al_2O_3 50.37%~58.53%，平均53.88%；SiO_2 7.48%~11.60%，平均9.39%；Fe_2O_3 14.37%~22.11%，平均20.03%；Al/Si 4.58~8.07，平均5.74；S>0.3%。其中Fe_2O_3主要含于赤（针）铁矿和绿泥石中。

（2）低铁、低硫铝土矿：当矿石中Fe_2O_3<10%、S<0.8%时，定为低铁、低硫铝土矿石。其特点是：高铝，中低硅，低铁，中、高铝硅比值。各矿区平均品位是，Al_2O_3 64.77%~69.52%，平均66.23%；SiO_2 6.54%~15.11%，平均9.94%；Fe_2O_3 1.63%~7.89%，平均5.20%；Al/Si 3.93~10.62，平均6.66。

（3）高硫铝土矿：S>0.8%的铝土矿为高硫铝土矿石，仅见于白矿中，矿石的特点是：中、高铝，中、低硅，低铁，高硫，中、高铝硅比值。各矿区平均高硫铝土矿的品位是：Al_2O_3 64.44%~68.85%，平均66.83%；SiO_2 7.72%~11.17%，平均9.11%；Fe_2O_3 1.29%~7.07%，平均4.08%；Al/Si 5.98~8.42，平均7.50；S 1.14%~3.01%，平均2.11%。

5.6.4.2　矿物组合

区内矿石矿物组合以铝矿物为主，见有一水硬铝石、胶铝矿、勃姆石；其次为黏土矿物，有高岭石、水云母、伊利石和绿泥石；此外尚有部分铁矿物和少量硫化物、钛矿物以及陆源碎屑矿物，这几类矿物之和占矿物总量99%以上，其中又以一水硬水铝石、伊利石、赤铁矿、绿泥石、高岭石、黄铁矿、锐钛矿、锆石等最常见。

5.6.4.3　矿石结构构造

A　矿石结构

矿石结构有碎屑结构、豆鲕结构、碎屑豆鲕复合结构、粉晶结构和泥晶结构等，现分述如下。

（1）碎屑结构：为区内主要的矿石结构类型。碎屑（含复碎屑）呈不规则粒状、棱角状和次棱角状，少数呈圆状及次圆状。粒径大小不一，一般0.005~5mm之间，最大达15mm。碎屑含量55%~80%，胶结物含量45%~20%。

（2）豆鲕结构：豆、鲕粒呈圆状及椭圆状。豆粒粒径2～7mm，鲕粒粒径0.05～2mm。豆、鲕一般具明显的不规则核心和同心层纹。同心圈一般3～5圈。核心及同心层纹及胶结物均由粒径小于0.005mm的一水硬铝石泥晶及少量黏土矿物或铁质组成。

（3）碎屑～豆粒复合结构：此类结构在区内较少见。实为豆鲕粒结构中伴有碎屑结构复合组成。碎屑呈不规则状或次圆，粒径0.005～2.00mm；豆粒或鲕粒的直径0.006～3.00mm，呈圆和次圆形。碎屑和豆粒均由不同粒级铝矿物组成，胶结物亦以铝矿物为主，少量为黏土矿物和铁质矿物。一般碎屑占10%～25%，豆鲕占60%～40%，胶结物30%～35%。

（4）粉晶结构：区内少数矿石由粒径0.015～0.060mm的半自形粒状、自形片状及板柱状一水硬铝石粉晶和少量粒径小于0.005mm的片状及鳞片状黏土矿物组成。矿石中矿物分布均匀。

（5）泥晶结构：矿石由粒径小于0.005mm的他形一水硬铝石泥晶及少量粒径小于0.005mm的黏土矿物组成，一水硬铝石泥晶分布均匀，边界不明显。

B 矿石构造

矿区内矿石构造有块状构造、半土状构造、致密状构造和斜交层理构造。

（1）块状构造：此类构造是矿区矿石构造的主要类型之一。由一水硬铝石堆积为成厂厚度大于0.5m的厚层构造，无明显细层区分。

（2）半土状构造：是矿区最常见的矿石构造类型。矿石呈灰白、浅灰及黄灰色，大部分矿石为碎屑结构，碎屑呈棱角状及次棱角状，分选差，少部分为泥晶或粉晶结构。矿物成分以一水硬铝石为主，伴有少量黏土矿物、绿泥石和铁矿物等。

（3）致密状构造：矿石呈灰、深灰色，泥晶结构，碎屑含量一般小于5%。矿石断面平整光滑、质地致密、硬度大、吸水性弱。矿物成分虽仍以一水硬铝石为主，但黏土矿物相对较多。

（4）斜交层理构造：仅在古岩溶漏斗或古洼地边缘出现。主要由一水硬铝石组成。

5.6.4.4 矿石化学组成

铝土矿的基本成分为Al_2O_3、SiO_2、Fe_2O_3、TiO_2，据不完全统计，各已知矿床的基本化学成分：白矿的Al_2O_3含量都大于60%，红矿则小于60%。各矿床分布区白矿的平均含量是：Al_2O_3 66.56%、SiO_2 8.77%，Fe_2O_3 5.86%、TiO_2 2.85%、烧失量13.10%、Al/Si 7.59；红矿，Al_2O_3 52%～58%、SiO_2 9.40%、Fe_2O_3 19.33%、TiO_2 2.44%、烧失量12.39%、Al/Si 5.74。处于浅表部分的铝土矿，硫含量多数都非常低，红矿含硫量小于0.3%。但随矿床埋藏深度的增加，白矿的含硫量大于0.8%。其他组分除K_2O含量较高外，其余均低，含量分别为K_2O 0.09%～4.75%，平均1.14 %；Na_2O 0.01%～0.11%，平均0.086%；CaO 0.01%～0.633%，平均0.187%；MgO 0.07%～1.16%，平均0.302%。

5.6.4.5 矿石微量元素

区内微量元素以矿石中的B、Ga、Nb、TR（稀土总量）、Zr、Ta、Li富集为特征，而Ge、Sr、Ba的含量都很低。Li 0.001%～0.013%，Ga 0.0094%～0.0130%，Nb 0.0045%～0.019%，Zr 0.0421%～0.1178%，Cr 0.018%～0.09%，Ta 0.0003%～0.0010%。其中，

Al_2O_3与镓（Ga）呈正相关关系。

此外铝土矿还含有放射性元素钍、铀，含量为：Th 86.7×10^{-6}、U 11.1×10^{-6}。

5.6.5 铝土矿石质量成矿规律及差异对比

综上所述，省内不同地区内铝土矿矿石质量具有的成矿规律见表5-12。

表5-12 贵州省铝土矿不同成矿带矿石质量成矿规律及差异对比

矿石质量＼地区名称	务川～正安～道真	遵义～息烽	修文～清镇	凯里～黄平
矿石类型	自然类型以半土状至碎屑状铝土矿为主，次有致密状铝土矿，常见豆状、鲕状铝土矿；工业类型以高硫铝土矿为主，次为低硫低铁铝矿石	自然类型以碎屑状铝土矿为主，次为致密状铝土矿和土状铝土矿；工业类型以低硫低铁铝矿石为主，次为高铁及高硫铝土矿	自然类型以土状、半土状铝土矿为主，次有致密状、碎屑状铝土矿；工业类型以低硫低铁铝矿石为主，高硫、高铁铝矿石亦较常见	自然类型以豆鲕状、碎屑状铝土矿石为主，次有土状、致密状铝土矿石，另有角砾状、气孔状铝土矿石；工业类型以低硫低铁铝矿石为主；次为中硫中铁、高硫高铁铝矿石
矿物组合	为铝矿物（占60%~90%）～黏土矿物（占5%～25%）～铁矿物（占1%~2%）～重矿物组合。铝矿物为一水硬铝石、一水软铝石；黏土矿物为伊利石、蒙脱石、高岭土等；铁矿物有黄铁矿、纤铁矿、褐铁矿等，重矿物主要为锐钛矿	为铝矿物～黏土矿物～铁矿物～重矿物组合。铝矿物为一水硬铝石、胶铝矿、勃姆石；黏土矿物包括高岭石、水云母、伊利石和绿泥石；有少量赤铁矿铁和黄铁矿；钛矿物主要为锐钛矿	为铝矿物～黏土矿物～铁矿物～重矿物组合。铝矿物主要为一水硬铝石、勃姆石等；黏土矿物主要有高岭石、伊利石和绿泥石；铁矿物包括赤铁矿、针铁矿等；钛矿物以锐钛矿为主	为铝矿物～黏土矿物～铁矿物～重矿物组合。铝矿物以一水硬铝石为主；黏土矿物包括伊利石、蒙托石、高岭石；铁矿物有纤铁矿、黄铁矿；重矿物主要为锐钛矿
矿石结构构造	矿石结构以碎屑结构为主，次有豆鲕结构、粉晶结构和泥晶结构等；矿石构造以块状构造、半土状构造为主，次为致密状构造、碎屑状构造	矿石结构主要有碎屑结构，次有豆鲕结构、碎屑豆鲕复合结构、粉晶结构和泥晶结构等；矿石构造以块状构造为主，次有半土状构造，另有致密状构造和斜交层理构造等	矿石结构以碎屑、泥屑泥晶结构、凝胶结构为主，豆鲕结构等也有发育；矿石构造以致密块状构造、土状构造为主，次有层状构造、纹层状构造	结构有隐晶～微晶结构、半自形～自形结构、碎屑状、豆鲕状结构；构造有土状、半土状、碎屑状和致密状四种

续表 5-12

矿石质量＼地区名称	务川～正安～道真	遵义～息烽	修文～清镇	凯里～黄平
矿石化学组成	矿石中以 Al_2O_3、SiO_2、Fe_2O_3、TiO_2 为主。平均化学成分：Al_2O_3 63.22%，SiO_2 11.86%，Al/Si 约 7，$Fe_2O_3 \geq 4\%$，TiO_2 2.52%，0.3%（深部）< S < 0.02%（浅部）	矿石中以 Al_2O_3、SiO_2、Fe_2O_3、TiO_2 为主。平均化学成分：Al_2O_3 60.78%，SiO_2 > 10%，Al/Si 6.67，Fe_2O_3 > 8%，TiO_2 2.64%，0.8%（深部）< S < 0.02%（浅部）	矿石中以 Al_2O_3、SiO_2、Fe_2O_3、TiO_2 为主。Al_2O_3 60%～75%，SiO_2 0.14%～22.36%，平均 10%，低硫低铁铝土矿 Al/Si 2.64～22.92，平均 11.90；低硫高铁铝土矿 Al/Si 2.61～25.42，平均 7.70；高硫铝土矿 Al/Si 2.7～7.63，平均 7.4。Fe_2O_3 <3%，TiO_2 2.73%，S < 0.02%	矿石中以 Al_2O_3、SiO_2、Fe_2O_3、TiO_2 为主。平均化学成分：Al_2O_3 63.91%，SiO_2 10.68%，Al/Si 6，Fe_2O_3 5.72%，TiO_2 2.81%，S 1.48%
矿石微量元素	含可综合利用的稀散元素 Ga、TREE 等：Li 0.0198%～0.2725%，Ga 0.0022%～0.02%	含可综合利用的稀散元素 Ga(0.00XX%)、TREE 等	含可综合利用的稀散元素 Ga、Li 等	含可综合利用的稀散元素 Ga，平均 0.0095%

由表 5-12 及综合前人资料可知，贵州省铝土矿石质量成矿规律及差异主要有以下 5 个方面的特征：

(1) 省内不同矿区内铝土矿矿石自然类型均以碎屑状、土状～半土状、致密状、豆鲕状为主。在务川～正安～道真地区以半土状至碎屑状铝土矿为主，在遵义～开阳地区以碎屑状铝土矿为主，在修文～清镇地区以土状、半土状铝土矿为主，在凯里～黄平～瓮安～福泉地区以豆鲕状、碎屑状铝土矿石为主；工业类型在务川～正安～道真地区以高硫铝土矿为主，在遵义～开阳地区、修文～清镇地区、凯里～黄平～瓮安～福泉地区均以低硫低铁铝矿石为主。中硫高铁、高硫高铁铝矿石在遵义～开阳、修文～清镇、凯里～黄平～瓮安～福泉一带产出，务川～正安～道真地区有高硫铝矿石而无高铁铝矿石产出，这反映出含铝岩系及共伴生矿产的不同，前者在含铝岩系底部一般具有透镜状、似层状赤铁矿或菱铁矿体产出，后者仅有结核状、小透镜状绿泥石铁矿、硫铁矿分布。

(2) 省内不同矿带内铝土矿床矿物组合基本相同，为铝矿物～黏土矿物～铁矿物～重矿物组合。铝矿物主要为一水硬铝石、勃姆石等；黏土矿物主要有高岭石、伊利石和绿泥石；铁矿物包括赤铁矿、针铁矿等；钛矿物以锐钛矿为主。主要区别为在务川～正安～道真地区铝矿物有一水软铝石。

(3) 省内不同矿带内铝土矿床矿石结构构造也基本相同，以碎屑结构、半自形～自形结构、粉晶结构、泥晶结构、豆鲕结构、凝胶结构、交代结构等为主，在务川～正安～道真地区、遵义～开阳地区、修文～清镇地区以碎屑结构、土状～半土状结构为主，在凯里～黄平～瓮安～福泉地区以豆鲕状、碎屑状结构为主，务川～正安～道真地区内豆状、鲕状铝土矿也较常见，而在修文~清镇、遵义~开阳地区较少见到；矿石构造也基本相同，有块状构造、半土状构造、致密状构造、碎屑状构造、豆鲕状构造、斜交层理构造等，在务川~正安~道真地区、遵义~开阳地区、修文~清镇地区以块状构造、土状半土状构造、致密状构造为主，在凯里~黄平~瓮安~福泉地区以豆鲕状、碎屑状构造为主。

（4）矿石化学组成，均以 Al_2O_3、SiO_2、Fe_2O_3、TiO_2 为主。Al_2O_3 含量大致相同，但也有一定差异，以清镇~修文地区最高，Al_2O_3 为 60%~75%，务川~正安~道真、凯里~黄平~瓮安~福泉、遵义~开阳地区含量差别不大，变化范围 52%~70%；SiO_2 含量各区也大致相同，一般在 10% 左右，主要差异为修文~清镇地区含量较低（一般小于 10%），而在其他三个地区其含量普遍较高（一般大于 10%），以务川~正安~道真地区最高，SiO_2 11.86%；Fe_2O_3 含量差别较大，相对修文~清镇地区含量较低（一般不大于 3%），凯里~黄平~瓮安~福泉与务川~正安~道真地区次之（不小于 4%），最高为遵义~开阳地区（大于 8%）；Al/Si 以清镇~修文地区最高，平均 11.90，其他在 6~7 间；TiO_2 含量差别不大，一般为 2.5% 左右；S 含量差别较大，修文~清镇地区含量低（一般小于 0.02%），其余三个地区含量大致相等，平均值稳定在 1.5 左右，总体上具有浅表低，往深部逐渐增高的趋势。

（5）矿石微量元素，普遍含稀散元素 Ga 为特征，另在遵义~开阳地区、务川~正安~道真地区含有一定的 TREE。修文~清镇地区以 Zr、TREE 含量最高，Ga、Li 含量最低为特征；遵义~开阳地区以 Ga 含量最高，Zr 含量最低为特征；务川~正安~道真地区以 Li 含量最高，Ga 含量也高为特征；凯里~黄平~瓮安~福泉也以 Ga 含量高为特征。

5.7 铝土矿成矿物源特征

5.7.1 铝土矿物源特征

在谈到物源的时候，人们总喜欢将物源限定于某一种或某个时段集中形成，这种观念对于大多数矿产并没有什么错误，但铝土矿不同于常规矿产，其属于一种风化型的矿产，其物源远较一般类型矿产复杂。在讨论铝土矿物源时，以下几个问题尤其应该注意：第一，Al 在地壳中含量高，其并不是一种微量或稀有元素，任何岩石都可成为铝土矿的物源，虽然不同类型岩石形成铝土矿的潜力不一样，但理论上只要条件合适，任何岩石都可为优质铝土矿的形成提供物源，因此在分析铝土矿物源时，应排除主观意识中“优质物源”的影响。第二，铝土矿形成的时间十分漫长，在铝土矿形成过程中可能历经沉积与暴露剥蚀的反复过程，在这个过程中，可能不止一种岩石及同期暴露的岩石为铝土矿提供物源，铝土矿的形成不仅可能由多种岩石提供成矿母质，同时这多种岩石可能具有时代差异。时代差异包含两层意思：一是不同岩石的时代不一样；二是不同岩石暴露剥蚀风化于不同时间，这些不同时代的岩石在不同时间为铝土矿的形成提供成矿物质。第三，不仅岩石可在不同时代为同一铝土矿床的形成提供成矿物质，对同一岩石来说，其亦可在不同时代为同一铝土矿提供成矿物质，同时不同时代铝土矿床可能具有同一物源。

5.7.2 铝土矿物源分析常用方法

5.7.2.1 锆石物源示踪

锆石以其较高的封闭温度、较好的稳定性被广泛用于测年，形成了锆石年代学，许多专家学者通过锆石定年研究成岩、成矿时代、构造演化、成矿过程等问题（Anderasn，2002；任荣等，2011；周海等，2012；陈扬等，2011；赵芝等，2012；万渝生等，2010；胡国辉等，2012；张建光等，2011）。锆石不仅可用于直接测年，而且可用于沉积岩中追索物源，对于岩浆岩来说，通过锆石同位素定年，获得锆石的年龄，同时分析锆石的特征，对比可能的物源锆石特征是否相似（邬光辉等，2009；陈文等，2011；廖群安等，2011）。对碎屑岩来说，可根据其中的碎屑锆石的年代及特征逐一识别，不同的锆石反映了不同的物源（王立武等，2007）。对于风化残余类型矿床来说，基本原理为不同锆石形成的时代不一致，对锆石进行同位素定年，取得不同锆石的年龄，组成同一个年龄谱系，碎屑岩如有不同时代的多种物源，则其继承岩石的年龄谱系与其应基本一致，除非出现极端例外的情况，Wang Yuejun（2010）与 Rong jiayu（2012）通过碎屑锆石年龄谱进行物源示踪解决了一些陆相地层长期以来未解决的问题。余文超等（2014）运用碎屑锆石年龄谱对贵州务川~正安~道真地区铝土矿物源进行示踪，取得了良好效果，证明了铝土矿下伏的韩家店组泥页岩为铝土矿的物源之一。

5.7.2.2 主量元素哈克图解法

铝土矿的成矿过程是一个脱硅排铁的过程（布申斯基，1984；刘巽锋等，1990；巴多西，1990），不同的母岩在风化成矿过程中具有不同的演化趋势。哈克图解是以 SiO_2 为横坐标，以 Al、Fe、Mg、Ca、Na 等元素为纵坐标，研究 SiO_2 与主要氧化物之间的关系。铝土矿中 Al 与 Si、Fe 通常呈负相关，同种母岩其 SiO_2 与主量元素通常呈线性相关，如果演化趋势不止一条线则表明可能包含多种母岩，此类方法适合与下伏地层进行对比，研究铝土矿下伏地层与铝土矿层的亲缘关系。

5.7.2.3 微量元素物源示踪

微量元素蛛网图：微量元素蛛网图是利用微量元素的组合特征识别物源，铝土矿的矿物组合特征与微量元素特征与母岩有关，因此可以利用微量元素的蛛网图分析微量元素的变化特征，铝土矿的微量元素变化曲线通常与母岩微量元素曲线特征存在一定共同之处，部分专家学者利用微量元素蛛网图对铝土矿或红土进行研究，识别铝土矿的主要物源，取得了良好的效果（张文婷，2012；Hongbing Ji；Tardy，1990；Clayton，1978；Vanossi，1974），不同铝土矿样品中的微量元素配分曲线的差异表明可能有多种物源。运用蛛网图判别物源，应注重微量元素曲线的整体形态，个别元素的异常可能是成矿过程特殊环境影响所致，因此要注意对元素异常的分析，元素异常造成的曲线配分形态差异应重点分析，避免误将个别元素在特殊成矿条件下的分异当成整体曲线的形态差异（Jackson，2002；Jahn，2001；Nott，2000）。

三角图解（Zr-Cr-Ga）：沉积岩中常用锆石、电气石、金红石的含量作为碎屑岩结构成熟度的标志（姜在兴，2003）。在铝土矿的研究中，三角图解亦是常用的手段，不仅用来分析铝土矿的矿物组合特征与演化过程，同时亦可用来追索物源。常用的图解有 Al + Ticlay-Fe、Kao + Gib + Al-Ca-Na、Zr-Ti-Y、Al-Si-Fe 与 Zr-Cr-Ga 等，其中 Ga 的地球化学行为与 Al 相似，Zr 是风化过程中较稳定的元素，多赋存于锆石中，铝土矿的 Zr-Cr-Ga 分布区应当与母岩接近，而与非物源岩石差异较大。

Cr-Ni 图解：Cr、Ni 关系二元图解可用来追踪可能的铝土矿物源，不同类型铝土矿及母岩其 Cr/Ni 值具明显差异（Schroll 和 Sauer，1968）。Schroll（1968）对世界上典型红土型铝土矿与岩溶型铝土矿的 Cr-Ni 关系进行研究，发现岩溶型铝土矿与红土型铝土矿的 Cr/Ni 值差异明显，不同类型铝土矿及各类型母岩有自己特定的分布区。编制铝土矿的 Cr-Ni 二元图解，可推测铝土矿的可能母岩类型，不仅可研究下伏地层与铝土矿的关系，同时有助于推测铝土矿的隐藏物源。

高场强元素图解：Zr、Hf、Nb、Ta 在风化过程中十分稳定（Maclean 和 Kranidiotis，1987；Maclean 和 Barrett，1993；Kutrz et al.，2000；Panahi et al.，2000），同时 Zr 与 Hf、Nb 与 Ta 为成矿过程中地球化学配分行为基本相似的元素对，故常被用来在铝土矿中追索物源（Calagari 和 Abedini，2007；Deng Jun，2010），前人研究证明母岩与铝土矿的 Zr/Hf、Nb/Ta 值呈线性相关，Zr 与 Hf、Nb 与 Ta 在成矿过程中丢失或富集的程度通常一致，Zr 与 Hf 可能同步在锆石中富集，Nb 与 Ta 则是成矿过程中十分稳定的元素对。

5.7.2.4 稀土元素物源示踪

前人研究认为控制沉积物中 REE 特征的最重要因素是物源，这是 REE 物源示踪的基础，沉积物中的 REE 在风化、搬运、沉积及成岩时 REE 组成变化较小，具有重要的源岩指示意义（Cullers，1988；1990；Mclennan，1989，1991；Taylor，1985；Roaldest，1973）。国内外众多学者成功地运用了 REE 追索物源：Taylor 等对 REE 建立了物源示踪的“Taylor”模式。Sawye（1986）、Murray（1991，1994）、Cullers（1987）都在各自领域利用 REE 特征得出了有意义的研究成果。广西大家岩溶型铝土矿中的稀土元素球粒陨石配分曲线特征与下伏的碳酸盐岩基本一致（Liu Xuefei，2010），土耳其铝土矿中稀土元素的配分曲线特征不仅指示下伏的灰岩物源，同时还反映了成矿环境的化学条件（Muzaffer，2008）。

5.7.2.5 重矿物分析

重矿物可用于铝土矿物源示踪（柏涛，2005；李超，2005），不少学者利用不同的重矿物（锆石、电气石、石榴石、辉石、角闪石、尖晶石等）分析物源：Morton（1999）根据北海砂岩及新西兰和孟加拉地区第三系砂岩沉积物中石榴石的成分差异剔除了石榴石的 P-As-Gs 三端元识别图；Dill（1994）根据德国东南晚古生代和三叠纪红层碎屑岩中磷灰石的 REE 佩芬形式及 U/Th 确定该磷灰石来自晚古生代的火山岩。总体上说，重矿物物源示踪可分为三步：（1）利用传统的重矿物方法鉴别出岩石类型，限定源区位置及母岩类型；（2）选择一种或几种单颗粒矿物与源区矿物进行地球化学对比，进一步获取源区岩石的信息；（3）利用同位素测年进一步确定源区的时代，若为风化壳残余成矿则可制作年龄谱系，将岩石或地层的年龄谱系与可能的源岩进行比对，二者如果相似则表明具亲缘关系，如若差异较大，则表明亲缘关系较远，如前文中的锆石年龄谱系即属于这种方法。德曼乔（1970）通过显微矿物学分析证实，在法国阿尔皮耶和朗格多克铝土矿中发现的外来锆石、金红石和电气石粒度比在下伏石灰岩中发现的同种矿物颗粒大一个数量级，铝土矿中还含有一些在下伏的碳酸盐岩中未曾发现的碎屑矿物（如蓝晶石、十字石、刚玉），证明下伏的碳酸盐岩不可能是矿床的唯一物源。

5.7.2.6 讨论

多种物源分析方法各有优势与不足，使用重矿物组合特征分析通常能较好地判定铝土矿层是单物源还是“多物源”体系，尤其是岩溶型铝土矿时，对比铝土矿与主要母岩之中的重矿物组合，能有效查明铝土矿是否存在除灰岩之外的其余物源，但却不能分析各种母岩的贡献大小。地球化学方法主要包括锆石同位素定年、主量元素哈克图解与微量元素物源示踪。根据碎屑锆石年龄制作的锆石年龄谱能有效判定目标层与铝土矿是否存在亲缘关系，但不能确定铝土矿的物源种类及各类型物源对铝土矿的贡献程度。Cr-Ni 图解能有效识别铝土矿的母岩类型，但并不代表能指示出铝土矿的所有母岩。高场强元素的比值能分析不同类型母岩与铝土矿是否存在亲缘关系，更能有效判别物源对铝土矿成矿的贡献程度。稀土元素配分曲线特征在红土型铝土矿与岩溶型铝土矿中效果较好，但在沉积型铝土矿中应谨慎运用。由以上分析可知，不同类型的铝土矿床适用于不同的方法，同一种方法在一类铝土矿床的物源分析中能取得良好效果，但却可能无法用于另一类型矿床，铝土矿的物源分析应多种方法并用。

区域古地理与古构造变化可影响成矿区物源的供给，频繁的海进与海退会改变铝土矿的成矿过程，不仅可使同一矿床的物源发生改变，同时还可使同一地层（母岩）在不同时期为铝土矿提供成矿物质，古地理与古构造的变动易使铝土矿出现“多源性”与“多期性”。

5.7.3 贵州铝土矿物源特征

5.7.3.1 贵州四大铝土矿矿区物源基本特征

通过上述主要方法，众多专家学者对贵州铝土矿的物源进行了研究，其中以务川~正安~道真铝土矿研究较为详细，遵义~开阳地区铝土矿、清镇~修文矿区与瓮安~福泉~凯里~黄平矿区研究相对薄弱。

务川~正安~道真铝土矿物源争议不大，基本都认为主要由韩家店组泥页岩与黄龙组灰岩提供物源（赵芝等，2013；余文超等，2014；Gu et al.，2013），另外还有少量玄武岩等其他物源。除务川~正安~道真铝土矿之外的其余三个矿区，尚缺乏十分系统地研究。

5.7.3.2 贵州铝土矿物源的多源性与多期性

贵州四大铝土矿成矿区看似差异较大，其实在成因上有密切关系。与含矿岩系直接接触的地层有寒武系、奥陶系、志留系、泥盆系、石炭系，而四大成矿区除黔中铝土矿顶部为薄的石炭系外，其余皆为二叠系，综合研究区古地理特征可知，铝土矿成矿过程开始于中奥陶世后暴露地表，在此过程中，随海平面变化，不同地区形成了不同的底板，但最终形成的铝土矿床都介于石炭~中二叠世之间。在此成矿过程中，寒武系、奥陶系、志留系、泥盆系、石炭系均为铝土矿的形成提供物源，但不同成矿区，其主要的物源并不相同。务川~正安~道真铝土矿与遵义~开阳铝土矿物源为寒武系、奥陶系、志留系、石炭系，其中除石炭系地层较薄外，其余均为铝土矿的形成提供了大量成矿物质。清镇~修文地区铝土矿的物源主要为寒武系、奥陶系、石炭系。瓮安~福泉~凯里~黄平地区铝土矿物源为寒武系、奥陶系、泥盆系，可能夹有少量石炭系。寒武系、奥陶系为贵州铝土矿的形成都提供了物源，但对黔北与黔中铝土矿的形成可能贡献较大，志留系与石炭系为务川~正安~道真矿区主要物源。泥盆系物源对黔东南铝土矿的形成有重要意义。石炭系物源对各成矿区铝土矿都有所贡献，但除黔北外，其占的比重可能不会太大。除以上物源外，更古老地层可能亦对铝土矿的形成有所贡献，但其占铝土矿物源的比重比较小。

铝土矿的最终形成通常是一个漫长的过程，贵州铝土矿物源的多源性在于各成矿区至少由两种母岩提供物源。而多期性则为不同母岩并非同一时间为铝土矿提供物源，而是分为若干阶段。除寒武系、奥陶系、志留系、泥盆系、石炭系外，各成矿区附近尚包含有岩浆岩或变质岩物源。

5.8 红土化作用与铝土矿的成矿规律

5.8.1 铝土矿床的类型划分与分布

从全球范围来看，世界的铝土矿资源丰富，分布相对集中，主要分布在非洲（占世界铝土矿总储量的33%）、大洋洲（24%）、南美洲与加勒比海地区（22%）和亚洲（15%）。目前，国外普遍采用G. Bardossy（1990）的铝土矿分类方案，将铝土矿划分为红土型、碳酸盐岩（喀斯特）岩溶型和机械碎屑沉积型（季赫温型）。全球红土型铝土矿主要分布于赤道两侧的热带、亚热带地区，南纬30°至北纬30°之间。世界上最大的红土型铝土矿矿床就位于几内亚、澳大利亚、巴西和印度等赤道附近的国家。廖士范（1991）将中国铝土矿分为古风化壳型和红土型两类7个亚类，其中风化壳（沉积型）包括6个亚类。《铝土矿、冶镁菱铁矿地质勘查规范》（DZ/0202—2002）将中国铝土矿矿床划分为沉积型、堆积型和红土型。高兰等（2014）强调了古风化壳对沉积型铝土矿成矿的控制作用，增加了近十年新发现的碳酸盐（基岩）红土型铝土矿矿床，将我国铝土矿矿床分为古风化壳沉积型、（近代风化壳）堆积型和红土型3大类型5个亚类。并指出风化壳沉积型是我国铝土矿矿床的主要类型，广泛分布于除海南外的全国铝土矿分布区，矿床规模大、分布广，以一水硬铝石为主，中低铝硅比，探明资源储量约占全国铝土矿资源储量的78%。堆积型铝土矿矿床规模大，主要分布于广西和云南，由高铁型一水硬铝石和一水软铝石混合组成，资源储量占全国总资源储量的21%。红土型铝土矿矿床主要分布于海南、广西和广东，以高铁型三水铝石为主，资源储量小于全国总资源储量的1%。将贵州铝土矿矿床特征与上述划分方案进行比较，本书赞成高兰的划分方案。

5.8.2 红土化过程与贵州铝土矿床

通过研究，本书认为，贵州的铝土矿矿床主要是古风化壳沉积型，贵州省内的绝大多数铝矿床均属于此类型，例如清镇猫场铝土矿、遵义苟江铝土矿等；其次为古风化壳堆积型，此类矿床在贵州只是少数或个别情况，例如清镇黄土坎铝土矿，其含矿岩系九架炉组，具有碎屑角砾分明、分选极差、成分复杂、杂基和泥质支撑、几乎不显层理等特征，为近源快速堆积的泥石流层序（高道德，1992）。按铝土矿的直接底板划分，可分为碳酸盐岩溶蚀古风化壳型和硅酸盐岩侵蚀风古化壳型两个大类。前者为贵州铝土矿的主要类型，如清镇猫场铝土矿床等；后者主要分布于务川～正安～道真地区，如新木～晏溪向斜中的铝土矿床。

红土型铝土矿床的原始含义系指下伏铝硅酸盐岩石（如玄武岩）经红土化作用演变而成的残余矿床，其矿床规模大、品位高，矿石中的主要矿物为三水硬铝石，少量为一水软铝石。经过长期研究，许多学者认为，红土化成因的铝土矿床并非只限于结晶铝硅酸盐岩石的风化所致，只要在气候、植被、水文条件合适的环境下，黏土岩、泥质岩以及钙红土层同样可以被红土化，进而形成铝土矿床。由此，使原来狭义的“红土化作用”概念得到广泛的推广与应用，从而变成了广义上的红土化。红土化过程与铝土矿的成矿有着非常密切的关系，只要古气候、古水文等风化条件适宜，地表几乎所有的岩石都可以风化形成铝土矿，这已是不争的科学论断。

刘巽锋等对黔北地区铝土矿形成的红土化作用进行研究，撰文论述黔北铝土矿的古喀斯特~红土化成因（1990），指出黔北铝土矿中普遍发育的鲕粒结构、胶状变胶结构、原生红色铁质黏土层等均预示了红土化的存在，遵义苟江剖面是古红土化作用的典型实例（图5-39）。在该剖面上，红土化作用引起物质成分呈现如下变化，从上到下：（1）矿物成分由伊利石渐变为高岭石~针铁矿~硬水铝石组合；（2）Al_2O_3和Fe_2O_3逐渐增高；（3）SiO_2和K_2O逐渐减少；（4）颜色由灰绿色渐变为紫红色。

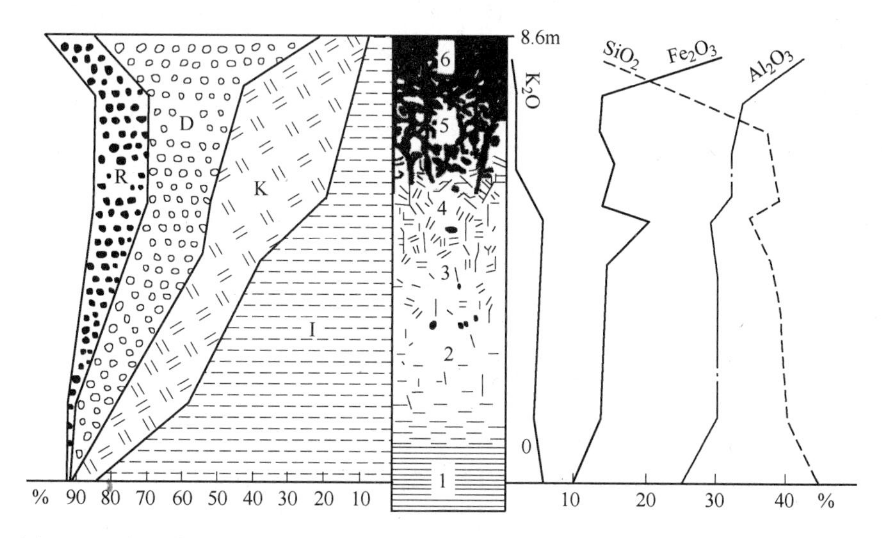

图5-39 遵义苟江TC121古红土剖面及其矿物、化学组分变化（据刘巽锋，1990）
1—灰绿色黏土岩；2—黄绿色黏土岩；3—杂色黏土岩；4—紫色黏土岩；5—铁铝质黏土岩；6—高铁铝土矿；I—伊利石；K—高岭石；D—硬水铝石；R—绿泥石

高道德等（1992）对贵州中部铝土矿进行研究，认为黔中地区铝土矿的形成经历了两个阶段：第一阶段为红土风化壳阶段，第二阶段为沉积陆解阶段。本书认为，这一结论不仅较为科学地解释了贵州省中部地区铝土矿的形成过程，而且对全省的铝土矿成矿过程基本上也是适用的。

廖士范（1986）提出，我国古风化壳型铝土矿的形成，一般要经过三个阶段，即红土化风化作用阶段、迁移就位阶段、表生富集阶段。陈履安（2011）根据实验结果，结合地质和物化条件，详细阐述了古风化壳型铝土矿的成矿元素的分异富集的三个阶段或过程：

（1）红土化风化阶段。在此阶段中，在热带和亚热带气候条件下。大气降雨（与大气平衡的雨水）经土壤、植被，pH降为4~6，作用于碳酸盐岩时、铝硅酸盐岩时，使方解石、白云石等矿物溶解迁移，造成铝质与钙镁质分离。与碳酸盐岩作用过的水，其pH值较高，一般为9±0.5，这种水体还有利于以SiO_2形式存在的硅质溶解迁移，而铝硅酸盐、铁铝硅酸盐、铝铁钛的氧化物和氢氧化物不易溶解，因而有利于富铝铁钛的风化壳铝土物质残留，形成含铝土矿物、黏土矿物、铁和铁的氧化物等风化壳铝土物质。

（2）迁移就位阶段。风化壳铝土物质有的在原地残积、坡积、准原地或异地堆积、沉积，逐渐深埋地下，形成原始的铝土矿层。

（3）表生富集阶段。为原始铝土矿层随地壳抬升到地壳浅部或地表，炎热湿润的气候和繁茂的土壤植被，使得原始铝土矿层处于改造或者氧化改造中，使其在富含 CO_2、有机酸和（或）弱酸性的水介质的浸泡淋滤作用下，发生硅质、铁质的溶解迁移和铝质、钛质的进一步富集，从而形成铝土矿。

总体来看，红土化作用主要是形成红矿。红矿是重要的基础，铝土矿质量的优劣首先决于红矿的优劣，其储量的大小取决于沼泽化前红矿堆积聚集的规模和厚度，而后期的沼泽环境则是红矿脱铁、脱硅变白，进一步富化的必要条件。简单地说，红土化作用是“成矿”，次生富集作用是“排杂”，进而形成优质铝土矿。

6 贵州铝土矿成矿模式与找矿模式的建立

6.1 成矿模式的建立

6.1.1 清镇～修文成矿模式

6.1.1.1 铝土矿形成的古地理

据莫江平等研究，黔中地区早石炭世大塘期形成近东西向展布的沉积盆地，北、南两侧分别被黔中隆起和广顺障壁岛所围限，东北边缘被六广～白马洞水下隆起所屏障。南东贵阳～龙里一带，九架炉组显示出滨海沼泽相的沉积特征（图6-1）。因此，该沉积盆地属古隆起边缘的泻湖盆地，海水从贵阳一带侵入。沉积盆地东部小山坝～云雾山一带，铝土矿层中很少发现黄铁矿，中部至西部，黄铁矿逐渐发育；含矿岩系古生物化石稀罕，缺乏膏盐沉积，表现出淡化泻湖相特点（表6-1）。

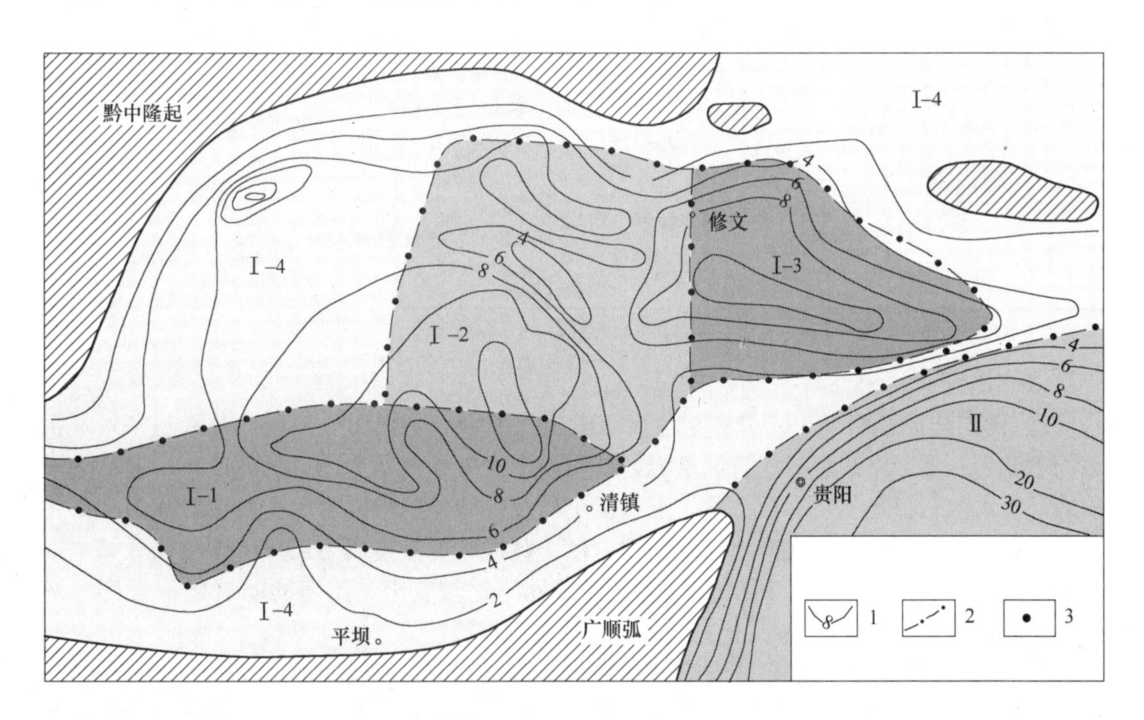

图6-1　黔中早石炭世大塘期沉积岩相图（据莫江平，1989）

1—沉积等厚线；2—岩相界线；3—矿床点；I-1—泻湖洼地亚相；I-2—泻湖槽谷亚相；I-3—泻湖沼泽亚相；I-4—泻湖边缘亚相；Ⅱ—滨海沼泽相

据杨明德《黔中铝土矿矿床沉积环境及成矿作用》(1989) 研究，黔中地区铝土矿矿床沉积岩亚相有泻湖潮坪相和滨海沼泽相两种。

表 6-1 黔中地区早石炭世大塘期岩相划分表

岩相		分布地区	沉积环境	含矿岩系特征	矿床规模
泻湖潮坪相	泻湖洼地亚相	沉积盆地西南部，麦坝以西	湖底为一较开阔的水下洼地，水域较闭塞，水体稍深，水动力能量弱	铝矿层中发育黄铁矿，局部构成工业矿体，绿泥石黏土岩常见	矿体规模较大，似层状，中-大型
	泻湖槽谷亚相	沉积盆地中部，修文以西	湖底岩溶洼地地貌变化较大，发育近南北向岩溶槽谷和水下隆起，水体深浅不一，水动力能量较弱	槽谷部位含矿岩系发育完整，厚度较大，铝矿层厚度较大，绿泥石黏土岩较发育，偶见菱铁矿，黄铁矿多赋存在铝矿层的黏土岩团块中	矿体规模大小不一，似层状、透镜状。大型、中型、小型和矿点
	泻湖沼泽亚相	沉积盆地东部，修文以东	湖底岩溶地貌较平坦，水体西深东浅，并与海水连通，潮汐频繁，水动力能量较弱	绿泥石黏土岩相对减少，铝矿层中黄铁矿较少，发育杂色铁质黏土岩，豆、鲕状矿石常见	矿体规模较大，似层状为主，中-大型
	泻湖边缘亚相	沉积盆地边缘	湖底岩溶地貌相对隆起，水体浅，水动力能量较强	含矿岩系较薄，多为黏土岩、含砂质黏土岩夹细砂岩，有时间碎屑状、鲕状黏土岩	无铝土矿沉积，仅在局部低洼处沉积较薄铝土矿
滨海沼泽相		泻湖盆地东南，贵阳以南	海水流畅，向南东渐变为滨海、浅海相	砂岩、砂页岩夹碳质页岩、灰岩	无铝土矿

（据莫江平，1989）

（1）泻湖潮坪相。

1）泻湖洼地亚相（Ⅰ）分布于盆地西南角克老坝、老黑山、猫场、龙滩坝一带。沉积物主要为：下部暗绿色绿泥石黏土岩、铁质黏土岩夹结核状、透镜状赤铁矿；上部为黏土岩、含水白云母黏土岩夹致密状、土状铝土矿及少量碎屑状铝土矿。黏土岩和铝土矿中均含丰富的黄铁矿，而且在窑上、克老坝一带，黄铁矿可富集成为工业矿体。该区域当时为较开阔平坦的水下洼地，离广海较远，水域处于比较安定、闭塞的弱氧化~强还原环境。主要矿床（点）有猫场、窑上、老黑山、龙滩坝等。

2）泻湖沟槽亚相（Ⅱ）分布于盆地中部，修文以西，安乐场公社以东，北起古隆，南抵破岩。是铝土矿的主要沉积区。主要铝土矿床（点）有破岩、林歹、燕垅、岩上、牛奶冲、乌栗、长冲、干坝、杨家庄等。该区古地形起伏较大，有三条北东向沟槽，即坛罐窑~牛奶冲~岩上~燕垅~林歹~麦坝沟槽；长冲~麦格~破岩沟槽；干坝~大豆厂~杨家庄沟槽，在沟槽与沟槽之间，乌栗至黄土坝、骑龙至杨家庄有两个较大的水下隆起。在黄土坎、骑龙和大豆厂西部隆起较高，水体浅。在沟槽中水体较深，隆起的存在限制了水体由东向西的正常流动，使水体处于弱氧化至弱还原环境，下部沉积物为暗绿色绿泥石黏土岩发育，上部发育黏土岩、低铁铝土矿（含黄铁矿），铝土矿多为碎屑状、豆砾状。

3）泻湖沼泽亚相（Ⅲ）位于盆地东部，王比至小山坝、朱倌一带，也是重要的铝土矿成矿区。主要矿床（点）有小山坝、斗篷山、云雾山、王比和朱倌等。在大塘期早期，海水通过该区进入盆地。该区水流频繁，处于氧化环境。沉积物发育紫红色铁质黏土岩和赤铁矿，而暗绿色绿泥石黏土岩不发育。随着水体的稳定和加深，环境由氧化转向还原，沉积了低铁铝土矿和黏土岩组合。后期地形移平，水体变浅，并处于停滞状态，从而使该区转为沼泽环境，在局部低洼区（如云雾山），有机质、炭质聚集，形成含碳质铝土矿、碳质黏土岩及碳质岩，并伴有黄铁矿产出。

4）泻湖边缘潮坪亚相（Ⅳ）位于盆地西北部，安乐场公社～黑土田一线以西，窑上、老黑山以北地带。该区为泻湖盆地中相对隆起的一个开阔平台，主要为氧化～弱氧化环境。沉积物厚度不大，以黏土岩、铁质黏土岩夹透镜状赤铁矿为主，仅在局部低凹地才有铝土矿沉积，如桶井等。

5）泻湖边缘亚相（Ⅴ）位于盆地周围，水体浅，属潮上带。沉积物为黏土岩、铁质黏土岩及石英砂岩组合，未发现铝土矿产出。

（2）滨海沼泽相。滨海沼泽相位于贵阳～瓦罐窑一线以南。沉积物主要为砂岩、页岩、碳质岩、劣煤及碳酸盐岩。其下伏为石炭系下统岩关组或泥盆系。该区向南，海水逐渐加深，成为滨海、浅海相。

综上，黔中铝土矿形成于早石炭世大塘期，沉积于古隆起边缘淡化泻湖盆地的泻湖潮坪相中，以泻湖洼地亚相、泻湖槽谷亚相和泻湖沼泽亚相最佳。

6.1.1.2 铝土矿的成矿作用与成矿过程

通过杨明德的初步研究，认为黔中铝土矿床形成主要经历了下列成矿作用和成矿阶段。

（1）风化作用阶段。加里东运动以后，黔中地区上升成陆。在炎热、潮湿的气候条件下，经过漫长的风化作用，岩石破碎溶蚀，K、Na、Ca、Mg、Si 等被流水带走，Al、Fe、Ti 等元素相对稳定，从而在地壳表面形成一层富铁铝质的钙红土和红土。

（2）搬运～沉积作用阶段。石炭纪早期，海侵作用，海水进入盆地。早期形成的风化物在重力和地表径流作用下，以碎屑悬浮物或胶体的方式搬运到岩溶洼地中，当其与海水混合时，不同电荷的离子相遇，使水体的 pH 值、Eh 值（溶液的氧化-还原电位）相对较小，铁质、硅质先沉淀，形成赤铁矿和铁质黏土岩；随着铁质减少，铝质增加，铝土矿和黏土开始沉积。随着沉积作用进行，水动力条件和水体物化条件变化，使铁铝质和其他元素呈有规律地分异沉积，形成各种岩石矿物及元素组合。在水体平静的凹地、凹槽中，pH 值相对较大，为弱氧化～还原环境，往往有黄铁矿、绿泥石黏土岩和含水白云母黏土岩沉积；在水体浅而动荡的环境中往往产生碎屑状、豆砾状铝土矿。晚期海退环境沼泽化，因此，在含矿系顶部出现碳质岩石。

（3）次生淋滤富集作用阶段，铝土矿形成以后，地壳上升。后期断裂构造活动，创造了良好的排水条件，在地表水和地下水作用下，铝土矿进一步去硅去铁，最后形成疏松多孔的优质土状铝土矿。

综上所述，黔中铝土矿床成矿作用具有多阶段性，成矿物质来源盆地岩系的风化物和黔中隆起的古老地层。为风化～搬运沉积～次生淋滤富集型铝土矿矿床。

6.1.1.3 铝土矿的成矿模式

据杨明德，黔中铝土矿成矿模式归纳如图6-2所示。

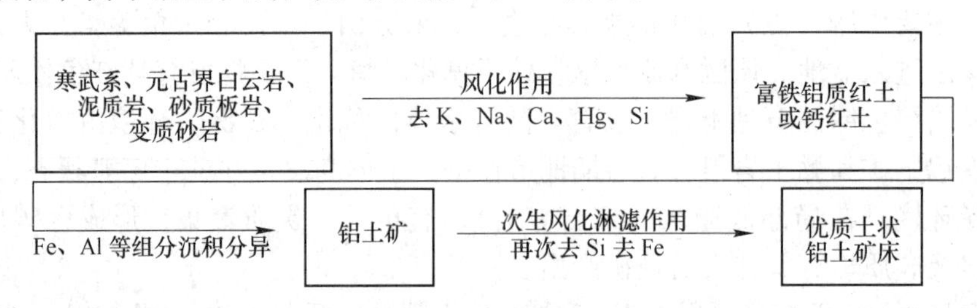

图6-2 黔中铝土矿成矿模式（据杨明德）

据陈庆刚，黔中铝土矿成矿模式归纳如图6-3和图6-4所示。

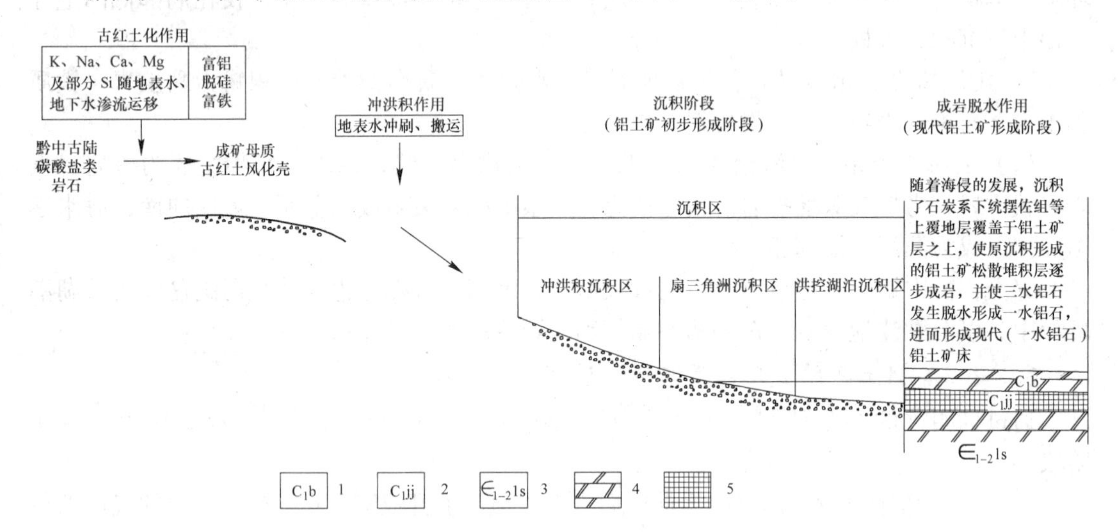

图6-3 黔中铝土矿成矿模式图（据陈庆刚，2012）

1—石炭系下统摆佐组；2—石炭系下统九架炉组（含矿岩系）；3—寒武系中上统娄山关组；4—白云岩；5—铝土矿

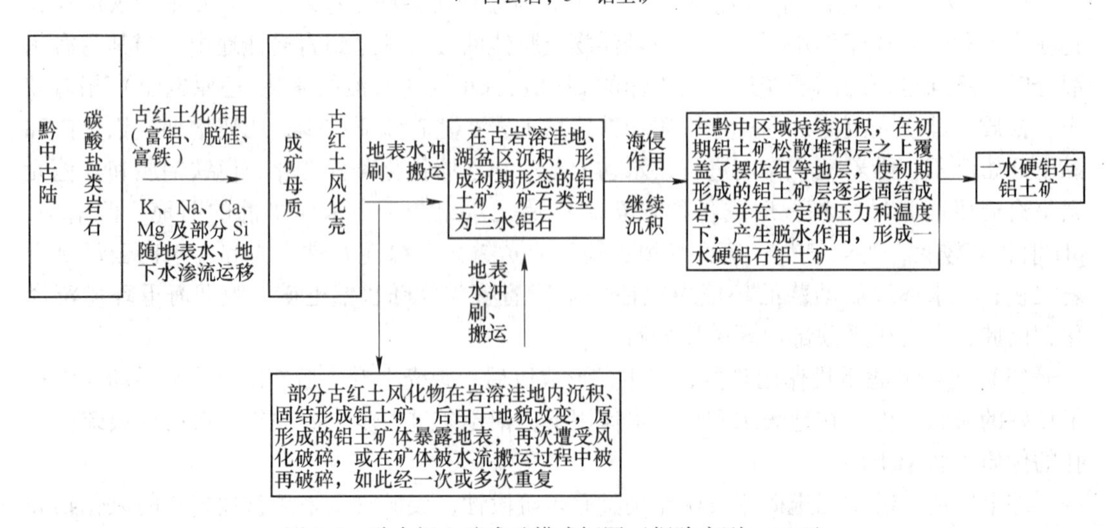

图6-4 黔中铝土矿成矿模式框图（据陈庆刚，2012）

6.1.2 务川~正安~道真成矿模式

6.1.2.1 铝土矿形成的古地理

据杜远生、周琦等《黔北务正道地区早二叠世铝土矿成矿模式》(2014)，务川~正安~道真地区为一半封闭的海湾环境，早二叠世是全球冰期与间冰期变化的时期，当间冰期高海平面时，该海湾与中扬子海湾相连；当冰期低海平面时，该海湾与中扬子海湾隔离，从黔北~渝南区域上看，务川~正安~道真地区铝土矿主要集中于黔北务川~正安~道真~重庆武隆一带，为本封闭海湾的沉积中心（图6-5）。

早二叠世黔北地区可以分为以下古地理单元：

(1) 黔北平原及黔东山地。该地理单元存在二叠系中统底部的平行不整合，但不发育铝土矿层或具极薄的古风化壳，是铝土矿沉积时的剥蚀区和含矿岩系的物源供应区。

(2) 近岸平原。近岸平原是早二叠世间冰期高海平面时被淹没，冰期低海平面时暴露的区域，该地理单元主要为务川~正安~道真地区提供含矿岩系物源和铝质，在低海平面暴露期，近海局部的湿地可形成酸化环境，导致铝质析出，铝质成为胶体被搬运到近岸湿地或海湾中，促使铝质进一步富集。

(3) 滨岸湿地。滨岸湿地为冰期~间冰期海平面变化的间歇暴露区，是优质铝土矿的主要富集区，湿地上高低不平，可分出湿地沼泽、湿地湖泊（水塘）和旱湿地等不同的亚环境单元，在湿地分布区常见优质土状、半土状铝土矿分布不均的现象，如张家院向斜相邻钻井含矿岩系的含矿特征——矿石类型差别很大，有的钻井发育土状、半土状淋滤型铝土矿，而相邻钻井主要发育致密状铝土矿。

(4) 半封闭海湾。半封闭海湾是冰期海平面之下持续被水体淹没的封闭湖区，除了含矿岩系顶部平行不整合形成时期暴露之外，一直为水体淹没，因此该区淋滤型土状、半土状铝土矿~碎屑状和豆鲕状铝土矿不发育，主要是致密状铝土矿发育。

6.1.2.2 铝土矿的成矿作用与成矿过程

务川~正安~道真铝土矿的形成经历了母岩风化~搬运沉积~暴露改造3个阶段，成矿环境在氧化~还原~氧化之间转化，成矿环境整体呈酸性。据殷科华《黔北务正道铝土矿的成矿作用及成矿模式》(2009)，其成矿作用主要表现为古风化作用，剥蚀、冲刷和搬运作用，沉积作用等三种。

A 古风化作用

成矿母岩的风化作用是本区铝土矿形成的先决条件。志留纪末至晚石炭世初，即成矿前，韩家店组页（泥）岩和黄龙组灰岩曾先后裸露于地表遭受不同程度的古风化剥蚀，它们直接或间接地参与了铝土矿的形成。

基底灰岩的风化作用，研究表明，含矿岩系的发育程度主要受基底古岩溶地貌及沉积环境的制约。含矿岩系沉积前，下伏灰岩基底受到较强烈的溶蚀，其中的洼地成为后期聚集成矿的场所。因此，沉积型铝土矿多分布在基底为灰岩的区域。在湿热的古气候条件下，雨水、地表水与大气接触并作用于周围高地韩家店组页（泥）岩中所含的黄铁矿，使其被氧化分解形成硫酸和硫酸亚铁，从而改变了水介质的酸碱度使之呈弱酸性水，在流经灰岩时，沿其节理、裂隙渗入溶蚀并伴随冲刷作用，进而发育成溶蚀台地、洼地、河道、集水洼地乃至汇集成湖，为富铝物质的搬运聚积创造了良好条件。溶解灰岩过程中残留下

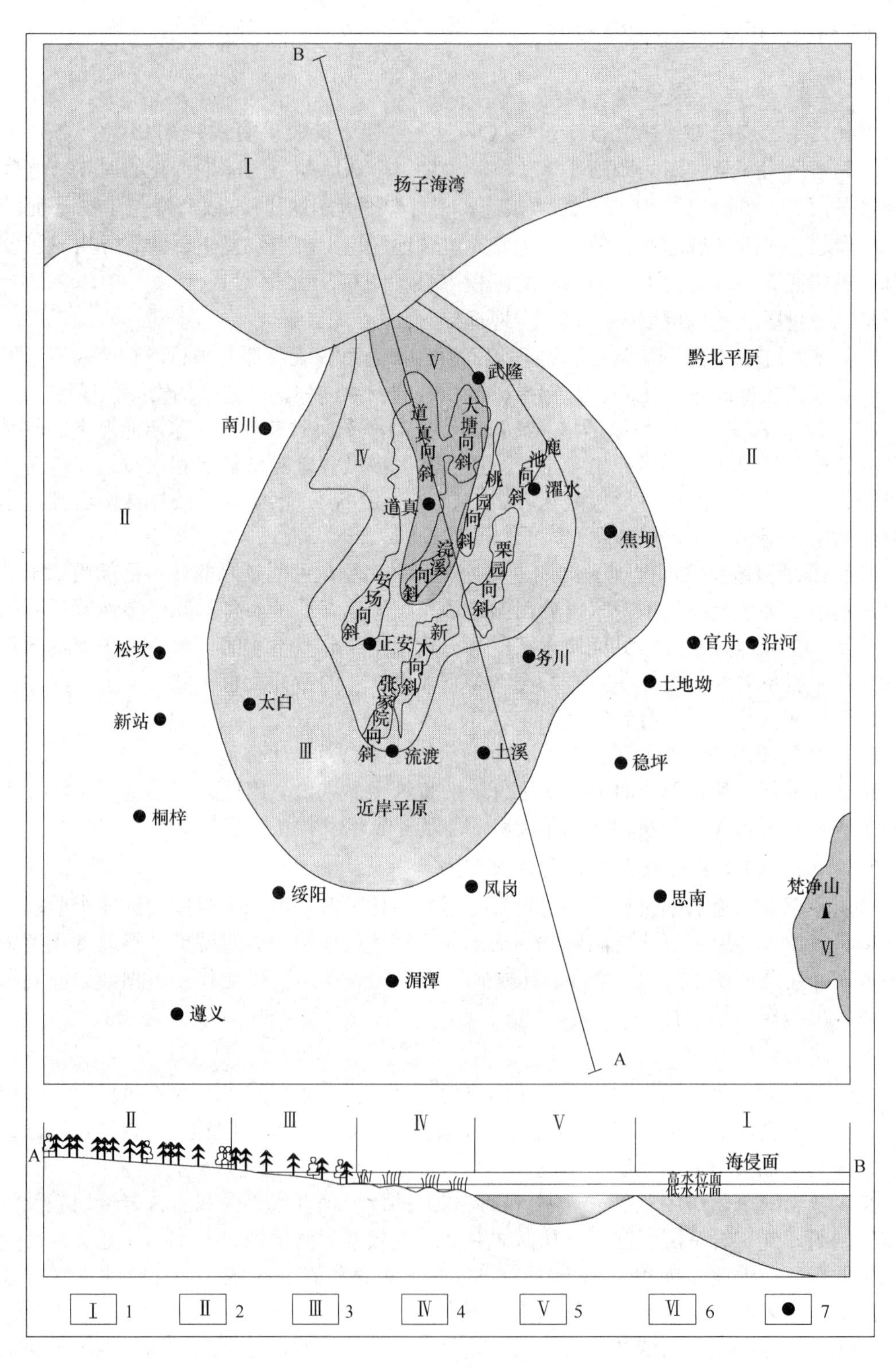

图6-5 黔北务川~正安~道真地区早二叠世古地理图（据杜远生，2014）

1—扬子海湾；2—黔北平原；3—近海平原；4—滨海湿地；5—半封闭海湾；6—山地；7—地名

来的含铝物质，因量少，部分被水冲走。因此，溶解作用对灰岩来说并不具成矿意义，而是提供成矿物质的搬运动力和聚积成矿的有利场所。

页（泥）岩的风化作用，本区的成矿母岩是下志留统韩家店组的海相页（泥）岩，其主要矿物成分是水云母，含量大于90%，其中Al_2O_3含量高达16.16%~29.45%，说明它具备了风化成矿的物质条件。经历了早期风化剥蚀，古地形略有起伏的韩家店组页（泥）岩，在早石炭世初湿热的气候条件下，水解作用缓慢微弱，岩石表面坚硬而不易被分割的铁铝质风化壳的形成，主要依赖于地表浅部的氧化作用来完成。随着这一作用的持续发展，加之基岩节理、裂隙发育，促使基岩和风化壳逐渐变成松散状，为地表水提供了向下入侵的有利条件，促进了地表古风化作用的发生。

B 剥蚀、冲刷和搬运作用

基底岩石经风化作用形成的富铝碎屑物质，要富集成矿就必须依赖剥蚀、冲刷、搬运和沉积作用来完成。只有不断地剥蚀、冲刷，才能使居于下部的弱氧化带上升为地表浅部的强氧化带，继续接受风化并不断生成新的铝矿物。这种周而复始的运作为铝矿物的形成提供了源源不断的矿源物质。

剥蚀是使风化形成的富铝碎屑物质进一步解体，冲刷搬运是使解体的富铝碎屑物质在重力和水流的作用下向冲积区和汇水盆地集中。冲刷搬运的过程使搬运的成矿物质再度遭受风化，进而不断分异、纯化。由于水动力条件和地形坡度等因素的影响，使这一过程往往是经历多次推进而后完成。因此，最终停积下来形成的铝土矿，常随搬运距离远近的不同，矿石质量有所差异，但大多是优质铝土矿。而风化残积的铝土矿则品级较低，常含有黏土矿物，含铁量也较高。在排泄条件不畅的地段，剥蚀和冲刷、搬运都难以进行，地表水向下渗透缓慢，铁质难于排除并呈溶胶状态渗入风化层中，形成坚韧的铝铁质硬壳，其厚度不大，Al_2O_3含量介于矿与非矿之间，含铁一般较高。

C 沉积作用

务川~正安~道真铝土矿为异地沉积（堆积）型的铝土矿，因此沉积作用是本区主要的成矿作用。沉积作用发生在以页（泥）岩为基底的山间谷地、缓坡和谷口，而更主要是发生在以灰岩为基底的冲积平原区及其溶蚀台地、洼地、河道、洪漫湖和泄水湖泊中。无论是有矿或无矿的剖面沉积物，普遍都具有流水搬运所常出现的层理构造和分选性等沉积特征，它们分别由角砾状、砾状、豆鲕粒状、细粉砂级铝矿物和砂质、黏土矿物及少量炭质、铁矿物所组成，是一种以水动力为主，伴随重力作用所诱发的牵引流、碎屑流和洪积流的沉积。

沉积作用是矿源区母岩风化的富铝碎屑物在雨水、地表流水的冲刷和自身重力的搬运下，沿坡向山间谷口、谷地和缓坡地带运移并形成首次堆积物。尔后在季节性雨水和洪水的迭次作用下，不断向冲积平原区搬运，并汇集于河道中进行沉积或进一步搬运，部分富铝碎屑物则停积于平台或进入洪漫湖沉积，另一部分富铝物质则最终进入汇水湖中沉积下来。导致区内铝土矿形成的这一搬运沉积的全过程，其结果是接受沉积的环境被填平补齐，使沉积区和周围矿源区相互连接成地形起伏不大的一片，含矿岩系的沉积层序直至中二叠世海侵来临之前才宣告结束。

沉积含矿岩系剖面下部为黏土岩，上部为铝土矿和铝土质黏土岩，这种岩性的自然分段与区内成矿母岩提供沉积物质随时间演变而有所不同是一致的。

沉积作用的早期，由于成矿母岩风化不剧烈，或者说矿化程度不高，多为风化黏土而很难提供大量富铝物质，因而只能形成下部黏土岩；随着时间的推进，风化作用加强，基岩风化向纵深发展，富铝碎屑物质逐步形成聚集，从而可源源不断向沉积区大量提供富铝碎屑，因而形成含矿岩系上部的铝土矿、铝土质黏土岩。沉积的无矿剖面是碎屑物沉积分异的结果，不能反映成矿母岩提供沉积物质在时间上的演变过程，但却能反映沉积时所处的古地理环境。

务川~正安~道真铝土矿含矿岩系的沉积作用，类似于遵义铝土矿带的溶洼、溶坑型铝土矿的沉积。遵义铝土矿有固定的聚矿沉积中心，围绕中心矿体具明显的环状分带现象。而本区铝土矿含矿岩系的沉积作用大都是在水流畅通的开放微型地貌环境中进行的，是在一种动态作用下完成的过程，因而沉积分异明显，围绕汇水湖这一沉积中心，形成由内向外分布的冲积平原区、坡积区和剥蚀区（含残积区）的环带分区。沉积作用在离剥蚀区远近距离不同的控制下形成了铝土矿质量的好与坏。在成矿物质丰富的情况下，矿体的规模则取决于聚矿环境的大小和水动力的强弱。洪积作用仅在本区局部发生，见于凤王槽一带漫流型沉积铝土矿之上，形成分带明显、保存完整的洪积扇型含矿岩系沉积。

研究表明，不同自然类型的铝土矿在区内的分布是不均匀的，在含矿岩系剖面中也无固定的上、中、下层位，乃是由于成矿母岩风化剥蚀程度、冲刷搬运距离及沉积环境不同所致。位于滨海环境的新模向斜、浣溪向斜，主要沉积了碎屑状铝土矿；而浅湖环境的大塘向斜、栗园向斜、鹿池向斜则以半土状铝土矿为主；地处三角洲相区的平木向斜、桃源向斜及双河等地沉积了以豆鲕状为主的铝土矿；分布于张家院向斜中的铝土矿则以致密状矿石居多，这类矿石主要系由古风化作用形成，未经搬运或在沉积过程中，成矿物质混杂堆积和未进行分异作用形成的。由此可见，不同自然类型的铝土矿，乃是反映不同沉积环境的重要标志。

含矿岩系中碳质页岩或劣质煤的沉积，是区内局部汇水区因水体不稳定而出现间隔性的封闭或半封闭环境，进而经沼泽化后形成。在区域上乃至相邻剖面上都难于对比，具多层性，分布范围狭窄，且大多赋存于含矿岩系中下部，因此对成矿过程中 SiO_2、Fe_2O_3的迁移无多大作用。含矿岩系中时见碳质碎屑和植物碎片，偶见碳质铝土矿，这是早期形成的碳质岩被冲刷会同风化富铝物质碎屑和黏土物质一道搬运沉积的结果。含矿岩系中的硫和铁，是成矿母岩中黄铁矿溶解迁移尔后又被还原形成。据现有资料表明，区内铝土矿中硫和铁的含量无论在地表或深部都显示出南部高于北部，这与基岩风化是否彻底、搬运距离远近、是否经多次搬运和迭次分异有关，而很大程度上不是后期表生熟化的结果。铝土矿的表生熟化在地表浅部是存在的，例如地表矿体露头见有黄铁矿氧化留下的铁质锈斑即可证实。可见，铝土矿的表生熟化作用使含硫较高的矿石变为低硫低铁型的半土状矿石。含矿岩系下部黏土岩中的赤铁矿和黄铁矿，是早期含硫、含铁溶液及部分氧化铁质物搬运停积后，在开放的氧化环境中形成。部分铁参与了绿泥石的形成，随着上覆堆积物厚度的增大，隔绝了与上部氧化环境的流通而形成还原环境，使 $FeSO_4$在碱性介质中被还原成黄铁矿。

6.1.2.3 铝土矿的成矿模式

根据铝土矿的成矿环境、成矿作用与成矿过程的研究，杜远生等建立了动态的铝土矿成矿模式：

晚石炭世后期，黔北准平原受大规模海退影响而暴露，形成二叠系中统梁山组和石炭系上统黄龙组之间的平行不整合，部分地区黄龙组被剥蚀殆尽，形成梁山组和志留系韩家店组之间的平行不整合，由于该区处于热带干湿相间的气候条件下，长期的风化作用形成黄龙组风化的钙红土和韩家店组的红土，为中二叠世的铝土矿准备了充足的物源（图6-6）。

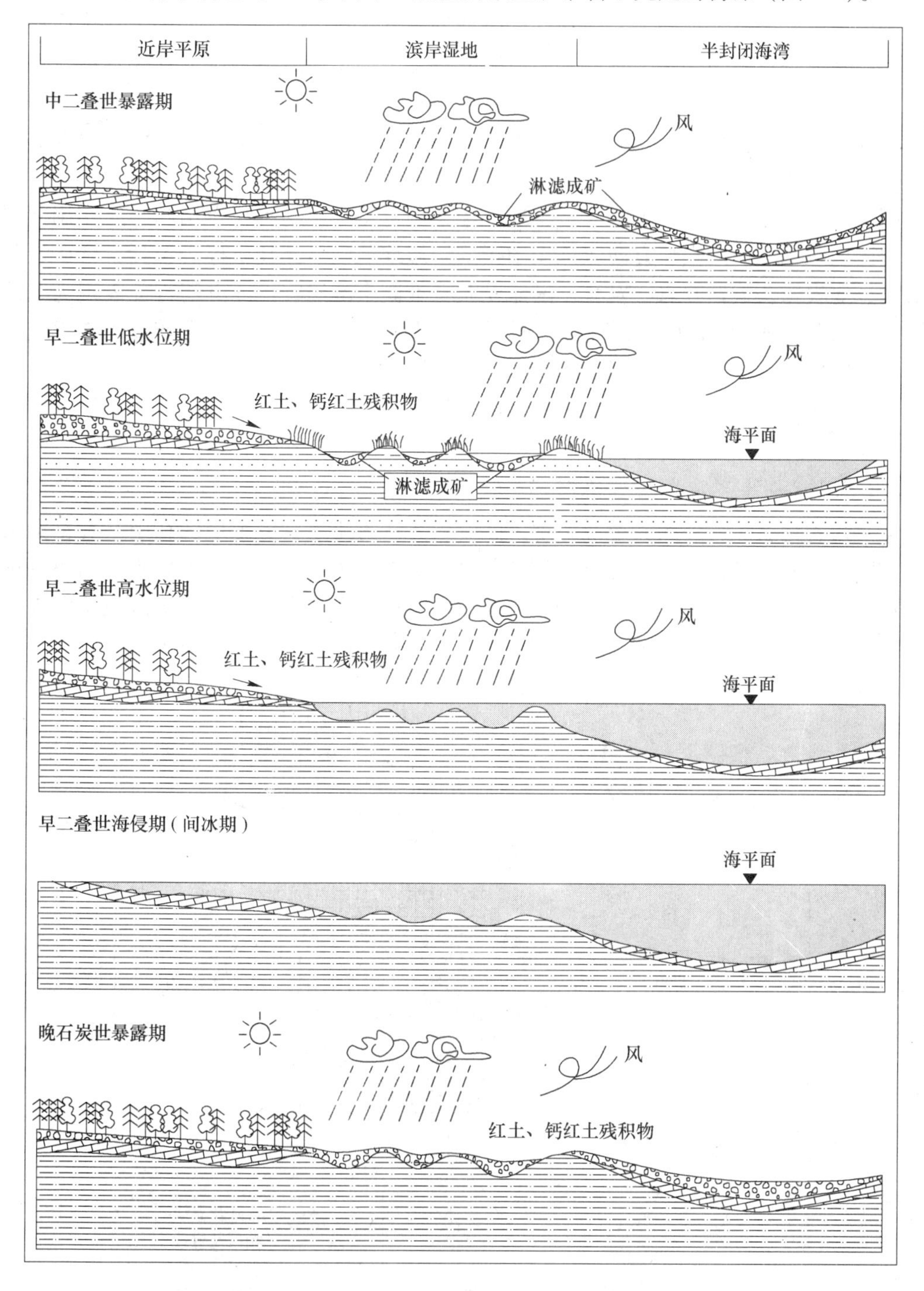

图6-6 黔北务川～正安～道真地区早二叠世铝土矿成矿模式图（据杜远生，2014年，修编）

早二叠世冰期～间冰期引起务川～正安～道真地区大规模的海侵海退，在间冰期海侵期，全区红土～钙红土被淹没，在冰期海退期，滨岸平原乃至黔北平原的红土～钙红土向半封闭海湾方向搬运，形成含矿岩系，冰期的气候变化（小冰期）也引起高水位和低水位的差别——在高水位期，滨岸湿地被淹没，滨岸平原红土～钙红土继续向海湾方向搬运；在低水位期，滨岸湿地形成，并出现准同生期的淋滤作用，导致土状、半土状优质铝土矿的形成。早二叠世末期到中二叠世早期，黔北乃至中扬子地区又一次大规模暴露，形成大区域的平行不整合，已经形成的铝土矿和含矿岩系经历了又一次淋滤，但是之后中二叠世海侵形成了栖霞组灰岩沉积，栖霞组的沉积又淋滤到含矿岩系顶部，导致梁山组顶部含矿岩系不成矿或矿石品质较差。

综上所述，黔北务川～正安～道真地区中二叠世铝土矿受沉积作用和淋滤作用共同控制，因此该区铝土矿的找矿方向应该集中于滨岸湿地地区，其找矿标志包括：含矿岩系厚度较大，地表露头或钻井岩心发育，淋滤尤其是准同生淋滤特征。淋滤特征表现为上部渗流带岩石颜色较浅（白色～灰白色），而下部潜流带岩石颜色偏暗（深灰色～灰黑色～灰绿色或紫红色）。

6.1.3 凯里～黄平成矿模式

6.1.3.1 铝土矿形成的古地理

据贵州省地质矿产局区域地质调查大队资料，认为凯里～黄平地区在中二叠世梁山期位于湘黔桂古陆（江南古陆）边缘的凯里海湾。再据贵州省地质调查院资料，凯里～黄平地区从中二叠世沉积环境上看属福泉～凯里浅湖亚相区，其中，苦李井矿区位于深湖亚相区；渔洞矿区、铁厂沟矿区和王家寨矿区位于浅湖亚相区（图6-7和图6-8）。

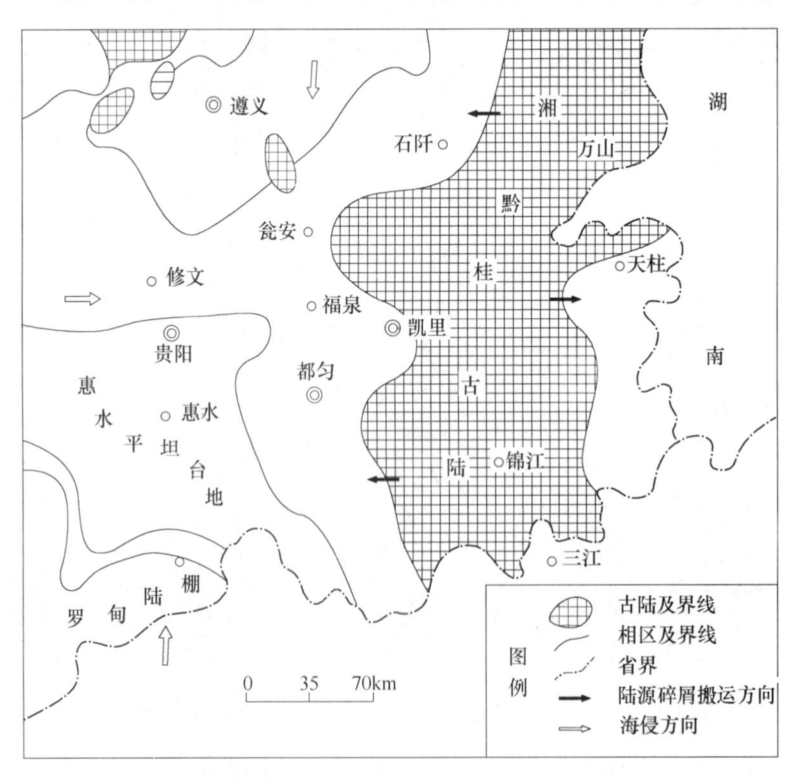

图6-7 黔中凯里～黄平地区中二叠梁山期古地理图
（据贵州省地质矿产局区域地质调查大队修编）

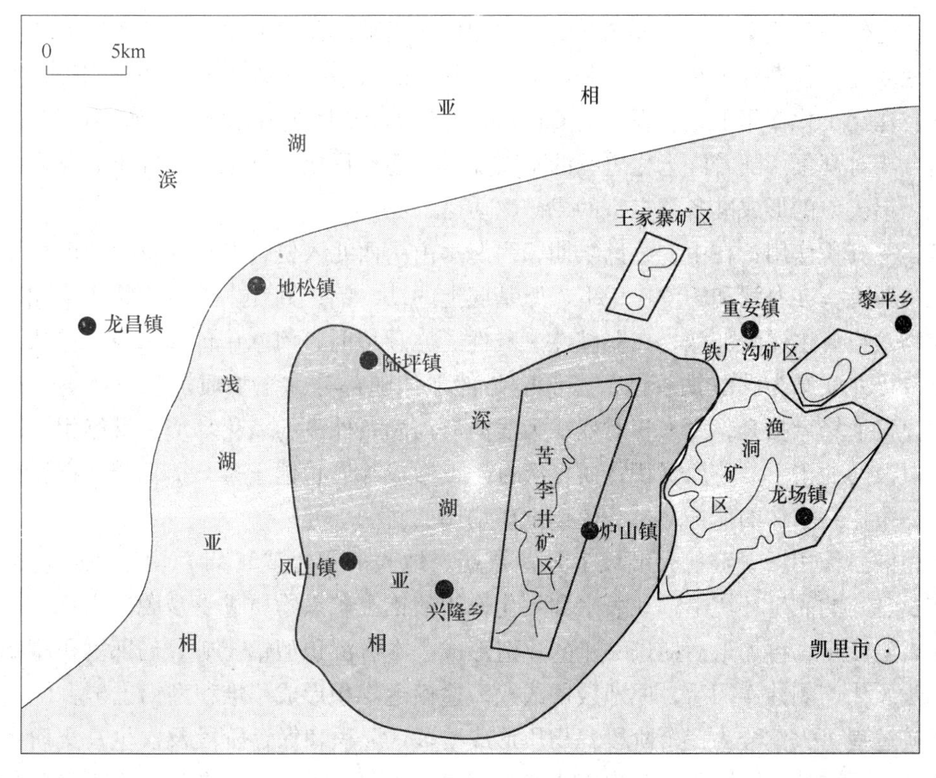

图 6-8 黔东地区中二叠纪梁山期古地理图（据贵州省地质调查院资料修编）

6.1.3.2 铝土矿的成矿作用与成矿过程

凯里地区铝土矿是产于碳酸盐岩侵蚀面上的一水硬铝石型沉积矿床，根据本区铝土矿床的研究，成矿作用表现为古风化作用、搬运～沉积作用、表生淋滤作用（表 6-2）。

表 6-2 凯里地区地壳运动的演化

地质时代	地壳运动形式	基本特征	铝土矿形成阶段
晚三叠世至今	上升	上覆岩层遭受风化剥蚀，铝土矿进行次生富集作用	次生富集阶段
中二叠世梁山期～中三叠世	沉降	铝土物质沉积，并为上覆沉积岩层所覆盖	沉积和保存阶段
早石炭世～早二叠世	上升	处于风化剥蚀阶段，长时间的沉积间断和风化作用形成了大量的铝土物质	物质形成阶段
泥盆纪	沉降	由滨海陆源碎屑沉积向碳酸盐沉积转变，沉积了大量的路源碎屑物质和碳酸盐物质	物质形成阶段
寒武纪～志留纪	沉降为主	奥陶纪末到志留纪初的一次明显的地壳抬升运动，造成上下地层的缺失和假整合接触关系	

古风化作用：凯里～黄平地区在晚泥盆纪广西运动后脱离海水，较长时间处于相对稳定的陆地环境，在潮湿炎热的气候条件下，古陆上的碳酸盐岩被长时间风化剥蚀、夷平和红土化。在红土化作用下，岩石中的Ca、Mg、Si及碱金属被淋滤流失，而Al、Fe、Ti等惰性组分相对富集。随着红土化进程的不断加深，逐渐形成了富铝的钙红土风化壳，为区内铁矿、铝土矿的形成准备了丰富的成矿物质。

搬运～沉积作用：在中二叠世早期，当海水由南西北入侵，凯里～黄平地区处于浅湖亚相沉积环境，在海浸和潮汐作用下，原基底上的铁、铝、钙红土等成矿物质呈细小颗粒的悬浮物。当海水逐渐加深，在弱碱性～碱性还原环境时，海水中的CO_2与悬浮状态的铁质相结合，并凝结为碳酸铁胶体，在低能条件下伴随部分黏土物质沉积，在菱铁矿沉积后，地壳发生轻微抬升，海水相对变浅为浅滨海泻湖条件下的氧化环境，继续铝土矿的沉积。在海浪的冲击下，将原沉积物质再次打碎，形成碎屑状铝土矿，上部继续沉积豆鲕状铝土矿，搬运到水体的低洼地带，使铝土矿增厚变富。

表生淋滤作用：随着地壳继续上升，裸露在地表的铝土矿（岩）由于风化剥蚀等作用，在长时间的表生环境下，地表水和氧化作用使铝土矿系物质进一步脱硅去铁，使区内地表铝土矿变富，再加上后期进一步的改造形成了本区沉积型铝土矿。局部沉积型铝土矿经进一步风化、剥蚀作用后，原地残留或经短途搬运堆积形成了堆积型铝土矿。

成矿过程可大体分为三个阶段：物质形成阶段、沉积和保存阶段及次生富集阶段，每个阶段都有不同的控制因素，其中以构造作用最为重要，地壳运动在整个铝土矿床的形成过程中均起着重要的作用。

6.1.3.3 铝土矿的成矿模式

该区在早石炭世以前地壳运动以沉降为主，沉积了大量的陆源碎屑物质和碳酸盐物质，特别是在泥盆纪时期，该区沉积演化的总趋势是由滨海陆源碎屑沉积向碳酸盐沉积转变，最后在晚泥盆世为碳酸盐岩所代替，为后期进行风化作用形成铝土物质提供了基础；从早石炭世时期开始，稳定的造陆运动使该区由海洋环境抬升为古陆，使本区在整个石炭纪和早二叠世时期处于风化剥蚀阶段，长时间的沉积间断和风化作用形成了大量的铝土物质；进入中二叠世，发生了大规模的海侵，形成滨海～潮坪～沼泽～泻湖环境，铝土物质沉积，同时海水逐渐褪去，整个区域形成沼泽，上覆岩层沉积后伏于铝土矿层之上；晚三叠世开始，凯里地区隆起，地壳再次抬升，经过后期的多次构造运动，铝土矿层逐渐抬升，为后期的改造优化创造了条件（图6-9）。

6.2 找矿模式的建立

6.2.1 清镇～修文找矿模式

6.2.1.1 铝土矿找矿标志

A 层位标志

贵州铝土矿是产于古风化壳面上的铝土矿，作为一种风化～沉积～改造矿产，其成矿主要阶段的时代却必须在一基本固定的时段内，它始终产于一特定的层位之中。因而层位

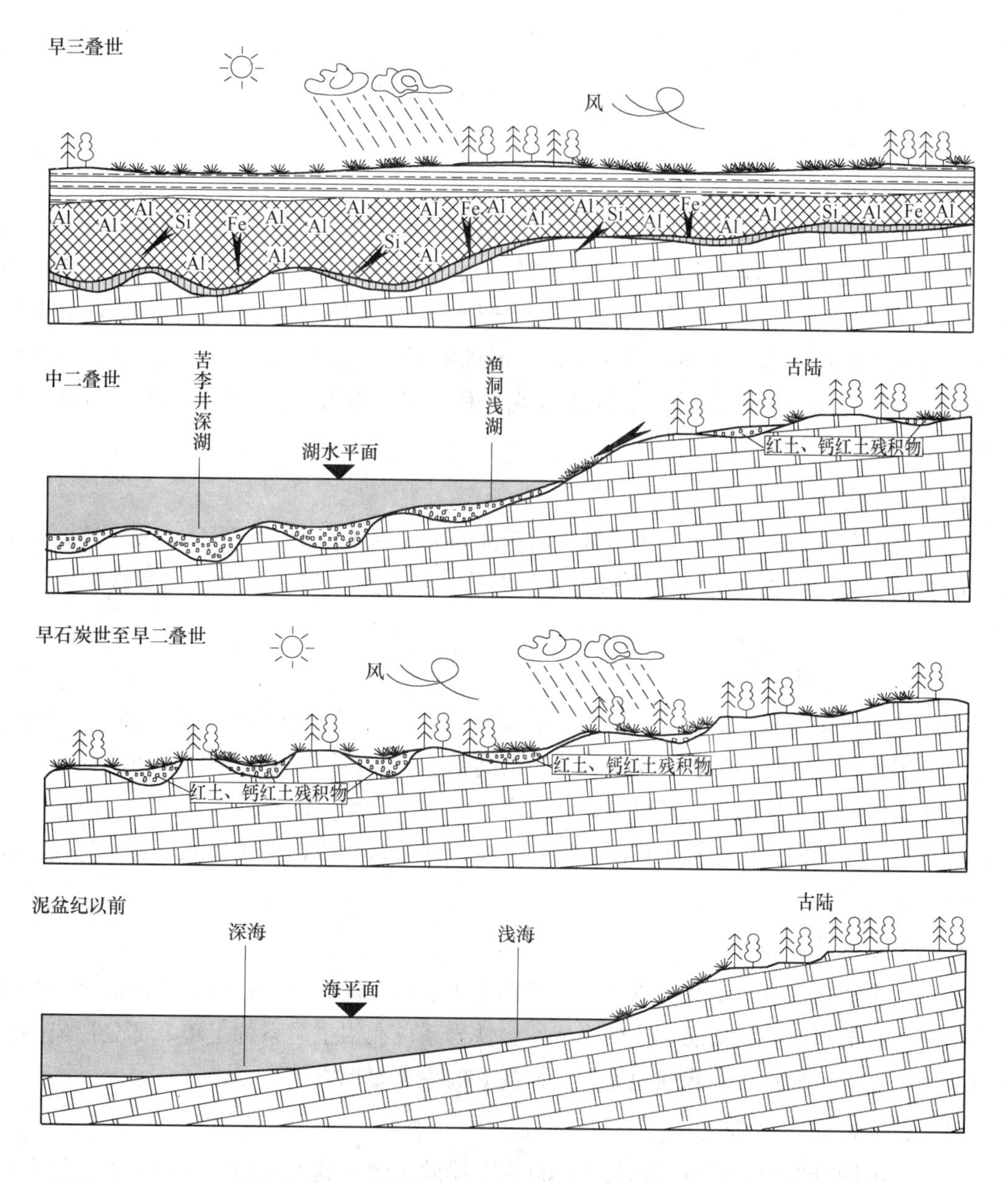

图6-9 贵州凯里～黄平地区铝土矿成矿模式

是最直接的找矿标志。该区铝土矿找矿的层位标志是一极其明显又可靠的“摆佐组白云岩之下”。

B 古侵蚀间断面标志

贵州的铝土矿属于古风化壳型铝土矿床，其赋存产出自然就与古侵蚀间断面有直接关系，古侵蚀间断面是铝土矿床的直接找矿标志。在黔中地区寒武系中上统娄山关组上凹凸不平的喀斯特化古侵蚀面即是铝土矿最为直接的找矿标志。

C 褶皱构造标志

贵州铝土矿与地层关系密切，表现为区域成矿带明显受褶皱构造控制，矿床（点）均沿一定的背、向斜集中展布，形成铝土矿的集中产出区域，并在背、向斜的翼部、转折端和仰起端出露铝土矿层。故背、向斜构造是铝土矿明显的找矿标志，该地区铝土矿赋存于背斜构造中，在两翼和转折端铝土矿层出露。

D 地貌标志

由于铝土矿及其上覆层岩性的抗风化性能强，使其在现代风化作用中顽强地挺立在山巅或坡顶，多数形成正地貌形态。一些缓倾斜矿层往往构成极易识别的桌状山；中等倾斜矿层多数形成单面山，矿层独占一面，倾角与坡度大致相似；陡倾斜矿层常形成猪背岭。黔中地区铝土矿层多以缓倾角产出为主，多形成单面山（清镇长冲河矿床、修文小山坝矿床等）、桌面山，极易识别，在清镇燕垅、林歹等，矿层倾角陡，形成了山峰、猪背岭。

E 植被标志

凡铝土矿有较大面积的可能出露区，由于其间夹的铝质黏土岩极易风化成土壤，其上生长的植被往往是以灌木丛为主的稀树高草群落，而在上覆碳酸盐地层出露区则以树林为主。

F 铝土矿标志

铝土矿的直接裸露是最有效最直接的找矿标志。一是可根据所见铝土矿的不同类型，鲕状、碎屑状、致密状、土状、半土状等，借助铝土矿石在铝土矿体中的分布特征，为进一步找矿提供信息和依据；二是可根据出露点矿层的产状特征，预测指导铝土矿的进一步找矿工作；三是可依据出露铝土矿的厚度、品位，预测判断该铝土矿体的质量、规模、工业价值。

G 伴生矿产标志

该区铝土矿往往都伴生有多种矿产，在铝土矿系的下伏，喀斯特不整合面之上多有铁矿系存在，有的形成一铁矿层，有的形成一含铁岩系；在铝土矿系的上覆，部分形成一含碳质岩系存在。因而铁矿和炭质也是铝土矿找矿的一重要标志。

H 脱硅、排铁标志

铝土矿的脱硅作用，使母岩物质中的硅向下排除，致使其下伏的各岩层中见有较多硅质团块或碎屑石英，这标示着其上或附近有铝土矿存在。

铝土矿化过程中，因排铁作用渗滤下来的铁质聚集在下伏的黏土岩或碳酸盐岩之中，呈现出大量形态不规则黄铁矿团块、结核、透镜体、细脉等，同样显示其上或附近有铝土矿存在。

I 民采标志

农民对发现的一些裸露矿进行小规模开采，这也是铝土矿找矿的重要标志之一。

6.2.1.2 铝土矿找矿模式

综合清镇~修文地区各已知矿床的地质特征，矿体的产出形态、产状、规模，矿石质量特征等，初步将该区铝土矿归纳出以下几种找矿模式（表6-3和图6-10）。

表6-3 清镇～修文铝土矿找矿模式

控矿因素	小山坝模式	燕垅模式	猫场模式
褶皱构造	受河口背斜控制	受背斜构造控制	受大威岭穹状背斜控制
含矿岩系	石炭系下统九架炉组	石炭系下统九架炉组	石炭系下统九架炉组
含矿岩系分层	由下部铁矿系及上部铝矿系组成	由下部铁矿系及上部铝矿系组成	由下部铁矿系及上部铝矿系组成
上覆地层	石炭系下统摆佐组白云岩	石炭系下统摆佐组白云岩	石炭系下统摆佐组白云岩
下伏地层	寒武系中上统娄山关组白云岩	寒武系中统高台组白云岩	寒武系中上统娄山关组白云岩
矿体形态	以似层状、透镜状为主，见有漏斗状、囊状	以透镜状为主，漏斗状、囊状常见	似层状、大透镜状常见，同时也见囊状、漏斗状
矿体产状	矿体产状平缓，一般倾角5°～10°	矿体倾角陡，一般70°左右	矿体产状较缓、倾角一般3°～10°
矿石自然类型	以土状、半土状为主，碎屑状、致密状次之	以土状、半土状为主，碎屑状、致密状次之	以土状、半土状为主，次为碎屑状、致密状
矿石质量	矿石质量较佳，平均Al_2O_3 68.35%、SiO_2 11.1%，Al/Si约6.2	矿石质量较佳，平均Al_2O_3 65.12%、SiO_2 7.22%，Al/Si约9	矿石质量较佳，平均Al_2O_3 77.25%、SiO_2 6.98%，Al/Si约11.12
地貌特征	矿体多出露于山坡地带	矿体多出露于山脊上	矿体属完全掩盖于栖霞组和茅口组石灰岩下的隐伏矿，矿层埋藏深度70～500m
矿床规模	大型	中型	超大型

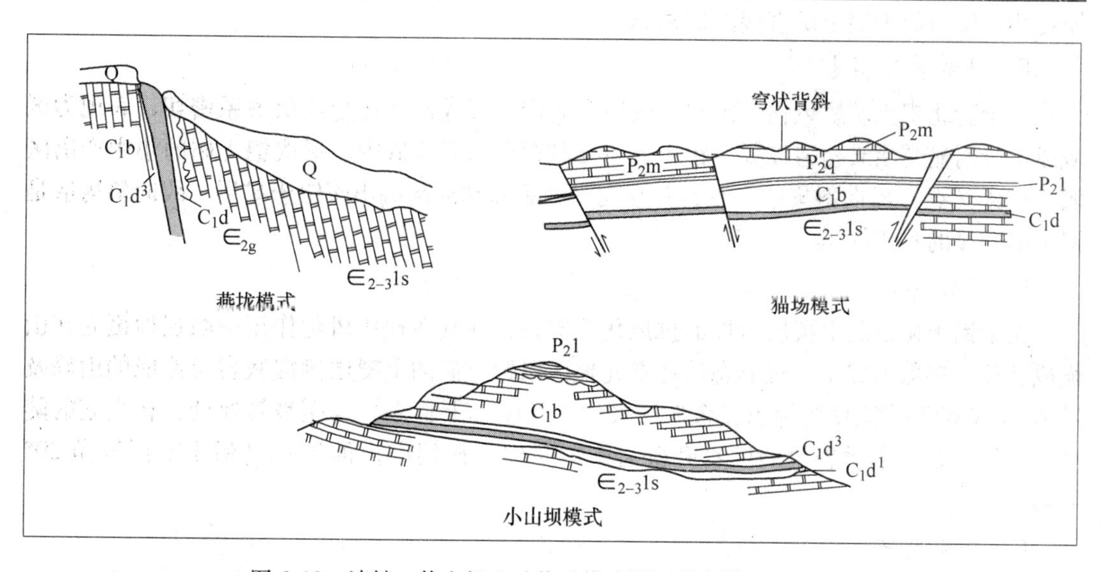

图6-10 清镇～修文铝土矿找矿模式图（据刘幼平，2009）

6.2.2 务川~正安~道真找矿模式

6.2.2.1 铝土矿找矿标志

A 层位标志

黔北铝土矿是产于古风化壳面上的铝土矿，属一种风化~沉积~改造矿产，其成矿始终产于一特定的层位之中。因而只要在有利的沉积环境中，层位是最直接的找矿标志。务川~正安~道真地区铝土矿以“栖霞灰岩之下”、“志留系中下统韩家店组砂页岩之上”为找矿的层位标志。

B 底板岩性标志

当含矿层的底板为志留系中下统韩家店组的紫红色泥岩、页岩或为石炭系厚度很薄（数十厘米至一两米）的零星结晶灰岩时，含矿层中往往有矿；当底板为厚度较大（5~6m以上）且连续的石炭系粗晶灰岩时，含矿层中多无矿。

C 含矿层标志

当含矿层的厚度较大（3m以上至10m左右）时，其中往往有矿。且含矿层越厚，矿体也越厚，矿石质量好。当含矿层厚小于2m以下，均无矿。

当含矿层中各个岩性小分层较多、较全，且底部有绿泥石岩存在时，则往往有矿；当含矿层中各岩性小分层很少，则多无矿。

当含矿层的颜色为灰、黄灰等浅色时，含矿层中往往有矿；当其颜色为褐红、深灰等深色时，则往往无矿。

D 侵蚀间断面标志

黔北铝土矿既然属于古风化壳型铝土矿床，其赋存产出自然就与古侵蚀间断面有直接关系，它们产于早中奥陶世时期的古侵蚀间断面之上，所以在古地理环境条件适宜的情况下，古侵蚀间断面是铝土矿床的直接找矿标志。黔北地区以志留系中下统韩家店组之上喀斯特化古侵蚀面为铝土矿直接找矿标志。

E 褶皱构造标志

由于黔北铝土矿属风化~沉积~改造型矿产，其成矿往往与地层关系密切，表现为区域成矿带明显受褶皱构造控制，铝土矿主要赋存在向斜构造中，形成铝土矿的集中产出区域，矿床（点）沿向斜集中展布，并在向斜的翼部和仰起端出露铝土矿层。故向斜构造是铝土矿明显的找矿标志。

F 地貌标志

由于铝土矿及其上覆层岩性的抗风化性能强，使其在现代风化作用中顽强地挺立在山巅或坡顶，多数形成正地貌形态。在黔北地区以铝土矿的上覆层栖霞灰岩层形成的山峰及其90°直立的陡崖险壁为标志，含矿层多位于悬崖（上百米）与缓坡转换处，在直立的陡壁角大量散布着铝质岩块的巨石和砾岩下就是铝土矿层产出的位置（铝土矿层倾角20°~40°）。

G 植被标志

凡铝土矿有较大面积的可能出露区，由于其间夹的铝质黏土岩极易风化成土壤，其上生长的植被往往是以灌木丛为主的稀树高草群落，而在上覆、下伏碳酸盐地层出露区则以树林为主。

H 铝土矿标志

铝土矿的直接裸露，是最有效最直接的找矿标志。一是可根据所见铝土矿的不同类型，鲕状、碎屑状、致密状、土状、半土状等，借助铝土矿石在铝土矿体中的分布特征，为进一步找矿提供信息和依据；二是可根据出露点矿层的产状特征，预测指导铝土矿的进一步找矿工作；三是可依据出露铝土矿的厚度、品位，预测判断该铝土矿体的质量、规模、工业价值。

I 伴生矿产标志

该区的铝土矿往往都伴生有多种矿产，在铝土矿系的下伏，喀斯特不整合面之上多有铁矿系存在，多形成一含铁岩系；在铝土矿系的上覆，部分有一煤层存在（二叠系梁山组煤），多形成一层劣质煤线，在一定的距离内往往就有铝土矿同时出现。因而煤和铁矿也是铝土矿找矿的一重要标志。

J 脱硅、排铁标志

铝土矿的脱硅作用，使母岩物质中的硅向下排除，致使其下伏的各岩层中见有较多硅质团块或碎屑石英，这标示着其上或附近有铝土矿存在。

铝土矿化过程中，因排铁作用渗滤下来的铁质聚集在下伏的黏土岩或碳酸盐岩之中，呈现出大量形态不规则黄铁矿团块、结核、透镜体、细脉等，同样显示其上或附近有铝土矿存在。

6.2.2.2 铝土矿找矿模式

综合黔北务川~正安~道真地区各已知矿床的地质特征，矿体的产出形态、产状、规模与埋深，矿床的勘查等，初步将该区铝土矿归纳出以下几种找矿模式，详见表6-4和图6-11。

表6-4 务川~正安~道真铝土矿找矿模式一览表

控矿因素	瓦厂坪模式	新木~晏溪模式	新民模式	三清庙模式
褶皱构造	受鹿池向斜控制	受旦坪向斜控制	受大塘向斜控制	道真向斜控制
含矿岩系	二叠系中统梁山组	二叠系中统梁山组	二叠系中统梁山组	二叠系中统梁山组
含矿岩系分层	由下部含铁质、中部铝矿系、上部含炭质组成	由下部含铁质、中部铝矿系、上部含炭质组成	由下部含铁质、中部铝矿系、上部含炭质组成	由下部含铁质、中部铝矿系、上部含炭质组成
上覆地层	二叠系中统栖霞组和茅口组灰岩	二叠系中统栖霞组和茅口组灰岩	二叠系中统栖霞组和茅口组灰岩	二叠系中统栖霞组和茅口组灰岩
下伏地层	志留系中下统韩家店组页岩、泥岩、粉砂岩，偶见有石炭系上统黄龙灰岩	志留系中下统韩家店组页岩、泥岩、粉砂岩，偶见有石炭系上统黄龙灰岩	志留系中下统韩家店组页岩、泥岩、粉砂岩，偶见有石炭系上统黄龙灰岩	志留系中下统韩家店组页岩、泥岩、粉砂岩，偶见有石炭系上统黄龙灰岩
矿体形态	呈层状，似层状产出	呈层状，似层状产出	呈层状、似层状产出	呈层状、似层状产出

续表 6-4

控矿因素	瓦厂坪模式	新木~晏溪模式	新民模式	三清庙模式
矿体产状	东缓西陡，东翼倾角10°~20°，西翼倾角25°~35°	产状近地表较缓、倾角一般10°~25°，但靠近轴部倾角变陡40°~50°，甚至可达70°	倾角12°~55°，南部较缓、北部较陡	倾角39°~80°，产状往深部逐渐变陡，近于直立
矿石自然类型	以土状、半土状及碎屑状矿石为主，其次为豆状矿石	以碎屑状、豆状、鲕状矿为主，少有致密状、土状、半土状矿	以土状、半土状及碎屑状矿为主，其次为致密状、豆鲕状矿	以土状、半土状及碎屑状矿为主，其次为致密状矿
矿石质量	矿石质量较佳，平均 $Al_2O_3>63\%$、Al/Si 约6，矿厚平均1.91m	矿质品级偏低，品位偏贫，平均 $Al_2O_3<55\%$、Al/Si <5，矿厚平均2m	矿石质量较佳，平均 Al_2O_3 66.91%、Al/Si 6.21，矿厚平均2.25m	矿石质量较佳，平均 Al_2O_3 67%、Al/Si 5.7，矿厚一般1.92m
地貌特征	矿体处于栖霞、茅口灰岩形成的悬崖或陡坎与韩家店组砂、页岩形成的缓坡转换处	矿体处于栖霞、茅口灰岩形成的悬崖或陡坎与韩家店组砂、页岩形成的缓坡转换处	地貌上矿体处于栖霞、茅口灰岩形成的悬崖或陡坎与韩家店组砂、页岩形成的缓坡转换处	地貌上矿体处于栖霞、茅口灰岩形成的悬崖或陡坎与韩家店组砂、页岩形成的缓坡转换处
矿床规模	大型	大型	大型	中型

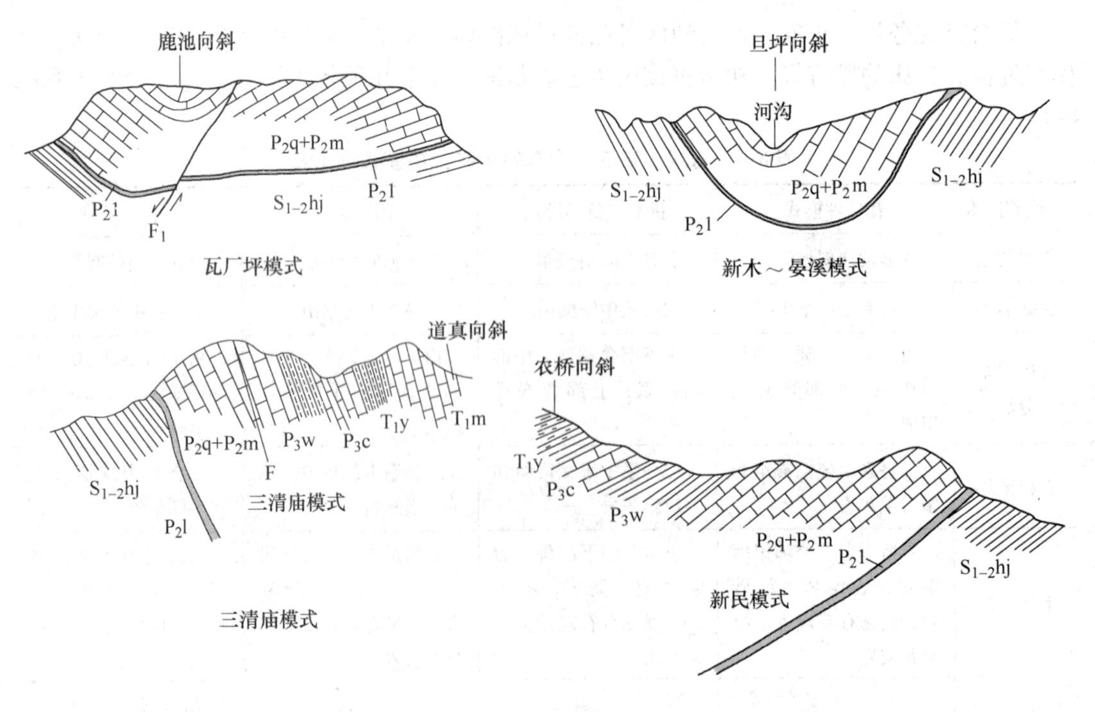

图 6-11 黔北务川~正安~道真地区铝土矿找矿模式图（据刘幼平，2009）

6.2.3 凯里～黄平找矿模式

6.2.3.1 铝土矿找矿标志

A 地层标志

凯里地区铝土矿的含铝岩系是二叠系中统梁山组，它限定在上下两个假整合侵蚀面之间，铝土矿赋存在其中上部，产出层位固定。尽管各矿区（段）的成矿环境有所不同，但铝土矿始终产于一个特定的地质年代与岩石地层相统一的层位之中。其上覆地层为二叠系中统栖霞组灰岩，下伏地层为泥盆系上统高坡场组白云岩，因此，凯里地区铝土矿以梁山组、栖霞灰岩之下为找矿的地层标志。

B 构造标志

凯里铝土矿属风化～沉积～改造型矿产，其成矿往往与地层关系密切，表现为区域成矿带明显受褶皱构造控制，铝土矿主要赋存在向斜构造中，形成铝土矿的集中产出区域，矿床（点）沿向斜集中展布，并在向斜的翼部和仰起端出露铝土矿层。故向斜构造是铝土矿明显的找矿标志。

C 地貌标志

由于铝土矿及其上覆栖霞灰岩层的抗风化能力强，使其在现代风化作用中顽强地挺立在山巅或坡顶，常形成高数十米至百余米的悬崖峭壁。含矿层多位于悬崖与缓坡转换处，在直立的陡壁脚大量散布着铝质岩块的巨石和砾岩下就是铝土矿层产出的位置。

D 植被标志

由于有较大面积铝土矿的可能出露区，其间夹的铝质黏土岩极易风化成土壤，其上生长的植被往往是以灌木丛为主的稀树高草群落，而在上覆、下伏碳酸盐地层出露区则以树林为主。

E 脱硅、排铁标志

铝土矿的脱硅作用，使母岩物质中的硅向下排除，致使其下伏的各岩层中见有较多硅质团块或碎屑石英，这标示着其上或附近有铝土矿存在。

铝土矿化过程中，因排铁作用渗滤下来的铁质聚集在下伏的黏土岩或碳酸盐岩之中，呈现出大量形态不规则黄铁矿团块、结核、透镜体、细脉等，同样显示其上或附近有铝土矿存在。

F 伴生矿产标志

贵州的铝土矿往往都伴生有多种矿产，在铝土矿系的下伏，喀斯特不整合面之上多有铁矿系存在，有的形成一铁矿层，有的形成一含铁岩系；而在铝土矿系的上覆，部分有一煤层存在，有的形成了可燃的优质煤层，有的则仅仅是一层劣质煤线，在一定的距离内往往就有铝土矿出现。因而煤和铁矿也是铝土矿找矿的一重要标志。

G 古侵蚀间断面标志

贵州的铝土矿均属于古风化壳型铝土矿床，其赋存产出自然就与古侵蚀间断面有直接关系，同时铝土矿床规模的大小、品质的好坏，也与侵蚀间断时间的长短、被侵蚀剥蚀岩层的厚度及被侵蚀剥蚀岩层的性质有关。所以在古地理环境条件适宜的情况下，古侵蚀间断面是铝土矿床的直接找矿标志。在凯里地区，该标志为泥盆系上统之上的喀斯特化古侵蚀面，铝土矿床矿体厚度变化大，与喀斯特基底发育程度有关，洼陷处厚度变大，凸起处变薄。

6.2.3.2 铝土矿找矿模式

综合凯里～黄平地区已知矿床的地质特征，矿体的产出形态、产状、规模与埋深，矿床的勘查等，初步将该区铝土矿归纳出以下两种找矿模式，详见表6-5和图6-12。

表6-5 凯里～黄平铝土矿找矿模式一览表

控矿因素	渔洞模式	苦李井模式
褶皱构造	受渔洞向斜控制	受苦李井向斜控制，断裂构造发育，对矿床破坏较大
含矿岩系	二叠系中统梁山组	二叠系中统梁山组
含矿岩系分层	由下部铁矿系、中部铝矿系、上部含煤岩系组成	由下部铁矿系、中部铝矿系、上部含煤岩系组成
上覆地层	二叠系中统栖霞组和茅口组灰岩	二叠系中统栖霞组和茅口组灰岩
下伏地层	泥盆系上统高坡场组白云岩	泥盆系上统高坡场组白云岩
矿体形态	呈似层状、透镜状，常见漏斗状、囊状	呈似层状、透镜状，常见漏斗状、囊状
矿体产状	产状平缓，倾角一般为5°～12°	产状平缓，倾角一般为5°～10°
矿石自然类型	以豆鲕状、土状、半土状为主，其次为碎屑状、致密块矿石	以豆鲕状、土状、半土状为主，其次为碎屑状、致密块矿石
矿石质量	矿石品位偏贫，平均 Al_2O_3 约60%、Al/Si 1.8～5，矿厚平均1.91m	矿质品位偏贫，平均 Al_2O_3 为55%、Al/Si 2.6～5，矿厚平均2m
地貌特征	矿体处于栖霞、茅口灰岩形成的悬崖或陡坎下	矿体处于栖霞、茅口灰岩形成的悬崖或陡坎下
矿床规模	大型	大型

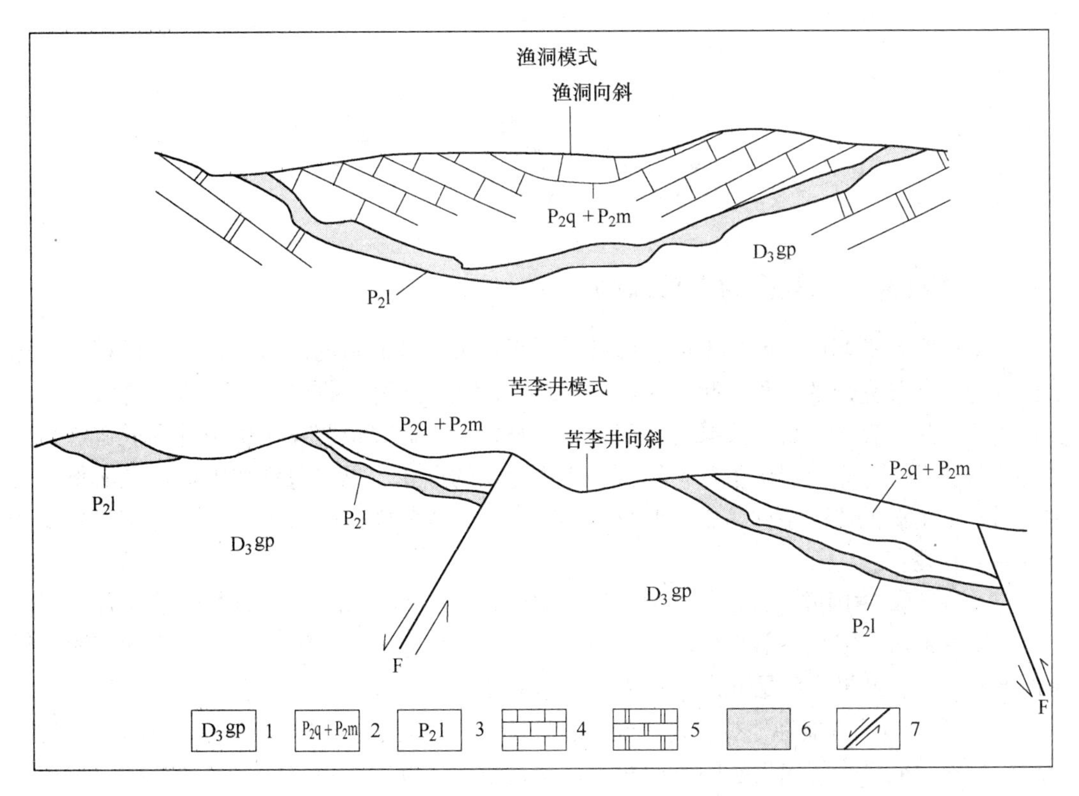

图 6-12 凯里～黄平地区铝土矿找矿模式图（据刘幼平，2009）

1—泥盆系上统高坡场组；2—二叠系中统栖霞、茅口组；3—二叠系中统梁山组；4—灰岩；5—白云岩；6—含铝岩系；7—断层

7 结　语

7.1 本次研究工作取得的主要成绩

本书研究是在当前贵州铝土矿整装勘查取得重大突破的新的历史背景下，以现代矿床学新理论为指导完成的，集贵州铝土矿近30年来的地质找矿勘查与科学研究之大成，融贵州铝土矿最新资料及最新成果为一体；是贵州铝土矿分布特征及成矿条件和成矿规律研究的最新成果。它全面展示了贵州铝土矿勘查近年的最新成果。包括典型矿床及实例，是对贵州省铝土矿的成矿条件、成矿背景、成矿规律和成矿模式的阶段性系统总结。主要研究成果表现在：

（1）基于新中国成立以来，尤其是2010年以来贵州铝土矿整装勘查成果（含务川～正安～道真地区、凯里～黄平地区、瓮安～福泉～龙里地区、清镇～织金地区和湄潭～凤冈地区铝土矿整装勘查的最新勘查成果）完成本项研究工作。

（2）系统地从古地理地貌、古气候、古纬度、古生物古植物、古构造、古岩溶、古风化作用方面研究了贵州铝土矿的成矿背景；从大地构造位置、地层岩石、地质构造、构造运动与演变、古地理环境、古水文地质作用方面研究了贵州铝土矿的成矿条件。

（3）在近年贵州铝土矿整装勘查成果的基础上，从铝土矿床的基本地质特征、矿体特征、矿石质量特征、矿床规模和成矿规律、找矿标志等方面全面归纳叙述了11个贵州典型的铝土矿床。

（4）在以往铝土矿床勘查成果的基础上，结合贵州铝土矿自2010年以来整装勘查找矿突破的新理论、新技术、新成果、新认识，结合本次对贵州铝土矿成矿背景、成矿规律的系统研究，提出了贵州铝土矿的成矿区带划分方案

（5）全面系统地从铝土矿的空间分布、时间分布、含矿岩系特征、成矿古地理环境、铝土矿体特征、矿石质量特征、成矿物质来源和红土化成矿作用等几方面研究分析了贵州铝土矿的成矿规律和差异对比。

（6）全面系统地建立和完善了清镇～修文地区、务川～正安～道真地区、凯里～黄平地区铝土矿床的成矿模式与找矿模式。

7.2 本次研究工作的特色与亮点

本次研究工作的特色与创新在于：

（1）首次全面系统地收集了贵州省境内目前最新的地质勘查成果资料和最新的基础地质成果资料，包括2010年以来全省铝土矿整装勘查成果报告、铝土矿床勘查的最新地质勘查报告和最新的基础地质资料《贵州省区域地质志》、《贵州省铝土矿资源潜力评价》等，以此作为本次研究的基础，力求从更宽的视野和更新的理论高度进行深入分析与研究。

（2）首次从全省高度系统集成、全面研究了贵州省境内铝土矿的成矿地质背景、成矿地质条件、成矿规律，提出了贵州省铝土矿的成矿区带划分方案，同时科学诠释了贵州省大规模铝土矿成矿特色的客观地质规律，揭示铝土矿成矿潜力，为贵州省未来铝土矿找勘指明了新的方向。

（3）在系统阐述了各铝土矿成矿区铝土矿床的禀赋特征，全面总结了各铝土矿成矿区的成矿规律与成矿模式的基础上，首次系统开展了全省各成矿区域铝土矿成矿规律的差异对比分析和内在联系研究。

（4）系统归纳总结了贵州铝土矿各成矿区带铝土矿床的成矿模式与找矿模式。

7.3 本次研究工作存在的问题

在取得以上成果的同时，也还存在部分未完善、有待将来系统工作认真解决的问题：

（1）关于黔北务川~正安~道真地区铝土矿的赋矿地层未统一，部分是采用二叠系中统梁山组（P_2l），部分是采用二叠系下统大竹园组（P_1d），对两者之间的关系、成矿时间未深入工作和研究；对于瓮安~福泉地区铝土矿的赋矿地层也未统一，有二叠系中统梁山组（P_2l）和石炭系下统九架炉组（C_1jj）之说，赋矿地层、成矿时间也未深入研究和讨论。

（2）对于铝土矿的共伴生元素——镓、锂、钪，由于铝土矿分布广，以往没有较为系统的开展工作、没有系统的数据支撑，故未深入研究和讨论。

（3）对于矿区铝土矿的富集成矿与矿区的水文地质条件、地下水作用的关系未深入研究。

参考文献

[1] Fox C S. Bauxite and aluminous laterite [M]. London: The Technical Press Ltd. , 1932.

[2] Weisse G D E. Bauxite latéritique et bauxite karstique [M]. Zagreb: Trav, 1963.

[3] Weisse G D E. Bauxite karstiques sur calcaries récents [M]. Zagreb: Trav, 1976.

[4] Hardee E C. Examples of bauxite deposits illustrating variations in origin [J]. Problems of clay and laterite genesis, 1952.

[5] Bushinsky G I. Geology of bauxites [M]. Moscow: Izd. Nedra Moscow, 1971.

[6] Valeton I. Bauxite-Development in Soil Science [M]. Amsterdam: Elsevier, 1972.

[7] Boldizsár T. Bauxit és más ásványgélek keletkezése colloid disperz rendszerkböl (Formation of bauxite and other mineral gels out of colloidal-disperse syetems) [M]. Moscow: Bány. Kohá. Lapok Budapest, 1981.

[8] Jurkovic I, Sakac. Straugraphical, paragenetical and genetical characteristic of bauxites in Yugoslavia. Symp [M]. Zagreb: Trav, 1963.

[9] Schroll E, Sauer D. Beitrag zur Geochemie von Titan, Chrom, Nikel, Cobalt, Vanadium und Molibdan in Bauxitischen gestermenund problem der stofflichen herkunft des Aluminiums [M]. Zagreb: Trav, 1968.

[10] Cullers R L, Graf J. Rare earth elements in igneous rocks of the continental crust: intermediate and silicic rocks, ore petrogenesis. In: Henderson, P. (Ed.), Rare Earth Element Geochemistry [M]. Amsterdam: Elsevier, 1983.

[11] Taylor S R, McLennan S M. The continental crust: Its composition and evolution [M]. London: Blackwell, 1985.

[12] Lapparent J D E. Les bauxites de la France méridionale [M]. Paris: springer, 1930.

[13] Peive A V. Tectonics of the Northern Ural Bauxite Belt. Izd. Mosk [M]. Moscow: Prirody Moscow, 1947.

[14] 韦天峻. 贵州矿产发现史考 [M]. 贵阳: 贵州人民出版社, 1992.

[15] 杜松竹, 周水良. 乐森璕传略 [M]. 贵阳: 贵州科技出版社, 1993.

[16]《中国矿床发现史・贵州卷》编辑委员会. 中国矿床发现史・贵州卷 [M]. 北京: 地质出版社, 1996.

[17] 廖士范, 梁同荣, 等. 中国铝土矿地质学 [M]. 贵阳: 贵州科技出版社, 1991.

[18] 刘巽峰, 王庆生, 等. 黔北铝土矿成矿地质特征及成矿规律 [M]. 贵阳: 贵州人民出版社, 1990.

[19] 高道德, 盛章琪, 等. 贵州中部铝土矿地质研究 [M]. 贵阳: 贵州科技出版社, 1992.

[20] 刘宝珺, 许效松. 中国南方岩相古地理图集 [M]. 北京: 科学出版社, 1994.

[21] 贵州省地质矿产局. 贵州省区域地质志 [M]. 北京: 地质出版社, 1987.

[22] 贵州省地质矿产局区域地质调查大队. 贵州岩相古地理图集 [M]. 贵阳: 贵州科技出版社, 1992.

[23] 施俊法, 唐金荣, 等. 找矿模型与矿产勘查 [M]. 北京: 地质出版社, 2010.

[24] 徐志刚, 陈毓川, 王登红, 等. 中国成矿区带划分方案 [M]. 北京: 地质出版社, 2008.

[25] 武国辉, 杨涛, 刘幼平, 等. 贵州地质遗迹资源 [M]. 北京: 冶金工业出版社, 2006.

[26]《贵州省有色地质勘查局五十年成果》编委会. 贵州省有色金属、黑色金属矿产资源 [M]. 北京: 冶金工业出版社, 2009.

[27] 金中国, 黄志龙, 等. 黔北务正道地区铝土矿成矿规律研究 [M]. 北京: 地质出版社, 2013.

[28] 李沛刚, 王登红, 等. 贵州大竹园铝土矿矿床地质、地球化学与成矿规律 [M]. 北京: 科技出版社, 2014.

[29] 中华人民共和国国土资源部. DZ/T 0200—2002 中华人民共和国地质矿产行业标准《铝土矿地质勘查规范》[S]. 北京: 地质出版社, 2003.

[30]《贵州省区域矿产志》编写组. 贵州省区域矿产志 [R]. 1986.

[31] 贵州省地质调查院．贵州省区域地质志［R］. 2012.
[32] 贵州省国土资源厅．贵州省铝土矿资源勘查与开发专项规划［R］. 2006.
[33] 贵州省国土资源厅．截至二〇〇六年底贵州省矿产资源储量简表［R］. 2007.
[34] 中国有色金属工业总公司矿产地质研究院，中国有色金属工业总公司勘探公司．贵州地质黔中铝土矿成矿环境、富集规律和成矿预测的研究报告［R］. 1987.
[35] 贵州省有色金属和核工业地质勘查局．贵州省务（川）-正（安）-道（真）地区铝土矿成矿规律与成矿预测研究［R］. 2010.
[36] 贵州省有色地质勘查局五总队．贵州省清镇县燕垅铝土矿区补充勘探储量报告［R］. 1981.
[37] 贵州省有色地质勘查局三总队．贵州省清镇县长冲河矿区铝土矿补充勘探报告［R］. 1979.
[38] 贵州省有色地质勘查局五总队．贵州省清镇铝土矿麦坝矿区补充勘探储量报告［R］. 1982.
[39] 贵州省有色地质勘查局五总队．贵州省清镇县麦格铝土矿区详细勘探地质报告［R］. 1983.
[40] 贵州省有色地质勘查局一总队．贵州省修文县干坝铝土矿区干坝矿段详细勘探地质报告［R］. 1989.
[41] 贵州省有色地质勘查局一总队．贵州省修文县干坝铝土矿区长冲矿段详细勘探地质报告［R］. 1988.
[42] 贵州省有色地质勘查局三总队．贵州省修文县箭杆冲铝土矿区勘探地质报告［R］. 1988.
[43] 贵州省有色地质勘查局五总队．贵州省贵阳市白云区斗篷山铝土矿区详细勘探地质报告［R］ 1989.
[44] 贵州省有色地质勘查局三总队．贵州省遵义县宋家大林铝土矿区勘探地质报告［R］. 1989.
[45] 贵州省有色地质勘查局三总队．贵州省务川县瓦厂坪铝土矿区详查地质报告［R］. 2007.
[46] 贵州省有色地质勘查局三总队．贵州省正安县新木～晏溪铝土矿区晏溪矿段普查地质报告［R］. 2007.
[47] 贵州省有色金属和核工业地质勘查局地质矿产勘查院．贵州省道真县岩坪铝土矿详查报告［R］. 2013.
[48] 贵州省有色金属和核工业地质勘查局地质矿产勘查院．贵州省道真县新民铝土矿详查报告［R］. 2010.
[49] 贵州省有色金属和核工业地质勘查局物化探总队．贵州省瓮安-龙里地区铝土矿整装勘查总地质报告［R］. 2013.
[50] 贵州省地质矿产勘查开发局104地质大队．贵州省瓮安—福泉—龙里地区铝土矿平寨向斜勘查区整装勘查报告［R］. 2013.
[51] 贵州省地质矿产勘查开发局106地质大队．贵州省务正道地区铝土矿整装勘查栗园—鹿池向斜区勘查报告［R］. 2013.
[52] 贵州省有色金属和核工业地质勘查局三总队．贵州省务正道地区铝土矿整装勘查安场向斜整装勘查报告［R］. 2013.
[53] 贵州省地质矿产勘查开发局117地质大队．贵州省务（川）正（安）道（真）地区铝土矿整装勘查大塘向斜勘查报告［R］. 2013.
[54] 贵州省地质矿产勘查开发局106地质大队．贵州省务（川）正（安）道（真）地区铝土矿整装勘查成果报告［R］. 2013.
[55] 贵州省地质矿产勘查开发局一一五地质大队．清镇—织金地区铝土矿整装勘查报告［R］. 2013.
[56] 贵州省有色金属和核工业地质勘查局六总队．贵州省凯里—黄平地区铝土矿整装勘查总体报告［R］. 2012.
[57] 贵州省有色金属和核工业地质勘查局六总队．贵州省凯里—黄平地区铝土矿远景调查成果报告［R］. 2014.

[58] 贵州省有色金属和核工业地质勘查局．贵州省凯里地区铝土矿资源潜力研究报告 [R]. 2013.
[59] 贵州理工学院资源与环境工程学院．贵州务正道铝土矿整装勘查区综合研究报告 [R]. 2014.
[60] 贵州省地质调查院．贵州省铝土矿资源潜力评价报告 [R]. 2011.
[61] 贵州省有色金属和核工业地质勘查局六总队．贵州省凯里市苦李井铝土矿普查报告 [R]. 2012.
[62] 贵州省有色金属和核工业地质勘查局．贵州务正道铝土矿整装勘查区综合研究及湄潭-印江-沿河地区铝土矿调查评价报告 [R]. 2014.
[63] 贵州省有色金属和核工业地质勘查局地质矿产勘查院．黔北地区铝土矿资源评价报告 [R]. 2012.
[64] 贵州省有色金属和核工业地质勘查局地质矿产勘查院．贵州省息烽县苦菜坪勘查区铝土矿普查地质报告 [R]. 2012.
[65] Konta J. Proposed classification and terminology of rocks in the series bauxite-clay-ironoxid ore [J]. Sediment Petrol, 1958, 28 (4): 83-86.
[66] Grubb P L C. High-level and low-level bauxitization: a criterion for classification [J]. Mineral, 1973, 32 (5): 219-231.
[67] Harder E C, Greig E W. Bauxite: in industrial minerals and rocks-nonmetallics other than fuels [J]. Gillson, 1992, 77 (4): 65-85.
[68] Bárdossy G. Network design for the spatial estimation of environmental variables [J]. Applied Mathematics and Computation, 1983, 12 (3): 339-365.
[69] Kurtz A C, Derry L A, Chadwick O A, et al. Refractory element mobility in volcanic soils [J]. Geology, 2000, 28 (2): 683-686.
[70] Calagari A A, Abedini A. Geochemical investigations on Permo-Triassic bauxite horizon at Kanisheeteh, east of Bukan, West-Azarbaidjan, Iran [J]. Journal of Geochemical Exploration, 2007, 94 (7): 1-18.
[71] Karadag M M. Rare earth element (REE) geochemistry and genetic implication of Mortas bauxite deposit (Seydisehir/Konya-Southern Turkey) [J]. Geochemistry, 2009, 69 (2): 143-159.
[72] Cullers R L, Barrett T, Carlson R, et al . REE and mineralogic changes in Holocene soil and stream sediment [J]. Chemical Geology, 1987, 63 (5): 275-297.
[73] McLennan S M, Taylor S R. Sedimentary rocks and crustal evolution: tectonic setting and secular trands [J]. Geology, 1991, 99 (4): 1-21.
[74] McLennan S M. Rare earth elements in sedimentary rocks: influence of provenance and sedimentary processes. Geochemistry and mineralogy of rare earth elements [J]. Reviews in Mineralogy, 1989, 21 (2): 169-200.
[75] Valeton. Genesis of nickel laterites and bauxites in urass during the Turassic and cretaceous, and their relation to ultrabasic parent rocks [J]. Ore Geology Reviews, 1987, 2 (4): 359-404.
[76] Josep M, Soler. A mass transfer model of bauxite formation [J]. Geochimica Cosmochemica Acta. 1996, 60 (24): 913-931.
[77] Deng J, Wang Q F, Yang S J, et al. Genetic relationship between the Emeishan plume an the bauxite deposits in Western Guangxi. China: Constraints from U-Pb and Lu-Hf isotopesof the detrital zircons in bauxite ores [J]. Journal of Asian earth sciences, 2009, 37 (4): 412-424.
[78] Deng J. Interfacial stressanalysis of RC beams strengthened hybrid CFS and GFS [J]. Construction and Building Material, 2009, 23 (6): 2394-2401.
[79] Panahi A, Young G M, Rainbird R H. Behavior of major and trace elements (including REE) during Paleoproterozoic pedogenesis and diagenetic alteration of an Archean granite near Ville Marie, Quebec, Canada [J]. Geochimica et Cosmochimica Acta, 2000, 64 (12): 2199-2220.
[80] Liu C L. The genetic types of bauxite deposits in China [J] . Science in China, 1988, 23

(8)：1010-1024.
[81] 廖士范．黔川湘鄂早石炭世古风化壳铝土矿床的古地理与成矿条件的研究 [J]. 地质学报，1989 (2)：148-157，
[82] 高道德．黔中沉积型铝土矿成矿模式 [J]. 贵州地质，1996，13 (2)：166-171.
[83] 王俊达，李华梅．贵州石炭纪古纬度与铝土矿 [J]. 地球化学，1998，27 (6)：575-578.
[84] 张恺．论中国大陆板块的裂解、漂移、碰撞和聚敛活动与中国含油气盆地的演化 [J]. 新疆石油地质，1991，12 (2)：91-106.
[85] 刘平．四论贵州之铝土矿——黔中-川南成矿带铝土矿的稀散、稀土组分特征 [J]. 贵州地质，1994，23 (3)：179-187.
[86] 刘平．五论贵州之铝土矿——黔中-川南成矿带铝土矿含矿岩系 [J]. 贵州地质，1995，12 (3)：185-203.
[87] 刘平，廖友常．黔中-渝南铝土矿含矿岩系时代探讨 [J]. 中国地质，2012，28 (3)：66-68.
[88] 刘平．三论贵州之铝土矿——贵州北部铝土矿成矿时代、物质来源及成矿模式 [J]. 贵州地质，1993，10 (2)：105-113.
[89] 黄兴，张雄华，杜远生，等．黔北地区铝土矿形成的地质时代 [J]. 地质科技情报，2012，31 (3)：49-54.
[90] 黄兴，张雄华，杜远生，等．黔北务正道地区及邻区石炭纪-二叠纪之交海平面变化对铝土矿的控制 [J]. 地质科技情报，2013，32 (1)：80-86.
[91] 陈宗清．扬子区石炭纪黄龙期沉积相 [J]. 沉积学报，1990，14 (2)：23-31.
[92] 陈宗清．扬子区黄龙组的划分与对比 [J]. 地层学杂志，1991，15 (3)：197-200.
[93] 李伟，张志杰，党录瑞．四川盆地东部上石炭统黄龙组沉积体系及其演化 [J]. 石油勘探与开发，2011，55 (4)：400-408.
[94] 文华国，郑荣才，沈忠民．四川盆地东部黄龙组碳酸盐岩储层沉积 - 成岩系统 [J]. 地球科学，2011，36 (1)：111-121.
[95] 林甲兴，黎汉明，陈家怀．鄂西黄龙期有孔虫组合带及其与马鞍煤系富煤带分布规律的关系 [J]. 矿床地质，1984，25 (3)：85-94.
[96] 余文超，杜远生，顾松竹，等．黔北务正道地区早二叠世铝土矿多期淋滤作用及其控矿意义 [J]. 地质科技情报，2013，32 (1)：34-39.
[97] 王俊达，李华梅，林树基，等．贵州草海沉积物的古地磁地层学初步研究 [J]. 地球化学，1986，12 (4)：329-335.
[98] 余文超，杜远生，周琦，等．黔北务川-正安-道真地区铝土矿系中生物标志物及其地质意义 [J]. 古地理学报，2012，14 (5)：651-662.
[99] 杜远生，周琦，金中国，等．黔北务正道地区早二叠世铝土矿成矿模式 [J]. 古地理学报，2014，16 (1)：1-8.
[100] 崔滔，焦养泉，杜远生，等．黔北务正道地区铝土矿沉积特征及分布规律 [J]. 地质科技情报，2013，32 (1)：52-56.
[101] 雷志远，翁申富，陈强，等．黔北务正道地区早二叠世大竹园期岩相古地理及其对铝土矿的控矿意义 [J]. 地质科技情报，2013，46 (1)：8-12.
[102] 杜远生，周琦，金中国，等．黔北务正道地区铝土矿基础地质与成矿作用研究进展 [J]. 地质科技情报，2013，32 (1)：1-6.
[103] 陈浩如，郑荣才，文华国，等．川东地区黄龙组层序-岩相古地理特征 [J]. 地质学报，2011，85 (2)：246-255.
[104] 胡忠贵，郑荣才，文华国，等．渝东-鄂西地区黄龙组层序-岩相古地理研究 [J]. 沉积学报，

2010，28（4）：696-705.

[105] 白朝益．遵义铝土矿地球化学特征及成因简析［D］．北京：中国地质大学，2013.

[106] 高兰，王登红，熊晓，等．中国铝矿成矿规律概要［J］．地质学报，2014（12）：2284-2295.

[107] 刘幼平，夏云，王洁敏．黔北地区铝土矿成矿特征与成矿因素研究［J］．矿物岩石地球化学通报，2010，29（4）：422-425.

[108] 董家龙．贵州铝土矿基本地质特征及勘查开发的思考［J］．矿产与地质，2004，18（6）：555-558.

[109] 王荣胜．试论黔中铝土矿和黔北铝土矿的共同性和差异性［J］．西南矿产地质，1989，3（2）：1-5.

[110] 武国辉，刘幼平，等．黔北务—正—道地区铝土矿地质特征及资源潜力分析［J］．地质与勘探，2006（4）.

[111] 刘幼平，夏云，王洁敏．黔北地区铝土矿找矿标志与找矿模式研究［J］．矿产与地质，2010（8）.

[112] 刘幼平，李传班，周文龙，等．贵州凯里-黄平地区铝土矿空间分布规律与古岩溶地貌关系的研究［J］．科学技术与工程，2014（3）.

[113] 李传班，刘幼平，武国辉，等．贵州省凯里地区铝土矿矿床控矿因素研究［J］．地质与勘探，2012，4（1）：31-37.

[114] 刘文凯．遵义后槽铝土矿床矿体的环状分带及其形成机理［J］．贵州地质，1991，8（3）：203-216.

[115] 朱永红，朱成林．遵义铝土矿（带）找矿模式及远景预测［J］．地质与勘探，2007，43（5）：23-28.

[116] 赵晓东，王涛．重庆武隆-南川地区铝土矿地质特征及找矿方向浅析［J］．沉积与特提斯地质，2008，28（1）：110-111.

[117] 李克庆，朱成林．遵义铝土矿的分布及对基底的依存关系［J］．贵州地质，2007，24（4）：278-286.

[118] 刘文凯．遵义铝土矿的古风化壳分带模式［J］．贵州地质，1993，10（4）：314-322.

[119] 张世红，朱鸿，孟小红．扬子地块泥盆纪-石炭纪古地磁新结果及其古地理意义［J］．地质学报，2001，75（3）：303-313.

[120] 吴祥和，蔡继锋，邓一永，等．贵州南部石炭纪古地磁初步研究［J］．岩相古地理，1989（4）：27-35.

[121] 朱霭林，黄根深，向茂木．论黔中铝土矿的地质时代［J］．贵州地质，1984（1）：89-95.

[122] 郝家栩，杜定全，王约，等．黔北铝土矿含矿岩系的沉积时代研究［J］．矿物学报，2007，27（3，4）：466-472.

[123] 杜定全，任军平，王约，等．古岩溶起伏对黔北铝土矿的控制作用［J］．矿物学报，2007，27（3，4）：473-476.

[124] 鲁方康，黄智龙，金中国，等．黔北务-正-道地区铝土矿镓含量特征与赋存状态初探［J］．矿物学报，2009，32（3）：373-379.

[125] 雷志远，翁申富，陈强，等．黔北务正道地区早二叠世大竹园期岩相古地理及其对铝土矿的控矿意义［J］．地质科技情报，2013，46（1）：8-12.

[126] 刘长龄，覃志安．论中国岩溶铝土矿的成因与生物和有机质的成矿作用［J］．地质找矿论丛，1999，14（4）：24-28.

[127] 莫江平，郦今敖．黔中铝土矿的成矿环境［J］．地质与勘探，1991（11）.

[128] 杨明德．黔中铝土矿矿床沉积环境及成矿作用［J］．矿产与地质，1989，3（3）：27-33.

[129] 刘克云．黔中铝土矿矿床的沉积环境和成矿模式［J］．地质与勘探，1986（11）.

[130] 刘克云. 黔中铝土矿矿石结构特征和矿床成因探讨 [J]. 地质与勘探, 1985 (8): 1-6.
[131] 陈庆刚, 陈群, 杨明坤, 等. 黔中地区铝土矿基本特征及成矿模式探讨 [J]. 贵州地质, 2012, 29 (3): 163-168.
[132] 王立亭. 贵州古地理的演变 [J]. 贵州地质, 1994, 11 (29): 133-140.
[133] 殷科华. 黔北务正道铝土矿的成矿作用及成矿模式 [J]. 沉积学报, 2009, 27 (3): 452-457.
[134] 李艳桃, 肖加飞, 付绍洪. 贵州主要铝土矿矿集区成矿特征对比研究 [J]. 矿物学报, 2013: 792-791.
[135] 刘平. 贵州铝土矿伴生元素镓的分布特征及综合利用前景——九论贵州之铝土矿 [J]. 贵州地质, 2007, 24 (2): 90-96.
[136] 刘平. 论黔北-川南石炭系大竹园组 [J]. 中国区域地质, 1996 (2).
[137] 刘巽锋. 论黔北铝土矿的古喀斯特-红土型成因 [J]. 地质学报, 1990 (3).
[138] 廖士范. 沉积矿床研究若干进展综述 [J]. 贵州地质, 1999, 16 (2).
[139] 程鹏林, 李守能, 等. 从清镇猫场矿区高铁铝土矿的产出再探讨黔中铝土矿矿床成因 [J]. 贵州地质, 2004, 21 (4).
[140] 何文君, 向贤礼, 等. 贵州北部铝土矿地球化学特征及沉积环境分析 [J]. 矿产与地质, 2014, 28 (3).
[141] 陈华, 邓超. 贵州猫场铝土矿成矿环境分析 [J]. 贵州地质, 2010, 27 (3).
[142] 冯学岚, 尤俊中. 贵州猫场铝土矿地质特征及成矿模式 [J]. 贵州地质, 1997, 14 (4).
[143] 廖士范. 论贵州清镇式铁矿、贵州铝土矿形成环境、成矿机理及找矿方向问题 [J]. 贵州地质, 1987, 4 (4).
[144] 廖士范. 铝土矿矿床成因与类型 (及亚型) 划分的新意见 [J]. 贵州地质, 1998, 15 (2).
[145] 蔡泽沛. 遵义苟江铝土矿矿床地质特征 [J]. 贵州地质, 1988, 5 (1).
[146] 韦天蛟. 猫场特大型铝土矿的产出特征及其勘探发现 [J]. 贵州地质, 1995, 12 (1).
[147] 陶平, 许启松, 等. 沉积铝土矿预测方法及其影响因素—以贵州省铝土矿为例 [J]. 地质通报, 2010, 29 (10).
[148] 盛章琪, 廖莉萍. 贵州古风化壳沉积型铝土矿的沉积方式和成矿作用 [J]. 贵州地质, 2010, 27 (4).
[149] 金中国, 刘玲, 等. 贵州务正道地区铝土矿床稀土元素组成及地质意义 [J]. 地质与勘探, 2012, 48 (6).
[150] 孙建宏, 陈其英. 黔中铝土矿的物质组成 [J]. 地质科学, 1992 (12).
[151] 刘长龄. 中国石炭纪铝土矿的地质特征与成因 [J]. 沉积学报, 1988 (3): 1-10.
[152] 章柏盛. 黔中石炭纪铝土矿矿床成因等若干问题的初步探讨 [J]. 地质论评, 1984, 21 (6): 553-560.
[153] 刘长龄, 覃志安. 某些铝土矿中稀土元素的地球化学特征 [J]. 地质与勘探, 1991, 14 (11): 49-53.
[154] 李启津. 国内外岩溶型铝土矿矿物学的研究现状 [J]. 轻金属, 1987, 21 (9): 1-6.
[155] 陈旺. 豫西石炭纪铝土矿成矿系统 [D]. 北京: 中国地质大学, 2009.
[156] 于蕾. 滇东南地区晚二叠世沉积型铝土矿矿床成因与成矿规律 [D]. 北京: 中国地质大学, 2012.
[157] 袁跃清. 河南省铝土矿床成因探讨 [J]. 矿产与地质, 2005, 19 (1): 52-56.
[158] 贺淑琴, 郭建卫, 胡云沪. 河南省三门峡地区铝土矿矿床地质特征及找矿方向 [J]. 矿产与地质, 2007, 42 (2): 181-185.
[159] 徐丽杰, 卢静文, 彭晓蕾. 山西铝土矿床成矿物质来源 [J]. 长春地质学院学报, 1997, 22 (2): 147-151.

[160] 吴国炎. 华北铝土矿的物质来源及成矿模式探讨 [J]. 河南地质, 1997, 56 (3): 2-7.
[161] 孟祥化, 葛铭, 肖增起. 华北石炭纪含铝建造沉积学研究 [J]. 地质科学, 1987 (2): 182-197.
[162] 孙思磊. 山西宁武县宽草坪铝土矿床地质与地球化学特征研究 [D]. 北京: 中国地质大学, 2011.
[163] 甄秉钱, 柴东浩. 晋豫(西)本溪期铝土矿成矿富集规律及其沉积环境探讨 [J]. 沉积学报, 1986, 4 (3): 115-126.
[164] 李中明, 赵建敏, 王庆飞, 等. 豫西郁山铝土矿床沉积环境分析 [J]. 现代地质, 2009, 15 (3): 481-489.
[165] 范忠仁. 河南省中西部铝土矿微量元素比值特征及其成因意义 [J]. 地质与勘探, 1989, 9 (7): 23-27.
[166] 韩景敏. 鲁西地区二叠系铝土矿特征及成矿机制研究 [D]. 青岛: 山东科技大学, 2005.
[167] 刘长龄. 论高岭石粘土和铝土矿研究的新进展 [J]. 沉积学报, 2005, 32 (3): 467-474.
[168] 陈履安. 腐殖酸在铝土矿形成中的作用的实验研究 [J]. 沉积学报, 1996, 23 (2): 119-125.
[169] 雷怀彦, 师育新. 铝硅酸盐矿物溶解作用铝活性研究 [J]. 沉积学报, 1996, 23 (2): 153-156.
[170] 赵远由. 渝南-黔北铝土矿矿物特征及沉积环境浅析 [J]. 矿产勘查, 2012, 8 (2): 202-206.
[171] 汪小妹, 焦养泉, 杜远生, 等. 黔北务正道地区铝土矿稀土元素地球化学特征 [J]. 地质科技情报, 2013, 32 (1): 27-33.
[172] 翁申富, 赵爽. 黔北务正道铝土矿矿床特征及成矿模式——以务川大竹园铝土矿床为例 [J]. 贵州地质, 2010, 39 (3): 185-192.
[173] 苏小平, 杜芳应, 陈启飞, 等. 贵州省务川-正安-道真地区大竹园式铝土矿典型矿床特征及资源潜力预测 [J]. 贵州地质, 2010, 39 (1): 27-32.
[174] 李沛刚, 王登红, 雷志远, 等. 贵州大竹园大型铝土矿稀土元素地球化学特征及其意义 [J]. 地球科学与环境学报, 2012, 8 (2): 31-40.
[175] 谷静, 黄智龙, 金中国, 等. 黔北务-正-道地区瓦厂坪铝土矿床稀土元素地球化学研究 [J]. 矿物学报, 2011, 43 (3): 198-199.

附　录

附录1　矿石质量照片

致密状铝土矿 1

致密状铝土矿 2

致密状铝土矿（长冲河矿区）

致密状铝土矿（小山坝矿区）

致密块状铝土矿（宋家大林矿区）

碎屑状、致密状铝土矿（长冲河矿区）

土状－致密状铝土矿

土状－半土状铝土矿（瓦厂坪矿区）

土状－半土状铝土矿（新民矿区）

土状－半土状铝土矿（宋家大林矿区）

土状－豆鲕状铝土矿

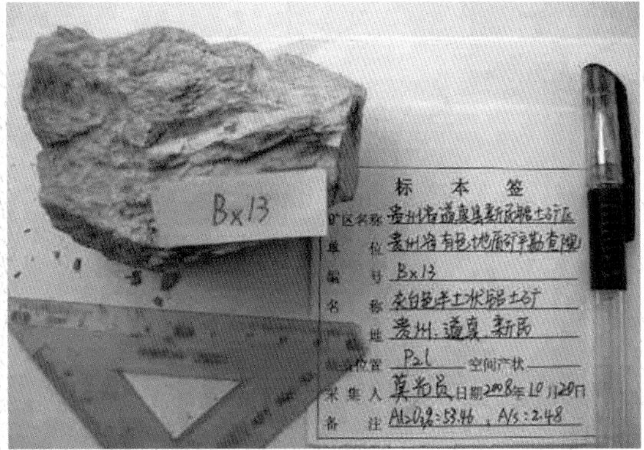

半土状铝土矿

碎屑状铝土矿

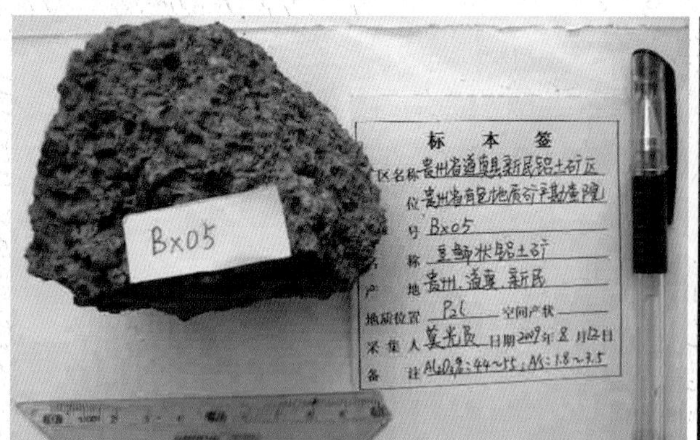

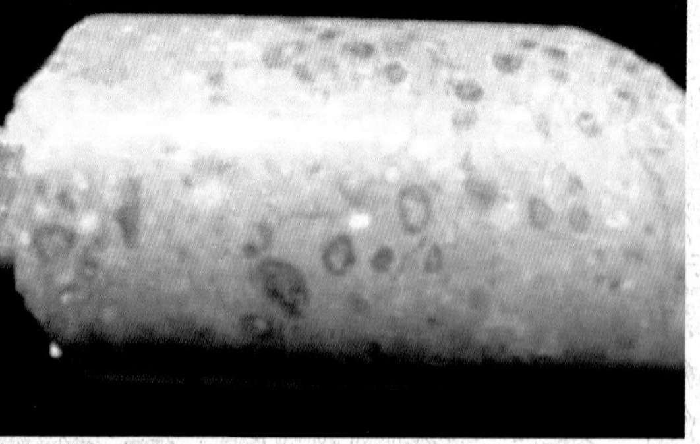

豆鲕状铝土矿及岩芯

豆鲕状铝土矿

豆鲕状铝土矿（新民矿区）

豆鲕状铝土矿（猫场矿区）

豆鲕状铝土矿（大竹园矿区）

含赤铁矿结核铝土矿

高硫高铁铝土矿

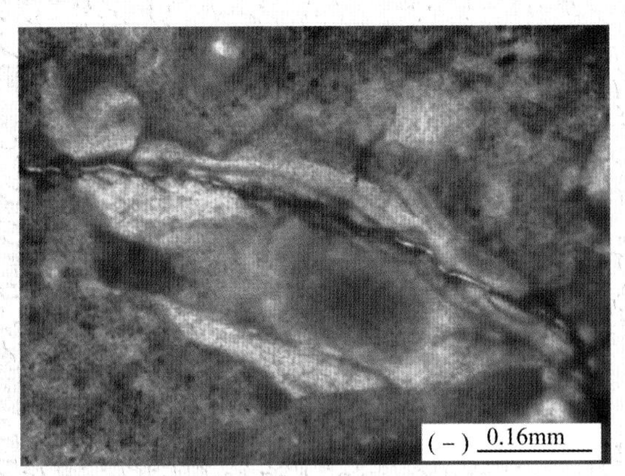

视域中心白色区域为软水铝石，
周边为黏土质及铁质

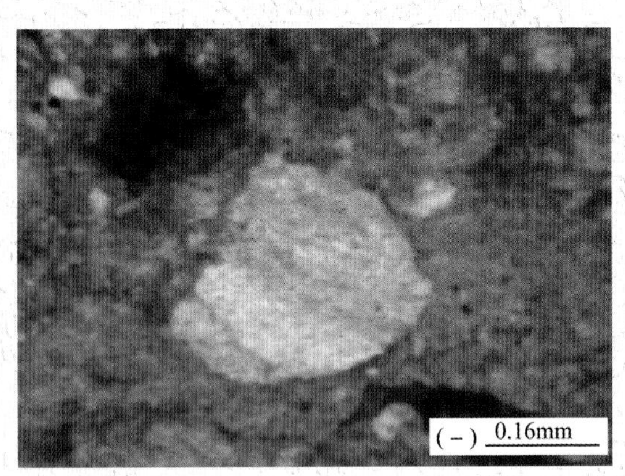

硬水铝石沿鲕粒边缘重结晶，硬水铝石细脉

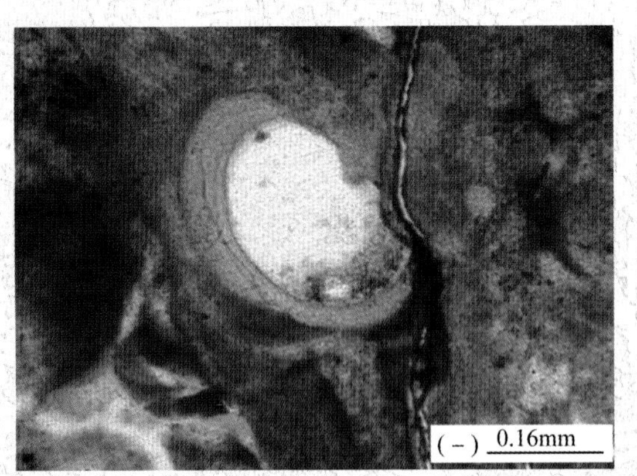

硬水铝石沿鲕粒边缘重结晶（视域同上）

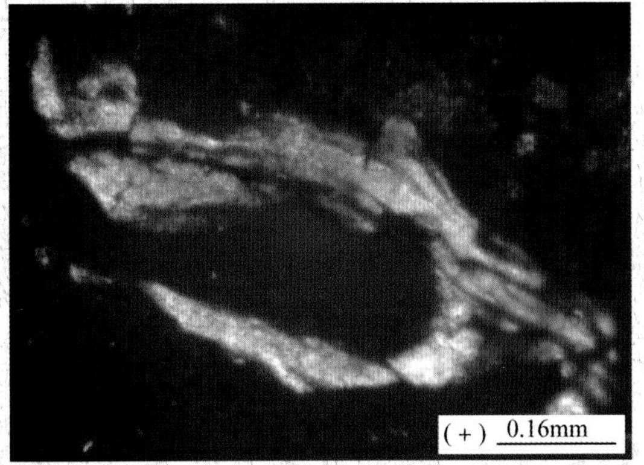

铝土矿中的鲕粒
（鲕中心为软水铝石）（瓦厂坪矿区）

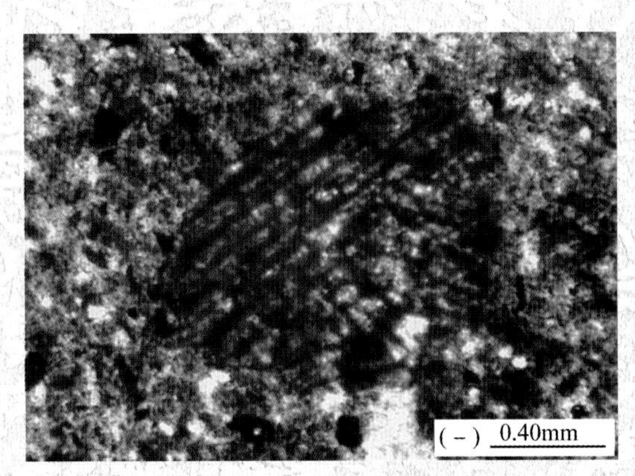

矿石样品电镜扫描图
（白色为粒状 TiO_2）（新民矿区）

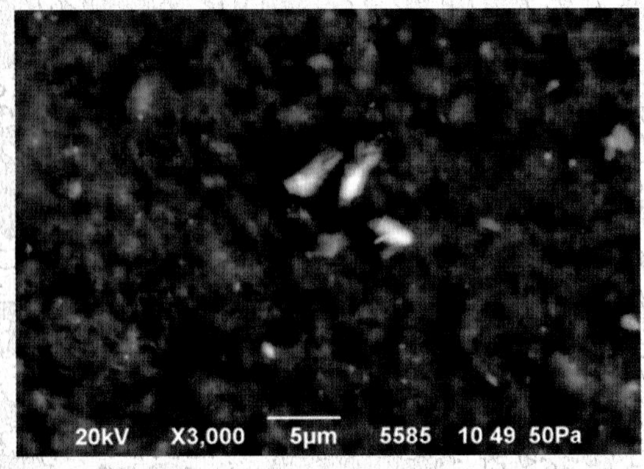

视域中心为硬水铝石，具有一组较完全的解理，
周围红褐色为铁质（新民矿区）

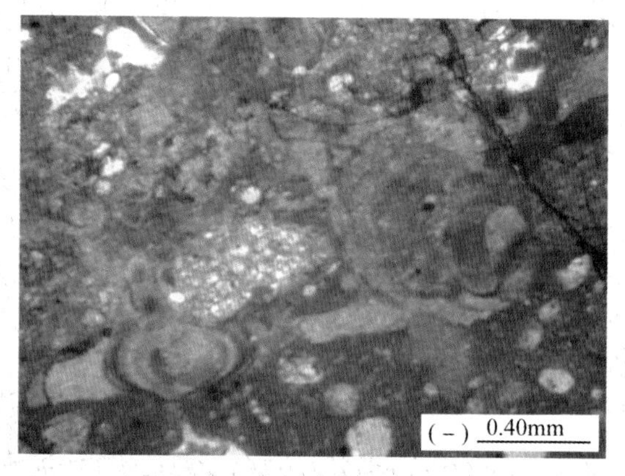

部分硬水铝石化的鲕粒（新民矿区）

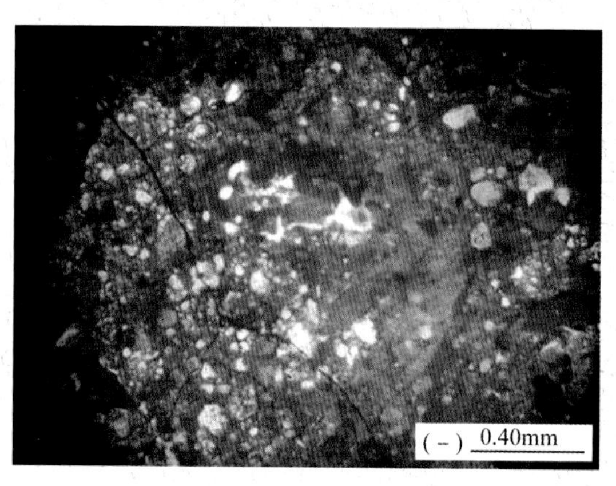

铝土矿中的碎屑结构（新民矿区）

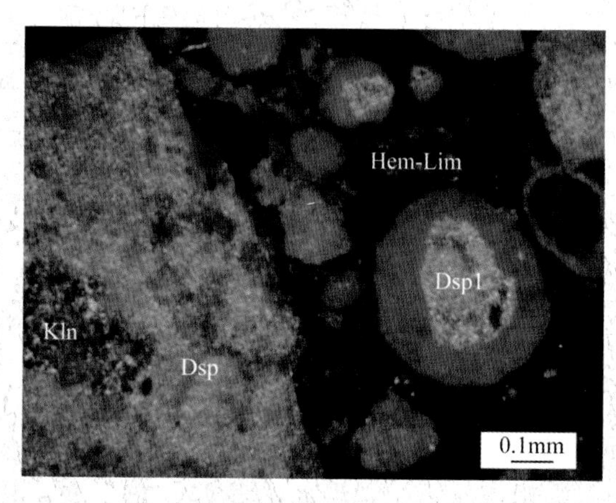

Dsp 为一水硬铝石胶结物，Dsp1 为一水硬铝石粒屑，Kln 为高岭石，Hem-Lim 为赤铁矿、褐铁矿。透射光（+）10×10（苦李井矿区）

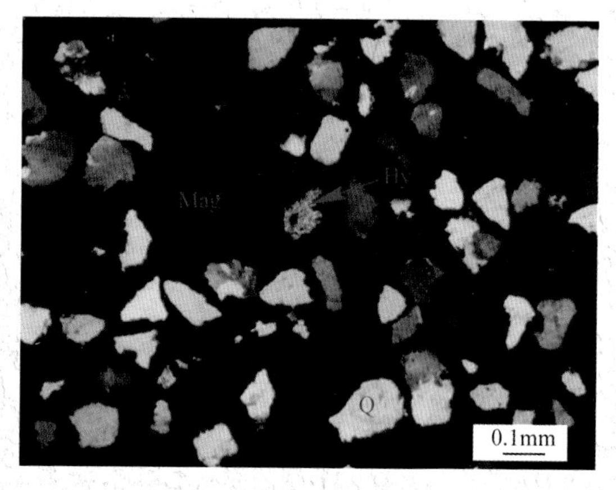

Mag 为磁铁矿，Hy 为水云母，Q 为石英。透射光（+）10×10（苦李井矿区）

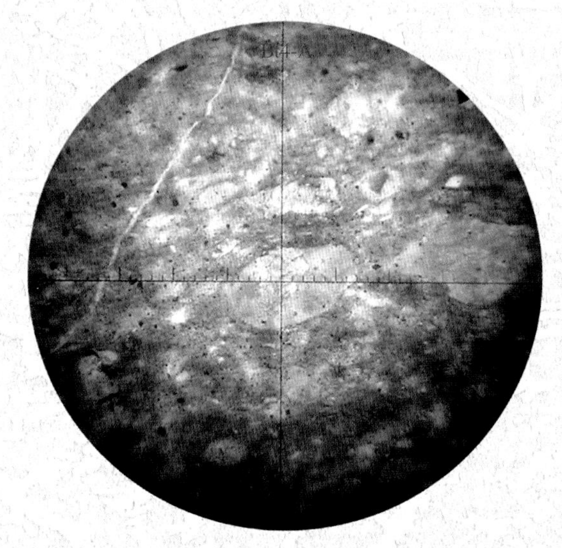

含粉砂屑砂屑微 - 泥晶结构
（薄片，单偏光，目镜 10× 物镜 10×）

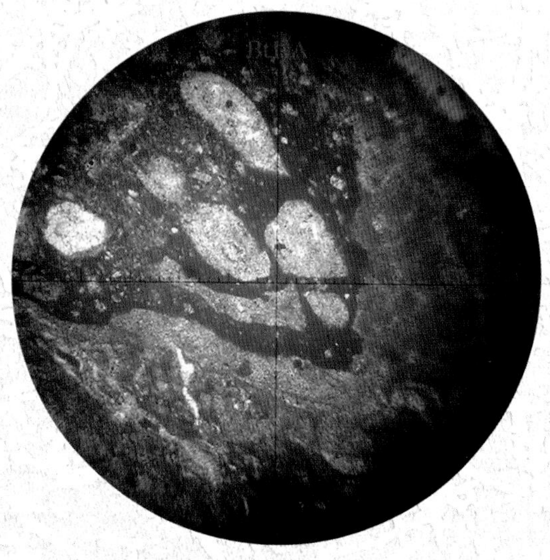

泥 - 微晶粉砂屑砂屑结构
（薄片，单偏光，目镜 10× 物镜 10×）

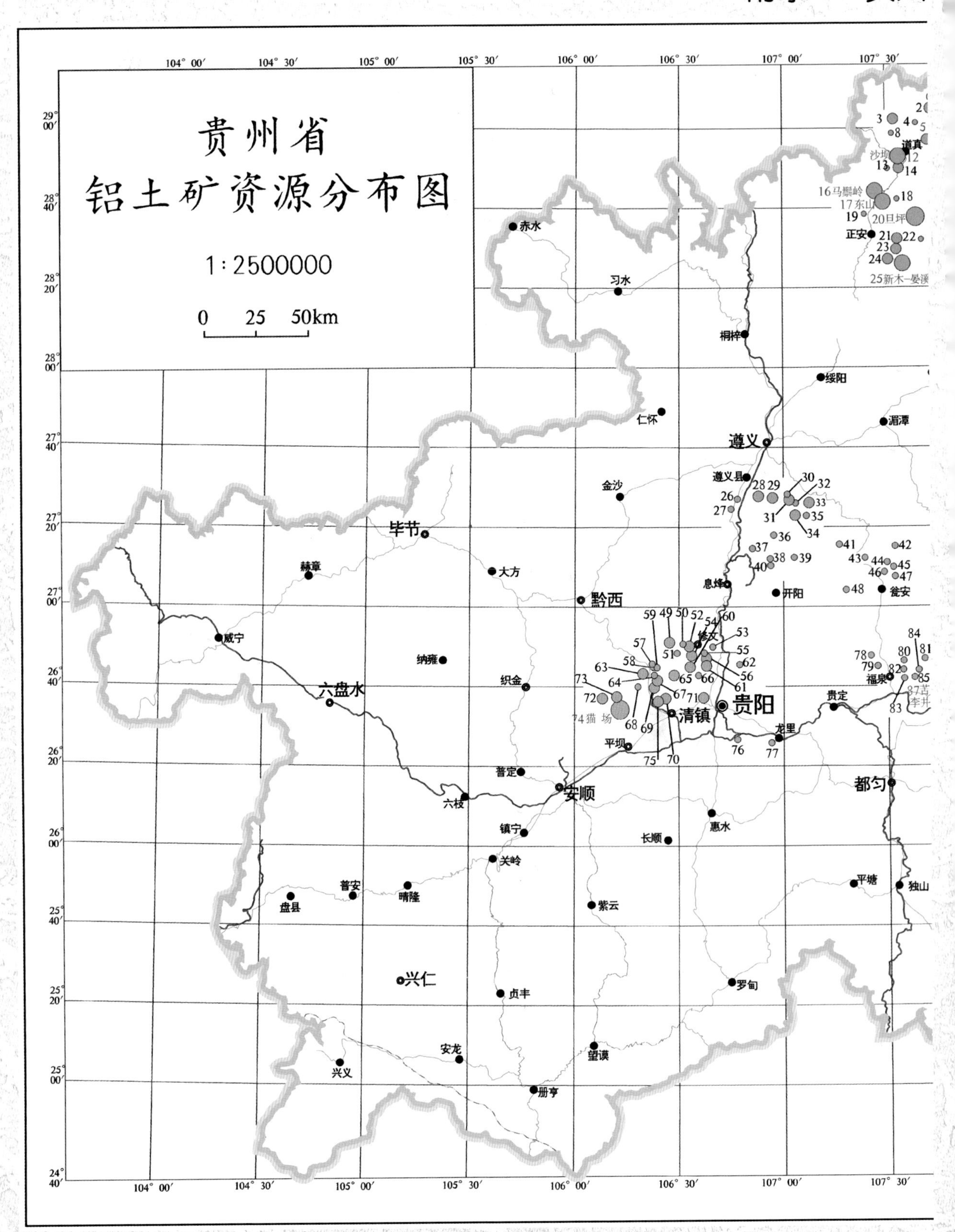

贵州省
铝土矿资源分布图
1:2500000
0 25 50km
104°00′
104°30′
105°00′
105°30′
106°00′
106°30′
107°00′
107°30′
29°00′
28°40′
28°20′
28°00′
27°40′
27°20′
27°00′
26°40′
26°20′
26°00′
25°40′
25°20′
25°00′
24°40′
赤水
习水
桐梓
绥阳
仁怀
湄潭
遵义
遵义县
金沙
毕节
赫章
大方
黔西
息烽
开阳
瓮安
威宁
纳雍
织金
六盘水
修文
贵阳
清镇
平坝
龙里
贵定
福泉
都匀
普定
安顺
六枝
镇宁
惠水
长顺
关岭
普安
晴隆
盘县
紫云
平塘
独山
兴仁
贞丰
罗甸
安龙
望谟
兴义
册亨
道真
正安
16马鬃岭
17东山
20旦坪
25新木—晏溪
74猫场

铝土矿床分布图

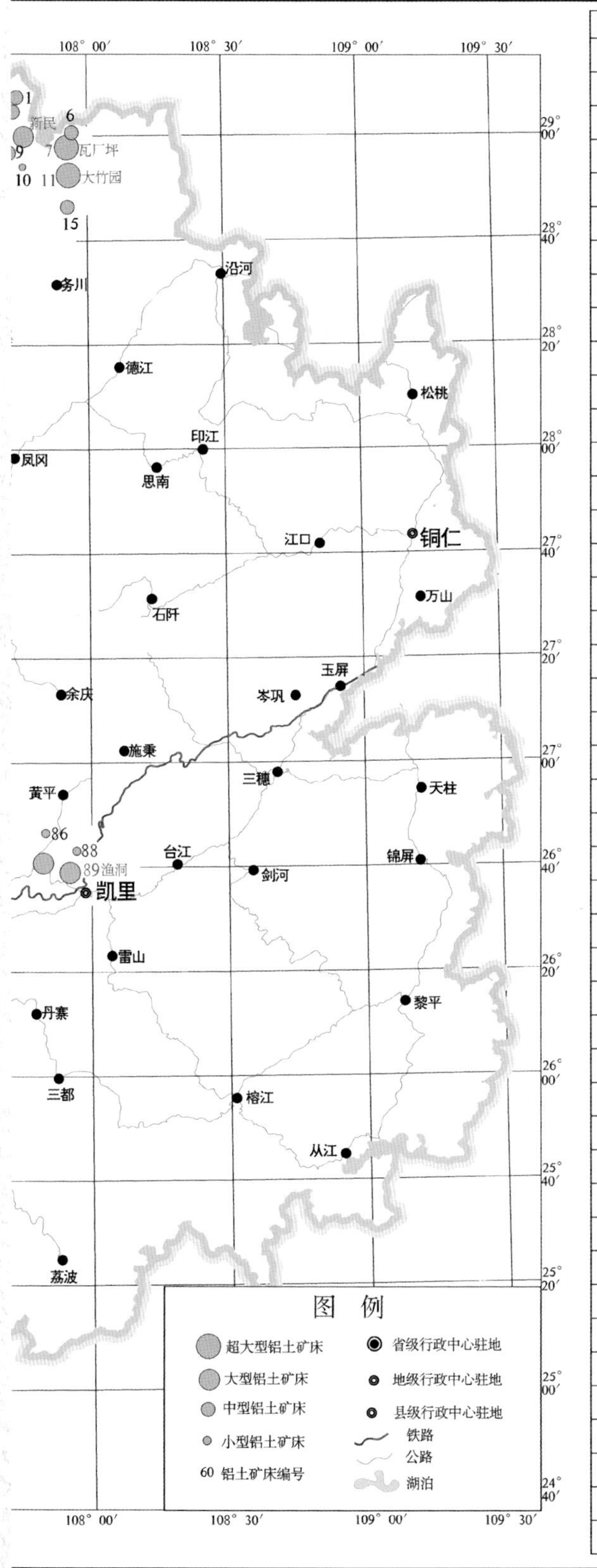

编号	规 模	矿床名称	编号	规 模	矿床名称
1	中型	大塘铝土矿床	46	小型	团寨铝土矿床
2	中型	洛龙铝土矿床	47	小型	杉树坳铝土矿床
3	中型	还打岩铝土矿床	48	小型	建中铝土矿床
4	小型	姚家林铝土矿床	49	中型	乌栗铝土矿床
5	大型	新民铝土矿床	50	小型	上硐铝土矿床
6	中型	岩风阡铝土矿床	51	小型	箭竹冲铝土矿床
7	大型	瓦厂坪铝土矿床	52	中型	长冲铝土矿床
8	小型	麦李树铝土矿床	53	小型	清水塘铝土矿床
9	中型	岩坪铝土矿床	54	中型	干坝铝土矿床
10	小型	桃园铝土矿床	55	小型	天马山铝土矿床
11	超大型	大竹园铝土矿床	56	中型	小山坝铝土矿床
12	大型	沙坝铝土矿床	57	小型	卫城铝土矿床
13	小型	平木山铝土矿床	58	小型	麦巷铝土矿床
14	中型	三清庙铝土矿床	59	小型	芭蕉冲铝土矿床
15	中型	青坪铝土矿床	60	中型	大豆长铝土矿床
16	大型	马鬃岭铝土矿床	61	中型	斗篷山铝土矿床
17	大型	东山铝土矿床	62	小型	云雾山铝土矿床
18	小型	隆兴铝土矿床	63	中型	坛罐窑铝土矿床
19	小型	石峰铝土矿床	64	小型	岩上铝土矿床
20	超大型	旦坪铝土矿床	65	中型	麦格铝土矿床
21	中型	红光坝铝土矿床	66	小型	朱官铝土矿床
22	小型	斑竹园铝土矿床	67	中型	燕垅铝土矿床
23	中型	中观铝土矿床	68	小型	黄泥田铝土矿床
24	中型	张家园铝土矿床	69	中型	林夕铝土矿床
25	大型	新木–晏溪铝土矿床	70	中型	长冲河铝土矿床
26	小型	新站铝土矿床	71	中型	杨家庄铝土矿床
27	小型	核桃窝铝土矿床	72	中型	马桑林铝土矿床
28	中型	苟江铝土矿床	73	中型	老黑山铝土矿床
29	中型	宋家大林铝土矿床	74	超大型	猫场铝土矿床
30	小型	曹房湾铝土矿床	75	中型	麦坝铝土矿床
31	中型	后槽铝土矿床	76	小型	兑窝铝土矿床
32	小型	龚家大山铝土矿床	77	小型	金谷铝土矿床
33	中型	仙人岩铝土矿床	78	小型	埋头井铝土矿床
34	中型	川主庙铝土矿床	79	小型	曾子坡铝土矿床
35	小型	大白岩铝土矿床	80	小型	白马山铝土矿床
36	小型	苦菜坪铝土矿床	81	小型	坪寨铝土矿床
37	小型	乌江铝土矿床	82	小型	高洞铝土矿床
38	小型	赵家湾铝土矿床	83	小型	小白岩铝土矿床
39	小型	何家湾铝土矿床	84	小型	小泥田铝土矿床
40	小型	冯三铝土矿床	85	小型	大山铝土矿床
41	小型	木引槽铝土矿床	86	小型	王家寨铝土矿床
42	小型	天文铝土矿床	87	大型	苦李井铝土矿床
43	小型	玉山铝土矿床	88	小型	铁厂沟铝土矿床
44	小型	两岔河铝土矿床	89	大型	渔洞铝土矿床
45	小型	岩门铝土矿床			

附录3　典型矿床矿区照片

铝土矿体露头

大塘向斜岩坪铝土矿区（茅口灰岩形成的陡壁）

新民铝土矿区（茅口灰岩形成的百米陡壁）

还打岩铝土矿区（茅口灰岩形成的陡壁）

铝土矿体露头

瓦厂坪矿区铝土矿体露头

安场向斜铝土矿整装勘查区

新民矿区坑道见矿铝土矿体

渔洞铝土矿区漏斗状铝土矿体

渔洞铝土矿区漏斗状铝土矿体采空区

瓦厂坪矿区见矿钻孔岩芯

新民矿区见矿钻孔岩芯

瓦厂坪见矿槽探

还打岩矿区见矿钻孔岩芯及见矿探槽

瓦厂坪铝土矿区高耸的钻塔　　　　新民矿区

瓮安岩门铝土矿区

附录 4　作者工作照片

贵州省国土资源厅务正道铝土矿整装勘查调度会

与六总队的同志在苦李井铝土矿区

检查岩坪铝土矿区整装勘查工作

检查翁安向斜铝土矿整装勘查工作

检查渔洞铝土矿区整装勘查工作

去往安场向斜铝土矿勘查区的路途

观察铝土矿岩芯

与地调中心专家在野外探讨技术问题

在新民铝土矿区检查槽探

与地勘院的同志在道真向斜铝土矿勘查区